MySQL 5.7

从入门到精通（视频教学版）

刘增杰　编著

清华大学出版社

北京

内 容 简 介

本书主要包括 MySQL 的安装与配置、数据库的创建、数据表的创建、数据类型和运算符、MySQL 函数、查询数据、数据表的操作（插入、更新与删除数据）、索引、存储过程和函数、视图、触发器、用户管理、数据备份与恢复、日志以及性能优化等。最后通过两个综合案例的数据库设计，进一步讲述 MySQL 在实际工作中的应用。重点介绍 MySQL 安装与配置、数据类型和运算符以及数据表的操作。本书注重实战操作，帮助读者循序渐进地掌握 MySQL 中的各项技术。

本书共有 480 个实例和 14 个综合案例，还有大量的经典习题。下载文件中赠送了近 20 小时培训班形式的视频教学录像，详细讲解了书中每一个知识点和每一个数据库操作的方法和技巧。同时下载文件中还提供了本书所有例子的源代码，读者可以直接查看和调用。

本书适合 MySQL 数据库初学者、MySQL 数据库开发人员和 MySQL 数据库管理员，同时也能作为高等院校相关专业师生的教学用书。

图书在版编目（CIP）数据

MySQL 5.7 从入门到精通：视频教学版 / 刘增杰编著. — 北京：清华大学出版社，2016（2021.4 重印）
ISBN 978-7-302-44702-3

Ⅰ. ①M… Ⅱ. ①刘… Ⅲ. ①关系数据库系统 Ⅳ.①TP311.138

中国版本图书馆 CIP 数据核字（2016）第 184648 号

责任编辑：夏毓彦
封面设计：王　翔
责任校对：闫秀华
责任印制：宋　林

出版发行：清华大学出版社
　　　　网　　　址：http://www.tup.com.cn，http://www.wqbook.com
　　　　地　　　址：北京清华大学学研大厦 A 座　　　　邮　　编：100084
　　　　社 总 机：010-62770175　　　　　　　　　　　邮　　购：010-62786544
　　　　投稿与读者服务：010-62776969，c-service@tup.tsinghua.edu.cn
　　　　质量反馈：010-62772015，zhiliang@tup.tsinghua.edu.cn

印 装 者：涿州市京南印刷厂
经　　销：全国新华书店
开　　本：190mm×260mm　　　　印　张：39.25　　　　字　数：1005 千字
版　　次：2016 年 9 月第 1 版　　　　　　　　　　印　次：2021 年 4 月第 9 次印刷
定　　价：98.00 元

产品编号：068678-01

前　言

本书是面向 MySQL 数据库管理系统初学者的一本高质量的书籍。目前国内 MySQL 需求旺盛，各大知名企业高薪招聘技术能力强的 MySQL 开发人员和管理人员。本书根据这样的需求，针对初学者量身定做，内容注重实战，通过实例的操作与分析，引领读者快速学习和掌握 MySQL 开发和管理技术。

本书内容

第 1 章主要介绍数据库的技术构成和什么是 MySQL，包括数据库基本概念和 MySQL 工具。

第 2 章介绍 MySQL 的安装和配置，主要包括 Windows 平台下的安装和配置、Linux 平台下的安装和配置、如何启动 MySQL 服务、如何更改 MySQL 的配置等。

第 3 章介绍 MySQL 数据库的基本操作，包括创建数据库、删除数据库和 MySQL 数据库存储引擎。

第 4 章介绍 MySQL 数据表的基本操作，主要包括创建数据表、查看数据表结构、修改数据表和删除数据表。

第 5 章介绍 MySQL 中的数据类型和运算符，主要包括 MySQL 数据类型介绍、如何选择数据类型和常见运算符介绍。

第 6 章介绍 MySQL 函数，包括数学函数、字符串函数、日期和时间函数、条件判断函数、系统信息函数、加密函数和其他函数。

第 7 章介绍如何查询数据表中的数据，主要包括基本查询语句、单表查询、使用聚合函数查询、连接查询、子查询、合并查询结果、为表和字段取别名以及使用正则表达式查询。

第 8 章介绍如何插入、更新与删除数据，包括插入数据、更新数据、删除数据。

第 9 章介绍 MySQL 中的索引，包括索引简介、如何创建各种类型的索引和如何删除索引。

第 10 章介绍 MySQL 中的存储过程和函数，包括存储过程和函数的创建、调用、查看、修改和删除。

第 11 章介绍 MySQL 视图，主要介绍视图的概念、创建视图、查看视图、修改视图、更新视图和删除视图。

第 12 章介绍 MySQL 触发器，包括创建触发器、查看触发器、触发器的使用和删除触发器。

第 13 章介绍 MySQL 用户管理，主要包括 MySQL 中的各种权限表、账户管理、权限管理和 MySQL 的访问控制机制。

第 14 章介绍 MySQL 数据库的备份和恢复，主要包括数据备份、数据恢复、数据库的迁移和数据表的导出和导入。

第 15 章介绍 MySQL 日志，主要包括日志简介、二进制日志、错误日志、通用查询日志和慢查询日志。

第 16 章介绍如何对 MySQL 进行性能优化，包括优化简介、优化查询、优化数据库结构和优化 MySQL 服务器。

第 17 章介绍 MySQL Replication 复制数据的操作方法和技巧。

第 18 章介绍 MySQL Workbench 设计 MySQL 数据库的方法和技巧。

第 19 章介绍 MySQL Cluster 技术在分布式系统中为 MySQL 提供的作用。

第 20 章介绍 MySQL Utilities 管理 MySQL 数据库的方法和技巧。

第 21 章介绍 MySQL Proxy 操作 MySQL 数据库的方法和技巧。

第 22 章介绍 PHP 操作 MySQL 数据库的方法和技巧。

第 23 章介绍新闻发布系统数据库的设计方法和实现过程。

第 24 章介绍论坛系统数据库的设计方法和实现过程。

本书特色

内容全面：涵盖了所有 MySQL 的基础知识点，由浅入深地掌握 MySQL 数据库开发技术。

图文并茂：在介绍案例的过程中，每一个操作均有对应步骤和过程说明。这种图文结合的方式使读者在学习过程中能够直观、清晰地看到操作的过程以及效果，便于读者更快地理解和掌握。

易学易用：颠覆传统"看"书的观念，变成一本能"操作"的图书。

案例丰富：把知识点融汇于系统的案例实训当中，并且结合综合案例进行讲解和拓展。进而达到"知其然，并知其所以然"的效果。

提示说明：本书对读者在学习过程中可能会遇到的疑难问题以"提示"的形式进行了说明，以免读者在学习的过程中走弯路。

超值下载包：本书共有 480 个详细实例和 14 个综合案例源代码，能让读者在实战应用中掌握 MySQL 的每一项技能。下载包中赠送近 20 小时培训班形式的视频教学录像，使本书真正体现"自学无忧"，令其物超所值。

读者对象

本书是一本完整介绍 MySQL 数据库技术的教程，内容丰富、条理清晰、实用性强，适合以下读者学习使用：

- MySQL 数据库初学者。
- 对数据库开发有兴趣，希望快速、全面掌握 MySQL 的人员。
- 对其他数据库有一定的了解，想转到 MySQL 平台上的开发者。
- 高等院校和培训学校相关专业的师生。

鸣谢与技术支持

参与本书编写人员除了刘增杰外，还有刘玉萍、胡同夫、王英英、肖品、孙若淞、王攀登、王维维、梁云亮、刘海松、陈伟光、包惠利等人参与编写工作。虽然倾注了编者的努力，但由于水平有限、时间仓促，书中难免有错漏之处，请读者谅解。如果遇到问题或建议，敬请与我们联系，我们将全力提供帮助，技术支持 QQ：790586917。

课件、源码、教学视频下载

本书课件、源码、教学视频下载地址可以扫描下面二维码获得：

如果下载有问题，请电子邮件联系 booksaga@163.com，邮件主题为"MySQL5.7 课件"。

编　者
2016 年 8 月

目　录

第 1 章
◀ 初识MySQL ▶

学习目标|Objective

    MySQL 是一个开放源代码的数据库管理系统（DBMS），它是由 MySQL AB 公司开发、发布并支持的。MySQL 是一个跨平台的开源关系型数据库管理系统，广泛地应用在 Internet 上的中小型网站开发中。本章主要介绍数据库的基础知识，通过本章的学习，读者可以了解数据库的基本概念、数据库的构成和 MySQL 的基本知识。

内容导航|Navigation

- 了解什么是数据库
- 掌握什么是表、数据类型和主键
- 熟悉数据库的技术构成
- 熟悉什么是 MySQL
- 掌握常见的 MySQL 工具
- 了解如何学习 MySQL

1.1 数据库基础

    数据库由一批数据构成有序的集合，这些数据被存放在结构化的数据表里。数据表之间相互关联，反映了客观事物间的本质联系。数据库系统提供对数据的安全控制和完整性控制。本节将介绍数据库中的一些基本概念，包括：数据库的定义、数据表的定义和数据类型等。

1.1.1 什么是数据库

    数据库的概念诞生于 60 年前，随着信息技术和市场的快速发展，数据库技术层出不穷，随着应用的拓展和深入，数据库的数量和规模越来越大，其诞生和发展给计算机信息管理带来了一场巨大的革命。

    数据库的发展大致划分为如下几个阶段：人工管理阶段、文件系统阶段、数据库系统阶段、高级数据库阶段。其种类大概有 3 种：层次式数据库、网络式数据库和关系式数据库。不同种类的数据库按不同的数据结构来联系和组织。

对于数据库的概念，没有一个完全固定的定义，随着数据库历史的发展，定义的内容也有很大的差异，其中一种比较普遍的观点认为，数据库（DataBase，DB）是一个长期存储在计算机内的、有组织的、有共享的、统一管理的数据集合。它是一个按数据结构来存储和管理数据的计算机软件系统，即数据库包含两层含义：保管数据的"仓库"，以及数据管理的方法和技术。

数据库的特点包括：实现数据共享，减少数据冗余；采用特定的数据类型；具有较高的数据独立性；具有统一的数据控制功能。

1.1.2　表

在关系数据库中，数据库表是一系列二维数组的集合，用来存储数据和操作数据的逻辑结构。它由纵向的列和横向的行组成，行被称为记录，是组织数据的单位；列被称为字段，每一列表示记录的一个属性，都有相应的描述信息，如数据类型、数据宽度等。

例如一个有关作者信息的名为 authors 的表中，每个列包含所有作者的某个特定类型的信息，比如"姓名"，而每行则包含了某个特定作者的所有信息：编号、姓名、性别、专业，如图 1.1 所示。

图 1.1　authors 表的结构与记录

1.1.3　数据类型

数据类型决定了数据在计算机中的存储格式，代表不同的信息类型。常用的数据类型有：整数数据类型、浮点数数据类型、精确小数类型、二进制数据类型、日期/时间数据类型、字符串数据类型。

表中的每一个字段就是某种指定数据类型，比如图 1.1 中"编号"字段为整数数据，"性别"字段为字符型数据。

1.1.4　主键

主键（Primary Key）又称主码，用于唯一地标识表中的每一条记录。可以定义表中的一列或多列为主键，主键列上不能有两行相同的值，也不能为空值。假如，定义 authors 表，该表给每一个作者分配一个"作者编号"，该编号作为数据表的主键，如果出现相同的值，将提示错误，系统不能确定查询的究竟是哪一条记录；如果把作者的"姓名"作为主键，则不能出现重复的名字，这与现实中的情况不相符合，因此"姓名"字段不适合做为主键。

1.2　数据库技术构成

数据库系统由硬件部分和软件部分共同构成，硬件主要用于存储数据库中的数据，包括计算机、存储设备等。软件部分则主要包括 DBMS、支持 DBMS 运行的操作系统，以及支持多种语言进行应用开发的访问技术等。本节将介绍数据库的技术构成。

1.2.1　数据库系统

数据库系统有 3 个主要的组成部分。

- 数据库：用于存储数据的地方。
- 数据库管理系统：用于管理数据库的软件。
- 数据库应用程序：为了提高数据库系统的处理能力所使用的管理数据库的软件补充。

数据库提供了一个存储空间用以存储各种数据，可以将数据库视为一个存储数据的容器。一个数据库可能包含许多文件，一个数据库系统中通常包含许多数据库。

数据库管理系统（DataBase Management System，DBMS）是用户创建、管理和维护数据库时所使用的软件，位于用户与操作系统之间，对数据库进行统一管理。DBMS 能定义数据存储结构，提供数据的操作机制，维护数据库的安全性、完整性和可靠性。

虽然已经有了 DBMS，但是在很多情况下，DBMS 无法满足对数据管理的要求。数据库应用程序（DataBase Application）的使用可以满足对数据管理的更高要求，还可以使数据管理过程更加直观和友好。数据库应用程序负责与 DBMS 进行通信、访问和管理 DBMS 中存储的数据，允许用户插入、修改、删除 DB 中的数据。

数据库系统如图 1.2 所示：

图 1.2　数据库系统

1.2.2 SQL 语言

对数据库进行查询和修改操作的语言叫做 SQL。SQL 的含义是结构化查询语言（Structured Query Language）。SQL 有许多不同的类型，有 3 个主要的标准：ANSI（美国国家标准机构）SQL，对 ANSI SQL 修改后在 1992 年采纳的标准，称为 SQL-92 或 SQL2。最近的 SQL-99 标准，从 SQL2 扩充而来并增加了对象关系特征和许多其他新功能。其次，各大数据库厂商提供不同版本的 SQL，这些版本的 SQL 不但能包括原始的 ANSI 标准，而且在很大程度上支持 SQL-92 标准。

SQL 包含以下 4 个部分。

（1）数据定义语言（DDL）：DROP、CREATE、ALTER 等语句。

（2）数据操作语言（DML）：INSERT（插入）、UPDATE（修改）、DELETE（删除）语句。

（3）数据查询语言（DQL）：SELECT 语句。

（4）数据控制语言（DCL）：GRANT、REVOKE、COMMIT、ROLLBACK 等语句。

下面是一条 SQL 语句的例子，该语句声明创建一个名叫 students 的表：

```
CREATE TABLE students
(
student_id INT UNSIGNED,
name VARCHAR(30),
sex CHAR(1),
birth DATE,
PRIMARY KEY (student_id)
);
```

该表包含 4 个字段，分别为 student_id、name、sex、birth，其中 student_id 定义为表的主键。

现在只是定义了一张表格，但并没有任何数据，接下来这条 SQL 声明语句，将在 students 表中插入一条数据记录：

```
INSERT INTO students (student_id, name, sex, birth)
VALUES (41048101, 'Lucy Green', '1', '1990-02-14');
```

执行完该 SQL 语句之后，students 表中就会增加一行新记录，该记录中字段 student_id 的值为 41048101，name 字段的值为 Lucy Green，sex 字段值为 1，birth 字段值为 1990-02-14。

再使用 SELECT 查询语句获取刚才插入的数据，如下：

```
SELECT name FROM students WHERE student_id = 41048101;

+---------------+
| name          |
+---------------+
```

```
+---------------+
| Lucy Green    |
+---------------+
```

上面简单列举了常用的数据库操作语句，在这里给读者一个直观的印象，读者可能还不能理解，接下来会在学习 MySQL 的过程中详细介绍这些知识。

1.2.3　数据库访问接口

不同的程序设计语言会有各自不同的数据库访问接口，程序语言通过这些接口，执行 SQL 语句，进行数据库管理。主要的数据库访问接口有：

1. ODBC

Open Database Connectivity（ODBC，开放数据库互连）技术为访问不同的 SQL 数据库提供了一个共同的接口。ODBC 使用 SQL 作为访问数据的标准。这一接口提供了最大限度的互操作性：一个应用程序可以通过共同的一组代码访问不同的 SQL 数据库管理系统（DBMS）。

一个基于 ODBC 的应用程序对数据库的操作不依赖任何 DBMS，不直接与 DBMS 打交道，所有的数据库操作由对应的 DBMS 的 ODBC 驱动程序完成。也就是说，不论是 Access、MySQL 还是 Oracle 数据库，均可用 ODBC API 进行访问。由此可见，ODBC 的最大优点是能以统一的方式处理所有的数据库。

2. JDBC

Java Data Base Connectivity（JDBC，Java 数据库连接）用于 Java 应用程序连接数据库的标准方法，是一种用于执行 SQL 语句的 Java API，可以为多种关系数据库提供统一访问，它由一组用 Java 语言编写的类和接口组成。

3. ADO.NET

ADO.NET 是微软在.NET 框架下开发设计的一组用于和数据源进行交互的面向对象类库。ADO.NET 提供了对关系数据、XML 和应用程序数据的访问，允许和不同类型的数据源以及数据库进行交互。

4. PDO

PDO（PHP Data Object）为 PHP 访问数据库定义了一个轻量级的、一致性的接口，它提供了一个数据访问抽象层，这样，无论使用什么数据库，都可以通过一致的函数执行查询和获取数据。PDO 是 PHP 5 新加入的一个重大功能。

针对不同的程序语言，MySQL 提供了不同数据库的访问连接驱动，读者可以在下载页面（http://dev.MySQL.com/downloads/）下载相关驱动。

1.3 什么是 MySQL

MySQL 是一个小型关系数据库管理系统，与其他大型数据库管理系统（例如 Oracle、DB2、SQL Server 等）相比，MySQL 规模小、功能有限，但是它体积小、速度快、成本低，且它提供的功能对稍微复杂的应用来说已经够用，这些特性使得 MySQL 成为世界上最受欢迎的开放源代码数据库。本节将介绍 MySQL 的特点。

1.3.1 客户机-服务器软件

主从式架构（Client-server model）或客户端-服务器（Client/Server）结构简称 C/S 结构，是一种网络架构，通常在该网络架构下软件分为客户端（Client）和服务器（Server）。

服务器是整个应用系统资源的存储与管理中心，多个客户端则各自处理相应的功能，共同实现完整的应用。在客户/服务器结构中，客户端用户的请求被传送到数据库服务器，数据库服务器进行处理后，将结果返回给用户，从而减少了网络数据传输量。

用户使用应用程序时，首先启动客户端，通过有关命令告知服务器进行连接以完成各种操作，而服务器则按照此请示提供相应的服务。每一个客户端软件的实例都可以向一个服务器或应用程序服务器发出请求。

这种系统的特点就是，客户端和服务器程序不在同一台计算机上运行，这些客户端和服务器程序通常归属不同的计算机。

主从式架构通过不同的途径应用于很多不同类型的应用程序，比如，现在人们最熟悉的在因特网上使用的网页。例如，当顾客想要在当当网站上买书的时候，电脑和网页浏览器就被当作一个客户端，同时，组成当当网的电脑、数据库和应用程序就被当作服务器。当顾客的网页浏览器向当当网请求搜寻数据库相关的图书时，当当网服务器从当当网的数据库中找出所有该类型的图书信息，结合成一个网页，再发送回顾客的浏览器。服务器端一般使用高性能的计算机，并配合使用不同类型的数据库，比如 Oracle、Sybase 或者是 MySQL 等；客户端需要安装专门的软件，比如专门开发的客户端工具浏览器等。

1.3.2 MySQL 版本

针对不同用户，MySQL 分为两个不同的版本：

- **MySQL Community Server**（社区版）：该版本完全免费，但是官方不提供技术支持。
- **MySQL Enterprise Server**（企业版服务器）：它能够以很高性价比为企业提供数据仓库应用，支持 ACID 事物处理，提供完整的提交、回滚、崩溃恢复和行级锁定功能。但是该版本需付费使用，官方提供电话技术支持。

MySQL Cluster 主要用于架设集群服务器，需要在社区版或企业版基础上使用。

MySQL 的命名机制由 3 个数字和 1 个后缀组成，例如：MySQL-5.7.10。

（1）第 1 个数字（5）是主版本号，描述了文件格式，所有版本 5 的发行版都有相同的文件格式。

（2）第 2 个数字（7）是发行级别，主版本号和发行级别组合在一起便构成了发行序列号。

（3）第 3 个数字（10）是在此发行系列的版本号，随每次新分发版本递增。通常选择已经发行的最新版本。

在 MySQL 开发过程中，同时存在多个发布系列，每个发布处在成熟度的不同阶段。

（1）MySQL 5.7 是最新开发的稳定（GA）发布系列，是将执行新功能的系列，目前已经可以正常使用。

（2）MySQL 5.6 是比较稳定（GA）发布系列。只针对漏洞修复重新发布，没有增加会影响稳定性的新功能。

（3）MySQL 5.1 是前一稳定（产品质量）发布系列。只针对严重漏洞修复和安全修复重新发布，没有增加会影响该系列的重要功能。

对于 MySQL 4.1、4.0 和 3.23 等低于 5.0 的老版本，官方将不再提供支持。而所有发布的 MySQL（Current Generally Available Release）版本已经经过严格标准的测试，可以保证其安全可靠地使用。针对不同的操作系统，读者可以在 MySQL 官方下载页面（http://dev.MySQL.com/downloads/）下载到相应的安装文件。

1.3.3　MySQL 的优势

MySQL 的主要优势如下：

（1）速度：运行速度快。

（2）价格：MySQL 对多数个人来说是免费的。

（3）容易使用：与其他大型数据库的设置和管理相比，其复杂程度较低，易于学习。

（4）可移植性：能够工作在众多不同的系统平台上，例如：Windows、Linux、Unix、Mac OS 等。

（5）丰富的接口：提供了用于 C、C++、Eiffel、Java、Perl、PHP、Python、Ruby 和 Tcl 等语言的 API。

（6）支持查询语言：MySQL 可以利用标准 SQL 语法和支持 ODBC（开放式数据库连接）的应用程序。

（7）安全性和连接性：十分灵活和安全的权限和密码系统，允许基于主机的验证。连接到服务器时，所有的密码传输均采用加密形式，从而保证了密码安全。并且由于 MySQL 是网络化的，因此可以在因特网上的任何地方访问，提高数据共享的效率。

1.3.4　MySQL 5.7 的新功能

和 MySQL5.6 相比，MySQL5.7 的新功能主要包括以下几个方面。

1. 支持 JSON

JSON（Java Script Object Notation 的缩写）是一种存储信息的格式，可以很好地替代 XML。从 MySQL 5.7.8 版本开始，MySQL 将支持 JSON，而在此版本之前，只能通过 strings 之类的通用形式来存储 JSON 文件，这样做的缺陷很明显，就是必须要自行确认和解析数据、解决更新中的困难、在执行插入操作时忍受较慢的速度。

2. 性能和可扩展性

改进 InnoDB 的可扩展性和临时表的性能，从而实现更快的网络和大数据加载等操作。

3. 改进复制以提高可用性的性能

改进复制包括多源复制、多从线程增强、在线 GTIDs 和增强的半同步复制。

4. 性能模式提供更好的视角

增加了许多新的监控功能，以减少空间和过载，使用新的 SYS 模式显著提高易用性。

5. 安全

以安全第一为宗旨，提供了很多新的功能，从而保证数据库的安全。

6. 优化

重写了大部分解析器、优化器和成本模型，这提高了可维护性、可扩展性和性能。

7. GIS

MySQL 5.7 全新的功能，包括 InnoDB 空间索引，使用 Boost.Geometry，同时提高完整性和标准符合性。

1.4　MySQL 工具

MySQL 数据库管理系统提供了许多命令行工具，这些工具可以用来管理 MySQL 服务器、对数据库进行访问控制、管理 MySQL 用户以及数据库备份和恢复工具等。而且

MySQL 提供了图形化的管理工具，这使得对数据库的操作更加简单。本节将为读者介绍这些工具的作用。

1.4.1　MySQL 命令行实用程序

MySQL 服务器端实用工具程序如下：

（1）mysqld：SQL 后台程序（即 MySQL 服务器进程）。该程序必须运行之后，客户端才能通过连接服务器来访问数据库。

（2）mysqld_safe：服务器启动脚本。在 UNIX 和 NetWare 中推荐使用 mysqld_safe 来启动 mysqld 服务器。mysqld_safe 增加了一些安全特性，例如当出现错误时重启服务器并向错误日志文件写入运行时间信息。

（3）mysql.server：服务器启动脚本。在 UNIX 中的 MySQL 分发版包括 mysql.server 脚本。该脚本用于使用包含为特定级别的、运行启动服务的脚本的、运行目录的系统。它调用 mysqld_safe 来启动 MySQL 服务器。

（4）mysql_multi：服务器启动脚本，可以启动或停止系统上安装的多个服务器。

（5）myisamchk：用来描述、检查、优化和维护 MyISAM 表的实用工具。

（6）mysqlbug：MySQL 缺陷报告脚本。它可以用来向 MySQL 邮件系统发送缺陷报告。

（7）mysql_install_db：该脚本用默认权限创建 MySQL 授权表。通常只是在系统上首次安装 MySQL 时执行一次。

MySQL 客户端实用工具程序如下：

（1）myisampack：压缩 MyISAM 表以产生更小的只读表的一个工具。

（2）mysql：交互式输入 SQL 语句或从文件以批处理模式执行它们的命令行工具。

（3）mysqlaccess：检查访问主机名、用户名和数据库组合的权限的脚本。

（4）MySQLadmin：执行管理操作的客户程序，例如创建或删除数据库，重载授权表，将表刷新到硬盘上，以及重新打开日志文件。MySQLadmin 还可以用来检索版本、进程，以及服务器的状态信息。

（5）mysqlbinlog：从二进制日志读取语句的工具。在二进制日志文件中包含执行过的语句，可用来帮助系统从崩溃中恢复。

（6）mysqlcheck：检查、修复、分析以及优化表的表维护客户程序。

（7）mysqldump：将 MySQL 数据库转储到一个文件（例如 SQL 语句或 tab 分隔符文本文件）的客户程序。

（8）mysqlhotcopy：当服务器在运行时，快速备份 MyISAM 或 ISAM 表的工具。

（9）mysql import：使用 LOAD DATA INFILE 将文本文件导入相关表的客户程序。

（10）mysqlshow：显示数据库、表、列以及索引相关信息的客户程序。

（11）perror：显示系统或 MySQL 错误代码含义的工具。

1.4.2　MySQL Workbench

MySQL Workbench 是下一代可视化数据库设计软件，MySQL Workbench 为数据库管理员和开发人员提供了一整套可视化数据库操作环境，主要功能有：

- 数据库设计和模型建立。
- SQL 开发（取代 MySQL Query Browser）。
- 数据库管理（取代 MySQL Administrator）。

MySQL Workbench 有两个版本：

（1）MySQL Workbench Community Edition（也叫 MySQL Workbench OSS，社区版），MySQL Workbench OSS 是在 GPL 证书下发布的开源社区版本。

（2）MySQL Workbench Standard Edition（也叫 MySQL Workbench SE，商业版），MySQL Workbench SE 是按年收费的商业版本。

> 截至本书完稿时，最新版本为 MySQL Workbench 5.2.34。一些出版时间较早的 MySQL 教程中会提到图形化的工具 MySQL Query Browser 和 MySQL Administrator。随着 MySQL 的发展，Oracle 公司使用更高效、便捷的 Workbench 替换掉了这两个工具，目前官方已经不再提供 MySQL Query Browser 和 MySQL Administrator 的技术支持和更新，但是仍然可以在使用旧版本 MySQL 时使用它们。

1.5　如何学习 MySQL

在学习 MySQL 数据库之前，很多读者都会问如何才能学习好 MySQL 5.7 的相关技能呢？下面就来讲述学习 MySQL 的方法。

1. 培养兴趣

兴趣是最好的老师，不论学习什么知识，兴趣都可以极大地提高学习效率。当然学习 MySQL 5.7 也不例外。

2. 夯实基础

计算机领域的技术非常强调基础，刚开始学习可能还认识不到这一点，随着技术应用的深入，只有有着扎实的基础功底，才能在技术的道路上走得更快、更远。对于 MySQL 的学习来说，SQL 语句是其中最为基础的部分，很多操作都是通过 SQL 语句来实现的。所以在学习的过程中，读者要多编写 SQL 语句，对于同一个功能，使用不同的实现语句来完成，从而深刻理解其不同之处。

3. 及时学习新知识

正确、有效地利用搜索引擎，可以搜索到很多关于 MySQL 5.7 的相关知识。同时，参考别人解决问题的思路，也可以吸取别人的经验，及时获取最新的技术资料。

4. 多实践操作

数据库系统具有极强的操作性，需要多动手上机操作。在实际操作的过程中才能发现问题，并思考解决问题的方法和思路，只有这样才能提高实战的操作能力。

第 2 章
◀ MySQL的安装与配置 ▶

学习目标!Objective

MySQL 支持多种平台，不同平台下的安装与配置过程也不相同。在 Windows 平台下可以使用二进制的安装软件包或免安装版的软件包进行安装，二进制的安装包提供了图形化的安装向导过程，而免安装版直接解压缩即可使用。Linux 平台下使用命令行安装 MySQL，但由于 Linux 是开源操作系统，有众多的分发版本，因此不同的 Linux 平台需要下载相应的 MySQL 安装包。本章将主要讲述 Windows 和 Linux 两个平台下 MySQL 的安装和配置过程。

内容导航!Navigation

- 掌握如何在 Windows 平台下安装和配置 MySQL 5.7
- 掌握启动服务并登录 MySQL 5.7 数据库
- 掌握 MySQL 的两种配置方法
- 熟悉 MySQL 常用图形管理工具
- 掌握常见的 MySQL 工具
- 掌握如何在 Linux 平台下安装和配置 MySQL 5.7

2.1 Windows 平台下安装与配置 MySQL 5.7

Windows 平台下安装 MySQL，可以使用图行化的安装包，图形化的安装包提供了详细的安装向导，通过向导，读者可以一步一步地完成对 MySQL 的安装。本节将介绍使用图形化安装包安装 MySQL 的步骤。

2.1.1　安装 MySQL 5.7

要想在 Windows 中运行 MySQL，需要 32 位或 64 位 Windows 操作系统，例如 Windows XP、Windows Vista、Windows 7、Windows 8、Windows Server 2003、Windows Server 2008 等。Windows

可以将 MySQL 服务器作为服务来运行，通常，在安装时需要具有系统的管理员权限。

　　Windows 平台下提供两种安装方式：MySQL 二进制分发版（.msi 安装文件）和免安装版（.zip 压缩文件）。一般来讲，应当使用二进制分发版，因为该版本比其他的分发版使用起来要简单，不再需要其他工具来启动就可以运行 MySQL。这里，在 XP 平台上选用图形化的二进制安装方式，其他 Windows 平台上安装过程也差不多。

1. 下载 MySQL 安装文件

下载 MySQL 安装文件的具体操作步骤如下。

步骤01 打开 IE 浏览器，在地址栏中输入网址：http://dev.mysql.com/downloads/installer/，单击【转到】按钮，打开 MySQL Community Server 5.7.10 下载页面，选择 Microsoft Windows 平台，然后根据读者的平台选择 32 位或者 64 位安装包，在这里选择 32 位，单击右侧【Download】按钮开始下载，如图 2.1 所示。

图 2.1　MySQL 下载页面

 这里有 32 位的安装程序有两个版本，分别为 mysql-installer-web-community 和 mysql-installer-communityl，其中 mysql-installer-web-community 为在线安装版本，mysql-installer-communityl 为离线安装版本。

步骤02 在弹出的页面中提示开始下载，这里单击【Login】按钮，如图 2.2 所示。

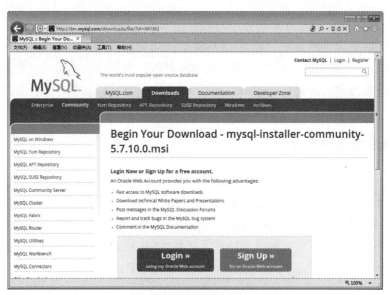

图 2.2　开始下载页面

步骤 03　弹出用户登录页面，输入用户名和密码后，单击【登录】按钮，如图 2.3 所示。

图 2.3　用户登录页面

　如果用户没有用户名和密码，可以单击【创建账户】链接进行注册即可。

步骤 04　弹出开始下载页面，单击【Download Now】按钮，即可开始下载，如图 2.4 所示。

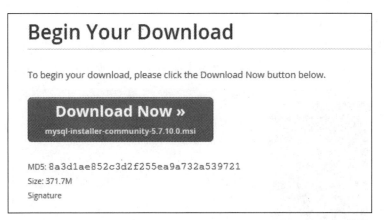

图 2.4　开始下载页面

2. 安装 MySQL5.7

MySQL 下载完成后，找到下载文件，双击进行安装，具体操作步骤如下。

步骤 01　双击下载的 mysql-installer-community-5.7.10.msi 文件，如图 2.5 所示。

mysql-installer-community-5.7.10.0.msi　　　　380,644 KB　　Windows Installer 程序包

图 2.5　MySQL 安装文件名称

步骤 02　打开【License Agreement】（用户许可证协议）窗口，选中【I accept the license terms】
（我接受许可协议）复选框，单击【Next】（下一步）按钮，如图 2.6 所示。

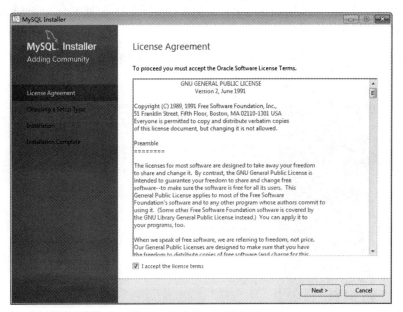

图 2.6　用户许可证协议窗口

步骤 03　打开【Choosing a Setup Type】（安装类型选择）窗口，在其中列出了 5 种安装类型，

分别是：Developer Default（默认安装类型）、Server only（仅作为服务器）、Client only（仅作为客户端）、Full（完全安装）和 Custom（自定义安装类型）。这里选择【Custom】（自定义安装类型）单选按钮，单击【Next】（下一步）按钮，如图 2.7 所示。

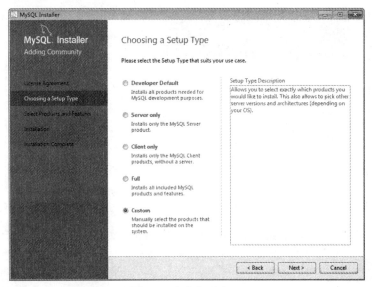

图 2.7　安装类型窗口

步骤 04 打开【Select Products and Features 】（产品定制选择）窗口，选择【MySQL Server 5.7.10-x86】后，单击【添加】按钮，即可选择安装 MySQL 服务器。采用同样的方法，添加【Samples and Examples 5.7.10-x86】和【MySQL Documentation 5.7.10-x86】选项，如图 2.8 所示。

图 2.8　自定义安装组件窗口

步骤 05　单击【Next】(下一步)按钮，进入安装确认对话框，单击【Execute】(执行)按钮，如图 2.9 所示。

图 2.9　准备安装对话框

步骤 06　开始安装 MySQL 文件，安装完成后在【Status】(状态)列表下将显示 Complete (安装完成)，如图 2.10 所示。

图 2.10　安装完成窗口

2.1.2 配置 MySQL 5.7

MySQL 安装完毕之后，需要对服务器进行配置。具体的配置步骤如下。

步骤 01 在上一节的最后一步中，单击【Next】（下一步）按钮，进入服务器配置窗口，如图 2.11 所示。单击【Next】（下一步）按钮。

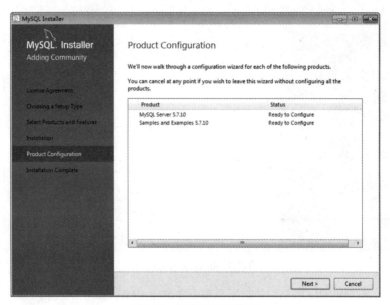

图 2.11 服务器配置窗口

步骤 02 进入 MySQL 服务器配置窗口，采用默认设置，单击【Next】（下一步）按钮，如图 2.12 所示。

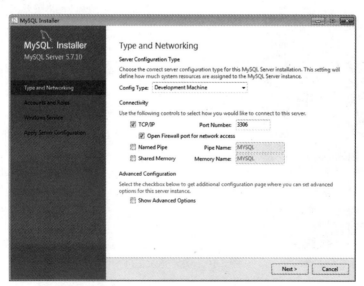

图 2.12 MySQL 服务器配置窗口

MySQL 服务器配置窗口中个别参数的含义如下。

【Server Configuration Type】：该选项用于设置服务器的类型。单击该选项右侧的向下按钮，即可看到包括 3 个选项，如图 2.13 所示。

图 2.13　MySQL 服务器的类型

上图中 3 个选项的具体含义如下。

- Development Machine（开发机器）：该选项代表典型个人用桌面工作站。假定机器上运行着多个桌面应用程序。将 MySQL 服务器配置成使用最少的系统资源。
- Server Machine（服务器）：该选项代表服务器，MySQL 服务器可以同其他应用程序一起运行，例如 FTP、Email 和 Web 服务器。MySQL 服务器配置成使用适当比例的系统资源。
- Dedicated Machine（专用服务器）：该选项代表只运行 MySQL 服务的服务器。假定没有运行其他服务程序，MySQL 服务器配置成使用所有可用的系统资源。

作为初学者，建议选择【Development Machine】（开发机器）选项，这样占用系统的资源比较少。

步骤 03　打开设置服务器的密码窗口，重复输入两次同样的登录密码后，单击【Next】（下一步）按钮，如图 2.14 所示。

图 2.14　设置服务器的登录密码

系统默认的用户名称为 root，如果想添加新用户，可以单击【add User】（添加用户）按钮进行添加。

步骤 04　打开设置服务器名称窗口，本案例设置服务器名称为 "MySQL"，单击【Next】（下一步）按钮，如图 2.15 所示。

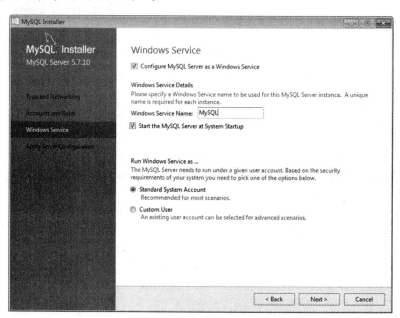

图 2.15　设置服务器的名称

步骤 05　打开确认设置服务器窗口，单击【Execute】（执行）按钮，如图 2.16 所示。

图 2.16　确认设置服务器

步骤 06　系统自动配置 MySQL 服务器。配置完成后，单击【Finish】（完成）按钮。即可完成服务器的配置，如图 2.17 所示。

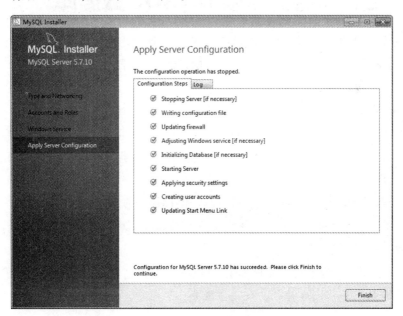

图 2.17　完成设置服务器

步骤 07　按键盘上的【Ctrl+Alt+Del】组合键，打开【Windows 任务管理器】对话框，可以看到 MySQL 服务进程 mysqld.exe 已经启动了，如图 2.18 所示。

图 2.18   任务管理器窗口

至此，就完成了在 Windows 7 操作系统环境下安装 MySQL 的操作。

2.2   启动服务并登录 MySQL 数据库

MySQL 安装完毕之后，需要启动服务器进程，不然客户端无法连接数据库。客户端通过命令行工具登录数据库。本节将介绍如何启动 MySQL 服务器和登录 MySQL 的方法。

2.2.1   启动 MySQL 服务

在前面的配置过程中，已经将 MySQL 安装为 Windows 服务，当 Windows 启动、停止时，MySQL 也自动启动、停止。不过，用户还可以使用图形服务工具来控制 MySQL 服务器或从命令行使用 NET 命令。

可以通过 Windows 的服务管理器查看，具体的操作步骤如下。

步骤 01   单击【开始】菜单，在搜索框中输入 "services.msc"，按【Enter】键确认。如图 2.19 所示。

步骤 02   打开 Windows 的【服务管理器】，在其中可以看到服务名为 "MySQL" 的服务项，其右边状态为 "已启动"，表明该服务已经启动，如图 2.20 所示。

图 2.19　【运行】对话框　　　　　　图 2.20　服务管理器窗口

由于设置了 MySQL 为自动启动，在这里可以看到，服务已经启动，而且启动类型为自动。如果没有"已启动"字样，说明 MySQL 服务未启动。启动方法为：单击【开始】菜单，在搜索框中输入"cmd"，按【Enter】键确认。弹出命令提示符界面。然后输入"net start MySQL"，按回车键，就能启动 MySQL 服务了，停止 MySQL 服务的命令为："net stop MySQL"，如图 2.21 所示。

图 2.21　命令行中启动和停止 MySQL

输入的 MySQL 是服务的名字。如果读者的 MySQL 服务的名字是 DB 或其他名字，应该输入"net start DB"或其他名称。

也可以直接双击 MySQL 服务，打开【MySQL 的属性】对话框，在其中通过单击【启动】或【停止】按钮来更改服务状态，如图 2.22 所示。

图 2.22　MySQL 服务属性对话框

2.2.2 登录 MySQL 数据库

当 MySQL 服务启动完成后，便可以通过客户端来登录 MySQL 数据库。在 Windows 操作系统下，可以通过两种方式登录 MySQL 数据库。

1. 以 Windows 命令行方式登录

具体的操作步骤如下。

步骤 01 单击【开始】菜单，在搜索框中输入"cmd"，按【Enter】键确认，如图 2.23 所示。

步骤 02 打开 DOS 窗口，输入以下命令并按【Enter】键确认，如图 2.24 所示。

```
cd C:\Program Files\MySQL\MySQL Server 5.7\bin\
```

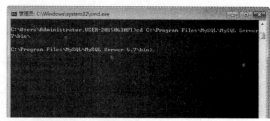

图 2.23 运行对话框　　　　　　　　　　图 2.24 DOS 窗口

步骤 03 在 DOS 窗口中可以通过登录命令连接到 MySQL 数据库，连接 MySQL 的命令格式为：

```
mysql -h hostname -u username -p
```

其中 MySQL 为登录命令，–h 后面的参数是服务器的主机地址，在这里客户端和服务器在同一台机器上，所以输入 localhost 或者 IP 地址 127.0.0.1，-u 后面跟登录数据库的用户名称，在这里为 root，-p 后面是用户登录密码。

接下来，输入如下命令：

```
mysql -h localhost -u root -p
```

按【Enter】键，系统会提示输入密码"Enter password"，这里输入在前面配置向导中自己设置的密码，验证正确后，即可登录到 MySQL 数据库，如图 2.25 所示。

图 2.25 Windows 命令行登录窗口

当窗口中出现如图 2.25 所示的说明信息，命令提示符变为"mysql>"时，表明已经成功
登录 MySQL 服务器了，可以开始对数据库进行操作。

2. 使用 MySQL Command Line Client 登录

依次选择【开始】|【所有程序】|【MySQL】|【MySQL Server 5.7】|【MySQL 5.7 Command
Line Client】菜单命令，进入密码输入窗口，如图 2.26 所示。

图 2.26　MySQL 命令行登录窗口

输入正确的密码之后，就可以登录到 MySQL 数据库了。

第一次使用 MySQL Command Line Client，有可能会出现闪一下，然后窗口就消失的情
况。下面就来讲述如何处理这种情况。具体操作步骤如下。

步骤 01　依次选择【开始】|【程序】|【MySQL】|【MySQL Server 5.7】|【MySQL 5.7 Command
Line Client】菜单命令并右击，在弹出的菜单中选择【属性】菜单命令，如图 2.27
所示。

图 2.27　选择 MySQL 5.7 Command Line Client 菜单的属性

步骤 02　在打开的对话框中复制【目标】文本框中内容，如图 2.28 所示。

图 2.28　【MySQL 5.7 Command Line Client 属性】对话框

提 示

复制的内容如下。其中 my.ini 文件是不存在的，所以弹出的窗口会闪一下就消失了。

```
    "C:\Program    Files\MySQL\MySQL    Server    5.7\bin\mysql.exe"
"--defaults-file=C:\ProgramData\MySQL\MySQL    Server    5.7\my.ini"
"-uroot" "-p"
```

步骤 03　打开路径 C:\Program Files\MySQL\MySQL Server 5.7，在打开的窗口中发现没有文件 my.ini，如图 2.29 所示。

图 2.29　打开路径的窗口

步骤 04　复制文件 my-default.ini，然后将副本命名为 my.ini 即可，如图 2.30 所示。

图 2.30　复制文件 my-default.ini

完成上面的操作后，即可解决窗口闪一下就消失的问题。

2.2.3　配置 Path 变量

在前面登录 MySQL 服务器的时候，不能直接输入 MySQL 登录命令，是因为没有把 MySQL 的 bin 目录添加到了系统的环境变量里面，所以不能直接使用 MySQL 命令。如果每次登录都输入 "cd C:\Program Files\MySQL\MySQL Server 5.7\bin"，才能使用 MySQL 等其他命令工具，这样比较麻烦。

下面介绍怎样手动配置 PATH 变量，具体的操作步骤如下。

步骤01 在桌面上右击【计算机】图标，在弹出的快捷菜单中选择【属性】菜单命令，如图 2.31 所示。

步骤02 打开【系统】窗口，单击【高级系统设置】链接，如图 2.32 所示。

图 2.31　我的电脑属性菜单　　　　　　图 2.32　系统属性对话框

步骤03 打开【系统属性】对话框，选择【高级】选项卡，然后单击【环境变量】按钮，如图如图 2.33 所示。

步骤04 打开【环境变量】对话框，在系统变量列表中选择【Path】变量，如图 2.34 所示。

图 2.33　【系统属性】对话框　　　　　图 2.34　【环境变量】对话框

步骤 05　单击【编辑】按钮，在【编辑系统变量】对话框中，将 MySQL 应用程序的 bin 目录（C:\Program Files\MySQL\MySQL Server 5.7\bin）添加到变量值中，用分号将其与其他路径分隔开，如图 2.35 所示。

图 2.35　编辑系统变量对话框

步骤 06　添加完成之后，单击【确定】按钮，这样就完成了配置 PATH 变量的操作，然后就可以直接输入 MySQL 命令来登录数据库了。

2.3　MySQL 常用图形管理工具

MySQL 图形化管理工具极大地方便了数据库的操作与管理，常用的图形化管理工具有：MySQL Workbench、phpMyAdmin、Navicat、MySQLDumper、SQLyog、MySQL ODBC Connector。其中 phpMyAdmin 和 Navicat 提供中文操作界面；MySQL Workbench、MySQL ODBC Connector、MySQLDumper 为英文界面。下面介绍几个常用的图形管理工具。

1. MySQL Workbench

MySQL 官方提供的图形化管理工具 MySQl Workbench 完全支持 MySQL 5.0 以上的版本，在 5.0 版本中，有些功能将不能使用；而在 4.X 以下的版本中，MySQL Workbench 分为社区版和商业版，社区版完全免费，而商业版则是按年收费。

下载地址：http://dev.MySQL.com/downloads/workbench/。

2. phpMyAdmin

phpMyAdmin 使用 PHP 编写，必须安装在 Web 服务器中，通过 Web 方式控制和操作 MySQL 数据库。通过 phpMyAdmin 可以完全对数据库进行操作，例如建立、复制、删除数据等等。管理数据库非常方便，并支持中文，不足之处在于对大数据库的备份和恢复不方便。

下载地址：http://www.phpmyadmin.net/。

3. Navicat

Navicat MySQL 是一个强大的 MySQL 数据库服务器管理和开发工具。它可以与任何 3.21 或以上版本的 MySQL 一起工作，支持触发器、存储过程、函数、事件、视图、管理用户等等。对于新手来说也易学易用。其精心设计的图形用户界面（GUI），可以让用户用一种安全简便的方式来快速方便地创建、组织、访问和共享信息。Navicat 支持中文，有免费版本提供。

下载地址：http://www.navicat.com/。

4. MySQLDumper

MySQLDumper 使用基于 PHP 开发的 MySQL 数据库备份恢复程序，解决了使用 PHP 进行大数据库备份和恢复的问题。数百兆的数据库都可以方便地备份恢复，不用担心网速太慢而导致中断的问题，非常方便易用。

下载地址：http://www.MySQLdumper.de/en/。

5. SQLyog

SQLyog 是一款简洁高效、功能强大的图形化 MySQL 数据库管理工具。使用 SQLyog 可以快速直观地让用户从世界的任何角落通过网络来维护远端的 MySQL 数据库。

下载地址：http://www.webyog.com/en/index.php，读者也可以搜索中文版的下载地址。

2.4　Linux 平台下安装与配置 MySQL 5.7

Linux 操作系统有众多的发行版，不同的平台上需要安装不同的 MySQL 版本，MySQL 主要支持的 Linux 版本有 SUSE Linux enterprise Server 和 Red Hat & Oracle Enterprise Linux。本节将介绍 Linux 平台下 MySQL 的安装过程。

2.4.1　Linux 操作系统下的 MySQL 版本介绍

Linux 操作系统是自由软件和开放源代码发展中最著名的例子。其诞生以后，经过全世界各地计算机爱好者的共同努力，现已成为今天世界上使用最多的一种 UNIX 类操作系统，目前已经开发超过 300 个发行版本，比较流行的版本有：Ubuntu，Debian GNU/Linux，Fedora，openSUSE 和 Red Hat。

目前 MySQL 主要支持的 Linux 版本为 SUSE 和 Red Hat，读者可以针对个人的喜好，选择使用不同的安装包，不同平台的安装过程基本相同。

Linux 操作系统 MySQL 安装包分为以下 3 类。

- RPM：RPM 软件包是一种在 Linux 平台下的安装文件，通过安装命令可以很方便地安装与卸载，MySQL 的 RPM 安装文件包分为两个：服务器端和客户端，需要分别下载和安装。
- Generic Binaries：二进制软件包，经过编译生成的二进制文件软件包。
- 源码包：源码包是 MySQL 数据库的源代码，用户需要自己编译成二进制文件之后才能安装。

下面简要介绍 SUSE Linux Enterprise Server 和 Red Hat Enterprise Linux 的 MySQL 安装包。

1. SUSE Linux Enterprise Server

SUSE 于 1992 年末创办，采用了很多 Red Hat Linux 的特质，2004 年 1 月被 Novell 公司收购。目前最新版本为 SUSE Linux 11.4。官方提供 SUSE Linux Enterprise Server 9 到 SUSE Linux Enterprise Server 11 的 MySQL 安装包。不同的处理器架构下 MySQL 的版本也不相同，读者根据自己的 CPU 类型选择相应的 RPM 安装包。

读者可以在下载页面 http://dev.mysql.com/downloads/mysql/，选择【SUSE Linux enterprise Server】平台，下载服务器端和客户端（如图 2.36 所示）的 RPM 包。

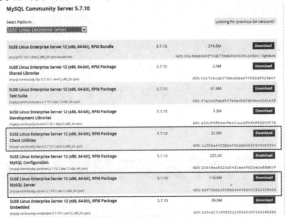

图 2.36　SUSE Linux 平台下服务器端和客户端 RPM 包

 其中 MySQL Server 代表服务器端的 RPM 包，Clinet Utilities 代表客户端的 RPM 包。官方同时提供二进制和源码的 MySQL 安装包。

2. Red Hat Enterprise Linux

2004 年 4 月 30 日，Red Hat 公司正式停止对 Red Hat 9.0 版本的支持，标志着 Red Hat Linux 的正式完结。Red Hat 公司不再开发桌面版的 Linux 发行包，而集中力量开发服务器版，也就是 Red Hat Enterprise Linux 版。目前 Red Hat Enterprise Linux 7 为最新的版本，官方网站能够下载到从 Red Hat Enterprise Linux 5 到 Red Hat Enterprise Linux 7 的 5.7 版的 MySQL 安装包。

　　根据不同的处理器架构，Linux 下的 MySQL 安装包的版本也有不同，在这里选择 Red Hat Enterprise Linux 7。

　　读者可以在下载页面 http://dev.mysql.com/downloads/mysql/，选择【Red Hat Enterprise Linux/Oracle】平台，下载服务器端和客户端（如图 2.37 所示）RPM 包。

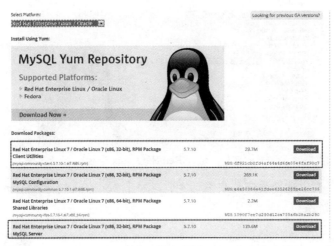

图 2.37　Red Hat Linux 平台下服务器端 RPM 包和客户端 RPM 包

2.4.2　安装和配置 MySQL 的 RPM 包

MySQL 推荐使用 RPM 包进行 Linux 平台下的安装，从官方下载的 RPM 包能够在所有支持 RPM packages，glibc2.3 的 Linux 系统下安装使用。

　　通过 RPM 包安装之后，MySQL 服务器目录包括以下子目录，如表 2.1 所示。

表 2.1　Linux 平台 MySQL 安装目录

文件夹	文件夹内容
/usr/bin	客户端和脚本
/usr/sbin	MYSQLD 服务器
/var/lib/mysql	日志文件和数据库
/usr/share/info	信息格式的手册
/usr/share/man	UNIX 帮助页
/usr/include/mysql	头文件
/usr/lib/mysql	库
/usr/share/mysql	错误消息、字符集、示例配置文件等

　　对于标准安装，只需要安装 MySQL-server 和 MySQL-client，下面开始通过 RPM 包进行安装。

　　具体的操作步骤如下。

步骤 01 进入下载页面 http://dev.mysql.com/downloads/mysql/，下载 RPM 包。在平台下拉列表中选择【Red Hat Enterprise Linux /Oracle Linux】，如图 2.38 所示。

图 2.38　选择 Red Hat Linux 平台

步骤 02 从 RPM 列表中选择要下载安装的包，单击【Download】按钮，开始下载安装文件。如图 2.39 所示。

图 2.39　Red Hat Linux 平台 RPM 包下载页面

步骤 03 下载完成后，解压下载的 tar 包。

```
[root@localhost share]#tar -xvf MySQL-5.7.10-1.rhel5.i386.tar
MySQL-client-5.7.10-1.rhel5.i386.rpm
MySQL-devel-5.7.10-1.rhel5.i386.rpm
MySQL-embedded-5.7.10-1.rhel5.i386.rpm
MySQL-server-5.7.10-1.rhel5.i386.rpm
MySQL-shared-5.7.10-1.rhel5.i386.rpm
MySQL-test-5.7.10-1.rhel5.i386.rpm
```

　　tar 是 Linux/UNIX 系统的上的一个打包工具，通过 tar –help 可以查看 tar 使用帮助。可以看到，解压出来的文件有 6 个。

（1）MySQL-client-5.7.10-1.rhel5.i386.rpm 是客户端的安装包；

（2）MySQL-server-5.7.10-1.rhel5.i386.rpm 是服务端的安装包；

（3）MySQL-devel-5.7.10-1.rhel5.i386.rpm 是包含开发用的库头文件安装的包；

（4）MySQL-shared-5.7.10-1.rhel5.i386.rpm 是包含 MySQL 的一些共享库文件的安装包；

（5）MySQL-test-5.7.10-1.rhel5.i386.rpm 是一些测试的安装包；

（6）MySQL-embedded-5.7.10-1.rhel5.i386.rpm 是嵌入式 MySQL 的安装包。

一般情况下，只需要安装 client 和 server 两个包，如果需要进行 c/c++mysql 相关开发，请安装 MySQL-devel-5.7.10-1.rhel5.i386.rpm。

 步骤04 切换到 root 用户。

```
[root@localhost share]$su - root
```

 此处也可以直接输入 su -，符号“-”告诉系统在切换到 root 的用户的时候，要初始化 root 的环境变量。然后按照提示输入 root 用户的密码，就可以完成切换 root 用户的操作。

步骤05 安装 MySQL Server 5.7。

```
[root@localhost share]# rpm -ivh MySQL-server-5.7.10-1.rhel5.i386.rpm
Preparing...              ########################################### [100%]
1:MySQL-server            ########################################### [100%]
PLEASE REMEMBER TO SET A PASSWORD FOR THE MySQL root USER !
To do so, start the server, then issue the following commands:

/usr/bin/mysqladmin -u root password 'new-password'
/usr/bin/mysqladmin -u root -h localhost.localdomain password 'new-password'

Alternatively you can run:
/usr/bin/mysql_secure_installation

which will also give you the option of removing the test
databases and anonymous user created by default.  This is
strongly recommended for production servers.

See the manual for more instructions.

Please report any problems with the /usr/bin/mysqlbug script!
```

看到这些，说明 MySQL server 安装成功了。按照提示，执行/usr/bin/mysqladmin -u root password 'new-password'可以更改 root 用户密码；执行/usr/bin/mysql_secure_installation 会删除测试数据库和匿名用户；运行/usr/bin/mysqlbug script 会报告 bug。

 安装之前要查看机器上是否已经装有旧版的 MySQL 如果有,最好先把旧版 MySQL 卸载,否则可能会产生冲突，查看旧版本 MySQL 的命令是:

```
[root@localhost share]# rpm -qa|grep -i mysql
mysql-5.0.77-4.el5_4.2
```

系统会显示机器上安装的旧版 MySQL 信息，如上面第二行所显示。

然后，卸载 mysql-5.0.77-4.el5_4.2，输入命令如下。

```
[root@localhost share]# rpm -ev mysql-version-4.el5_4.2
```

步骤 06 启动服务，输入命令如下。

```
[root@localhost share]# service mysql restart
MySQL server PID file could not be found!        [失败]
Starting MySQL...                                [确定]
```

服务启动成功。

 从 MySQL 5.0 开始，MySQL 的服务名改为 mysql，而不是 4.*的 mysqld。

MySQL 服务的操作命令是：

```
service mysql start|stop|restart|status。
```

start|stop|restart|status 这几个参数的意义如下：

- start，启动服务。
- stop，停止服务。
- restart，重启服务。
- status，查看服务状态。

步骤 07 安装客户端，输入命令如下：

```
[root@localhost share]# rpm -ivh MySQL-client-5.7.10-1.rhel5.i386.rpm
Preparing...              ########################################### [100%]
1:MySQL-client            ########################################### [100%]
```

步骤 08 安装成功之后，使用命令行登录。

```
[root@localhost share]# mysql -u root -h localhost
Welcome to the MySQL monitor.  Commands end with ; or \g.
Your MySQL connection id is 1
Server version: 5.7.10 MySQL Community Server (GPL)

Copyright (c) 2000, 2010, Oracle and/or its affiliates. All rights reserved.

Oracle is a registered trademark of Oracle Corporation and/or its
affiliates. Other names may be trademarks of their respective
owners.

Type 'help;' or '\h' for help. Type '\c' to clear the current input statement.
```

读者看到上面的信息说明登录成功，接下来就可以对 MySQL 数据库进行操作了。

步骤 09 更改 root 密码。

```
[root@localhost share]#/usr/bin/mysqladmin -u root password '123456'
```

执行完该命令，root 的密码被改为 123456。

步骤 10　添加新的用户。

```
[root@localhost share]#mysql -u root -p 123456 -h localhost
mysql> GRANT ALL PRIVILEGES ON *.* TO monty@localhost
       IDENTIFIED BY 'something' WITH GRANT OPTION;
```

2.4.3　安装和配置 MySQL 的源码包

进入下载页面 http://dev.mysql.com/downloads/mysql/#downloads，在安装平台下拉列表中选择【Source Code】选项，如图 2.40 所示。

图 2.40　MySQL 源码包下载页面

源码安装需要一些开发工具，分别如下：

（1）CMakde (cross platform make)，构建程序必需的一个跨平台的构建工具。官方网址 http://www.cmake.org/。

（2）一个好的 make 工具，MySQL 官方推荐使用 GNU make 3.75，GNU make 下载地址：http://www.gnu.org/software/make/。

（3）ANSI C++编译器，GCC 4.2.1 及以上版本。

（4）Perl，运行 test 版本所必需的。

（5）rpm 包管理器，rpmbuild 工具。

编译安装，输入命令如下：

```
[root@localhost tmp]# rpmbuild --rebuild --clean MySQL-5.7.10-1.linux2.6.src.
rpm
```

编译完成后会形成一个 rpm 包，然后按照 rpm 包的安装方法安装就可以了。作为初级用户，不建议使用源码包进行安装。

2.5 专家解惑

计算机技术具有很强的操作性，MySQL 的安装和配置是一件非常简单的事，但是在操作过程中也可能出现问题，读者需要多实践、多总结。

疑问 1：无法打开 MySQL 5.7 软件安装包，提示对话框如图 2.41 所示，如何解决？

图 2.41 无法安装提示对话框

在安装 MySQL 5.7 软件安装包之前，用户需要确保系统中已经安装了.Net Framework 3.5 和.Net Framework 4.0，如果缺少这两个软件，将不能正常地安装 MySQL 5.7 软件。另外还要确保 WindowsInstaller 正常安装。

疑问 2：MySQL 安装失败？

安装过程失败，多是由于重新安装 MySQL 的缘故，因为 MySQL 在删除的时候，不能自动删除相关的信息。解决方法是，把以前安装的目录删除掉。删除在 C 盘的 program file 文件夹里面 MySQL 的安装目录文件夹；同时删除 MySQL 的 DATA 目录，该目录一般为隐藏文件，其位置一般在 "C:\Documents and Settings\All Users\Application Data\ MySQL" 目录下，删除掉后重新安装即可。

2.6 经典习题

（1）下载并安装 MySQL。

（2）使用配置向导配置 MySQL 为系统服务，在系统服务对话框中，手动启动或者关闭 MySQL 服务。

（3）使用 net 命令启动或者关闭 MySQL 服务。

（4）使用免安装的软件包安装 MySQL。

第 3 章
◀ 数据库的基本操作 ▶

 学习目标 | Objective

　　MySQL 安装好以后，首先需要创建数据库，这是使用 MySQL 各种功能的前提。本章将详细介绍数据的基本操作，主要内容包括：创建数据库、删除数据库、不同类型的数据存储引擎和存储引擎的选择。

 内容导航 | Navigation

- 掌握如何创建数据库
- 熟悉数据库的删除操作
- 了解数据存储引擎的简介
- 熟悉常见的存储引擎工作原理
- 熟悉如何选择符合需求的存储引擎
- 掌握综合案例中数据库的创建和删除方法

3.1　创建数据库

　　MySQL 安装完成之后，将会在其 data 目录下自动创建几个必需的数据库，可以使用 SHOW DATABASES;语句来查看当前所有存在的数据库，输入语句如下。

```
mysql> SHOW DATABASES;
+--------------------+
| Database           |
+--------------------+
| information_schema |
| mysql              |
| performance_schema |
| sakila             |
| test               |
| world              |
```

```
+--------------------------+
6 rows in set (0.04 sec)
```

可以看到，数据库列表中包含了 6 个数据库，MySQL 是必需的，它描述用户访问权限，用户经常利用 test 数据库做测试的工作，其他数据库将在后面的章节中介绍。

创建数据库是在系统磁盘上划分一块区域用于数据的存储和管理，如果管理员在设置权限的时候为用户创建了数据库，则可以直接使用，否则，需要自己创建数据库。MySQL 中创建数据库的基本 SQL 语法格式为：

```
CREATE DATABASE database_name;
```

"database_name" 为要创建的数据库的名称，该名称不能与已经存在的数据库重名。

【例 3.1】创建测试数据库 test_db，输入语句如下。

```
CREATE DATABASE test_db;
```

数据库创建好之后，可以使用 SHOW CREATE DATABASE 声明查看数据库的定义。

【例 3.2】查看创建好的数据库 test_db 的定义，输入语句如下。

```
mysql> SHOW CREATE DATABASE test_db\G
*** 1. row ***
      Database: test_db
Create Database: CREATE DATABASE `test_db` /*!40100 DEFAULT CHARACTER SET utf8
*/
1 row in set (0.00 sec)
```

可以看到，如果数据库创建成功，将显示数据库的创建信息。

再次使用 SHOW DATABASES;语句来查看当前所有存在的数据库，输入语句如下。

```
mysql> SHOW databases;
+--------------------+
| Database           |
+--------------------+
| information_schema |
| mysql              |
| performance_schema |
| sakila             |
| test               |
| test_db            |
| world              |
+--------------------+
7 rows in set (0.05 sec)
```

可以看到，数据库列表中包含了刚刚创建的数据库 test_db 和其他已经存在的数据库的名称。

3.2 删除数据库

删除数据库是将已经存在的数据库从磁盘空间上清除，清除之后，数据库中的所有数据也将一同被删除。删除数据库语句和创建数据库的命令相似，MySQL 中删除数据库的基本语法格式为：

```
DROP DATABASE database_name;
```

"database_name"为要删除的数据库的名称，如果指定的数据库不存在，则删除出错。

【例 3.3】删除测试数据库 test_db，输入语句如下。

```
DROP DATABASE test_db;
```

语句执行完毕之后，数据库 test_db 将被删除，再次使用 SHOW CREATE DATABASE 声明查看数据库的定义，结果如下。

```
mysql> SHOW CREATE DATABASE test_db\G
ERROR 1049 (42000): Unknown database 'test_db'
ERROR:
No query specified
```

执行结果给出一条错误信息："ERROR 1049 <42000>：Unknown database 'test_db'"，即数据库 test_db 已不存在，删除成功。

> 使用 DROP DATABASE 命令时要非常谨慎，在执行该命令时，MySQL 不会给出任何提醒确认信息，DROP DATABASE 声明删除数据库后，数据库中存储的所有数据表和数据也将一同被删除，而且不能恢复。

3.3 数据库存储引擎

数据库存储引擎是数据库底层软件组件，数据库管理系统（DBMS）使用数据引擎进行创建、查询、更新和删除数据操作。不同的存储引擎提供不同的存储机制、索引技巧、锁定水平等功能，使用不同的存储引擎，还可以获得特定的功能。现在许多不同的数据库管理系统都支持多种不同的数据引擎。MySQL 的核心就是存储引擎。

3.3.1 MySQL 存储引擎简介

MySQL 提供了多个不同的存储引擎，包括处理事务安全表的引擎和处理非事务安全表的引擎。在 MySQL 中，不需要在整个服务器中使用同一种存储引擎，针对具体的要求，可以对每一个表使用不同的存储引擎。MySQL 5.7 支持的存储引擎有：InnoDB，MyISAM，Memory，Merge，Archive，Federated，CSV，BLACKHOLE 等。可以使用 SHOW ENGINES 语句查看系统所支持的引擎类型，结果如下。

```
mysql> SHOW ENGINES \G
*** 1. row ***
     Engine: FEDERATED
    Support: NO
    Comment: Federated MySQL storage engine
Transactions: NULL
         XA: NULL
  Savepoints: NULL
*** 2. row ***
     Engine: MRG_MYISAM
    Support: YES
    Comment: Collection of identical MyISAM tables
Transactions: NO
         XA: NO
  Savepoints: NO
*** 3. row ***
     Engine: MyISAM
    Support: YES
    Comment: MyISAM storage engine
Transactions: NO
         XA: NO
  Savepoints: NO
*** 4. row ***
     Engine: BLACKHOLE
    Support: YES
    Comment: /dev/null storage engine (anything you write to it disappears)
Transactions: NO
         XA: NO
  Savepoints: NO
*** 5. row ***
     Engine: CSV
    Support: YES
    Comment: CSV storage engine
Transactions: NO
         XA: NO
  Savepoints: NO
*** 6. row ***
     Engine: MEMORY
    Support: YES
    Comment: Hash based, stored in memory, useful for temporary tables
Transactions: NO
```

```
         XA: NO
  Savepoints: NO
*** 7. row ***
      Engine: ARCHIVE
     Support: YES
     Comment: Archive storage engine
Transactions: NO
         XA: NO
  Savepoints: NO
*** 8. row ***
      Engine: InnoDB
     Support: DEFAULT
     Comment: Supports transactions, row-level locking, and foreign keys
Transactions: YES
         XA: YES
  Savepoints: YES
*** 9. row ***
      Engine: PERFORMANCE_SCHEMA
     Support: YES
     Comment: Performance Schema
Transactions: NO
         XA: NO
  Savepoints: NO
9 rows in set (0.00 sec)
```

Support 列的值表示某种引擎是否能使用：YES 表示可以使用，NO 表示不能使用，DEFAULT 表示该引擎为当前默认存储引擎。

3.3.2　InnoDB 存储引擎

InnoDB 是事务型数据库的首选引擎，支持事务安全表（ACID），支持行锁定和外键。MySQL 5.5.5 之后，InnoDB 作为默认存储引擎，InnoDB 主要特性有：

（1）InnoDB 给 MySQL 提供了具有提交、回滚和崩溃恢复能力的事务安全（ACID 兼容）存储引擎。InnoDB 锁定在行级并且也在 SELECT 语句中提供一个类似 Oracle 的非锁定读。这些功能增加了多用户部署和性能。在 SQL 查询中，可以自由地将 InnoDB 类型的表与其他 MySQL 的表的类型混合起来，甚至在同一个查询中也可以混合。

（2）InnoDB 是为处理巨大数据量的最大性能设计。它的 CPU 效率可能是任何其他基于磁盘的关系数据库引擎所不能匹敌的。

（3）InnoDB 存储引擎完全与 MySQL 服务器整合，InnoDB 存储引擎为在主内存中缓存数据和索引而维持它自己的缓冲池。InnoDB 将它的表和索引存在一个逻辑表空间中，表空间可以包含数个文件（或原始磁盘分区）。这与 MyISAM 表不同，比如在 MyISAM 表中每个表被存在分离的文件中。InnoDB 表可以是任何尺寸，即使在文件尺寸被限制为 2GB 的操作系统上。

（4）InnoDB 支持外键完整性约束（FOREIGN KEY）。

存储表中的数据时，每张表的存储都按主键顺序存放，如果没有显示在表定义时指定主键，InnoDB 会为每一行生成一个 6B 的 ROWID，并以此作为主键。

（5）InnoDB 被用在众多需要高性能的大型数据库站点上。

InnoDB 不创建目录，使用 InnoDB 时，MySQL 将在 MySQL 数据目录下创建一个名为 ibdata1 的 10MB 大小的自动扩展数据文件，以及两个名为 ib_logfile0 和 ib_logfile1 的 5MB 大小的日志文件。

3.3.3　MyISAM 存储引擎

MyISAM 基于 ISAM 的存储引擎，并对其进行扩展。它是在 Web、数据存储和其他应用环境下最常使用的存储引擎之一。MyISAM 拥有较高的插入、查询速度，但不支持事务。在 MySQL 5.5.5 之前的版本中，MyISAM 是默认存储引擎。MyISAM 主要特性有：

（1）大文件（达 63 位文件长度）在支持大文件的文件系统和操作系统上被支持。

（2）当把删除、更新及插入操作混合使用的时候，动态尺寸的行产生更少碎片。这要通过合并相邻被删除的块，以及若下一个块被删除，就扩展到下一块来自动完成。

（3）每个 MyISAM 表最大索引数是 64，这可以通过重新编译来改变。每个索引最大的列数是 16 个。

（4）最大的键长度是 1000B，这也可以通过编译来改变。对于键长度超过 250B 的情况，一个超过 1024B 的键将被用上。

（5）BLOB 和 TEXT 列可以被索引。

（6）NULL 值被允许在索引的列中。这个值占每个键的 0~1 个字节。

（7）所有数字键值以高字节优先被存储以允许一个更高的索引压缩。

（8）每表一个 AUTO_INCREMENT 列的内部处理。MyISAM 为 INSERT 和 UPDATE 操作自动更新这一列。这使得 AUTO_INCREMENT 列更快（至少 10%）。在序列顶的值被删除之后就不能再利用。

（9）可以把数据文件和索引文件放在不同目录。

（10）每个字符列可以有不同的字符集。

（11）有 VARCHAR 的表可以固定或动态记录长度。

（12）VARCHAR 和 CHAR 列可以多达 64KB。

使用 MyISAM 引擎创建数据库，将生产 3 个文件。文件的名字以表的名字开始，扩展名指出文件类型：frm 文件存储表定义，数据文件的扩展名为.MYD（MYData），索引文件的扩展名是.MYI （MYIndex）。

3.3.4　MEMORY 存储引擎

MEMORY 存储引擎将表中的数据存储到内存中，为查询和引用其他表数据提供快速访问。MEMORY 主要特性有：

（1）MEMORY 表的每个表可以有多达 32 个索引，每个索引 16 列，以及 500B 的最大键长度。

（2）MEMORY 存储引擎执行 HASH 和 BTREE 索引。

（3）可以在一个 MEMORY 表中有非唯一键。

（4）MEMORY 表使用一个固定的记录长度格式。

（5）MEMORY 不支持 BLOB 或 TEXT 列。

（6）MEMORY 支持 AUTO_INCREMENT 列和对可包含 NULL 值的列的索引。

（7）MEMORY 表在所有客户端之间共享（就像其他任何非 TEMPORARY 表）。

（8）MEMORY 表内容被存在内存中，内存是 MEMORY 表和服务器在查询处理时的空闲中创建的内部表共享。

（9）当不再需要 MEMORY 表的内容时，要释放被 MEMORY 表使用的内存，应该执行 DELETE FROM 或 TRUNCATE TABLE，或者删除整个表（使用 DROP TABLE）。

3.3.5　存储引擎的选择

不同存储引擎都有各自的特点，以适应不同的需求，如表 3.1 所示。为了做出选择，首先需要考虑每一个存储引擎提供了哪些不同的功能。

表 3.1　存储引擎比较

功能	MyISAM	Memory	InnoDB	Archive
存储限制	256TB	RAM	64TB	None
支持事务	No	No	Yes	No
支持全文索引	Yes	No	No	No
支持数索引	Yes	Yes	Yes	No
支持哈希索引	No	Yes	No	No
支持数据缓存	No	N/A	Yes	No
支持外键	No	No	Yes	No

如果要提供提交、回滚和崩溃恢复能力的事务安全（ACID 兼容）能力，并要求实现并发控制，InnoDB 是个很好的选择。如果数据表主要用来插入和查询记录，则 MyISAM 引擎能提供较高的处理效率；如果只是临时存放数据，数据量不大，并且不需要较高的数据安全性，可以选择将数据保存在内存中的 Memory 引擎，MySQL 中使用该引擎作为临时表，存放查询的中间结果。如果只有 INSERT 和 SELECT 操作，可以选择 Archive 引擎，Archive 存储引擎支

持高并发的插入操作，但是本身并不是事务安全的。Archive 存储引擎非常适合存储归档数据，如记录日志信息可以使用 Archive 引擎。

使用哪一种引擎要根据需要灵活选择，一个数据库中多个表可以使用不同引擎以满足各种性能和实际需求。使用合适的存储引擎，将会提高整个数据库的性能。

3.4 综合案例——数据库的创建和删除

本章分别介绍了数据库的基本操作，包括数据库的创建、查看当前数据库和删除数据库。最后介绍了 MySQL 中各种存储引擎。在这里，通过一个案例，让读者全面回顾数据库的基本操作。

1. 案例目的

登录 MySQL，使用数据库操作语句创建、查看和删除数据库，步骤如下：

步骤 01 登录数据库。

步骤 02 创建数据库 zoo。

步骤 03 选择当前数据库为 zoo，并查看 zoo 数据库的信息。

步骤 04 删除数据库 zoo。

2. 案例操作过程

步骤 01 登录数据库。

打开 Windows 命令行，输入登录用户名和密码。

```
C:\>mysql -h localhost -u root -p
Enter password: **
```

或者打开 MySQL 5.7 Command Line Client，只输入用户密码也可以登录。登录成功后显示如下信息：

```
Welcome to the MySQL monitor.  Commands end with ; or \g.
Your MySQL connection id is 2
Server version: 5.7.10 MySQL Community Server (GPL)

Copyright (c) 2000, 2015, Oracle and/or its affiliates. All rights reserved.

Oracle is a registered trademark of Oracle Corporation and/or its
affiliates. Other names may be trademarks of their respective
owners.
```

```
Type 'help;' or '\h' for help. Type '\c' to clear the current input statement.

mysql>
```

出现 MySQL 命令输入提示符时表示登录成功，可以输入 SQL 语句进行操作。

步骤 02　创建数据库 zoo，执行过程如下。

```
mysql> CREATE DATABASE zoo;
Query OK, 1 row affected (0.01 sec)
```

提示信息表明语句成功执行。

查看当前系统中所有的数据库，执行过程如下。

```
mysql> SHOW DATABASES;
+--------------------------+
| Database                 |
+--------------------------+
| information_schema       |
| mysql                    |
| performance_schema       |
| test                     |
| sakila                   |
| test                     |
| world                    |
| zoo                      |
+--------------------------+
```

可以看到，数据库列表中已经有了名称为 zoo 的数据库，数据库创建成功。

步骤 03　选择当前数据库为 zoo，查看数据库 zoo 的信息，执行过程如下。

```
mysql> USE zoo;
Database changed
```

提示信息 Database changed 表明选择成功。

查看数据库信息，如下所示：

```
mysql> SHOW CREATE DATABASE zoo \G
*** 1. row ***
     Database: zoo
Create Database: CREATE DATABASE `zoo` /*!40100 DEFAULT CHARACTER SET utf8 */
```

Database 值表明当前数据库名称；Create Database 值表示创建数据库 zoo 的语句，后面为注释信息。

步骤 04　删除数据库 zoo，执行过程如下。

```
mysql> DROP DATABASE zoo;
```

```
Query OK, 0 rows affected (0.00 sec)
```

语句执行完毕，将数据库 zoo 从系统中删除。

```
mysql> SHOW DATABASES;
+--------------------+
| Database           |
+--------------------+
| information_schema |
| mysql              |
| performance_schema |
| test               |
| sakila             |
| test               |
| world              |
+--------------------+
```

可以看到，数据库列表中已经没有名称为 zoo 的数据库了。

3.5 专家解惑

疑问：如何查看默认存储引擎？

在前面介绍了使用 SHOW ENGINES 语句查看系统中所有的存储引擎，其中包括默认的存储引擎，还可以使用一种直接的方法查看默认存储引擎，输入语句如下：

```
mysql> SHOW VARIABLES LIKE 'storage_engine';
+----------------+--------+
| Variable_name  | Value  |
+----------------+--------+
| storage_engine | InnoDB |
+----------------+--------+
```

执行结果直接显示了当前默认的存储引擎为 InnoDB。

3.6 经典习题

（1）查看当前系统中的数据库。

（2）创建数据库 Book，使用 SHOW CREATE DATABASE 语句查看数据库定义信息。

（3）删除数据库 Book。

第 4 章
◀ 数据表的基本操作 ▶

学习目标|Objective

在数据库中,数据表是数据库中最重要、最基本的操作对象,是数据存储的基本单位。数据表被定义为列的集合,数据在表中是按照行和列的格式来存储的。每一行代表一条唯一的记录,每一列代表记录中的一个域。

本章将详细介绍数据表的基本操作,主要内容包括:创建数据表、查看数据表结构、修改数据表、删除数据表。通过本章的学习,读者能够熟练掌握数据表的基本概念,理解约束、默认和规则的含义并且学会运用;能够在图形界面模式和命令行模式下熟练地完成有关数据表的常用操作。

内容导航|Navigation

- 掌握如何创建数据表
- 掌握查看数据表结构的方法
- 掌握如何修改数据表
- 熟悉删除数据表的方法
- 熟练操作综合案例数据表的基本操作

4.1 创建数据表

在创建完数据库之后,接下来的工作就是创建数据表。所谓创建数据表,指的是在已经创建好的数据库中建立新表。创建数据表的过程是规定数据列的属性的过程,同时也是实施数据完整性(包括实体完整性、引用完整性和域完整性等)约束的过程。本节将介绍创建数据表的语法形式、如何添加主键约束、外键约束、非空约束等。

4.1.1 创建表的语法形式

数据表属于数据库,在创建数据表之前,应该使用语句"USE <数据库名>"指定操作是在哪个数据库中进行，如果没有选择数据库，会抛出"No database selected"的错误。

创建数据表的语句为 CREATE TABLE，语法规则如下：

```
CREATE  TABLE <表名>
(
字段名1，数据类型 [列级别约束条件] [默认值],
字段名2，数据类型 [列级别约束条件] [默认值],
......
[表级别约束条件]
);
```

使用 CREATE TABLE 创建表时，必须指定以下信息：

（1）要创建的表的名称，不区分大小写，不能使用 SQL 语言中的关键字，如 DROP、ALTER、INSERT 等。

（2）数据表中每一个列（字段）的名称和数据类型，如果创建多个列，要用逗号隔开。

【例 4.1】创建员工表 tb_emp1，结构如表 4.1 所示。

表 4.1 tb_emp1 表结构

字段名称	数据类型	备注
id	INT(11)	员工编号
name	VARCHAR(25)	员工名称
deptId	INT(11)	所在部门编号
salary	FLOAT	工资

首先创建数据库，SQL 语句如下：

```
CREATE  DATABASE test_db;
```

选择创建表的数据库，SQL 语句如下：

```
USE test_db;
```

创建 tb_emp1 表，SQL 语句为：

```
CREATE TABLE tb_emp1
(
id      INT(11),
name    VARCHAR(25),
deptId  INT(11),
salary  FLOAT
);
```

语句执行后，便创建了一个名称为 tb_emp1 的数据表，使用 SHOW TABLES;语句查看数据表是否创建成功，SQL 语句如下：

```
mysql> SHOW TABLES;
+----------------------+
| Tables_in_ test_db |
+----------------------+
| tb_emp1            |
+----------------------+
1 row in set (0.00 sec)
```

可以看到，test_db 数据库中已经有了数据表 tb_tmp1，数据表创建成功。

4.1.2　使用主键约束

主键，又称主码，是表中一列或多列的组合。主键约束（Primary Key Constraint）要求主键列的数据唯一，并且不允许为空。主键能够唯一地标识表中的一条记录，可以结合外键来定义不同数据表之间的关系，并且可以加快数据库查询的速度。主键和记录之间的关系如同身份证和人之间的关系，它们之间是一一对应的。主键分为两种类型：单字段主键和多字段联合主键。

1. 单字段主键

单字段主键由一个字段组成，SQL 语句格式分为以下两种情况。

（1）在定义列的同时指定主键，语法规则如下：

字段名 数据类型 PRIMARY KEY [默认值]

【例 4.2】定义数据表 tb_emp 2，其主键为 id，SQL 语句如下：

```
CREATE TABLE tb_emp2
(
id       INT(11) PRIMARY KEY,
name     VARCHAR(25),
deptId   INT(11),
salary   FLOAT
);
```

（2）在定义完所有列之后指定主键。

[CONSTRAINT <约束名>] PRIMARY KEY [字段名]

【例 4.3】定义数据表 tb_emp 3，其主键为 id，SQL 语句如下：

```
CREATE TABLE tb_emp3
(
id INT(11),
name VARCHAR(25),
deptId INT(11),
salary FLOAT,
```

```
PRIMARY KEY(id)
);
```

上述两个例子执行后的结果是一样的，都会在 id 字段上设置主键约束。

2. 多字段联合主键

主键由多个字段联合组成，语法规则如下：

```
PRIMARY KEY [字段1，字段2，...，字段n]
```

【例 4.4】定义数据表 tb_emp4，假设表中间没有主键 id，为了唯一确定一个员工，可以把 name、deptId 联合起来做为主键，SQL 语句如下：

```
CREATE TABLE tb_emp4
(
name VARCHAR(25),
deptId INT(11),
salary FLOAT,
PRIMARY KEY(name,deptId)
);
```

语句执行后，便创建了一个名称为 tb_emp4 的数据表，name 字段和 deptId 字段组合在一起成为 tb_emp4 的多字段联合主键。

4.1.3 使用外键约束

外键用来在两个表的数据之间建立链接，它可以是一列或者多列。一个表可以有一个或多个外键。外键对应的是参照完整性，一个表的外键可以为空值，若不为空值，则每一个外键值必须等于另一个表中主键的某个值。

外键：首先它是表中的一个字段，它可以不是本表的主键，但对应另外一个表的主键。外键主要作用是保证数据引用的完整性，定义外键后，不允许删除在另一个表中具有关联关系的行。外键的作用是保持数据的一致性、完整性。例如，部门表 tb_dept 的主键是 id，在员工表 tb_emp5 中有一个键 deptId 与这个 id 关联。

主表（父表）：对于两个具有关联关系的表而言，相关联字段中主键所在的那个表即是主表。

从表（子表）：对于两个具有关联关系的表而言，相关联字段中外键所在的那个表即是从表。

创建外键的语法规则如下：

```
[CONSTRAINT <外键名>] FOREIGN KEY 字段名1 [ ,字段名2,…]
REFERENCES <主表名> 主键列1 [ ,主键列2,…]
```

"外键名"为定义的外键约束的名称，一个表中不能有相同名称的外键；"字段名"表示子表需要添加外键约束的字段列；"主表名"即被子表外键所依赖的表的名称；"主键列"表示主表中定义的主键列，或者列组合。

【例 4.5】定义数据表 tb_emp5，并在 tb_emp5 表上创建外键约束。

创建一个部门表 tb_dept1，表结构如表 4.2 所示，SQL 语句如下：

```
CREATE TABLE tb_dept1
(
id       INT(11) PRIMARY KEY,
name     VARCHAR(22)  NOT NULL,
location VARCHAR(50)
);
```

表 4.2　tb_dept1 表结构

字段名称	数据类型	备注
id	INT(11)	部门编号
name	VARCHAR(22)	部门名称
location	VARCHAR(50)	部门位置

定义数据表 tb_emp5，让它的键 deptId 作为外键关联到 tb_dept1 的主键 id，SQL 语句为：

```
CREATE TABLE tb_emp5
(
id     INT(11) PRIMARY KEY,
name   VARCHAR(25),
deptId INT(11),
salary  FLOAT,
CONSTRAINT fk_emp_dept1 FOREIGN KEY(deptId) REFERENCES tb_dept1(id)
);
```

以上语句执行成功之后，在表 tb_emp5 上添加了名称为 fk_emp_dept1 的外键约束，外键名称为 deptId，其依赖于表 tb_dept1 的主键 id。

 关联指的是在关系型数据库中，相关表之间的联系。它是通过相容或相同的属性或属性组来表示的。子表的外键必须关联父表的主键，且关联字段的数据类型必须匹配，如果类型不一样，则创建子表时，就会出现错误"ERROR 1005 (HY000): Can't create table 'database.tablename'(errno: 150)"。

4.1.4　使用非空约束

非空约束（Not Null Constraint）指字段的值不能为空。对于使用了非空约束的字段，如果用户在添加数据时没有指定值，数据库系统会报错。

非空约束的语法规则如下：

```
字段名 数据类型 not null
```

【例 4.6】定义数据表 tb_emp6，指定员工的名称不能为空，SQL 语句如下：

```
CREATE TABLE tb_emp6
(
id      INT(11) PRIMARY KEY,
name    VARCHAR(25) NOT NULL,
deptId  INT(11),
salary  FLOAT
);
```

执行后，在 tb_emp6 中创建了一个 Name 字段，其插入值不能为空（NOT NULL）。

4.1.5　使用唯一性约束

唯一性约束（Unique Constraint）要求该列唯一，允许为空，但只能出现一个空值。唯一约束可以确保一列或者几列不出现重复值。

唯一性约束的语法规则如下：

（1）在定义完列之后直接指定唯一约束，语法规则如下：

字段名 数据类型 UNIQUE

【例 4.7】定义数据表 tb_dept2，指定部门的名称唯一，SQL 语句如下：

```
CREATE TABLE tb_dept2
(
id       INT(11) PRIMARY KEY,
name     VARCHAR(22) UNIQUE,
location VARCHAR(50)
);
```

（2）在定义完所有列之后指定唯一约束，语法规则如下：

[CONSTRAINT <约束名>] UNIQUE(<字段名>)

【例 4.8】定义数据表 tb_dept3，指定部门的名称唯一，SQL 语句如下：

```
CREATE TABLE tb_dept3
(
id       INT(11) PRIMARY KEY,
name     VARCHAR(22),
location VARCHAR(50),
CONSTRAINT STH UNIQUE(name)
);
```

UNIQUE 和 PRIMARY KEY 的区别：一个表中可以有多个字段声明为 UNIQUE，但只能有一个 PRIMARY KEY 声明；声明为 PRIMAY KEY 的列不允许有空值，但是声明为 UNIQUE 的字段允许空值（NULL）的存在。

4.1.6　使用默认约束

默认约束（Default Constraint）指定某列的默认值。如男性同学较多，性别就可以默认为'男'。如果插入一条新的记录时没有为这个字段赋值，那么系统会自动为这个字段赋值为'男'。

默认约束的语法规则如下：

字段名 数据类型 DEFAULT 默认值

【例 4.9】定义数据表 tb_emp7，指定员工的部门编号默认为 1111，SQL 语句如下：

```
CREATE TABLE tb_emp7
(
id      INT(11) PRIMARY KEY,
name    VARCHAR(25) NOT NULL,
deptId  INT(11) DEFAULT 1111,
salary  FLOAT
);
```

以上语句执行成功之后，表 tb_emp7 上的字段 deptId 拥有了一个默认的值 1111，新插入的记录如果没有指定部门编号，则默认都为 1111。

4.1.7　设置表的属性值自动增加

在数据库应用中，经常希望在每次插入新记录时，系统自动生成字段的主键值。可以通过为表主键添加 AUTO_INCREMENT 关键字来实现。默认的，在 MySQL 中 AUTO_INCREMENT 的初始值是 1，每新增一条记录，字段值自动加 1。一个表只能有一个字段使用 AUTO_INCREMENT 约束，且该字段必须为主键的一部分。AUTO_INCREMENT 约束的字段可以是任何整数类型（TINYINT、SMALLIN、INT、BIGINT 等）。

设置表的属性值自动增加的语法规则如下：

字段名 数据类型 AUTO_INCREMENT

【例 4.10】定义数据表 tb_emp8，指定员工的编号自动递增，SQL 语句如下：

```
CREATE TABLE tb_emp8
(
id      INT(11) PRIMARY KEY AUTO_INCREMENT,
name    VARCHAR(25) NOT NULL,
deptId  INT(11),
salary  FLOAT
);
```

上述例子执行后，会创建名称为 tb_emp8 的数据表。表 tb_emp8 中的 id 字段的值在添加记录的时候会自动增加，在插入记录的时候，默认的自增字段 id 的值从 1 开始，每次添加一条新记录，该值自动加 1。

例如，执行如下插入语句：

```
mysql> INSERT INTO tb_emp8 (name,salary)
-> VALUES('Lucy',1000), ('Lura',1200),('Kevin',1500);
```

语句执行完后，tb_emp8 表中增加了 3 条记录，在这里并没有输入 id 的值，但系统已经自动添加该值，使用 SELECT 命令查看记录，如下所示。

```
mysql> SELECT * FROM tb_emp8;
+----+--------+---------+------------+
| id | name   | deptId| salary     |
+----+--------+---------+------------+
|  1 | Lucy   | NULL  |   1000  |
|  2 | Lura   | NULL  |   1200  |
|  3 | Kevin  | NULL  |   1500  |
+----+--------+---------+------------+
3 rows in set (0.00 sec)
```

> 这里使用 INSERT 声明向表中插入记录的方法，并不是 SQL 的标准语法，这种语法不一定被其他的数据库支持，只能在 MySQL 中使用。

4.2 查看数据表结构

使用 SQL 语句创建好数据表之后，可以查看表结构的定义，以确认表的定义是否正确。在 MySQL 中，查看表结构可以使用 DESCRIBE 和 SHOW CREATE TABLE 语句。本节将针对这两个语句分别进行详细的讲解。

4.2.1 查看表基本结构语句 DESCRIBE

DESCRIBE/DESC 语句可以查看表的字段信息，其中包括：字段名、字段数据类型、是否为主键、是否有默认值等。语法规则如下：

```
DESCRIBE 表名;
```

或者简写为：

```
DESC 表名;
```

【例 4.11】分别使用 DESCRIBE 和 DESC 查看表 tb_dept1 和表 tb_emp1 的表结构。

查看 tb_dept1 表结构，SQL 语句如下：

```
mysql> DESCRIBE tb_dept1;
+-----------+----------------+------+-----+----------+--------+
```

```
| Field    | Type        | Null | Key | Default | Extra |
+----------+-------------+------+-----+---------+-------+
| id       | int(11)     | NO   | PRI | NULL    |       |
| name     | varchar(22) | NO   |     | NULL    |       |
| location | varchar(50) | YES  |     | NULL    |       |
+----------+-------------+------+-----+---------+-------+
```

查看 tb_emp1 表结构，SQL 语句如下：

```
mysql> DESC tb_emp1;
+--------+-------------+------+-----+---------+-------+
| Field  | Type        | Null | Key | Default | Extra |
+--------+-------------+------+-----+---------+-------+
| id     | int (11)    | YES  |     | NULL    |       |
| name   | varchar(25) | YES  |     | NULL    |       |
| deptId | int (11)    | YES  |     | NULL    |       |
| salary | float       | YES  |     | NULL    |       |
+--------+-------------+------+-----+---------+-------+
```

其中，各个字段的含义分别解释如下：

- NULL：表示该列是否可以存储 NULL 值。
- Key：表示该列是否已编制索引。PRI 表示该列是表主键的一部分；UNI 表示该列是 UNIQUE 索引的一部分；MUL 表示在列中某个给定值允许出现多次。
- Default：表示该列是否有默认值，如果有的话值是多少。
- Extra：表示可以获取的与给定列有关的附加信息，例如 AUTO_INCREMENT 等。

4.2.2　查看表详细结构语句 SHOW CREATE TABLE

SHOW CREATE TABLE 语句可以用来显示创建表时的 CREATE TABLE 语句，语法格式如下：

```
SHOW CREATE TABLE <表名\G>;
```

> 使用 SHOW CREATE TABLE 语句，不仅可以查看表创建时候的详细语句，而且还可以查看存储引擎和字符编码。

如果不加 '\G' 参数，显示的结果可能非常混乱，加上参数 '\G' 之后，可使显示结果更加直观，易于查看。

【例 4.12】使用 SHOW CREATE TABLE 查看表 tb_emp1 的详细信息，SQL 语句如下：

```
mysql> SHOW CREATE TABLE tb_emp1;
+--------+------------------------------------------------------------
--------------------------------
---------------------------------------------------------------
```

```
------------------------------
--------------------------------------------------------------------+
| Table  | Create Table

                                                       |
+--------+---------------------------------------------------------------
------------------------------
------------------------------------------------------------------------
------------------------------
--------------------------------------------------------------------+
| fruits | CREATE TABLE `fruits` (
 `f_id` char(10) NOT NULL,
 `s_id` int(11) NOT NULL,
 `f_name` char(255) NOT NULL,
 `f_price` decimal(8,2) NOT NULL,
 PRIMARY KEY (`f_id`),
 KEY `index_name` (`f_name`),
 KEY `index_id_price` (`f_id`,`f_price`)
) ENGINE=InnoDB DEFAULT CHARSET=gb2312 |
+--------+---------------------------------------------------------------
------------------------------
------------------------------------------------------------------------
------------------------------
--------------------------------------------------------------------+
```

使用参数'\G'之后的结果如下：

```
mysql> SHOW CREATE TABLE tb_emp1\G
*** 1. row ***
       Table: tb_emp1
Create Table: CREATE TABLE `tb_emp1` (
 `id` int(11) DEFAULT NULL,
 `name` varchar(25) DEFAULT NULL,
 `deptId` int(11) DEFAULT NULL,
 `salary` float DEFAULT NULL
) ENGINE=InnoDB DEFAULT CHARSET=gb2312
1 row in set (0.00 sec)
```

4.3 修改数据表

修改表指的是修改数据库中已经存在的数据表的结构。MySQL 使用 ALTER TABLE 语句修改表。常用的修改表的操作有：修改表名、修改字段数据类型或字段名、增加和删除字段、修改字段的排列位置、更改表的存储引擎、删除表的外键约束等。本节将对和修改表有关的操作进行讲解。

4.3.1　修改表名

MySQL 是通过 ALTER TABLE 语句来实现表名的修改的，具体的语法规则如下：

```
ALTER TABLE <旧表名> RENAME [TO] <新表名>;
```

其中 TO 为可选参数，使用与否均不影响结果。

【例 4.13】将数据表 tb_dept3 改名为 tb_deptment3。

执行修改表名操作之前，使用 SHOW TABLES 查看数据库中所有的表。

```
mysql> SHOW TABLES;
+----------------------+
| Tables_in_test_db    |
+----------------------+
| tb_dept1             |
| tb_dept2             |
| tb_dept3             |
```

使用 ALTER TABLE 将表 tb_dept3 改名为 tb_deptment3，SQL 语句如下：

```
ALTER TABLE tb_dept3 RENAME tb_deptment3;
```

语句执行之后，检验表 tb_dept3 是否改名成功。使用 SHOW TABLES 查看数据库中的表，结果如下：

```
mysql> SHOW TABLES;
+----------------------+
| Tables_in_test_db    |
+----------------------+
| tb_dept1             |
| tb_dept2             |
| tb_deptment3         |
```

经过比较可以看到，数据表列表中已经有了名称为 tb_deptment3 的表。

> 读者可以在修改表名称时使用 DESC 命令查看修改前后两个表的结构，修改表名并不修改表的结构，因此修改名称后的表和修改名称前的表的结构必然是相同的。

4.3.2　修改字段的数据类型

修改字段的数据类型，就是把字段的数据类型转换成另一种数据类型。在 MySQL 中修改字段数据类型的语法规则如下：

```
ALTER TABLE <表名> MODIFY <字段名>  <数据类型>
```

其中"表名"指要修改数据类型的字段所在表的名称，"字段名"指需要修改的字段，"数据类型"指修改后字段的新数据类型。

【例 4.14】将数据表 tb_dept1 中 name 字段的数据类型由 VARCHAR(22)修改成 VARCHAR(30)。

执行修改表名操作之前，使用 DESC 查看 tb_dept1 表结构，结果如下：

```
mysql> DESC tb_dept1;
+----------+-------------+------+-----+---------+-------+
| Field    | Type        | Null | Key |Default  | Extra |
+----------+-------------+------+-----+---------+-------+
| id       | int(11)     | NO   | PRI | NULL    |       |
| name     | varchar(22) | YES  |     | NULL    |       |
| location | varchar(50) | YES  |     | NULL    |       |
+----------+-------------+------+-----+---------+-------+
3 rows in set (0.00 sec)
```

可以看到现在 name 字段的数据类型为 VARCHAR(22)，下面修改其类型。输入如下 SQL 语句并执行：

```
ALTER TABLE tb_dept1 MODIFY name VARCHAR(30);
```

再次使用 DESC 查看表，结果如下：

```
mysql> DESC tb_dept1;
+----------+-------------+------+-----+---------+-------+
| Field    | Type        | Null | Key |Default  | Extra |
+----------+-------------+------+-----+---------+-------+
| id       | int(11)     | NO   | PRI | NULL    |       |
| name     | varchar(30) | YES  |     | NULL    |       |
| location | varchar(50) | YES  |     | NULL    |       |
+----------+-------------+------+-----+---------+-------+
3 rows in set (0.00 sec)
```

语句执行之后，检验会发现表 tb_dept1 表中 name 字段的数据类型已经修改成了 VARCHAR(30)，修改成功。

4.3.3 修改字段名

MySQL 中修改表字段名的语法规则如下：

```
ALTER TABLE <表名> CHANGE <旧字段名> <新字段名> <新数据类型>;
```

其中，"旧字段名"指修改前的字段名；"新字段名"指修改后的字段名；"新数据类型"指修改后的数据类型，如果不需要修改字段的数据类型，可以将新数据类型设置成与原来一样即可，但数据类型不能为空。

【例 4.15】将数据表 tb_dept1 中的 location 字段名称改为 loc，数据类型保持不变，SQL 语句如下：

```
ALTER TABLE tb_dept1 CHANGE location loc VARCHAR(50);
```

使用 DESC 查看表 tb_dept1，会发现字段的名称已经修改成功，结果如下：

```
mysql> DESC tb_dept1;
+-----------+-------------+--------+------+---------+-------+
| Field     | Type        | Null   | Key  |Default  | Extra |
+-----------+-------------+--------+------+---------+-------+
| id        | int(11)     | NO     | PRI  | NULL    |       |
| name      | varchar(30) | YES    |      | NULL    |       |
| loc       | varchar(50) | YES    |      | NULL    |       |
+-----------+-------------+--------+------+---------+-------+
3 rows in set (0.00 sec)
```

【例 4.16】将数据表 tb_dept1 中的 loc 字段名称改为 location，同时将数据类型变为 VARCHAR(60)，SQL 语句如下：

```
ALTER TABLE tb_dept1 CHANGE loc location VARCHAR(60);
```

使用 DESC 查看表 tb_dept1，会发现字段的名称和数据类型均已经修改成功，结果如下：

```
mysql> DESC tb_dept1;
+-----------+-------------+--------+------+---------+-------+
| Field     | Type        | Null   | Key  |Default  | Extra |
+-----------+-------------+--------+------+---------+-------+
| id        | int(11)     | NO     | PRI  | NULL    |       |
| name      | varchar(30) | YES    |      | NULL    |       |
| location  | varchar(60) | YES    |      | NULL    |       |
+-----------+-------------+--------+------+---------+-------+
3 rows in set (0.00 sec)
```

CHANGE 也可以只修改数据类型，实现和 MODIFY 同样的效果，方法是将 SQL 语句中的"新字段名"和"旧字段名"设置为相同的名称，只改变"数据类型"。

由于不同类型的数据在机器中存储的方式及长度并不相同，修改数据类型可能会影响到数据表中已有的数据记录。因此，当数据库表中已经有数据时，不要轻易修改数据类型。

4.3.4 添加字段

随着业务需求的变化，可能需要在已经存在的表中添加新的字段。一个完整字段包括字段名、数据类型、完整性约束。添加字段的语法格式如下：

```
ALTER TABLE <表名> ADD <新字段名> <数据类型>
```

```
[约束条件] [FIRST | AFTER 已存在字段名];
```

新字段名为需要添加的字段的名称；"FIRST"为可选参数，其作用是将新添加的字段设置为表的第一个字段；"AFTER"为可选参数，其作用是将新添加的字段添加到指定的"已存在字段名"的后面。

"FIRST"或"AFTER 已存在字段名"用于指定新增字段在表中的位置，如果 SQL 语句中没有这两个参数，则默认将新添加的字段设置为数据表的最后列。

1. 添加无完整性约束条件的字段

【例 4.17】在数据表 tb_dept1 中添加一个没有完整性约束的 INT 类型的字段 managerId（部门经理编号），SQL 语句如下：

```
ALTER TABLE tb_dept1 ADD managerId INT(10);
```

使用 DESC 查看表 tb_dept1，会发现在表的最后添加了一个名为 managerId 的 INT 类型的字段，结果如下：

```
mysql> DESC tb_dept1;
+-----------+-------------+------+-----+---------+-------+
| Field     | Type        | Null | Key | Default | Extra |
+-----------+-------------+------+-----+---------+-------+
| id        | int(11)     | NO   | PRI | NULL    |       |
| name      | varchar(30) | YES  |     | NULL    |       |
| location  | varchar(60) | YES  |     | NULL    |       |
| managerId | int(10)     | YES  |     | NULL    |       |
+-----------+-------------+------+-----+---------+-------+
4 rows in set (0.03 sec)
```

2. 添加有完整性约束条件的字段

【例 4.18】在数据表 tb_dept1 中添加一个不能为空的 VARCHAR(12)类型的字段 column1，SQL 语句如下：

```
ALTER TABLE tb_dept1 ADD column1 VARCHAR(12) not null;
```

使用 DESC 查看表 tb_dept1，会发现在表的最后添加了一个名为 column1 的 VARCHAR(12)类型且不为空的字段，结果如下：

```
mysql> DESC tb_dept1;
+-----------+-------------+------+-----+---------+-------+
| Field     | Type        | Null | Key | Default | Extra |
+-----------+-------------+------+-----+---------+-------+
```

```
| id       | int(11)     | NO  | PRI | NULL |     |
| name     | varchar(30) | YES |     | NULL |     |
| location | varchar(60) | YES |     | NULL |     |
| managerId| int(10)     | YES |     | NULL |     |
| column1  | varchar(12) | NO  |     | NULL |     |
+----------+-------------+-----+-----+------+-----+
5 rows in set (0.00 sec)
```

3. 在表的第一列添加一个字段

【例 4.19】在数据表 tb_dept1 中添加一个 INT 类型的字段 column2，SQL 语句如下：

```
ALTER TABLE tb_dept1 ADD column2 INT(11) FIRST;
```

使用 DESC 查看表 tb_dept1，会发现在表的第一列添加了一个名为 column2 的 INT(11)类型字段，结果如下：

```
mysql> DESC tb_dept1;
+-----------+-------------+------+-----+---------+-------+
| Field     | Type        | Null | Key | Default | Extra |
+-----------+-------------+------+-----+---------+-------+
| column2   | int(11)     | YES  |     | NULL    |       |
| id        | int(11)     | NO   | PRI | NULL    |       |
| name      | varchar(30) | YES  |     | NULL    |       |
| location  | varchar(60) | YES  |     | NULL    |       |
| managerId | int(10)     | YES  |     | NULL    |       |
| column1   | varchar(12) | NO   |     | NULL    |       |
+-----------+-------------+------+-----+---------+-------+
6 rows in set (0.00 sec)
```

4. 在表的指定列之后添加一个字段

【例 4.20】在数据表 tb_dept1 中 name 列后添加一个 INT 类型的字段 column3，SQL 语句如下：

```
ALTER TABLE tb_dept1 ADD column3 INT(11) AFTER name;
```

使用 DESC 查看表 tb_dept1，结果如下：

```
mysql> DESC tb_dept1;
+-----------+-------------+------+-----+---------+-------+
| Field     | Type        | Null | Key | Default | Extra |
+-----------+-------------+------+-----+---------+-------+
| column2   | int(11)     | YES  |     | NULL    |       |
| id        | int(11)     | NO   | PRI | NULL    |       |
| name      | varchar(30) | YES  |     | NULL    |       |
| column3   | int(11)     | YES  |     | NULL    |       |
| location  | varchar(60) | YES  |     | NULL    |       |
```

```
| managerId | int(10)      | YES  |     | NULL    |     |
| column1   | varchar(12)  | NO   |     | NULL    |     |
+-----------+--------------+------+-----+---------+-----+
7 rows in set (0.03 sec)
```

可以看到，tb_dept1 表中增加了一个名称为 column3 的字段，其位置在指定的 name 字段后面，添加字段成功。

4.3.5　删除字段

删除字段是将数据表中的某个字段从表中移除，语法格式如下：

```
ALTER TABLE <表名> DROP <字段名>;
```

"字段名"指需要从表中删除的字段的名称。

【例 4.21】删除数据表 tb_dept1 表中的 column2 字段。

首先，执行删除字段之前，使用 DESC 查看 tb_dept1 表结构，结果如下：

```
mysql> DESC tb_dept1;
+-----------+--------------+------+-----+---------+------+
| Field     | Type         | Null | Key | Default | Extr |
+-----------+--------------+------+-----+---------+------+
| column2   | int(11)      | YES  |     | NULL    |      |
| id        | int(11)      | NO   | PRI | NULL    |      |
| name      | varchar(30)  | YES  |     | NULL    |      |
| column3   | int(11)      | YES  |     | NULL    |      |
| location  | varchar(60)  | YES  |     | NULL    |      |
| managerId | int(10)      | YES  |     | NULL    |      |
| column1   | varchar(12)  | NO   |     | NULL    |      |
+-----------+--------------+------+-----+---------+------+
7 rows in set (0.03 sec)
```

删除 column2 字段，SQL 语句如下：

```
ALTER TABLE tb_dept1 DROP column2;
```

再次使用 DESC 查看表 tb_dept1，结果如下：

```
mysql> DESC tb_dept1;
+-----------+--------------+------+-----+---------+------+
| Field     | Type         | Null | Key | Default | Extr |
+-----------+--------------+------+-----+---------+------+
| id        | int(11)      | NO   | PRI | NULL    |      |
| name      | varchar(30)  | YES  |     | NULL    |      |
| column3   | int(11)      | YES  |     | NULL    |      |
| location  | varchar(60)  | YES  |     | NULL    |      |
| managerId | int(10)      | YES  |     | NULL    |      |
```

```
| column1 | varchar(12)  | NO  |     | NULL  |     |
+-------------+----------------+--------+-------+-------------+--------+
6 rows in set (0.03 sec)
```

可以看到，tb_dept1 表中已经不存在名称为 column2 的字段，删除字段成功。

4.3.6 修改字段的排列位置

对于一个数据表来说，在创建的时候，字段在表中的排列顺序就已经确定了。但表的结构并不是完全不可以改变的，可以通过 ALTER TABLE 来改变表中字段的相对位置。语法格式如下：

```
ALTER TABLE <表名> MODIFY <字段1> <数据类型> FIRST|AFTER <字段2>;
```

"字段 1"指要修改位置的字段，"数据类型"指"字段 1"的数据类型，"FIRST"为可选参数，指将"字段 1"修改为表的第一个字段，"AFTER 字段 2"指将"字段 1"插入到"字段 2"后面。

1. 修改字段为表的第一个字段

【例 4.22】将数据表 tb_dept1 中的 column1 字段修改为表的第一个字段，SQL 语句如下：

```
ALTER TABLE tb_dept1 MODIFY column1 VARCHAR(12) FIRST;
```

使用 DESC 查看表 tb_dept1，发现字段 column1 已经被移至表的第一列，结果如下：

```
mysql> DESC tb_dept1;
+-------------+----------------+--------+-------+-------------+--------+
| Field       | Type           | Null   | Key   | Default     | Extra  |
+-------------+----------------+--------+-------+-------------+--------+
| column1     | varchar(12)    | NO     |       | NULL        |        |
| id          | int(11)        | NO     | PRI   | NULL        |        |
| name        | varchar(30)    | YES    |       | NULL        |        |
| column3     | int(11)        | YES    |       | NULL        |        |
| location    | varchar(60)    | YES    |       | NULL        |        |
| managerId   | int(10)        | YES    |       | NULL        |        |
+-------------+----------------+--------+-------+-------------+--------+
6 rows in set (0.03 sec)
```

2. 修改字段到表的指定列之后

【例 4.23】将数据表 tb_dept1 中的 column1 字段插入到 location 字段后面，SQL 语句如下：

```
ALTER TABLE tb_dept1 MODIFY column1 VARCHAR(12) AFTER location;
```

使用 DESC 查看表 tb_dept1，结果如下：

```
mysql> DESC tb_dept1;
+-------------+----------------+--------+-------+-------------+--------+
```

```
| Field     | Type        | Null | Key | Default | Extra |
+-----------+-------------+------+-----+---------+-------+
| id        | int(11)     | NO   | PRI | NULL    |       |
| name      | varchar(30) | YES  |     | NULL    |       |
| column3   | int(11)     | YES  |     | NULL    |       |
| location  | varchar(60) | YES  |     | NULL    |       |
| column1   | varchar(12) | NO   |     | NULL    |       |
| managerId | int(10)     | YES  |     | NULL    |       |
+-----------+-------------+------+-----+---------+-------+
6 rows in set (0.03 sec)
```

可以看到，tb_dept1 表中的字段 column1 已经被移至 location 字段之后。

4.3.7　更改表的存储引擎

通过前面章节的学习，知道存储引擎是 MySQL 中的数据存储在文件或者内存中时采用的不同技术实现。可以根据自己的需要，选择不同的引擎，甚至可以为每一张表选择不同的存储引擎。MySQL 中主要存储引擎有：MyISAM、InnoDB、MEMORY（HEAP）、BDB、FEDERATED 等。可以使用 SHOW ENGINES;语句查看系统支持的存储引擎。表 4.3 列出了 5.5.13 版本的 MySQL 所支持的存储引擎。

表 4.3　MySQL 支持的存储引擎

引擎名	是否支持
FEDERATED	否
MRG_MYISAM	是
MyISAM	是
BLACKHOLE	是
CSV	是
MEMORY	是
ARCHIVE	是
InnoDB	默认
PERFORMANCE_SCHEMA	是

更改表的存储引擎的语法格式如下：

```
ALTER TABLE <表名> ENGINE=<更改后的存储引擎名>;
```

【例 4.24】将数据表 tb_deptment3 的存储引擎修改为 MyISAM。

在修改存储引擎之前，先使用 SHOW CREATE TABLE 查看表 tb_deptment3 当前的存储引擎，结果如下。

```
mysql> SHOW CREATE TABLE tb_deptment3 \G
*** 1. row ***
    Table: tb_deptment3
```

```
Create Table: CREATE TABLE `tb_deptment3` (
  `id` int(11) NOT NULL,
  `name` varchar(22) DEFAULT NULL,
  `location` varchar(50) DEFAULT NULL,
  PRIMARY KEY (`id`),
  UNIQUE KEY `STH` (`name`)
) ENGINE=InnoDB DEFAULT CHARSET=gb2312
1 row in set (0.00 sec)
```

可以看到，表 tb_deptment3 当前的存储引擎为 ENGINE=InnoDB，接下来修改存储引擎类型，输入如下 SQL 语句并执行：

```
mysql> ALTER TABLE tb_deptment3 ENGINE=MyISAM;
```

使用 SHOW CREATE TABLE 再次查看表 tb_deptment3 的存储引擎，发现表 tb_dept 的存储引擎变成了"MyISAM"，结果如下：

```
mysql> SHOW CREATE TABLE tb_deptment3 \G
*** 1. row ***
      Table: tb_deptment3
Create Table: CREATE TABLE `tb_deptment3` (
  `id` int(11) NOT NULL,
  `name` varchar(22) DEFAULT NULL,
  `location` varchar(50) DEFAULT NULL,
  PRIMARY KEY (`id`),
  UNIQUE KEY `STH` (`name`)
) ENGINE=MyISAM DEFAULT CHARSET=gb2312
1 row in set (0.00 sec)
```

4.3.8　删除表的外键约束

对于数据库中定义的外键，如果不再需要，可以将其删除。外键一旦删除，就会解除主表和从表间的关联关系，MySQL 中删除外键的语法格式如下：

```
ALTER TABLE <表名> DROP FOREIGN KEY <外键约束名>
```

"外键约束名"指在定义表时 CONSTRAINT 关键字后面的参数，详细内容可参考 4.1.3 节的"使用外键约束"。

【例 4.25】删除数据表 tb_emp9 中的外键约束。

首先创建表 tb_emp9，创建外键 deptId 关联 tb_dept1 表的主键 id，SQL 语句如下：

```
CREATE TABLE tb_emp9
(
id      INT(11) PRIMARY KEY,
```

```
name    VARCHAR(25),
deptId  INT(11),
salary  FLOAT,
CONSTRAINT fk_emp_dept FOREIGN KEY (deptId) REFERENCES tb_dept1(id)
);
```

使用 SHOW CREATE TABLE 查看表 tb_emp9 的结构，结果如下：

```
mysql> SHOW CREATE TABLE tb_emp9 \G
*** 1. row ***
      Table: tb_emp9
Create Table: CREATE TABLE `tb_emp9` (
  `id` int(11) NOT NULL,
  `name` varchar(25) DEFAULT NULL,
  `deptId` int(11) DEFAULT NULL,
  `salary` float DEFAULT NULL,
  PRIMARY KEY (`id`),
  KEY `fk_emp_dept` (`deptId`),
  CONSTRAINT `fk_emp_dept` FOREIGN KEY (`deptId`) REFERENCES `tb_dept1` (`id`)
) ENGINE=InnoDB DEFAULT CHARSET=gb2312
1 row in set (0.00 sec)
```

可以看到，已经成功添加了表的外键，下面删除外键约束，SQL 语句如下：

```
ALTER TABLE tb_emp9 DROP FOREIGN KEY fk_emp_dept;
```

执行完毕之后，将删除表 tb_emp9 的外键约束，使用 SHOW CREATE TABLE 再次查看表 tb_emp9 结构，结果如下：

```
mysql> SHOW CREATE TABLE tb_emp9 \G
*** 1. row ***
      Table: tb_emp9
Create Table: CREATE TABLE `tb_emp9` (
  `id` int(11) NOT NULL,
  `name` varchar(25) DEFAULT NULL,
  `deptId` int(11) DEFAULT NULL,
  `salary` float DEFAULT NULL,
  PRIMARY KEY (`id`),
  KEY `fk_emp_dept` (`deptId`)
) ENGINE=InnoDB DEFAULT CHARSET=gb2312
1 row in set (0.00 sec)
```

可以看到，tb_emp9 中已经不存在 FOREIGN KEY，原有的名称为 fk_emp_dept 的外键约束删除成功。

4.4　删除数据表

删除数据表就是将数据库中已经存在的表从数据库中删除。注意，在删除表的同时，表的定义和表中所有的数据均会被删除。因此，在进行删除操作前，最好对表中的数据做个备份，以免造成无法挽回的后果。本节将详细讲解数据库表的删除方法。

4.4.1　删除没有被关联的表

在 MySQL 中，使用 DROP TABLE 可以一次删除一个或多个没有被其他表关联的数据表。语法格式如下：

```
DROP TABLE [IF EXISTS]表1，表2，…表 n;
```

其中"表 n"指要删除的表的名称，后面可以同时删除多个表，只需将要删除的表名依次写在后面，相互之间用逗号隔开即可。如果要删除的数据表不存在，则 MySQL 会提示一条错误信息，"ERROR 1051 (42S02): Unknown table '表名'"。参数"IF EXISTS"用于在删除前判断删除的表是否存在，加上该参数后，再删除表的时候，如果表不存在，SQL 语句可以顺利执行，但是会发出警告（warning）。

在前面的例子中，已经创建了名为 tb_dept2 的数据表。如果没有，读者可输入语句，创建该表，SQL 语句如例 4.8 所示。下面使用删除语句将该表删除。

【例 4.26】删除数据表 tb_dept2，SQL 语句如下：

```
DROP TABLE IF EXISTS tb_dept2;
```

语句执行完毕之后，使用 SHOW TABLES 命令查看当前数据库中所有的表，SQL 语句如下：

```
mysql> SHOW TABLES;
+---------------------+
| Tables_in_test_db |
+---------------------+
| tb_dept1          |
| tb_deptment3      |
```

执行结果可以看到，数据表列表中已经不存在名称为 tb_dept2 的表，删除操作成功。

4.4.2　删除被其他表关联的主表

数据表之间存在外键关联的情况下，如果直接删除父表，结果会显示失败。原因是直接删除，将破坏表的参照完整性。如果必须要删除，可以先删除与它关联的子表，再删除父表，只是这样同时删除了两个表中的数据。但有的情况下可能要保留子表，这时如要单独删除父表，只需将关联的表的外键约束条件取消，然后就可以删除父表，下面讲解这种方法。

在数据库中创建两个关联表，首先，创建表 tb_dept2，SQL 语句如下：

```
CREATE TABLE tb_dept2
(
id       INT(11) PRIMARY KEY,
name     VARCHAR(22),
location  VARCHAR(50)
);
```

接下来创建表 tb_emp，SQL 语句如下：

```
CREATE TABLE tb_emp
(
id       INT(11) PRIMARY KEY,
name     VARCHAR(25),
deptId   INT(11),
salary   FLOAT,
CONSTRAINT fk_emp_dept  FOREIGN KEY (deptId) REFERENCES tb_dept2(id)
);
```

使用 SHOW CREATE TABLE 命令查看表 tb_emp 的外键约束，结果如下：

```
mysql> SHOW CREATE TABLE tb_emp\G
*** 1. row ***
     Table: tb_emp
Create Table: CREATE TABLE `tb_emp` (
  `id` int(11) NOT NULL,
  `name` varchar(25) DEFAULT NULL,
  `deptId` int(11) DEFAULT NULL,
  `salary` float DEFAULT NULL,
  PRIMARY KEY (`id`),
  KEY `fk_emp_dept` (`deptId`),
  CONSTRAINT `fk_emp_dept` FOREIGN KEY (`deptId`) REFERENCES `tb_dept2` (`id`)
) ENGINE=InnoDB DEFAULT CHARSET=gb2312
1 row in set (0.00 sec)
```

可以看到，以上执行结果创建了两个关联表 tb_dept2 和表 tb_emp，其中 tb_emp 表为子表，具有名称为 fk_emp_dept 的外键约束，tb_dept2 为父表，其主键 id 被子表 tb_emp 所关联。

【例 4.27】删除被数据表 tb_emp 关联的数据表 tb_dept2。

首先直接删除父表 tb_dept2，输入删除语句如下：

```
mysql> DROP TABLE tb_dept2;
ERROR 1217 (23000): Cannot delete or update a parent row: a foreign key constraint
```

```
fails
```

可以看到，如前所述，在存在外键约束时，主表不能被直接删除。

接下来，解除关联子表 tb_emp 的外键约束，SQL 语句如下：

```
ALTER TABLE tb_emp DROP FOREIGN KEY fk_emp_dept;
```

语句成功执行后，将取消表 tb_emp 和表 tb_dept2 之间的关联关系，此时，可以输入删除语句，将原来的父表 tb_dept2 删除，SQL 语句如下：

```
DROP TABLE tb_dept2;
```

最后通过 SHOW TABLES;查看数据表列表，如下所示：

```
mysql> show tables;
+--------------------+
| Tables_in_test_db  |
+--------------------+
| tb_dept1           |
| tb_deptment3       |
……省略部分内容
```

可以看到，数据表列表中已经不存在名称为 tb_dept2 的表。

4.5 综合案例——数据表的基本操作

本章全面介绍了 MySQL 中数据表的各种操作，如创建表、添加各类约束、查看表结构，以及修改和删除表。读者应该掌握这些基本的操作，为以后的学习打下坚实的基础。在这里，给出一个综合案例，让读者全面回顾一下本章的知识要点，并通过这些操作来检验自己是否已经掌握了数据表的常用操作。

1. 案例目的

创建、修改和删除表，掌握数据表的基本操作。

创建数据库 company，按照表 4.4 和表 4.5 给出的表结构在 company 数据库中创建两个数据表 offices 和 employees，按照操作过程完成对数据表的基本操作。

表 4.4　offices 表结构

字段名	数据类型	主键	外键	非空	唯一	自增
officeCode	INT(10)	是	否	是	是	否
city	VARCHAR(50)	否	否	是	否	否
address	VARCHAR(50)	否	否	否	否	否
country	VARCHAR(50)	否	否	是	否	否
postalCode	VARCHAR(15)	否	否	否	是	否

表 4.5　employees 表结构

字段名	数据类型	主键	外键	非空	唯一	自增
employeeNumber	INT(11)	是	否	是	是	是
lastName	VARCHAR(50)	否	否	是	否	否
firstName	VARCHAR(50)	否	否	是	否	否
mobile	VARCHAR(25)	否	否	否	是	否
officeCode	INT(10)	否	是	是	否	否
jobTitle	VARCHAR(50)	否	否	是	否	否
birth	DATETIME	否	否	是	否	否
note	VARCHAR(255)	否	否	否	否	否
sex	VARCHAR(5)	否	否	否	否	否

2. 案例操作过程

步骤 01　登录 MySQL 数据库。

打开 Windows 命令行，输入登录用户名和密码：

```
C:\>mysql -h localhost -u root -p
Enter password: **
```

或者打开 MySQL 5.7 Command Line Client，只输入用户密码也可以登录。登录成功后显示如下信息：

```
Welcome to the MySQL monitor.  Commands end with ; or \g.
Your MySQL connection id is 2
Server version: 5.7.10 MySQL Community Server (GPL)

Copyright (c) 2000, 2015, Oracle and/or its affiliates. All rights reserved.

Oracle is a registered trademark of Oracle Corporation and/or its
affiliates. Other names may be trademarks of their respective
owners.

Type 'help;' or '\h' for help. Type '\c' to clear the current input statement.

mysql>
```

登录成功，可以输入 SQL 语句进行操作。

步骤 02　创建数据库 company。

创建数据库 company 的语句如下：

```
mysql> CREATE DATABASE company;
Query OK, 1 row affected (0.00 sec)
```

结果显示创建成功，在 company 数据库中创建表，必须先选择该数据库，输入语句如下：

```
mysql> USE company;
Database changed
```

结果显示选择数据库成功。

步骤 03　创建表 offices。

创建表 offices 的语句如下：

```
CREATE TABLE offices
(
officeCode  INT(10) NOT NULL UNIQUE,
city        VARCHAR(50) NOT NULL,
address     VARCHAR(50)
country     VARCHAR(50) NOT NULL,
postalCode VARCHAR(15)
PRIMARY KEY (officeCode)
);
```

执行成功之后，使用 SHOW TABLES;语句查看数据库中的表，语句如下：

```
mysql> show tables;
+-----------------------+
| Tables_in_company |
+-----------------------+
| offices           |
+-----------------------+
1 row in set (0.00 sec)
```

可以看到，数据库中已经有了数据表 offices，创建成功。

步骤 04　创建表 employees。

创建表 employees 的语句如下：

```
CREATE TABLE employees
(
employeeNumber  INT(11) NOT NULL PRIMARY KEY AUTO_INCREMENT,
lastName        VARCHAR(50) NOT NULL,
firstName       VARCHAR(50) NOT NULL,
mobile          VARCHAR(25) UNIQVE,
officeCode       INT(10) NOT NULL,
jobTitle        VARCHAR(50) NOT NULL,
birth           DATETIME, NOT NULL
note            VARCHAR(255),
sex             VARCHAR(5),
```

```
CONSTRAINT office_fk FOREIGN KEY(officeCode)  REFERENCES offices(officeCode)
);
```

执行成功之后，使用 SHOW TABLES;语句查看数据库中的表，语句如下：

```
mysql> show tables;
+---------------------+
| Tables_in_company   |
+---------------------+
| employees           |
| offices             |
+---------------------+
2 rows in set (0.00 sec)
```

可以看到，现在数据库中已经创建好了 employees 和 offices 两个数据表。要检查表的结构是否按照要求创建，可使用 DESC 分别查看两个表的结构，如果语句正确，则显示结果如下：

```
mysql>DESC offices;
+------------+-------------+------+-----+---------+-------+
| Field      | Type        | Null | Key | Default | Extra |
+------------+-------------+------+-----+---------+-------+
| officeCode | int(10)     | NO   | PRI | NULL    |       |
| city       | varchar(50) | NO   |     | NULL    |       |
| address    | varchar(50) | NO   |     | NULL    |       |
| country    | varchar(50) | NO   |     | NULL    |       |
| postalCode | varchar(15) | NO   |     | NULL    |       |
+------------+-------------+------+-----+---------+-------+
5 rows in set (0.02 sec)

mysql>DESC employees;
+----------------+--------------+------+-----+---------+----------------+
| Field          | Type         | Null | Key | Default | Extra          |
+----------------+--------------+------+-----+---------+----------------+
| employeeNumber | int(11)      | NO   | PRI | NULL    | auto_increment |
| lastName       | varchar(50)  | NO   |     | NULL    |                |
| firstName      | varchar(50)  | NO   |     | NULL    |                |
| mobile         | varchar(25)  | NO   |     | NULL    |                |
| officeCode     | int(10)      | NO   | MUL | NULL    |                |
| jobTitle       | varchar(50)  | NO   |     | NULL    |                |
| birth          | datetime     | YES  |     | NULL    |                |
| note           | varchar(255) | YES  |     | NULL    |                |
| sex            | varchar(5)   | YES  |     | NULL    |                |
+----------------+--------------+------+-----+---------+----------------+
```

```
----------+
9 rows in set (0.00 sec)
```

可以看到，两个表中字段分别满足表 4.2 和表 4.3 中要求的数据类型和约束类型。

步骤05　将表 employees 的 mobile 字段修改到 officeCode 字段后面。

修改字段位置，需要用到 ALTER TABLE 语句，输入语句如下：

```
mysql> ALTER TABLE employees MODIFY mobile VARCHAR(25) AFTER officeCode;
Query OK, 0 rows affected (0.00 sec)
Records: 0  Duplicates: 0  Warnings: 0
```

结果显示执行成功，使用 DESC 查看修改后的结果如下：

```
mysql>DESC employees;
+----------------+--------------+------+-----+---------+----------------+
| Field          | Type         | Null | Key | Default | Extra          |
+----------------+--------------+------+-----+---------+----------------+
| employeeNumber | int(11)      | NO   | PRI | NULL    | auto_increment |
| lastName       | varchar(50)  | NO   |     | NULL    |                |
| firstName      | varchar(50)  | NO   |     | NULL    |                |
| officeCode     | int(10)      | NO   | MUL | NULL    |                |
| mobile         | varchar(25)  | NO   |     | NULL    |                |
| jobTitle       | varchar(50)  | NO   |     | NULL    |                |
| birth          | datetime     | YES  |     | NULL    |                |
| note           | varchar(255) | YES  |     | NULL    |                |
| sex            | varchar(5)   | YES  |     | NULL    |                |
+----------------+--------------+------+-----+---------+----------------+
9 rows in set (0.00 sec)
```

可以看到，mobile 字段已经插入到 officeCode 字段的后面。

步骤06　将表 employees 的 birth 字段改名为 employee_birth。

修改字段名，需要用到 ALTER TABLE 语句，输入语句如下：

```
ALTER TABLE employees CHANGE birth employee_birth DATETIME;
Query OK, 0 rows affected (0.02 sec)
Records: 0  Duplicates: 0  Warnings: 0
```

结果显示执行成功，使用 DESC 查看修改后的结果如下：

```
mysql>DESC employees;
+----------------------+--------------+------+-----+---------+---------
-----------+
| Field                | Type         | Null | Key | Default | Extra
        |
+----------------------+--------------+------+-----+---------+----------------+
| employeeNumber       | int(11)      | NO   | PRI | NULL    | auto_increment |
| lastName             | varchar(50)  | NO   |     | NULL    |                |
```

```
| firstName     | varchar(50)  | NO  |     | NULL |        |
| mobile        | varchar(25)  | NO  |     | NULL |        |
| officeCode    | int(10)      | NO  | MUL | NULL |        |
| jobTitle      | varchar(50)  | NO  |     | NULL |        |
| employee_birth | datetime    | YES |     | NULL |        |
| note          | varchar(255) | YES |     | NULL |        |
| sex           | varchar(5)   | YES |     | NULL |        |
+--------------+---------------+-----+-----+------+--------+
9 rows in set (0.00 sec)
```

可以看到，表中只有 employee_birth 字段，已经没有名称为 birth 的字段了，修改名称成功。

步骤 07 修改 sex 字段，数据类型为 CHAR(1)，非空约束。

修改字段数据类型，需要用到 ALTER TABLE 语句，输入语句如下：

```
mysql>ALTER TABLE employees MODIFY sex CHAR(1) NOT NULL;
Query OK, 0 rows affected (0.00 sec)
Records: 0  Duplicates: 0  Warnings: 0
```

结果显示执行成功，使用 DESC 查看修改后的结果如下：

```
mysql>DESC employees;
+---------------+--------------+------+-----+---------+----------------+
| Field         | Type         | Null | Key | Default | Extra          |
+---------------+--------------+------+-----+---------+----------------+
| employeeNumber | int(11)     | NO   | PRI | NULL    | auto_increment |
| lastName      | varchar(50)  | NO   |     | NULL    |                |
| firstName     | varchar(50)  | NO   |     | NULL    |                |
| mobile        | varchar(25)  | NO   |     | NULL    |                |
| officeCode    | int(10)      | NO   | MUL | NULL    |                |
| jobTitle      | varchar(50)  | NO   |     | NULL    |                |
| employee_birth | datetime    | YES  |     | NULL    |                |
| note          | varchar(255) | YES  |     | NULL    |                |
| sex           | char(1)      | NO   |     | NULL    |                |
+---------------+--------------+------+-----+---------+----------------+
9 rows in set (0.00 sec)
```

执行结果可以看到，sex 字段的数据类型由前面的 VARCHAR(5)修改为 CHAR(1)，且其 Null 列显示为 NO，表示该列不允许空值，修改成功。

步骤 08 删除字段 note。

删除字段，需要用到 ALTER TABLE 语句，输入语句如下：

```
mysql> ALTER TABLE employees DROP note;
Query OK, 0 rows affected (0.01 sec)
```

```
Records: 0  Duplicates: 0  Warnings: 0
```

结果显示执行语句成功，使用 DESC employees;查看语句执行后的结果：

```
mysql> desc employees;
+--------------+-------------+------+-----+---------+------------+
| Field        | Type        | Null | Key | Default | Extra      |
+--------------+-------------+------+-----+---------+------------+
|employeeNumber| int(11)     | NO   | PRI | NULL    | auto_increment |
| lastName     | varchar(50) | NO   |     | NULL    |            |
| firstName    | varchar(50) | NO   |     | NULL    |            |
| mobile       | varchar(25) | NO   |     | NULL    |            |
| officeCode   | int(10)     | NO   | MUL | NULL    |            |
| jobTitle     | varchar(50) | NO   |     | NULL    |            |
| employee_birth | datetime  | YES  |     | NULL    |            |
| sex          | char(1)     | NO   |     | NULL    |            |
+--------------+-------------+------+-----+---------+------------+
8 rows in set (0.00 sec)
```

可以看到，DESC 语句返回了 8 个列字段，note 字段已经不在表结构中，删除字段成功。

步骤 09 增加字段名 favoriate_activity，数据类型为 VARCHAR(100)。

增加字段，需要用到 ALTER TABLE 语句，输入语句如下：

```
mysql> ALTER TABLE employees ADD favoriate_activity VARCHAR(100);
Query OK, 0 rows affected (0.01 sec)
Records: 0  Duplicates: 0  Warnings: 0
```

结果显示执行语句成功，使用 DESC employees;查看语句执行后的结果：

```
mysql> desc employees;
+--------------+-------------+------+-----+---------+------------+
| Field        | Type        | Null | Key | Default | Extra      |
+--------------+-------------+------+-----+---------+------------+
|employeeNumber| int(11)     | NO   | PRI | NULL    | auto_increment |
| lastName     | varchar(50) | NO   |     | NULL    |            |
| firstName    | varchar(50) | NO   |     | NULL    |            |
| mobile       | varchar(25) | NO   |     | NULL    |            |
| officeCode   | int(10)     | NO   | MUL | NULL    |            |
| jobTitle     | varchar(50) | NO   |     | NULL    |            |
| employee_birth | datetime  | YES  |     | NULL    |            |
| sex          | char(1)     | NO   |     | NULL    |            |
| favoriate_activity | varchar(100) | YES |     | NULL    |            |
+--------------+-------------+------+-----+---------+------------+
9 rows in set (0.00 sec)
```

可以看到，数据表 employees 中增加了一个新的列 favoriate_activity，数据类型为

VARCHAR(100)，允许空值，添加新字段成功。

步骤 ⑩ 删除表 offices。

在创建表 employees 时，设置了表的外键，该表关联了其父表的 officeCode 主键。如前面所述，删除关联表时，要先删除子表 employees 的外键约束，才能删除父表。因此，必须先删除 employees 表的外键约束。

（1）删除 employees 表的外键约束，输入如下语句：

```
mysql>ALTER TABLE employees DROP FOREIGN KEY office_fk;
Query OK, 0 rows affected (0.01 sec)
Records: 0 Duplicates: 0 Warnings: 0
```

其中 office_fk 为 employees 表的外键约束的名称，即创建外键约束时 CONSTRAINT 关键字后面的参数，结果显示语句执行成功，现在可以删除 offices 父表。

（2）删除表 offices，输入如下语句：

```
mysql>DROP TABLE offices;
Query OK, 0 rows affected (0.00 sec)
```

结果显示执行删除操作成功，使用 SHOW TABLES;语句查看数据库中的表，结果如下：

```
mysql> show tables;
+--------------------+
| Tables_in_company |
+--------------------+
| employees          |
+--------------------+
1 row in set (0.00 sec)
```

可以看到，数据库中已经没有名称为 offices 的表了，删除表成功。

步骤 ⑪ 修改表 employees 存储引擎为 MyISAM。

修改表存储引擎，需要用到 ALTER TABLE 语句，输入语句如下：

```
mysql>ALTER TABLE employees ENGINE=MyISAM;
Query OK, 0 rows affected (0.01 sec)
Records: 0 Duplicates: 0 Warnings: 0
```

结果显示执行修改存储引擎操作成功，使用 SHOW CREATE TABLE 语句查看表结构，结果如下：

```
mysql> show CREATE TABLE employees\G
*** 1. row ***
       Table: employees
Create Table: CREATE TABLE `employees` (
```

```
`employeeNumber` int(11) NOT NULL AUTO_INCREMENT,
`lastName` varchar(50) NOT NULL,
`firstName` varchar(50) NOT NULL,
`officeCode` int(10) NOT NULL,
`mobile` varchar(25) DEFAULT NULL,
`jobTitle` varchar(50) NOT NULL,
`employee_birth` datetime DEFAULT NULL,
`sex` char(1) NOT NULL,
`favoriate_activity` varchar(100) DEFAULT NULL,
PRIMARY KEY (`employeeNumber`),
KEY `office_fk` (`officeCode`)
) ENGINE=MyISAM DEFAULT CHARSET=utf8
1 row in set (0.00 sec)
```

可以看到，倒数第 2 行中的 ENGINE 后面的参数已经修改为 MyISAM，修改成功。

步骤 12　将表 employees 名称修改为 employees_info。

修改数据表名，需要用到 ALTER TABLE 语句，输入语句如下：

```
mysql>ALTER TABLE employees RENAME employees_info;
Query OK, 0 rows affected (0.00 sec)
```

结果显示执行语句成功，使用 SHOW TABLES;语句查看执行结果：

```
mysql> show tables;
+-----------------------+
| Tables_in_company |
+-----------------------+
| employees_info    |
+-----------------------+
1 rows in set (0.00 sec)
```

可以看到数据库中已经没有名称为 employees 的数据表。

4.6　专家解惑

疑问 1：表删除操作须谨慎。

表删除操作将把表的定义和表中的数据一起删除，并且 MySQL 在执行删除操作时，不会有任何的确认信息提示，因此执行删除操时，应当慎重。在删除表前，最好对表中的数据进行备份，这样当操作失误时，可以对数据进行恢复，以免造成无法挽回的后果。

同样地，在使用 ALTER TABLE 进行表的基本修改操作时，在执行操作过程之前，也应该确保对数据进行完整的备份，因为数据库的改变是无法撤销的，如果添加了一个不需要的字段，可以将其删除；相同的，如果删除了一个需要的列，该列下面的所有数据都将会丢失。

疑问 2：每一个表中都要有一个主键吗？

并不是每一个表中都需要主键，如果多个表之间进行连接操作时，需要用到主键。因此并不需要为每个表建立主键，而且有些情况最好不使用主键。

疑问 3：并不是每个表都可以任意选择存储引擎。

外键约束（FOREIGN KEY）不能跨引擎使用。MySQL 支持多种存储引擎，每一个表都可以指定一个不同的存储引擎，但是要注意：外键约束是用来保证数据的参照完整性，如果表之间需要关联外键，却指定了不同的存储引擎，这些表之间是不能创建外键约束的。所以说，存储引擎的选择也不完全是随意的。

疑问 4：带 AUTO_INCREMENT 约束的字段值是从 1 开始的吗？

默认的，在 MySQL 中，AUTO_INCREMENT 的初始值是 1，每新增一条记录，字段值自动加 1。设置自增属性（AUTO_INCREMENT）的时候，还可以指定第一条插入记录的自增字段的值，这样新插入的记录的自增字段值从初始值开始递增，如在 tb_emp8 中插入第一条记录，同时指定 id 值为 5，则以后插入的记录的 id 值就会从 6 开始往上增加。添加唯一性的主键约束时，往往需要设置字段自动增加属性。

4.7 经典习题

1. 创建数据库 Market，在 Market 中创建数据表 customers，customers 表结构如表 4.6 所示，按要求进行操作。

表 4.6　customers 表结构

字段名	数据类型	主键	外键	非空	唯一	自增
c_num	INT(11)	是	否	是	是	是
c_name	VARCHAR(50)	否	否	否	否	否
c_contact	VARCHAR(50)	否	否	否	否	否
c_city	VARCHAR(50)	否	否	否	否	否
c_birth	DATETIME	否	否	是	否	否

（1）创建数据库 Market。

（2）创建数据表 customers，在 c_num 字段上添加主键约束和自增约束，在 c_birth 字段上添加非空约束。

（3）将 c_contact 字段插入到 c_birth 字段后面。

（4）将 c_name 字段数据类型改为 VARCHAR(70)。

（5）将 c_contact 字段改名为 c_phone。

（6）增加 c_gender 字段，数据类型为 CHAR(1)。

（7）将表名修改为 customers_info。

（8）删除字段 c_city。

（9）修改数据表的存储引擎为 MyISAM。

2. 在 Market 中创建数据表 orders，orders 表结构如表 4.7 所示，按要求进行操作。

表 4.7　orders 表结构

字段名	数据类型	主键	外键	非空	唯一	自增
o_num	INT(11)	是	否	是	是	是
o_date	DATE	否	否	否	否	否
c_id	VARCHAR(50)	否	是	否	否	否

（1）创建数据表 orders，在 o_num 字段上添加主键约束和自增约束，在 c_id 字段上添加外键约束，关联 customers 表中的主键 c_num。

（2）删除 orders 表的外键约束，然后删除表 customers。

第 5 章
◀ 数据类型和运算符 ▶

学习目标 Objective

数据库表由多列字段构成,每一个字段指定了不同的数据类型。指定字段的数据类型之后,也就决定了向字段插入的数据内容,例如,当要插入数值的时候,可以将它们存储为整数类型,也可以将它们存储为字符串类型;不同的数据类型也决定了 MySQL 在存储它们的时候使用的方式,以及在使用它们的时候选择什么运算符号进行运算。本章将介绍 MySQL 中的数据类型和常见的运算符。

内容导航 Navigation

- 熟悉常见数据类型的概念和区别
- 掌握如何选择数据类型
- 熟悉常见运算符的概念和区别
- 掌握综合案例中运算符的运用方法

5.1 MySQL 数据类型介绍

MySQL 支持多种数据类型,主要有数值类型、日期/时间类型和字符串类型。

（1）数值数据类型:包括整数类型 TINYINT、SMALLINT、MEDIUMINT、INT、BIGINT、浮点小数数据类型 FLOAT 和 DOUBLE,定点小数类型 DECIMAL。

（2）日期/时间类型:包括 YEAR、TIME、DATE、DATETIME 和 TIMESTAMP。

（3）字符串类型:包括 CHAR、VARCHAR、BINARY、VARBINARY、BLOB、TEXT、ENUM 和 SET 等。字符串类型又分为文本字符串和二进制字符串。

5.1.1 整数类型

数值型数据类型主要用来存储数字,MySQL 提供了多种数值数据类型,不同的数据类型提供不同的取值范围,可以存储的值范围越大,其所需要的存储空间也会越大。MySQL 主要提供的整数类型有：TINYINT、SMALLINT、MEDIUMINT、INT(INTEGER）、BIGINT。整数类型的属性字段可以添加 AUTO_INCREMENT 自增约束条件。表 5.1 列出了 MySQL 中的数值类型。

表 5.1　MySQL 中的整数型数据类型

类型名称	说明	存储需求
TINYINT	很小的整数	1 个字节
SMALLINT	小的整数	2 个字节
MEDIUMINT	中等大小的整数	3 个字节
INT(INTEGER）	普通大小的整数	4 个字节
BIGINT	大整数	8 个字节

从表中可以看到，不同类型整数存储所需的字节数是不同的，占用字节数最小的是 TINYINT 类型，占用字节最大的是 BIGINT 类型，相应的占用字节越多的类型所能表示的数值范围越大。根据占用字节数可以求出每一种数据类型的取值范围，例如 TINYINT 需要 1 个字节（8 bits）来存储，那么 TINYINT 无符号数的最大值为 2^8-1，即 255；TINYINT 有符号数的最大值为 2^7-1，即 127。其他类型的整数的取值范围计算方法相同，如表 5.2 所示。

表 5.2　不同整数类型的取值范围

数据类型	有符号	无符号
TINYINT	-128~127	0~255
SMALLINT	32768~32767	0~65535
MEDIUMINT	-8388608~8388607	0~16777215
INT(INTEGER)	-2147483648~2147483647	0~4294967295
BIGINT	-9223372036854775808~9223372036854775807	0~18446744073709551615

在第 4 章"创建数据表"章节中，有如下创建表的语句：

```
CREATE TABLE tb_emp1
(
id      INT(11),
name  VARCHAR(25),
deptId INT(11),
salary FLOAT
);
```

id 字段的数据类型为 INT(11)，注意到后面的数字 11，这表示的是该数据类型指定的显示宽度，指定能够显示的数值中数字的个数。例如，假设声明一个 INT 类型的字段：

```
year INT(4)
```

该声明指明，在 year 字段中的数据一般只显示 4 位数字的宽度。

在这里读者要注意：显示宽度和数据类型的取值范围是无关的。显示宽度只是指明 MySQL

最大可能显示的数字个数，数值的位数小于指定的宽度时会由空格填充；如果插入了大于显示宽度的值，只要该值不超过该类型整数的取值范围，数值依然可以插入，而且能够显示出来。例如，假如向 year 字段插入一个数值 19999，当使用 SELECT 查询该列值的时候，MySQL 显示的将是完整的带有 5 位数字的 19999，而不是 4 位数字的值。

其他整型数据类型也可以在定义表结构时指定所需要的显示宽度，如果不指定，则系统为每一种类型指定默认的宽度值，如例 5.1 所示。

【例 5.1】创建表 tmp1，其中字段 x、y、z、m、n 数据类型依次为 TINYINT、SMALLINT、MEDIUMINT、INT、BIGINT，SQL 语句如下：

```
CREATE TABLE tmp1 ( x TINYINT, y SMALLINT, z MEDIUMINT, m INT, n BIGINT );
```

执行成功之后，便用 DESC 查看表结构，结果如下：

```
mysql> DESC tmp1;
+-------+--------------+------+-----+---------+-------+
| Field | Type         | Null | Key | Default | Extra |
+-------+--------------+------+-----+---------+-------+
| x     | tinyint(4)   | YES  |     | NULL    |       |
| y     | smallint(6)  | YES  |     | NULL    |       |
| z     | mediumint(9) | YES  |     | NULL    |       |
| m     | int(11)      | YES  |     | NULL    |       |
| n     | bigint(20)   | YES  |     | NULL    |       |
+-------+--------------+------+-----+---------+-------+
5 rows in set (0.00 sec)
```

可以看到，系统将添加不同的默认显示宽度。这些显示宽度能够保证显示每一种数据类型可以取到取值范围内的所有值。例如 TINYINT 有符号数和无符号数的取值范围分别为 -128~127 和 0~255，由于负号占了一个数字位，因此 TINYINT 默认的显示宽度为 4。同理，其他整数类型的默认显示宽度与其有符号数的最小值的宽度相同。

不同的整数类型有不同的取值范围，并且需要不同的存储空间，因此，应该根据实际需要选择最合适的类型，这样有利于提高查询的效率和节省存储空间。整数类型是不带小数部分的数值，现实生活中很多地方需要用到带小数的数值，下面将介绍 MySQL 中支持的小数类型。

 显示宽度只用于显示，并不能限制取值范围和占用空间，如：INT(3)会占用 4 个字节的存储空间，并且允许的最大值也不会是 999，而是 INT 整型所允许的最大值。

5.1.2 浮点数类型和定点数类型

MySQL 中使用浮点数和定点数来表示小数。浮点类型有两种：单精度浮点类型（FLOAT）和双精度浮点类型（DOUBLE）。定点类型只有一种：DECIMAL。浮点类型和定点类型都可以用（M，N）来表示，其中 M 称为精度，表示总共的位数；N 称为标度，是表示小数的位数。表 5.3 列出了 MySQL 中的小数类型和存储需求。

表 5.3　MySQL 中的小数类型

类型名称	说明	存储需求
FLOAT	单精度浮点数	4 个字节
DOUBLE	双精度浮点数	8 个字节
DECIMAL（M,D），DEC	压缩的"严格"定点数	M+2 个字节

　　DECIMAL 类型不同于 FLOAT 和 DOUBLE，DECIMAL 实际是以串存放的，DECIMAL 可能的最大取值范围与 DOUBLE 一样，但是其有效的取值范围由 M 和 D 的值决定。如果改变 M 而固定 D，则其取值范围将随 M 的变大而变大。从表 5.3 可以看到，DECIMAL 的存储空间并不是固定的，而由其精度值 M 决定，占用 M+2 个字节。

　　FLOAT 类型的取值范围如下：

- 有符号的取值范围：–3.402823466E+38 ~ –1.175494351E-38。
- 无符号的取值范围：0 和 1.175494351E-38 ~ 3.402823466E+38。

DOUBLE 类型的取值范围如下：

- 有符号的取值范围：–1.7976931348623157E+308 ~ –2.2250738585072014E-308。
- 无符号的取值范围：0 和 2.2250738585072014E-308 ~ 1.7976931348623157E+308。

 不论是定点还是浮点类型，如果用户指定的精度超出精度范围，则会四舍五入进行处理。

　　【例 5.2】创建表 tmp2，其中字段 x、y、z 数据类型依次为 FLOAT(5,1)、DOUBLE(5,1)和 DECIMAL(5,1)，向表中插入数据 5.12、5.15 和 5.123，SQL 语句如下：

```
CREATE TABLE tmp2 ( x FLOAT(5,1), y DOUBLE(5,1), z DECIMAL(5,1) );
```

　　向表中插入数据：

```
mysql>INSERT INTO tmp2 VALUES(5.12, 5.15, 5.123);
Query OK, 1 row affected, 1 warning (0.00 sec)
```

　　可以看到在插入数据时，MySQL 给出了一个警告信息，使用 SHOW WARNINGS;语句查看警告信息：

```
mysql> SHOW WARNINGS;
+-------+------+------------------------------------------+
| Level | Code | Message                                  |
+-------+------+------------------------------------------+
| Error | 1265 | Data truncated for column 'z' at row 1   |
+-------+------+------------------------------------------+
1 row in set (0.00 sec)
```

　　可以看到 FLOAT 和 DOUBLE 在进行四舍五入时没有给出警告，而给出 z 字段数值被截断的警告。查看结果：

```
mysql> SELECT * FROM tmp2;
+------+------+------+
| x    | y    | z    |
+------+------+------+
| 5.1  | 5.2  | 5.1  |
+------+------+------+
```

FLOAT 和 DOUBLE 在不指定精度时，默认会按照实际的精度（由计算机硬件和操作系统决定），DECIMAL 如不指定精度，默认为(10,0)。

浮点数相对于定点数的优点是在长度一定的情况下，浮点数能够表示更大的数据范围；它的缺点是会引起精度问题。

 在 MySQL 中，定点数以字符串形式存储，在对精度要求比较高的时候（如货币，科学数据等）使用 DECIMAL 的类型比较好，另外两个浮点数进行减法和比较运算时也容易出问题，所以在使用浮点型时需要注意，并尽量避免做浮点数比较。

5.1.3　日期与时间类型

MySQL 中有多种表示日期的数据类型，主要有：DATETIME、DATE、TIMESTAMP、TIME 和 YEAR。例如，当只记录年信息的时候，可以只使用 YEAR 类型，而没有必要使用 DATE。每一个类型都有合法的取值范围，当指定确实不合法的值时系统将"零"值插入到数据库中。本节将介绍 MySQL 日期和时间类型的使用方法。表 5.4 列出了 MySQL 中的日期与时间类型。

表 5.4　日期与时间数据类型

类型名称	日期格式	日期范围	存储需求
YEAR	YYYY	1901～2155	1 字节
TIME	HH:MM:SS	-838:59:59 ～838:59:59	3 字节
DATE	YYYY-MM-DD	1000-01-01～9999-12-3	3 字节
DATETIME	YYYY-MM-DD HH:MM:SS	1000-01-01 00:00:00～9999-12-31 23:59:59	8 字节
TIMESTAMP	YYYY-MM-DD HH:MM:SS	1970-01-01 00:00:01 UTC ～ 2038-01-19 03:14:07 UTC	4 字节

1. YEAR

YEAR 类型是一个单字节类型用于表示年，在存储时只需要 1 个字节。可以使用各种格式指定 YEAR 值，如下所示：

（1）以 4 位字符串或者 4 位数字格式表示的 YEAR，范围为 '1901'～'2155'。输入格式为 'YYYY' 或者 YYYY，例如，输入 '2010' 或 2010，插入到数据库的值均为 2010。

（2）以 2 位字符串格式表示的 YEAR，范围为 '00' 到 '99'。'00'～'69' 和 '70'～'99' 范围的值分别被转换为 2000～2069 和 1970～1999 范围的 YEAR 值。'0' 与 '00' 的作用相同。插入超过取值范围的值将被转换为 2000。

（3）以 2 位数字表示的 YEAR，范围为 1～99。1～69 和 70～99 范围的值分别被转换为 2001～2069 和 1970～1999 范围的 YEAR 值。注意：在这里 0 值将被转换为 0000，而不是 2000。

 两位整数范围与两位字符串范围稍有不同，例如：插入 2000 年，读者可能会使用数字格式的 0 表示 YEAR，实际上，插入数据库的值为 0000，而不是所希望的 2000。只有使用字符串格式的'0'或'00'，才可以被正确地解释为 2000。非法 YEAR 值将被转换为 0000。

【例 5.3】创建数据表 tmp3，定义数据类型为 YEAR 的字段 y，向表中插入值 2010，'2010'，'2166'，SQL 语句如下：

首先创建表 tmp3：

```
CREATE TABLE tmp3( y YEAR );
```

向表中插入数据：

```
mysql> INSERT INTO tmp3 values(2010),('2010');
```

再次向表中插入数据：

```
mysql> INSERT INTO tmp3 values ('2166');
ERROR 1264 (22003): Out of range value for column 'y' at row 1
```

语句执行之后，MySQL 给出了一条错误提示，使用 SHOW 查看错误信息：

```
mysql> SHOW WARNINGS;
+---------+------+-----------------------------------------------+
| Level   | Code | Message                                       |
+---------+------+-----------------------------------------------+
| Error   | 1264 | Out of range value for column 'y' at row 1;   |
+---------+------+-----------------------------------------------+
1 row in set (0.00 sec)
```

可以看到，插入的第 3 个值 2166 超过了 YEAR 类型的取值范围，此时不能正常的执行插入操作，查看结果：

```
mysql> SELECT * FROM tmp3;
+------+
| y    |
+------+
| 2010 |
| 2010 |
+------+
```

由结果可以看到，当插入值为数值类型的 2010 或者字符串类型的'2010'时，都正确地储存到了数据库中；而当插入值'2166'时，由于超出了 YEAR 类型的取值范围，因此，不能插入值。

【例 5.4】向 tmp3 表中 y 字段插入 2 位字符串表示的 YEAR 值，分别为 '0'、'00'、'77' 和 '10'，SQL 语句如下：

首先删除表中的数据：

```
DELETE FROM tmp3;
```

向表中插入数据：

```
INSERT INTO tmp3 values('0'),('00'),('77'),('10');
```

查看结果：

```
mysql> SELECT * FROM tmp3;
+------+
| y    |
+------+
| 2000 |
| 2000 |
| 1977 |
| 2010 |
+------+
```

由结果可以看到，字符串 '0' 和 '00' 的作用相同，分别都转换成了 2000 年；'77' 转换为 1977；'10' 转换为 2010。

【例 5.5】向 tmp3 表中 y 字段插入 2 位数字表示的 YEAR 值，分别为 0、78 和 11，SQL 语句如下：

首先删除表中的数据：

```
DELETE FROM tmp3;
```

向表中插入数据：

```
INSERT INTO tmp3 values(0),(78),(11);
```

查看结果：

```
mysql> SELECT * FROM tmp3;
+------+
| y    |
+------+
| 0000 |
| 1978 |
| 2011 |
+------+
```

由结果可以看到，0 被转换为 0000；78 被转换为 1978；11 被转换为 2011。

2. TIME

TIME 类型用于只需要时间信息的值，在存储时需要 3 个字节。格式为 'HH:MM:SS'。HH 表示小时；MM 表示分钟；SS 表示秒。TIME 类型的取值范围为-838:59:59 ~838:59:59，小时部分会如此大的原因是 TIME 类型不仅可以用于表示一天的时间（必须小于 24 小时），还可能是某个事件过去的时间或两个事件之间的时间间隔（可以大于 24 小时，或者甚至为负）。可以使用各种格式指定 TIME 值，如下所示：

（1）'D HH:MM:SS' 格式的字符串。还可以使用下面任何一种"非严格"的语法：'HH:MM:SS'、'HH:MM'、'D HH:MM'、'D HH' 或 'SS'。这里的 D 表示日，可以取 0~34 之间的值。在插入数据库时，D 被转换为小时保存，格式为 "D*24＋HH"。

（2）'HHMMSS' 格式的、没有间隔符的字符串或者 HHMMSS 格式的数值，假定是有意义的时间。例如：'101112' 被理解为 '10:11:12'，但 '109712' 是不合法的（它有一个没有意义的分钟部分），存储时将变为 00:00:00。

> 为 TIME 列分配简写值时应注意：如果没有冒号，MySQL 解释值时，假定最右边的两位表示秒。（MySQL 解释 TIME 值为过去的时间而不是当天的时间）。例如，读者可能认为 '1112' 和 1112 表示 11:12:00（即 11 点过 12 分），但 MySQL 将它们解释为 00:11:12（即 11 分 12 秒）。同样 '12' 和 12 被解释为 00:00:12。相反，TIME 值中如果使用冒号则肯定被看作当天的时间。也就是说，'11:12' 表示 11:12:00，而不是 00:11:12。

【例 5.6】创建数据表 tmp4，定义数据类型为 TIME 的字段 t，向表中插入值 '10:05:05'，'23:23'，'2 10:10'，'3 02'，'10'，SQL 语句如下：

首先创建表 tmp4，

```
CREATE TABLE tmp4( t TIME );
```

向表中插入数据：

```
mysql> INSERT INTO tmp4 values('10:05:05 '), ('23:23'), ('2 10:10'), ('3 02'),('10');
```

查看结果：

```
mysql> SELECT * FROM tmp4;
+----------+
| t        |
+----------+
| 10:05:05 |
| 23:23:00 |
| 58:10:00 |
| 74:00:00 |
| 00:00:10 |
```

```
+----------+
```

由结果可以看到，'10:05:05'被转换为 10:05:05；'23:23'被转换为 23:23:00；'2 10:10'被转换为 58:10:00，'3 02'被转换为 74:00:00；'10'被转换成 00:00:10。

 在使用'D HH'格式时，小时一定要使用双位数值，如果是小于 10 的小时数，应在前面加 0。

【例 5.7】向表 tmp4 中插入值'101112'，111213，'0'，107010，SQL 语句如下：

首先删除表中的数据：

```
DELETE FROM tmp4;
```

向表中插入数据：

```
mysql>INSERT INTO tmp4 values('101112'),(111213),( '0');
```

再向表中插入数据：

```
mysql>INSERT INTO tmp4 values ( 107010);
ERROR 1292 (22007): Incorrect time value: '107010' for column 't' at row 1
```

可以看到，在插入数据时，MySQL 给出了一个错误提示信息，使用 SHOW WARNINGS; 查看错误信息，如下所示：

```
mysql> show warnings;
+----------+------+-------------------------------------------------------+
| Level    | Code | Message                                               |
+----------+------+-------------------------------------------------------+
| Error    | 1292 | Incorrect time value: '107010' for column 't' at row 1
+----------+------+-------------------------------------------------------+
```

可以看到，第二次在插入记录的时候，数据超出了范围，原因是 107010 的分钟部分超过了 60，分钟部分是不会超过 60 的，查看结果：

```
mysql> SELECT * FROM tmp4;
+----------+
| t        |
+----------+
| 10:11:12 |
| 11:12:13 |
| 00:00:00 |
+----------+
```

由结果可以看到，'101112'被转换为 10:11:12；111213 被转换为 11:12:13；'0'被转换为 00:00:00；107010 因为是不合法的值，因此不能被插入。

也可以使用系统日期函数向 TIME 字段列插入值。

【例 5.8】向 tmp4 表中插入系统当前时间，SQL 语句如下：

首先删除表中的数据：

```
DELETE FROM tmp4;
```

向表中插入数据：

```
mysql> INSERT INTO tmp4 values (CURRENT_TIME) ,(NOW());
```

查看结果：

```
mysql> SELECT * FROM tmp4;
+----------+
| t        |
+----------+
| 08:43:51 |
| 08:43:51 |
+----------+
```

由结果可以看到，获取系统当前的日期时间插入到 TIME 类型列，因为读者输入语句的时间不确定，因此获取的值与这里的可能是不同的，但都是系统当前的日期时间值。

3. DATE 类型

DATE 类型用在仅需要日期值时，没有时间部分，在存储时需要 3 个字节。日期格式为 'YYYY-MM-DD' 其中 YYYY 表示年；MM 表示月；DD 表示日。在给 DATE 类型的字段赋值时，可以使用字符串类型或者数字类型的数据插入，只要符合 DATE 的日期格式即可，如下：

（1）以 'YYYY-MM-DD' 或者 'YYYYMMDD' 字符串格式表示的日期，取值范围为 '1000-01-01' ～ '9999-12-3'。例如，输入 '2012-12-31' 或者 '20121231'，插入数据库的日期都为 2012-12-31。

（2）以 'YY-MM-DD' 或者 'YYMMDD' 字符串格式表示的日期，在这里 YY 表示两位的年值。包含两位年值的日期会令人模糊，因为不知道世纪。MySQL 使用以下规则解释两位年值：'00～69' 范围的年值转换为 '2000～2069'；'70～99' 范围的年值转换为 '1970～1999'。例如，输入 '12-12-31'，插入数据库的日期为 2012-12-31；输入 '981231'，插入数据的日期为 1998-12-31。

（3）以 YY-MM-DD 或者 YYMMDD 数字格式表示的日期，与前面相似，00-69 范围的年值转换为 2000～2069；70～99 范围的年值转换为 1970～1999。例如，输入 12-12-31 插入数据库的日期为 2012-12-31；输入 981231，插入数据的日期为 1998-12-31。

（4）使用 CURRENT_DATE 或者 NOW()，插入当前系统日期。

【例 5.9】创建数据表 tmp5，定义数据类型为 DATE 的字段 d，向表中插入

"YYYY-MM-DD"和"YYYYMMDD"字符串格式日期，SQL 语句如下：

首先创建表 tmp5：

```
MySQL> CREATE TABLE tmp5(d DATE);
Query OK, 0 rows affected (0.02 sec)
```

向表中插入"YYYY-MM-DD"和"YYYYMMDD"格式的日期：

```
MySQL> INSERT INTO tmp5 values('1998-08-08'),('19980808'),('20101010');
```

查看插入结果：

```
MySQL> SELECT * FROM tmp5;
+------------+
| d          |
+------------+
| 1998-08-08 |
| 1998-08-08 |
| 2010-10-10 |
+------------+
```

可以看到，各个不同类型的日期值都正确地插入到了数据表中。

【例 5.10】向 tmp5 表中插入"YY-MM-DD"和"YYMMDD"字符串格式的日期，SQL 语句如下：

首先删除表中的数据：

```
DELETE FROM tmp5;
```

向表中插入"YY-MM-DD"和"YYMMDD"格式日期：

```
mysql> INSERT INTO tmp5 values ('99-09-09'),('990909'),('000101'),('111111');
```

查看插入结果：

```
mysql> SELECT * FROM tmp5;
+------------+
| d          |
+------------+
| 1999-09-09 |
| 1999-09-09 |
| 2000-01-01 |
| 2011-11-11 |
+------------+
```

【例 5.11】向 tmp5 表中插入 YY-MM-DD 和 YYMMDD 数字格式日期，SQL 语句如下：

首先删除表中的数据：

```
DELETE FROM tmp5;
```

向表中插入 **YY-MM-DD** 和 **YYMMDD** 数字格式日期：

```
mysql> INSERT INTO tmp5 values (99-09-09),(990909), ( 000101) ,( 111111);
```

查看插入结果：

```
mysql> SELECT * FROM tmp5;
+------------+
| d          |
+------------+
| 1999-09-09 |
| 1999-09-09 |
| 2000-01-01 |
| 2011-11-11 |
+------------+
```

【例 5.12】向 tmp5 表中插入系统当前日期，SQL 语句如下：

首先删除表中的数据：

```
DELETE FROM tmp5;
```

向表中插入系统当前日期：

```
mysql> INSERT INTO tmp5 values( CURRENT_DATE() ),( NOW() );
```

查看插入结果：

```
mysql> SELECT * FROM tmp5;
+------------+
| d          |
+------------+
| 2016-03-21 |
| 2016-03-21 |
+------------+
```

CURRENT_DATE 只返回当前日期值，不包括时间部分；NOW()函数返回日期和时间值，在保存到数据库时，只保留了其日期部分。

> MySQL 允许"不严格"语法：任何标点符号都可以用作日期部分之间的间隔符。例如，'98-11-31'、'98.11.31'、'98/11/31'和'98@11@31'是等价的，这些值也可以正确地插入到数据库。

4. DATETIME

DATETIME 类型用在需要同时包含日期和时间信息的值，在存储时需要 8 个字节。日期格式为'YYYY-MM-DD HH:MM:SS'，其中 YYYY 表示年；MM 表示月；DD 表示日；HH 表示小时；MM 表示分钟；SS 表示秒。在给 DATETIME 类型的字段赋值时，可以使用字符串类型或者数字类型的数据插入，只要符合 DATETIME 的日期格式即可，如下所示：

（1）以'YYYY-MM-DD HH:MM:SS'或者'YYYYMMDDHHMMSS'字符串格式表示的值，取值范围为'1000-01-01 00:00:00'～'9999-12-3 23:59:59'。例如输入'2012-12-31 05:05:05'或者'20121231050505'，插入数据库的 DATETIME 值都为 2012-12-31 05:05:05。

（2）以'YY-MM-DD HH:MM:SS'或者'YYMMDDHHMMSS'字符串格式表示的日期，在这里 YY 表示两位的年值。与前面相同，'00～69'范围的年值转换为'2000～2069'；'70～99'范围的年值转换为'1970～1999'。例如输入'12-12-31 05:05:05'，插入数据库的 DATETIME 为 2012-12-31 05:05:05；输入'980505050505'，插入数据库的 DATETIME 为 1998-05-05 05:05:05。

（3）以 YYYYMMDDHHMMSS 或者 YYMMDDHHMMSS 数字格式表示的日期和时间，例如输入 20121231050505，插入数据库的 DATETIME 为 2012-12-31 05:05:05；输入 981231050505，插入数据的 DATETIME 为 1998-12-31 05:05:05。

【例 5.13】创建数据表 tmp6，定义数据类型为 DATETIME 的字段 dt，向表中插入"YYYY-MM-DD HH:MM:SS"和"YYYYMMDDHHMMSS"字符串格式的日期和时间值，SQL 语句如下：

首先创建表 tmp6：

```
CREATE TABLE tmp6( dt DATETIME );
```

向表中插入"YYYY-MM-DD HH:MM:SS"和"YYYYMMDDHHMMSS"格式日期：

```
mysql> INSERT INTO tmp6 values('1998-08-08 08:08:08'),('19980808080808'),
('20101010101010');
```

查看插入结果：

```
mysql> SELECT * FROM tmp6;
+---------------------+
| dt                  |
+---------------------+
| 1998-08-08 08:08:08 |
| 1998-08-08 08:08:08 |
| 2010-10-10 10:10:10 |
+---------------------+
3 rows in set (0.00 sec)
```

可以看到，各个不同类型的日期值都正确地插入到了数据表中。

【例 5.14】向 tmp6 表中插入"YY-MM-DD HH:MM:SS"和"YYMMDDHHMMSS"字

符串格式日期和时间值，SQL 语句如下：

首先删除表中的数据：

```
DELETE FROM tmp6;
```

向表中插入"YY-MM-DD HH:MM:SS"和"YYMMDDHHMMSS"格式日期：

```
mysql> INSERT INTO tmp6 values('99-09-09 09:09:09'),('990909090909'),
('101010101010');
```

查看插入结果：

```
mysql> SELECT * FROM tmp6;
+---------------------+
| dt                  |
+---------------------+
| 1999-09-09 09:09:09 |
| 1999-09-09 09:09:09 |
| 2010-10-10 10:10:10 |
+---------------------+
3 rows in set (0.00 sec)
```

【例 5.15】向 tmp6 表中插入 YYYYMMDDHHMMSS 和 YYMMDDHHMMSS 数字格式日期和时间值，SQL 语句如下：

首先删除表中的数据：

```
DELETE FROM tmp6;
```

向表中插入 YYYYMMDDHHMMSS 和 YYMMDDHHMMSS 数字格式日期和时间：

```
mysql> INSERT INTO tmp6 values(19990909090909), (101010101010);
```

查看插入结果：

```
mysql> SELECT * FROM tmp6;
+---------------------+
| dt                  |
+---------------------+
| 1999-09-09 09:09:09 |
| 2010-10-10 10:10:10 |
+---------------------+
```

【例 5.16】向 tmp6 表中插入系统当前日期和时间值，SQL 语句如下：

首先删除表中的数据：

```
DELETE FROM tmp6;
```

向表中插入系统当前日期：

```
mysql> INSERT INTO tmp6 values( NOW() );
```

查看插入结果：

```
mysql> SELECT * FROM tmp6;
+---------------------+
| dt                  |
+---------------------+
| 2016-03-21 20:28:06 |
+---------------------+
```

NOW()函数返回当前系统的日期和时间值，格式为"YYYY-MM-DD HH:MM:SS"。

> MySQL 允许"不严格"语法：任何标点符号都可以用作日期部分或时间部分之间的间隔符。例如，'98-12-31 11:30:45'、'98.12.31 11+30+45'、'98/12/31 11*30*45'和'98@12@31 11^30^45'是等价的，这些值都可以正确地插入数据库。

5. TIMESTAMP

TIMESTAMP 的显示格式与 DATETIME 相同，显示宽度固定在 19 个字符，日期格式为 YYYY-MM-DD HH:MM:SS，在存储时需要 4 个字节。但是 TIMESTAMP 列的取值范围小于 DATETIME 的取值范围，为'1970-01-01 00:00:01'UTC～'2038-01-19 03:14:07'UTC，其中，UTC（Coordinated Universal Time），为世界标准时间，因此在插入数据时，要保证在合法的取值范围内。

【例 5.17】创建数据表 tmp7，定义数据类型为 TIMESTAMP 的字段 ts，向表中插入值'19950101010101'，'950505050505'，'1996-02-02 02:02:02'，'97@03@03 03@03@03'，121212121212，NOW()，SQL 语句如下：

```
CREATE TABLE tmp7( ts TIMESTAMP);
```

向表中插入数据：

```
INSERT INTO tmp7 values ('19950101010101'),
('950505050505'),
('1996-02-02 02:02:02'),
('97@03@03 03@03@03'),
(121212121212),
( NOW() );
```

查看插入结果：

```
mysql>SELECT * FROM tmp7;
+---------------------+
| ts                  |
+---------------------+
| 1995-01-01 01:01:01 |
| 1995-05-05 05:05:05 |
```

```
| 1996-02-02 02:02:02 |
| 1997-03-03 03:03:03 |
| 2012-12-12 12:12:12 |
| 2016-03-24 09:17:49 |
+---------------------+
```

由结果可以看到，'19950101010101'被转换为 1995-01-01 01:01:01；'950505050505'被转换为 1995-05-05 05:05:05；'1996-02-02 02:02:02'被转换为 1996-02-02 02:02:02；'97@03@03 03@03@03'被转换为 1997-03-03 03:03:03；121212121212 被转换为 2012-12-12 12:12:12；NOW()被转换为系统当前日期时间 2016-03-24 09:17:49。

> TIMESTAMP 与 DATETIME 除了存储字节和支持的范围不同外，还有一个最大的区别就是：DATETIME 在存储日期数据时，按实际输入的格式存储，即输入什么就存储什么，与时区无关；而 TIMESTAMP 值的存储是以 UTC（世界标准时间）格式保存的，存储时对当前时区进行转换，检索时再转换回当前时区。即查询时，根据当前时区的不同，显示的时间值是不同的。

【例 5.18】向 tmp7 表中插入当前日期，查看插入值，更改时区为东 10 区，再次查看插入值，SQL 语句如下：

首先删除表中的数据：

```
DELETE FROM tmp7;
```

向表中插入系统当前日期：

```
mysql> INSERT INTO tmp7 values( NOW() );
```

查看当前时区下日期值：

```
mysql> SELECT * FROM tmp7;
+---------------------+
| ts                  |
+---------------------+
| 2016-03-24 10:02:42 |
+---------------------+
```

查询结果为插入时的日期值，读者所在时区一般为东 8 区，下面修改当前时区为东 10 区，SQL 语句如下：

```
mysql> set time_zone='+10:00';
```

再次查看插入时的日期值：

```
mysql> SELECT * FROM tmp7;
+---------------------+
| ts                  |
+---------------------+
| 2016-03-24 12:02:42 |
```

由结果可以看到，因为东 10 区时间比东 8 区快 2 个小时，因此查询的结果经过时区转换之后，显示的值增加了 2 个小时。相同的，如果时区每减小一个值，则查询显示的日期中的小时数减 1。

> 如果为一个 DATETIME 或 TIMESTAMP 对象分配一个 DATE 值,结果值的时间部分被设置为'00:00:00',因为 DATE 值未包含时间信息。如果为一个 DATE 对象分配一个 DATETIME 或 TIMESTAMP 值，结果值的时间部分被删除，因为 DATE 值未包含时间信息。

5.1.4 文本字符串类型

字符串类型用来存储字符串数据，除了可以存储字符串数据之外，还可以存储其他数据，比如图片和声音的二进制数据。MySQL 支持两类字符型数据：文本字符串和二进制字符串。本小节主要讲解文本字符串类型,文本字符串可以进行区分或者不区分大小写的串比较,另外，还可以进行模式匹配查找。MySQL 中文本字符串类型指 CHAR、VARCHAR、TEXT、ENUM 和 SET。表 5.5 列出了 MySQL 中的文本字符串数据类型。

表 5.5　MySQL 中文本字符串数据类型

类型名称	说明	存储需求
CHAR(M)	固定长度非二进制字符串	M 字节，1 <= M <= 255
VARCHAR(M)	变长非二进制字符串	L+1 字节，在此 L <= M 和 1 <= M <= 255
TINYTEXT	非常小的非二进制字符串	L+1 字节，在此 L<2^8
TEXT	小的非二进制字符串	L+2 字节，在此 L<2^16
MEDIUMTEXT	中等大小的非二进制字符串	L+3 字节，在此 L<2^24
LONGTEXT	大的非二进制字符串	L+4 字节，在此 L<2^32
ENUM	枚举类型，只能有一个枚举字符串值	1 或 2 个字节，取决于枚举值的数目（最大值 65535）
SET	一个设置，字符串对象可以有零个或多个 SET 成员	1, 2, 3, 4 或 8 个字节，取决于集合成员的数量（最多 64 个成员）

VARCHAR 和 TEXT 类型与下一小节讲到的 BLOB 一样是变长类型，对于其存储需求取决于列值的实际长度（在前面的表格中用 L 表示），而不是取决于类型的最大可能尺寸。例如，一个 VARCHAR(10)列能保存最大长度为 10 个字符的一个字符串，实际的存储需要是字符串的长度 L，加上 1 个字节以记录字符串的长度。对于字符"abcd"，L 是 4 而存储要求是 5 个字节。本章节介绍了这些数据类型的作用以及如何在查询中使用这些类型。

1. CHAR 和 VARCHAR 类型

CHAR(M) 为固定长度字符串，在定义时指定字符串列长。当保存时在右侧填充空格以达到指定的长度。M 表示列长度，M 的范围是 0~255 个字符。例如，CHAR(4)定义了一个固定长度的字符串列，其包含的字符个数最大为 4。当检索到 CHAR 值时，尾部的空格将被删除掉。

VARCHAR(M) 是长度可变的字符串，M 表示最大列长度。M 的范围是 0~65 535。VARCHAR 的最大实际长度由最长的行的大小和使用的字符集确定，而其实际占用的空间为字符串的实际长度加 1。例如，VARCHAR(50)定义了一个最大长度为 50 的字符串，如果插入的字符串只有 10 个字符，则实际存储的字符串为 10 个字符和一个字符串结束字符。VARCHAR 在值保存和检索时尾部的空格仍保留。

【例 5.19】下面将不同字符串保存到 CHAR(4)和 VARCHAR(4)列，说明 CHAR 和 VARCHAR 之间的差别，如表 5.6 所示。

表 5.6 CHAR(4)与 VARCHAR(4)存储区别

插入值	CHAR(4)	存储需求	VARCHAR(4)	存储需求
' '	' '	4 字节	' '	1 字节
'ab'	'ab '	4 字节	'ab'	3 字节
'abc'	'abc'	4 字节	'abc'	4 字节
'abcd'	'abcd'	4 字节	'abcd'	5 字节
'abcdef'	'abcd'	4 字节	'abcd'	5 字节

对比结果可以看到，CHAR(4) 定义了固定长度为 4 的列，不管存入的数据长度为多少，所占用的空间均为 4 个字节。VARCHAR(4) 定义的列所占的字节数为实际长度加 1。

当查询时 CHAR(4) 和 VARCHAR(4) 的值并不一定相同，如【例 5.20】所示。

【例 5.20】创建 tmp8 表，定义字段 ch 和 vch 数据类型依次为 CHAR(4)、VARCHAR(4)向表中插入数据"ab "，SQL 语句如下：

创建表 tmp8：

```
CREATE TABLE tmp8(
ch CHAR(4), vch VARCHAR(4)
);
```

输入数据：

```
INSERT INTO tmp8 VALUES('ab ', 'ab ');
```

查询结果：

```
mysql> SELECT concat('(', ch, ')'), concat('(',vch,')') FROM tmp8;
+----------------------+---------------------+
| concat('(', ch, ')') | concat('(',vch,')') |
+----------------------+---------------------+
| (ab)                 | (ab )               |
+----------------------+---------------------+
1 row in set (0.00 sec)
```

从查询结果可以看到，ch 在保存"ab　"时将末尾的两个空格删除了，而 vch 字段保留了末尾的两个空格。

在表 5.7 中，最后一行的值只有在使用"不严格"模式时，字符串才会被截断插入；如果 MySQL 运行在"严格"模式，超过列长度的值不会被保存，并且会出现错误信息："ERROR 1406(22001): Data too long for column"，即字符串长度超过指定长度，无法插入。

2. TEXT 类型

TEXT 列保存非二进制字符串，如文章内容、评论等。当保存或查询 TEXT 列的值时，不删除尾部空格。Text 类型分为 4 种：TINYTEXT、TEXT、MEDIUMTEXT 和 LONGTEXT。不同的 TEXT 类型的存储空间和数据长度不同。

（1）TINYTEXT 最大长度为 255(2^8–1)字符的 TEXT 列。

（2）TEXT 最大长度为 65 535(2^{16}–1)字符的 TEXT 列。

（3）MEDIUMTEXT 最大长度为 16 777 215(2^{24}–1)字符的 TEXT 列。

（4）LONGTEXT 最大长度为 4 294 967 295 或 4GB(2^{32}–1)字符的 TEXT 列。

3. ENUM 类型

ENUM 是一个字符串对象，其值为表创建时在列规定中枚举的一列值。语法格式如下：

```
字段名 ENUM('值1','值2',... '值n')
```

字段名指将要定义的字段，值 n 指枚举列表中的第 n 个值。ENUM 类型的字段在取值时，只能在指定的枚举列表中取，而且一次只能取一个。如果创建的成员中有空格时，其尾部的空格将自动被删除。ENUM 值在内部用整数表示，每个枚举值均有一个索引值：列表值所允许的成员值从 1 开始编号，MySQL 存储的就是这个索引编号。枚举最多可以有 65 535 个元素。

例如定义 ENUM 类型的列('first', 'second', 'third')，该列可以取的值和每个值的索引如表 5.7 所示。

表 5.7　ENUM 类型的取值范围

值	索引
NULL	NULL
''	0
first	1
second	2
third	3

ENUM 值依照列索引顺序排列，并且空字符串排在非空字符串前，NULL 值排在其他所有的枚举值前。这一点也可以从表 5.7 中看到。

在这里，有一个方法可以查看列成员的索引值，如【例 5.21】所示。

【例 5.21】创建表 tmp9，定义 ENUM 类型的列 enm('first'，'second'，'third')，查看列成员的索引值，SQL 语句如下：

首先，创建 tmp9 表：

```
CREATE TABLE tmp9( enm ENUM('first','second','third') );
```

插入各个列值：

```
INSERT INTO tmp9 values('first'),('second') ,('third') , (NULL);
```

查看索引值：

```
mysql> SELECT enm, enm+0 FROM tmp9;
+------------+----------+
| enm       | enm+0   |
+------------+----------+
|  first    |     1 |
| second    |     2 |
|  third    |     3 |
| NULL    | NULL |
+------------+----------+
```

可以看到，这里的索引值和前面所述的相同。

> ENUM 列总有一个默认值。如果将 ENUM 列声明为 NULL，NULL 值则为该列的一个有效值，并且默认值为 NULL。如果 ENUM 列被声明为 NOT NULL，其默认值为允许的值列表的第 1 个元素。

【例 5.22】创建表 tmp10，定义 INT 类型的 soc 字段，ENUM 类型的字段 level，列表值为('excellent','good', 'bad')，向表 tmp10 中插入数据 'good'，1，2，3，'best'，SQL 语句如下：

首先，创建数据表：

```
CREATE TABLE tmp10 (soc INT, level enum('excellent', 'good','bad') );
```

插入数据：

```
mysql>INSERT INTO tmp10 values(70,'good'), (90,1),(75,2),(50,3);
```

再次插入数据：

```
mysql>INSERT INTO tmp10 values (100,'best');
ERROR 1265 (01000): Data truncated for column 'level' at row 1
```

这里系统提示错误信息，可以看到，由于字符串值 "best" 不在 ENUM 列表中，所以对数据进行了阻止插入操作，查询结果如下：

```
mysql> SELECT * FROM tmp10;
+------+-----------+
| soc  | level     |
+------+-----------+
|   70 | good      |
|   90 | excellent |
|   75 | good      |
|   50 | bad       |
+------+-----------+
```

由结果可以看到，因为 ENUM 列表中的值在 MySQL 中都是以编号序列存储的，因此，插入列表中的值"good"或者插入其对应序号'2'的结果是相同的；"best"不是列表中的值，因此不能插入数据。

4. SET 类型

SET 是一个字符串对象，可以有零或多个值，SET 列最多可以有 64 个成员，其值为表创建时规定的一列值。指定包括多个 SET 成员的 SET 列值时，各成员之间用逗号(,)间隔开。语法格式如下：

```
SET('值1','值2',... '值n')
```

与 ENUM 类型相同，SET 值在内部用整数表示，列表中每一个值都有一个索引编号。当创建表时，SET 成员值的尾部空格将自动被删除。但与 ENUM 类型不同的是，ENUM 类型的字段只能从定义的列值中选择一个值插入，而 SET 类型的列可从定义的列值中选择多个字符的联合。

如果插入 SET 字段中列值有重复，则 MySQL 自动删除重复的值；插入 SET 字段的值的顺序并不重要，MySQL 会在存入数据库时，按照定义的顺序显示；如果插入了不正确的值，默认情况下，MySQL 将忽视这些值，并给出警告。

【例 5.23】创建表 tmp11，定义 SET 类型的字段 s，取值列表为('a', 'b', 'c', 'd')，插入数据('a')，('a,b,a')，('c,a,d')，('a,x,b,y')，SQL 语句如下：

首先创建表 tmp11：

```
CREATE TABLE tmp11 ( s SET('a', 'b', 'c', 'd'));
```

插入数据：

```
INSERT INTO tmp11 values('a'),( 'a,b,a'),('c,a,d');
```

再次插入数据：

```
INSERT INTO tmp11 values ('a,x,b,y');
ERROR 1265 (01000): Data truncated for column 's' at row 1
```

由于插入了 SET 列不支持的值，因此 MySQL 给出错误提示。

查看结果：

```
mysql> SELECT * FROM tmp11;
+-------+
| s     |
+-------+
| a     |
| a,b   |
| a,c,d |
+-------+
```

从结果可以看到，对于 SET 来说如果插入的值为重复的，则只取一个，例如 "a,b,a"，则结果为 "a,b"；如果插入了不按顺序排列值，则自动按顺序插入，例如 "c,a,d"，结果为 "a,c,d"；如果插入了不正确值，该值将被阻止插入，例如插入值 "a,x,b,y"。

5.1.5　二进制字符串类型

前面讲解了存储文本的字符串类型，这一小节将讲解 MySQL 中存储二进制数据的字符串类型。MySQL 中的二进制数据类型有：BIT、BINARY、VARBINARY、TINYBLOB、BLOB、MEDIUMBLOB 和 LONGBLOB，本节将讲解各类二进制字符串类型的特点和使用方法。表 5.8 列出了 MySQL 中的二进制数据类型。

表 5.8　MySQL 中的二进制字符串类型

类型名称	说明	存储需求
BIT(M)	位字段类型	大约(M+7)/8 个字节
BINARY(M)	固定长度二进制字符串	M 个字节
VARBINARY(M)	可变长度二进制字符串	M+1 个字节
TINYBLOB(M)	非常小的 BLOB	L+1 字节，在此 L<2^8
BLOB(M)	小 BLOB	L+2 字节，在此 L<2^16
MEDIUMBLOB(M)	中等大小的 BLOB	L+3 字节，在此 L<2^24
LONGBLOB(M)	非常大的 BLOB	L+4 字节，在此 L<2^32

1. BIT 类型

BIT 类型是位字段类型。M 表示每个值的位数，范围为 1~64。如果 M 被省略，默认为 1。如果为 BIT(M)列分配的值的长度小于 M 位，在值的左边用 0 填充。例如，为 BIT(6)列分配一个值 b'101'，其效果与分配 b'000101'相同。BIT 数据类型用来保存位字段值，例如：以二进制的形式保存数据 13，13 的二进制形式为 1101，在这里需要位数至少为 4 位的 BIT 类型，即可以定义列类型为 BIT(4)。大于二进制 1111 的数据是不能插入 BIT(4)类型的字段中的。

【例 5.24】创建表 tmp12，定义 BIT(4)类型的字段 b，向表中插入数据 2、9、15。

首先创建表 tmp12，SQL 语句如下：

101

```
CREATE TABLE tmp12( b BIT(4) );
```

插入数据：

```
mysql> INSERT INTO tmp12 VALUES(2), (9), (15);
Query OK, 3 rows affected (0.02 sec)
Records: 3  Duplicates: 0  Warnings:1
```

查询插入结果：

```
mysql> SELECT BIN(b+0) FROM tmp12;
+------------+
| BIN(b+0)  |
+------------+
| 10         |
| 1001       |
| 1111       |
+------------+
4 rows in set (0.00 sec)
```

b+0 表示将二进制的结果转换为对应的数字的值，BIN() 函数将数字转换为二进制。从结果可以看到，成功地将 3 个数插入到表中。

 默认情况下，MySQL 不可以插入超出该列允许范围的值，因而插入的数据要确保插入的值在指定的范围内。

2. BINARY 和 VARBINARY 类型

BINARY 和 VARBINARY 类型类似于 CHAR 和 VARCHAR，不同的是它们包含二进制字节字符串。其使用的语法格式如下：

列名称 BINARY(M) 或者 VARBINARY(M)

BINARY 类型的长度是固定的，指定长度之后，不足最大长度的，将在它们右边填充 '\0' 补齐以达到指定长度。例如：指定列数据类型为 BINARY(3)，当插入 'a' 时，存储的内容实际为 "a\0\0"，当插入 "ab" 时，实际存储的内容为 "ab\0"，不管存储的内容是否达到指定的长度，其存储空间均为指定的值 M。

VARBINARY 类型的长度是可变的，指定好长度之后，其长度可以在 0 到最大值之间。例如：指定列数据类型为 VARBINARY(20)，如果插入的值的长度只有 10，则实际存储空间为 10 加 1，即其实际占用的空间为字符串的实际长度加 1。

【例 5.25】创建表 tmp13，定义 BINARY(3)类型的字段 b 和 VARBINARY(3)类型的字段 vb，并向表中插入数据 '5'，比较两个字段的存储空间。

首先创建表 tmp13，输入 SQL 语句如下：

```
CREATE TABLE tmp13(
b binary(3),  vb varbinary(30)
);
```

插入数据：

```
INSERT INTO tmp13 VALUES(5,5);
```

查看两个字段存储数据的长度：

```
mysql> SELECT length(b), length(vb) FROM tmp13;
+-----------+------------+
| length(b) | length(vb) |
+-----------+------------+
|        3 |         1 |
+-----------+------------+
1 row in set (0.00 sec)
```

可以看到，b 字段的值数据长度为 3，而 vb 字段的数据长度仅为插入的一个字符的长度 1。如果想要进一步确认'5'在两个字段中不同的存储方式，输入如下语句：

```
mysql> SELECT b,vb,b = '5', b='5\0\0',vb='5',vb = '5\0\0' FROM tmp13;
+------+------+---------+-----------+---------+--------------+
| b    | vb   | b = '5' | b='5\0\0' | vb='5'  | vb = '5\0\0' |
+------+------+---------+-----------+---------+--------------+
| 5    | 5    |    0    |     1     |    1    |       0      |
+------+------+---------+-----------+---------+--------------+
1 row in set (0.00 sec)
```

由执行结果可以看出，b 字段和 vb 字段的长度是截然不同的，因为 b 字段不足的空间填充了'\0'，而 vb 字段则没有填充。

3. BLOB 类型

BLOB 是一个二进制大对象，用来存储可变数量的数据。BLOB 类型分为 4 种：TINYBLOB、BLOB、MEDIUMBLOB 和 LONGBLOB，它们可容纳值的最大长度不同，如表 5.9 所示。

表 5.9　BLOB 类型的存储范围

数据类型	存储范围
TINYBLOB	最大长度为 255(2^8–1)B
BLOB	最大长度为 65 535(2^{16}–1)B
MEDIUMBLOB	最大长度为 16 777 215(2^{24}–1)B
LONGBLOB	最大长度为 4 294 967 295B 或 4GB(2^{32}–1)B

BLOB 列存储的是二进制字符串（字节字符串）；TEXT 列存储的是非二进制字符串（字符字符串）。BLOB 列没有字符集，并且排序和比较基于列值字节的数值；TEXT 列有一个字符集，并且根据字符集对值进行排序和比较。

5.2 如何选择数据类型

MySQL 提供了大量的数据类型，为了优化存储，提高数据库性能，在任何情况下均应使用最精确的类型。即在所有可以表示该列值的类型中，该类型使用的存储最少。

1. 整数和浮点数

如果不需要小数部分，则使用整数来保存数据；如果需要表示小数部分，则使用浮点数类型。对于浮点数据列，存入的数值会对该列定义的小数位进行四舍五入。例如，如果列的值的范围为 1~99999，若使用整数，则 MEDIUMINT UNSIGNED 是最好的类型；若需要存储小数，则使用 FLOAT 类型。

浮点类型包括 FLOAT 和 DOUBLE 类型。DOUBLE 类型精度比 FLOAT 类型高，因此，如要求存储精度较高时，应选择 DOUBLE 类型。

2. 浮点数和定点数

浮点数 FLOAT、DOUBLE 相对于定点数 DECIMAL 的优势是：在长度一定的情况下，浮点数能表示更大的数据范围，但是由于浮点数容易产生误差，因此对精确度要求比较高时，建议使用 DECIMAL 来存储。DECIMAL 在 MySQL 中是以字符串存储的，用于定义货币等对精确度要求较高的数据。在数据迁移中，float(M,D) 是非标准 SQL 定义，数据库迁移可能会出现问题，最好不要这样使用。另外两个浮点数进行减法和比较运算时也容易出问题，因此在进行计算的时候，一定要小心。如果进行数值比较，最好使用 DECIMAL 类型。

3. 日期与时间类型

MySQL 对于不同种类的日期和时间有很多的数据类型，比如 YEAR 和 TIME。如果只需要记录年份，则使用 YEAR 类型即可；如果只记录时间，只需使用 TIME 类型。

如果同时需要记录日期和时间，则可以使用 TIMESTAMP 或者 DATETIME 类型。由于 TIMESTAMP 列的取值范围小于 DATETIME 的取值范围，因此存储范围较大的日期最好使用 DATETIME。

TIMESTAMP 也有一个 DATETIME 不具备的属性。默认的情况下，当插入一条记录但并没有指定 TIMESTAMP 这个列值时，MySQL 会把 TIMESTAMP 列设为当前的时间。因此当需要插入记录同时插入当前时间时，使用 TIMESTAMP 是方便的，另外 TIMESTAMP 在空间上比 DATETIME 更有效。

4. CHAR 与 VARCHAR 之间的特点与选择

CHAR 和 VARCHAR 的区别如下：

- CHAR 是固定长度字符，VARCHAR 是可变长度字符；

- CHAR 会自动删除插入数据的尾部空格，VARCHAR 不会删除尾部空格。

CHAR 是固定长度，所以它的处理速度比 VARCHAR 的速度要快，但是它的缺点就是浪费存储空间。所以对存储不大，但在速度上有要求的可以使用 CHAR 类型，反之可以使用 VARCHAR 类型来实现。

存储引擎对于选择 CHAR 和 VARCHAR 的影响：

- 对于 MyISAM 存储引擎：最好使用固定长度的数据列代替可变长度的数据列。这样可以使整个表静态化，从而使数据检索更快，用空间换时间。
- 对于 InnoDB 存储引擎：使用可变长度的数据列，因为 InnoDB 数据表的存储格式不分固定长度和可变长度，因此使用 CHAR 不一定比使用 VARCHAR 更好，但由于 VARCHAR 是按照实际的长度存储，比较节省空间，所以对磁盘 I/O 和数据存储总量比较好。

5. ENUM 和 SET

ENUM 只能取单值，它的数据列表是一个枚举集合。它的合法取值列表最多允许有 65 535 个成员。因此，在需要从多个值中选取一个时，可以使用 ENUM。比如：性别字段适合定义为 ENUM 类型，每次只能从'男'或'女'中取一个值。

SET 可取多值。它的合法取值列表最多允许有 64 个成员。空字符串也是一个合法的 SET 值。在需要取多个值的时候，适合使用 SET 类型，比如：要存储一个人兴趣爱好，最好使用 SET 类型。

ENUM 和 SET 的值是以字符串形式出现的，但在内部，MySQL 以数值的形式存储它们。

6. BLOB 和 TEXT

BLOB 是二进制字符串，TEXT 是非二进制字符串，两者均可存放大容量的信息。BLOB 主要存储图片、音频信息等，而 TEXT 只能存储纯文本文件。

5.3　常见运算符介绍

运算符连接表达式中各个操作数，其作用是用来指明对操作数所进行的运算。运用运算符可以更加灵活地使用表中的数据，常见的运算符类型有：算术运算符，比较运算符，逻辑运算符，位运算符。本章节将介绍各种运算符的特点和使用方法。

5.3.1　运算符概述

运算符是告诉 MySQL 执行特定算术或逻辑操作的符号。MySQL 的内部运算符很丰富，主要有四大类，分别是：算术运算符、比较运算符、逻辑运算符、位操作运算符。

1. 算术运算符

算术运算符用于各类数值运算，包括加（+）、减（-）、乘（*）、除（/）、求余（或称模运算，%）。

2. 比较运算符

比较运算符用于比较运算。包括大于（>）、小于（<）、等于（=）、大于等于（>=）、小于等于（<=）、不等于（!=），以及 IN、BETWEEN AND、IS NULL、GREATEST、LEAST、LIKE、REGEXP 等。

3. 逻辑运算符

逻辑运算符的求值所得结果均为 1（TRUE）、0（FALSE），这类运算符有逻辑非（NOT 或者!）、逻辑与（AND 或者&&）、逻辑或（OR 或者||）、逻辑异或（XOR）。

4. 位操作运算符

位操作运算符参与运算的操作数按二进制位进行运算。包括位与（&）、位或（|）、位非（~）、位异或（^）、左移（<<）、右移（>>）6 种。

接下来将对 MySQL 中各种运算符的使用进行详细的介绍。

5.3.2 算术运算符

算术运算符是 SQL 中最基本的运算符，MySQL 中的算术运算符如表 5.10 所示。

表 5.10 MySQL 中的算术运算符

运算符	作用
+	加法运算
-	减法运算
*	乘法运算
/	除法运算，返回商
%	求余运算，返回余数

下面分别讨论不同算术运算符的使用方法。

【例 5.26】创建表 tmp14，定义数据类型为 INT 的字段 num，插入值 64，对 num 值进行算术运算：

首先创建表 tmp14，输入语句如下：

```
CREATE TABLE tmp14 ( num INT);
```

向字段 num 插入数据 64：

```
INSERT INTO tmp14 value(64);
```

接下来，对 num 值进行加法和减法运算：

```
mysql> SELECT num, num+10, num-3+5, num+5-3, num+36.5 FROM tmp14;
+-------+--------+---------+---------+----------+
| num   | num+10 | num-3+5 | num+5-3 | num+36.5 |
+-------+--------+---------+---------+----------+
|  64   |    74  |     66  |     66  |    100.5 |
+-------+--------+---------+---------+----------+
1 row in set (0.00 sec)
```

由计算结果可以看到，可以对 num 字段的值进行加法和减法的运算，而且由于 '+' 和 '–' 的优先级相同，因此先加后减，或者先减后加之后的结果是相同的。

【例 5.27】对 tmp14 表中的 num 进行乘法、除法运算。

```
mysql> SELECT num, num *2, num /2, num/3, num%3 FROM tmp14;
+-------+--------+---------+---------+-------+
| num   | num *2 | num /2  | num/3   | num%3 |
+-------+--------+---------+---------+-------+
|  64   |   128  | 32.0000 | 21.3333 |     1 |
+-------+--------+---------+---------+-------+
1 row in set (0.00 sec)
```

由计算结果可以看到，对 num 进行除法运算时候，由于 64 无法被 3 整除，因此 MySQL 对 num/3 求商的结果保存到了小数点后面四位，结果为 21.3333；64 除以 3 的余数为 1，因此取余运算 num%3 的结果为 1。

在数学运算时，除数为 0 的除法是没有意义的，因此除法运算中的除数不能为 0，如果被 0 除，则返回结果为 NULL。

【例 5.28】用 0 除 num。

```
mysql> SELECT num, num / 0, num %0 FROM tmp14;
+-------+---------+--------+
| num   | num / 0 | num %0 |
+-------+---------+--------+
|  64   |  NULL   |  NULL  |
+-------+---------+--------+
1 row in set (0.00 sec)
```

由计算结果可以看到，对 num 进行除法求商或者求余运算的结果均为 NULL。

5.3.3　比较运算符

一个比较运算符的结果总是 1、0 或者是 NULL，比较运算符经常在 SELECT 的查询条件子句中使用，用来查询满足指定条件的记录。MySQL 中比较运算符如表 5.11 所示。

表 5.11 MySQL 中的比较运算符

运算符	作用
=	等于
<=>	安全的等于
<> (!=)	不等于
<=	小于等于
>=	大于等于
>	大于
IS NULL	判断一个值是否为 NULL
IS NOT NULL	判断一个值是否不为 NULL
LEAST	在有两个或多个参数时，返回最小值
GREATEST	当有两或多个参数时，返回最大值
BETWEEN AND	判断一个值是否落在两个值之间
ISNULL	与 IS NULL 作用相同
IN	判断一个值是 IN 列表中的任意一个值
NOT IN	判断一个值不是 IN 列表中的任意一个值
LIKE	通配符匹配
REGEXP	正则表达式匹配

下面分别讨论不同比较运算符的使用方法。

1. 等于运算符（=）

等号（=）用来判断数字、字符串和表达式是否相等。如果相等，返回值为 1，否则返回值为 0。

【例 5.29】使用 '=' 进行相等判断，SQL 语句如下：

```
mysql> SELECT 1=0, '2'=2, 2=2,'0.02'=0, 'b'='b', (1+3) = (2+2),NULL=NULL;
+-----+-------+-----+----------+---------+---------------+-----------+
| 1=0 | '2'=2 | 2=2 | '0.02'=0 | 'b'='b' | (1+3) = (2+2) | NULL=NULL |
+-----+-------+-----+----------+---------+---------------+-----------+
|   0 |     1 |   1 |        0 |       1 |             1 |      NULL |
+-----+-------+-----+----------+---------+---------------+-----------+
1 row in set (0.00 sec)
```

由结果可以看到，在进行判断时，2=2 和 '2'=2 的返回值相同，都为 1。因为在进行判断时，MySQL 自动进行了转换，把字符 '2' 转换成了数字 2；'b'='b' 为相同的字符比较，因此返回值为 1；表达式 1+3 和表达式 2+2 的结果都为 4，因此结果相等，返回值为 1；由于 '=' 不能用于空值 NULL 的判断，因此返回值为 NULL。

数值比较时有如下规则：

（1）若有一个或两个参数为 NULL，则比较运算的结果为 NULL。

（2）若同一个比较运算中的两个参数都是字符串，则按照字符串进行比较。

（3）若两个参数均为整数，则按照整数进行比较。

（4）若一个字符串和数字进行相等判断，则 MySQL 可以自动将字符串转换为数字。

2. 安全等于运算符（<=>）

这个操作符和=操作符执行相同的比较操作，不过<=>可以用来判断 NULL 值。在两个操作数均为 NULL 时，其返回值为 1 而不为 NULL；而当一个操作数为 NULL 时，其返回值为 0 而不为 NULL。

【例 5.30】使用 '<=>' 进行相等的判断，SQL 语句如下：

```
mysql> SELECT 1<=>0, '2'<=>2, 2<=>2,'0.02'<=>0, 'b'<=>'b', (1+3) <=>
(2+1),NULL<=>NULL;
+-------+---------+-------+------------+-----------+-----------------+-----------+
| 1<=>0 | '2'<=>2 | 2<=>2 | '0.02'<=>0 | 'b'<=>'b' | (1+3) <=> (2+1) | NULL<=>NULL |
+-------+---------+-------+------------+-----------+-----------------+-----------+
|     0 |       1 |     1 |          0 |         1 |               0 |           1 |
+-------+---------+-------+------------+-----------+-----------------+-----------+
1 row in set (0.00 sec)
```

由结果可以看到，'<=>' 在执行比较操作时和 '=' 的作用是相似的，唯一的区别是 '<=>' 可以用来对 NULL 进行判断，两者都为 NULL 时返回值为 1。

3. 不等于运算符（<>或者 !=）

'<>' 或者 '!=' 用于判断数字、字符串、表达式不相等的判断。如果不相等，返回值为 1；否则返回值为 0。这两个运算符不能用于判断空值 NULL。

【例 5.31】使用 '<>' 和 '!=' 进行不相等的判断，SQL 语句如下：

```
mysql> SELECT 'good'<>'god', 1<>2, 4!=4, 5.5!=5, (1+3)!=(2+1),NULL<>NULL;
+---------------+------+------+--------+--------------+------------+
| 'good'<>'god' | 1<>2 | 4!=4 | 5.5!=5 | (1+3)!=(2+1) | NULL<>NULL |
+---------------+------+------+--------+--------------+------------+
|             1 |    1 |    0 |      1 |            1 |       NULL |
+---------------+------+------+--------+--------------+------------+
1 row in set (0.00 sec)
```

由结果可以看到，两个不等于运算符作用相同，都可以进行数字、字符串、表达式的比较判断。

4. 小于或等于运算符（<=）

'<=' 用来判断左边的操作数是否小于或者等于右边的操作数。如果小于或者等于，返

回值为 1，否则返回值为 0。'<='不能用于判断空值 NULL。

【例 5.32】使用'<='进行比较判断，SQL 语句如下：

```
mysql>SELECT 'good'<='god', 1<=2, 4<=4, 5.5<=5, (1+3) <= (2+1),NULL<=NULL;
+---------------+------+------+--------+----------------+-----------+
| 'good'<='god' | 1<=2 | 4<=4 | 5.5<=5 | (1+3) <= (2+1) | NULL<=NULL |
+---------------+------+------+--------+----------------+-----------+
|             0 |    1 |    1 |      0 |              0 |      NULL |
+---------------+------+------+--------+----------------+-----------+
1 row in set (0.00 sec)
```

由结果可以看到，左边操作数小于或者等于右边时，返回值为 1，例如：4<=4；当左边操作数大于右边时，返回值为 0，例如：'good'第 3 个位置的'o'字符在字母表中的顺序大于'god'中的第 3 个位置的'd'字符，因此返回值为 0；同样比较 NULL 值时返回 NULL。

5. 小于运算符（<）

'<'运算符用来判断左边的操作数是否小于右边的操作数，如果小于，返回值为 1；否则返回值为 0。'<'不能用于判断空值 NULL。

【例 5.33】使用'<'进行比较判断，SQL 语句如下：

```
mysql> SELECT 'good'<'god', 1<2, 4<4, 5.5<5, (1+3) < (2+1),NULL<NULL;
+--------------+------+------+-------+---------------+-----------+
| 'good'<'god' | 1<2  | 4<4  | 5.5<5 | (1+3) < (2+1) | NULL<NULL |
+--------------+------+------+-------+---------------+-----------+
|            0 |    1 |    0 |     0 |             0 |      NULL |
+--------------+------+------+-------+---------------+-----------+
1 row in set (0.00 sec)
```

由结果可以看到，当左边操作数小于右边时，返回值为 1，例如：1<2；当左边操作数大于右边时，返回值为 0，例如：'good'第 3 个位置的'o'字符在字母表中的顺序大于'god'中的第 3 个位置的'd'字符，因此返回值为 0；同样比较 NULL 值时返回 NULL。

6. 大于或等于运算符（>=）

'>='运算符用来判断左边的操作数是否大于或者等于右边的操作数，如果大于或者等于，返回值为 1；否则返回值为 0。'>='不能用于判断空值 NULL。

【例 5.34】使用'>='进行比较判断，SQL 语句如下：

```
MySQL> SELECT 'good'>='god', 1>=2, 4>=4, 5.5>=5, (1+3) >= (2+1),NULL>=NULL;
+---------------+------+------+--------+----------------+-----------+
| 'good'>='god' | 1>=2 | 4>=4 | 5.5>=5 | (1+3) >= (2+1) | NULL>=NULL |
+---------------+------+------+--------+----------------+-----------+
```

```
|         1 |     0 |   1 |    1 |           1 |      NULL |
+-----------+-------+-----+------+-------------+-----------+
1 row in set (0.00 sec)
```

由结果可以看到，左边操作数大于或者等于右边时，返回值为 1，例如：4>=4；当左边操作数小于右边时，返回值为 0，例如：1>=2；同样比较 NULL 值时返回 NULL。

7. 大于运算符（>）

'>' 运算符用来判断左边的操作数是否大于右边的操作数，如果大于，返回值为 1；否则返回值为 0。'>' 不能用于判断空值 NULL。

【例 5.35】使用 '>' 进行比较判断，SQL 语句如下：

```
mysql> SELECT 'good'>'god', 1>2, 4>4, 5.5>5, (1+3) > (2+1),NULL>NULL;
+--------------+------+------+-------+---------------+-----------+
| 'good'>'god' | 1>2  | 4>4  | 5.5>5 | (1+3) > (2+1) | NULL>NULL |
+--------------+------+------+-------+---------------+-----------+
|            1 |    0 |    0 |     1 |             1 |      NULL |
+--------------+------+------+-------+---------------+-----------+
1 row in set (0.00 sec)
```

由结果可以看到，左边操作数大于右边时，返回值为 1，例如：5.5>5；当左边操作数小于右边时，返回 0，例如：1>2；同样比较 NULL 值时返回 NULL。

8. IS NULL(ISNULL)，IS NOT NULL 运算符

IS NULL 和 ISNULL 检验一个值是否为 NULL，如果为 NULL，返回值为 1。否则返回值为 0；IS NOT NULL 检验一个值是否为非 NULL，如果是非 NULL，返回值为 1；否则返回值为 0。

【例 5.36】使用 IS NULL、ISNULL 和 IS NOT NULL 判断 NULL 值和非 NULL 值，SQL 语句如下：

```
mysql> SELECT NULL IS NULL, ISNULL(NULL),ISNULL(10), 10 IS NOT NULL;
+--------------+--------------+------------+----------------+
| NULL IS NULL | ISNULL(NULL) | ISNULL(10) | 10 IS NOT NULL |
+--------------+--------------+------------+----------------+
|            1 |            1 |          0 |              1 |
+--------------+--------------+------------+----------------+
1 row in set (0.00 sec)
```

由结果可以看到，IS NULL 和 ISNULL 的作用相同，只是格式不同。ISNULL 和 IS NOT NULL 的返回值正好相反。

111

9. BETWEEN AND 运算符

语法格式为：expr BETWEEN min AND max。假如 expr 大于或等于 min 且小于或等于 max，则 BETWEEN 的返回值为 1，否则返回值为 0。

【例 5.37】使用 BETWEEN AND 进行值区间判断，输入 SQL 语句如下：

```
mysql> SELECT 4 BETWEEN 2 AND 5, 4 BETWEEN 4 AND 6,12 BETWEEN 9 AND 10;
+-------------------+-------------------+--------------------+
| 4 BETWEEN 2 AND 5 | 4 BETWEEN 4 AND 6 | 12 BETWEEN 9 AND 10 |
+-------------------+-------------------+--------------------+
|                 1 |                 1 |                  0 |
+-------------------+-------------------+--------------------+
1 row in set (0.00 sec)
mysql> SELECT 'x' BETWEEN 'f' AND 'g', 'b' BETWEEN 'a' AND 'c';
+-------------------------+-------------------------+
| 'x' BETWEEN 'f' AND 'g' | 'b' BETWEEN 'a' AND 'c' |
+-------------------------+-------------------------+
|                       0 |                       1 |
+-------------------------+-------------------------+
1 row in set (0.00 sec)
```

由结果可以看到，4 在端点值区间内或者等于其中一个端点值时，BETWEEN AND 表达式返回值为 1；12 并不在指定区间内，因此返回值为 0；对于字符串类型的比较，按字母表中字母顺序进行比较，'x' 不在指定的字母区间内，因此返回值为 0，而 'b' 位于指定字母区间内，因此返回值为 1。

10. LEAST 运算符

语法格式为：LEAST(值 1,值 2,...,值 n)，其中值 n 表示参数列表中有 n 个值。在有两个或多个参数的情况下,返回最小值。假如任意一个自变量为 NULL，则 LEAST() 的返回值为 NULL。

【例 5.38】使用 LEAST 运算符进行大小判断，SQL 语句如下：

```
mysql>        SELECT        least(2,0),        least(20.0,3.0,100.5),
least('a','c','b'),least(10,NULL);
+------------+-----------------------+------------------+----------------+
| least(2,0) | least(20.0,3.0,100.5) | least('a','c','b') | least(10,NULL) |
+------------+-----------------------+------------------+----------------+
|          0 |                   3.0 | a                |           NULL |
+------------+-----------------------+------------------+----------------+
1 row in set (0.00 sec)
```

由结果可以看到，当参数中是整数或者浮点数时，LEAST 将返回其中最小的值；当参数为字符串时，返回字母表中顺序最靠前的字符；当比较值列表中有 NULL 时，不能判断大小，返回值为 NULL。

11. GREATEST (value1,value2,...)

语法格式为：GREATEST(值 1, 值 2,...,值 n)，其中 n 表示参数列表中有 n 个值。当有 2 个或多个参数时，返回值为最大值，假如任意一个自变量为 NULL，则 GREATEST() 的返回值为 NULL。

【例 5.39】使用 GREATEST 运算符进行大小判断，SQL 语句如下：

```
mysql>          SELECT          greatest(2,0),          greatest(20.0,3.0,100.5),
greatest('a','c','b'),greatest(10,NULL);
  +-----------+-----------------------+------------------+
  |  greatest(2,0)  |  greatest(20.0,3.0,100.5)  |  greatest('a','c','b')  |
greatest(10,NULL) |
  +-----------+-----------------------+------------------+
  |    2 |          100.5 | c          |          NULL |
  +-----------+-----------------------+----------------
------+-------------------------+
  1 row in set (0.00 sec)
```

由结果可以看到，当参数中是整数或者浮点数时，GREATEST 将返回其中最大的值；当参数为字符串时，返回字母表中顺序最靠后的字符；当比较值列表中有 NULL 时，不能判断大小，返回值为 NULL。

12. IN、NOT IN 运算符

IN 运算符用来判断操作数是否为 IN 列表中的其中一个值，如果是，返回值为 1；否则返回值为 0。

NOT IN 运算符用来判断表达式是否为 IN 列表中的其中一个值，如果不是，返回值为 1；否则返回值为 0。

【例 5.40】使用 IN、NOT IN 运算符进行判断，SQL 语句如下：

```
mysql> SELECT 2 IN (1,3,5,'thks'), 'thks' IN (1,3,5,'thks');
  +--------------------+--------------------------+
  | 2 IN (1,3,5,'thks') | 'thks' IN (1,3,5,'thks') |
  +--------------------+--------------------------+
  |          0 |          1 |
  +--------------------+--------------------------+
1 row in set, 2 warnings (0.00 sec)
mysql> SELECT 2 NOT IN (1,3,5,'thks'), 'thks' NOT IN (1,3,5,'thks');
  +------------------------+------------------------------+
  | 2 NOT IN (1,3,5,'thks') | 'thks' NOT IN (1,3,5,'thks') |
```

```
+----------------------------+--------------------------------+
|                        1 |                            0 |
+----------------------------+--------------------------------+
1 row in set, 2 warnings (0.02 sec)
```

由结果可以看到，IN 和 NOT IN 的返回值正好相反。

在左侧表达式为 NULL 的情况下，或是表中找不到匹配项并且表中一个表达式为 NULL 的情况下，IN 的返回值均为 NULL。

【例 5.41】存在 NULL 值时的 IN 查询，SQL 语句如下：

```
mysql> SELECT NULL IN (1,3,5,'thks'),10 IN (1,3,NULL,'thks');
+------------------------+-------------------------+
| NULL IN (1,3,5,'thks') | 10 IN (1,3,NULL,'thks') |
+------------------------+-------------------------+
|                   NULL |                    NULL |
+------------------------+-------------------------+
1 row in set, 1 warning (0.00 sec)
```

IN()语法也可用于在 SELECT 语句中进行嵌套子查询，在后面的章节中将会讲到。

13. LIKE

LIKE 运算符用来匹配字符串，语法格式为：expr LIKE 匹配条件，如果 expr 满足匹配条件，则返回值为 1（TRUE）；如果不匹配，则返回值为 0（FALSE）。若 expr 或匹配条件中任何一个为 NULL，则结果为 NULL。

LIKE 运算符在进行匹配时，可以使用下面两种通配符：

（1）'%'，匹配任何数目的字符，甚至包括零字符。
（2）'_'，只能匹配一个字符。

【例 5.42】使用运算符 LIKE 进行字符串匹配运算，SQL 语句如下：

```
mysql> SELECT 'stud' LIKE 'stud', 'stud' LIKE 'stu_','stud' LIKE '%d','stud'
LIKE 't_ _ _', 's' LIKE NULL;
+--------------------+--------------------+------------------+----------
------------+------------------+
| 'stud' LIKE 'stud' | 'stud' LIKE 'stu_' | 'stud' LIKE '%d' | 'stud' LIKE 't_
_ _' |'s' LIKE NULL|
+--------------------+--------------------+------------------+----------
------------+------------------+
|                  1 |                  1 |                1 |          0 |
NULL|
+--------------------+--------------------+------------------+----------
------------+------------------+
1 row in set (0.00 sec)
```

由结果可以看到，指定匹配字符串为"stud"。"stud"表示直接匹配"stud"字符串，满足匹配条件，返回 1；"stu_"表示匹配以 stu 开头的长度为 4 个字符的字符串，"stud"正好是 4 个字符，满足匹配条件，因此匹配成功，返回 1；"%d"表示匹配以字母"d"结尾的字符串，"stud"满足匹配条件，匹配成功，返回 1；"t _ _ _"表示匹配以 't' 开头的长度为 4 个字符的字符串，"stud"不满足匹配条件，因此返回 0；当字符 's' 与 NULL 匹配时，结果为 NULL。

14. REGEXP

REGEXP 运算符用来匹配字符串，语法格式为：expr REGEXP 匹配条件，如果 expr 满足匹配条件，返回 1；如果不满足，则返回 0；若 expr 或匹配条件任意一个为 NULL，则结果为 NULL。

REGEXP 运算符在进行匹配时，常用的有下面几种通配符：

（1）'^' 匹配以该字符后面的字符开头的字符串。

（2）'$' 匹配以该字符后面的字符结尾的字符串。

（3）'.' 匹配任何一个单字符。

（4）"[...]" 匹配在方括号内的任何字符。例如，"[abc]" 匹配 "a"、"b" 或 "c"。为了命名字符的范围，使用一个 '-'。"[a-z]" 匹配任何字母，而 "[0-9]" 匹配任何数字。

（5）'*' 匹配零个或多个在它前面的字符。例如，"x*" 匹配任何数量的 'x' 字符，"[0-9]*" 匹配任何数量的数字，而 "*" 匹配任何数量的任何字符。

【例 5.43】使用运算符 REGEXP 进行字符串匹配运算，SQL 语句如下：

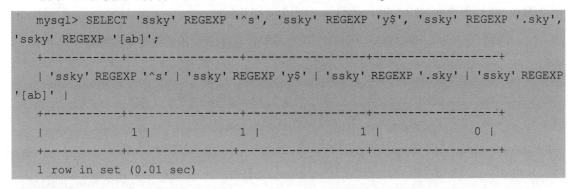

```
mysql> SELECT 'ssky' REGEXP '^s', 'ssky' REGEXP 'y$', 'ssky' REGEXP '.sky',
'ssky' REGEXP '[ab]';
+-------------------+-------------------+---------------------+-------------------+
| 'ssky' REGEXP '^s' | 'ssky' REGEXP 'y$' | 'ssky' REGEXP '.sky' | 'ssky' REGEXP
'[ab]' |
+-------------------+-------------------+---------------------+-------------------+
|                 1 |                 1 |                   1 |                 0 |
+-------------------+-------------------+---------------------+-------------------+
1 row in set (0.01 sec)
```

由结果可以看到，指定匹配字符串为"ssky"。"^s"表示匹配任何以字母 's' 开头的字符串，因此满足匹配条件，返回 1；"y$"表示任何以字母"y"结尾的字符串，因此满足匹配条件，返回 1；".sky"匹配任何以"sky"结尾，字符长度为 4 的字符串，满足匹配条件，返回 1；"[ab]"匹配任何包含字母 'a' 或者 'b' 的字符串，指定字符串中没有字母 'a' 也没有字母 'b'，因此不满足匹配条件，返回 0。

> 正则表达式是一个可以进行复杂查询的强大工具，相对于 LIKE 字符串匹配，它可以使用更多的通配符类型，查询结果更加灵活。读者可以参考相关的书籍或资料，详细学习正则表达式的写法，在这里就不再详细介绍了。后面章节中，会介绍到如何使用正则表达式查询表中的记录。

5.3.4 逻辑运算符

在 SQL 中，所有逻辑运算符的求值所得结果均为 TRUE、FALSE 或 NULL。在 MySQL 中，它们体现为 1(TRUE)、0(FALSE)和 NULL。其大多数都与不同的数据库 SQL 通用，MySQL 中的逻辑运算符如表 5.12 所示。

表 5.12　MySQL 中的逻辑运算符

运算符	作用
NOT 或者 ！	逻辑非
AND 或者 &&	逻辑与
OR 或者 ||	逻辑或
XOR	逻辑异或

接下来，分别讨论不同的逻辑运算符的使用方法。

1. NOT 或者 ！

逻辑非运算符 NOT 或者！表示当操作数为 0 时，所得值为 1；当操作数为非零值时，所得值为 0；当操作数为 NULL 时，所得的返回值为 NULL。

【例 5.44】分别使用非运算符"NOT"和"！"进行逻辑判断，SQL 语句如下：

```
mysql> SELECT NOT 10, NOT (1-1), NOT -5, NOT NULL, NOT 1 + 1;
+--------+-----------+--------+----------+-----------+
| NOT 10 | NOT (1-1) | NOT -5 | NOT NULL | NOT 1 + 1 |
+--------+-----------+--------+----------+-----------+
|      0 |         1 |      0 |     NULL |         0 |
+--------+-----------+--------+----------+-----------+
1 row in set (0.00 sec)
mysql> SELECT !10, !(1-1), !-5, ! NULL, ! 1 + 1;
+------+--------+------+--------+---------+
| ! 10 | ! (1-1) | ! -5 | ! NULL | ! 1 + 1 |
+------+--------+------+--------+---------+
|    0 |       1 |    0 |   NULL |       1 |
+------+--------+------+--------+---------+
1 row in set (0.02 sec)
mysql> SELECT ! 1+1;
```

由结果可以看到，前 4 列"NOT"和"!"的返回值都相同。但是注意最后 1 列，为什么会出现不同的值呢？这是因为"NOT"与"!"的优先级不同。"NOT"的优先级低于"+"，因此"NOT 1+1"相当于"NOT(1+1)"，先计算"1+1"，然后再进行 NOT 运算，因为操作数不为 0，因此 NOT 1 + 1 的结果是 0；相反，由于"!"的优先级别要高于"+"运算，因此"! 1+1"相当于"(!1)+1"，先计算"!1"结果为 0，再加 1，最后结果为 1。

> 读者在使用运算符运算时，一定要注意不同运算符的优先级不同，如果不能确定计算顺序，最好使用括号，以保证运算结果的正确。

2. AND 或者 &&

逻辑与运算符 AND 或者&&表示当所有操作数均为非零值、并且不为 NULL 时，计算所得结果为 1；当一个或多个操作数为 0 时，所得结果为 0，其余情况返回值为 NULL。

【例 5.45】分别使用与运算符"AND"和"&&"进行逻辑判断，SQL 语句如下：

```
mysql> SELECT  1 AND -1,1 AND 0,1 AND NULL, 0 AND NULL;
+----------+---------+------------+------------+
| 1 AND -1 | 1 AND 0 | 1 AND NULL | 0 AND NULL |
+----------+---------+------------+------------+
|        1 |       0 |       NULL |          0 |
+----------+---------+------------+------------+
1 row in set (0.00 sec)

mysql> SELECT  1 && -1,1 && 0,1 && NULL, 0 && NULL;
+---------+--------+-----------+-----------+
| 1 && -1 | 1 && 0 | 1 && NULL | 0 && NULL |
+---------+--------+-----------+-----------+
|       1 |      0 |      NULL |         0 |
+---------+--------+-----------+-----------+
1 row in set (0.00 sec)
```

由结果可以看到，"AND"和"&&"的作用相同。"1 AND -1"中没有 0 或者 NULL，因此结果为 1；"1 AND 0"中有操作数 0，因此结果为 0；"1 AND NULL"中虽然有 NULL，但是没有操作数 0，返回结果为 NULL。

> "AND"运算符可以有多个操作数，但要注意：多个操作数运算时，AND 两边一定要使用空格隔开，不然会影响结果的正确性。

3. OR 或者 ||

逻辑或运算符 OR 或者||表示当两个操作数均为非 NULL 值，且任意一个操作数为非零值

时，结果为 1，否则结果为 0；当有一个操作数为 NULL，且另一个操作数为非零值时，则结果为 1，否则结果为 NULL；当两个操作数均为 NULL 时，则所得结果为 NULL。

【例 5.46】分别使用或运算符"OR"和"||"进行逻辑判断，SQL 语句如下：

```
mysql> SELECT 1 OR -1 OR 0, 1 OR 2,1 OR NULL, 0 OR NULL, NULL OR NULL;
+-------------+--------+-----------+-----------+-------------+
| 1 OR -1 OR 0 | 1 OR 2 | 1 OR NULL | 0 OR NULL | NULL OR NULL|
+-------------+--------+-----------+-----------+-------------+
|          1 |      1 |         1 |      NULL |        NULL|
+-------------+--------+-----------+-----------+-------------+
1 row in set (0.00 sec)

mysql> SELECT 1 || -1 || 0, 1 || 2,1 || NULL, 0 || NULL, NULL || NULL;
+-------------+--------+-----------+-----------+-------------+
| 1 || -1 || 0 | 1 || 2 | 1 || NULL | 0 || NULL | NULL || NULL|
+-------------+--------+-----------+-----------+-------------+
|          1 |      1 |         1 |      NULL |        NULL|
+-------------+--------+-----------+-----------+-------------+
1 row in set (0.00 sec)
```

由结果可以看到，"OR"和"||"的作用相同。"1 OR -1 OR 0"中有 0，但同时包含有非 0 的值 1 和-1，返回结果为 1；"1 OR 2"中没有操作数 0，返回结果为 1；"1 OR NULL"中虽然有 NULL，但是有操作数 1，返回结果为 1；"0 OR NULL"中没有非 0 值，并且有 NULL，返回结果为 NULL；"NULL OR NULL"中只有 NULL，返回结果为 NULL。

4. XOR

逻辑异或运算符 XOR。当任意一个操作数为 NULL 时，返回值为 NULL；对于非 NULL 的操作数，如果两个操作数都是非 0 值或者都是 0 值，则返回结果为 0；如果一个为 0 值，另一个为非 0 值，返回结果为 1。

【例 5.47】使用异或运算符"XOR"进行逻辑判断，SQL 语句如下：

```
SELECT 1 XOR 1, 0 XOR 0, 1 XOR 0, 1 XOR NULL, 1 XOR 1 XOR 1;
```

执行上面的语句，结果如下。

```
mysql> SELECT 1 XOR 1, 0 XOR 0, 1 XOR 0, 1 XOR NULL, 1 XOR 1 XOR 1;
+---------+---------+---------+------------+--------------+
| 1 XOR 1 | 0 XOR 0 | 1 XOR 0 | 1 XOR NULL | 1 XOR 1 XOR 1 |
+---------+---------+---------+------------+--------------+
|       0 |       0 |       1 |       NULL |            1 |
+---------+---------+---------+------------+--------------+
```

```
1 row in set (0.00 sec)
```

由结果可以看到，"1 XOR 1"和"0 XOR 0"中运算符两边的操作数都为非零值，或者都是零值，因此返回 0；"1 XOR 0"中两边的操作数，一个为 0 值，另一个为非 0 值，返回结果为 1；"1 XOR NULL"中有一个操作数为 NULL，返回结果为 NULL；"1 XOR 1 XOR 1"中有多个操作数，运算符相同，因此运算顺序从左到右依次计算，"1 XOR 1"的结果为 0，再与 1 进行异或运算，因此结果为 1。

> a XOR b 的计算等同于(a AND (NOT b))或者 ((NOT a)AND b)。

5.3.5　位运算符

位运算符是用来对二进制字节中的位进行测试、移位或者测试处理，MySQL 中提供的位运算符有按位或（|），按位与（&），按位异或（^），按位左移（<<），按位右移（>>），按位取反（~），如表 5.13 所示。

表 5.13　MySQL 中的位运算符

运算符	作用
|	位或
&	位与
^	位异或
<<	位左移
>>	位右移
~	位取反，反转所有比特

接下来，分别讨论不同的位运算符的使用方法。

1. 位或运算符（|）

位或运算的实质是将参与运算的几个数据，按对应的二进制数逐位进行逻辑或运算。对应的二进制位有一个或两个为 1，则该位的运算结果为 1，否则为 0。

【例 5.48】使用位或运算符进行运算，SQL 语句如下：

```
mysql> SELECT 10 | 15, 9 | 4 | 2;
+---------+-----------+
| 10 | 15 | 9 | 4 | 2 |
+---------+-----------+
|    15   |    15     |
+---------+-----------+
1 row in set (0.00 sec)
```

10 的二进制数值为 1010，15 的二进制数值为 1111，按位或运算之后，结果为 1111，即整数 15；9 的二进制数值为 1001，4 的二进制数值为 0100，2 的二进制数值为 0010，按位或运算之后，结果为 1111，即也是整数 15。其结果为一个 64 位无符号整数。

2. 位与运算符（&）

位与运算的实质是将参与运算的几个操作数，按对应的二进制数逐位进行逻辑与运算。对应的二进制位都为 1，则该位的运算结果为 1，否则为 0。

【例 5.49】使用位与运算符进行运算，SQL 语句如下：

```
mysql> SELECT 10 & 15, 9 &4& 2;
+---------+-----------+
| 10& 15 | 9 & 4 & 2 |
+---------+-----------+
|     10 |        0 |
+---------+-----------+
1 row in set (0.00 sec)
```

10 的二进制数值为 1010，15 的二进制数值为 1111，按位与运算之后，结果为 1010，即整数 10；9 的二进制数值为 1001，4 的二进制数值为 0100，2 的二进制数值为 0010，按位与运算之后，结果为 0000，即整数 0。其结果为一个 64 位无符号整数。

3. 位异或运算符（^）

位异或运算的实质是将参与运算的两个数据，按对应的二进制数逐位进行逻辑异或运算。对应位的二进制数不同时，对应位的结果才为 1。如果两个对应位数都为 0 或者都为 1，则对应位的结果为 0。

【例 5.50】使用位异或运算符进行运算，SQL 语句如下：

```
mysql> SELECT 10 ^ 15, 1 ^0, 1 ^ 1;
+---------+-----------+--------+
| 10^ 15 |     1 ^0 | 1 ^ 1|
+---------+-----------+--------+
|      5 |        1 |      0|
+---------+-----------+--------+
1 row in set (0.00 sec)
```

10 的二进制数值为 1010，15 的二进制数值为 1111，按位异或运算之后，结果为 0101，即整数 5；1 的二进制数值为 0001，0 的二进制数值为 0000，按位异或运算之后，结果为 0001；1 和 1 本身二进制位完全相同，因此结果为 0。

4. 位左移运算符（<<）

位左移运算符<<使指定的二进制值的所有位都左移指定的位数。左移指定位数之后，左边高位的数值将被移出并丢弃，右边低位空出的位置用 0 补齐。语法格式为：expr<<n。这里 n 指定值 expr 要移位的位数。

【例 5.51】使用位左移运算符进行运算，SQL 语句如下：

```
mysql> SELECT 1<<2, 4<<2;
+------+------+
| 1<<2 | 4<<2 |
+------+------+
|    4 |   16 |
+------+------+
```

1 的二进制值为 0000 0001，左移两位之后变成 0000 0100，即十进制整数 4；十进制 4 左移两位之后变成 0001 0000，即变成十进制的 16。

5. 位右移运算符（>>）

位右移运算符>>使指定的二进制值的所有位都右移指定的位数。右移指定位数之后，右边低位的数值将被移出并丢弃，左边高位空出的位置用 0 补齐。语法格式为：expr>>n。这里 n 指定值 expr 要移位的位数。

【例 5.52】使用位右移运算符进行运算，SQL 语句如下：

```
mysql> SELECT 1>>1, 16>>2;
+------+-------+
| 1>>1 | 16>>2 |
+------+-------+
|    0 |     4 |
+------+-------+
```

1 的二进制值为 0000 0001，右移 1 位之后变成 0000 0000，即十进制整数 0；16 的二进制值为 0001 0000 右移两位之后变成 0000 0100，即变成十进制的 4。

6. 位取反运算符（~）

位取反运算的实质是将参与运算的数据，按对应的二进制数逐位反转，即 1 取反后变 0，0 取反后变为 1。

【例 5.53】使用位取反运算符进行运算，SQL 语句如下：

```
mysql> SELECT 5 & ~1;
+--------+
| 5 & ~1 |
+--------+
|      4 |
+--------+
1 row in set (0.00 sec)
```

逻辑运算 5&~1 中，由于位取反运算符 '~' 的级别高于位与运算符 '&'，因此先对 1 取反操作，取反之后，除了最低位为 0 其他为都为 1，然后再与十进制数值 5 进行与运算，结果为 0100，即整数 4。

 MySQL 经过位运算之后的数值是一个 64 位的无符号整数，1 的二进制数值表示为最右边
位为 1，其他位均为 0，取反操作之后，除了最低位，其他位均变为 1。

可以使用 BIN() 函数查看 1 取反之后的结果，SQL 语句如下：

```
mysql> SELECT BIN(~1);
+------------------------------------------------------------------------+
| BIN(~1)                                                                |
+------------------------------------------------------------------------+
| 1111111111111111111111111111111111111111111111111111111111111110 |
+------------------------------------------------------------------------+
1 row in set (0.00 sec)
```

这样，读者就可以明白【例 5.53】是如何计算的了。

5.3.6 运算符的优先级

运算符的优先级决定了不同的运算符在表达式中计算的先后顺序，表 5.14 列出了 MySQL
中的各类运算符及其优先级。

表 5.14 运算符按优先级由低到高排列

优先级	运算符
最低	=（赋值运算），:=
	‖，OR
	XOR
	&&，AND
	NOT
	BETWEEN, CASE, WHEN, THEN, ELSE
	=（比较运算），<=>, >=, >, <=, <, <>, != , IS, LIKE, REGEXP, IN
	&
	<<, >>
	-, +
	*, /(DIV), %(MOD)
	^
	-（负号），~（位反转）
最高	!

可以看到，不同运算符的优先级是不同的。一般情况下，级别高的运算符先进行计算，如
果级别相同，MySQL 按表达式的顺序从左到右依次计算。当然，在无法确定优先级的情况下，
可以使用圆括号（）来改变优先级，并且这样会使计算过程更加清晰。

5.4　综合案例——运算符的使用

本章首先介绍了 MySQL 中各种数据类型的特点和使用方法，以及如何选择合适的数据类型；其次详细介绍了 MySQL 中各类常见的运算符号的使用，学习了如何使用这些运算符对不同的数据进行运算，包括算术运算、比较运算、逻辑运算等，以及不同运算符的优先级别。在本章的综合案例中，读者将执行各种常见的运算操作。

1. 案例目的

创建数据表，并对表中的数据进行运算操作，掌握各种运算符的使用方法。

创建表 tmp15，其中包含 VARCHAR 类型的字段 note 和 INT 类型的字段 price，使用运算符对表 tmp15 中不同的字段进行运算；使用逻辑操作符对数据进行逻辑操作；使用位操作符对数据进行位操作。

本案例使用数据表 tmp15，首先创建该表，SQL 语句如下：

```
CREATE TABLE tmp15 (note VARCHAR(100), price INT);
```

向表中插入一条记录，note 值为"Thisisgood"，price 值为 50，SQL 语句如下：

```
INSERT INTO tmp15 VALUES("Thisisgood", 50);
```

2. 案例操作过程

步骤 01　对表 tmp15 中的整型数值字段 price 进行算术运算，执行过程如下：

```
mysql> SELECT price, price + 10, price -10, price * 2, price /2, price%3 FROM
tmp15 ;
    +--------+------------+-----------+-----------+----------+---------+
    | price  | price + 10 | price -10 | price * 2 | price /2 | price%3 |
    +--------+------------+-----------+-----------+----------+---------+
    |     50 |         60 |        40 |       100 |  25.0000 |       2 |
    +--------+------------+-----------+-----------+----------+---------+
```

步骤 02　对表 tmp15 中的整型数值字段 price 进行比较运算，执行过程如下：

```
mysql> SELECT price, price> 10, price<10, price != 10, price =10, price
<=>10,price <>10 FROM tmp15 ;
    +--------+----------+---------+-----------+-----------+------------+-------
--+--------------+
    | price  | price> 10 | price<10 | price != 10 | price =10 | price <=>10 | price
<>10 |
    +--------+----------+---------+-----------+-----------+------------+-------
--+--------------+
    |     50 |        1 |       0 |          1 |         0 |          0 |        1 |
    +------
```

```
-+--------+------------+------------+------------+------------+--------+------------
--------+
```

步骤 03　判断 price 值是否落在 30~80 区间；返回与 70、30 相比最大的值，判断 price 是否为
IN 列表（10, 20, 50, 35）中的某个值，执行过程如下：

```
mysql> SELECT price, price BETWEEN 30 AND 80, GREATEST(price, 70,30), price IN
(10, 20, 50,35) FROM tmp15 ;
+--------+-------------------------+------------------------+-------------------+
| price  | price BETWEEN 30 AND 80 | GREATEST(price, 70,30) | price IN (10, 20,
50,35) |
+--------+-------------------------+------------------------+-------------------+
|     50 |                       1 |                     70 |                 1 |
+--------+-------------------------+------------------------+-------------------+
```

步骤 04　对 tmp15 中的字符串数值字段 note 进行比较运算，判断表 tmp15 中 note 字段是否为
空；使用 LIKE 判断是否以字母 't' 开头；使用 REGEXP 判断是否以字母 'y' 结
尾；判断是否包含字母 'g' 或者 'm'，执行过程如下：

```
mysql> SELECT note, note IS NULL, note LIKE 't%', note REGEXP '$y' ,note REGEXP
'[gm]' FROM tmp15 ;
+-----------+--------------+---------------+-----------------+------------------+
| note      | note IS NULL | note LIKE 't% | note REGEXP '$y' | note REGEXP '[gm]'
|
+-----------+--------------+---------------+-----------------+------------------+
| Thisisgood |           0 |             1 |               0 |                1 |
+-----------+--------------+---------------+-----------------+------------------+
```

步骤 05　将 price 字段值与 NULL、0 进行逻辑运算，执行过程如下：

```
mysql> SELECT price, price && 1, price && NULL, price||0, price AND 0, 0 AND
NULL, price OR NULL FROM tmp15 ;
+--------+------------+---------------+----------+-------------+-----------+-----------+
| price  | price && 1 | price && NULL | price||0 | price AND 0 | 0 AND NULL |
price OR NULL |
+--------+------------+---------------+----------+-------------+-----------+-----------+
|     50 |          1 |          NULL |        1 |           0 |          0 |         1 |
+--------+------------+---------------+----------+-------------+-----------+-----------+
1 row in set (0.00 sec)

mysql> SELECT price,!price,NOT NULL,price XOR 3, 0 XOR NULL, price XOR 0 FROM
tmp15 ;
+--------+--------+----------+-------------+------------+-------------+
| price  | !price | NOT NULL | price XOR 3 | 0 XOR NULL | price XOR 0 |
+--------+--------+----------+-------------+------------+-------------+
|     50 |      0 |     NULL |           0 |       NULL |           1 |
+--------+--------+----------+-------------+------------+-------------+
```

```
1 row in set (0.00 sec)
```

步骤 06 将 price 字段值与 2、4 进行按位与、按位或操作，并对 price 进行按位操作，执行过程如下：

```
mysql> SELECT price, price&2 , price|4, ~price FROM tmp15 ;
+---------+---------+---------+----------------------+
| price   | price&2 | price|4 | ~price               |
+---------+---------+---------+----------------------+
|      50 |       2 |      54 | 18446744073709551565 |
+---------+---------+---------+----------------------+
```

步骤 07 将 price 字段值分别左移和右移两位，执行过程如下：

```
mysql> SELECT price, price<<2, price>>2  FROM tmp15 ;
+---------+----------+---------+
| price   | price <<2 | price>>2 |
+---------+----------+---------+
|      50 |      200 |      12 |
+---------+----------+---------+
```

5.5　专家解惑

疑问 1：MySQL 中如何使用特殊字符？

诸如单引号（'），双引号（"），反斜线（\）等符号，这些符号在 MySQL 中不能直接输入使用，否则会产生意料之外的结果。在 MySQL 中，这些特殊字符称为转义字符，在输入时需要以反斜线符号（'\'）开头，所以在使用单引号和双引号时应分别输入（\'）或者（\"），输入反斜线时应该输入（\\），其他特殊字符还有回车符（\r），换行符（\n），制表符（\tab），退格符（\b）等。在向数据库中插入这些特殊字符时，一定要进行转义处理。

疑问 2：MySQL 中可以存储文件吗？

MySQL 中的 BLOB 和 TEXT 字段类型可以存储数据量较大的文件，可以使用这些数据类型存储图像、声音或者是大容量的文本内容，例如网页或者文档。虽然使用 BLOB 或者 TEXT 可以存储大容量的数据，但是对这些字段的处理会降低数据库的性能。如果并非必要，可以选择只储存文件的路径。

疑问 3：MySQL 中如何执行区分大小写的字符串比较？

在 Windows 平台下，MySQL 是不区分大小的，因此字符串比较函数也不区分大小写。如果想执行区分大小写的比较，可以在字符串前面添加 BINARY 关键字。例如默认情况下，'a'

='A'返回结果为 1，如果使用 BINARY 关键字，BINARY'a'='A'结果为 0，在区分大小写的情况下，'a'与'A'并不相同。

5.6 经典习题

（1）MySQL 中的小数如何表示，不同表示方法之间有什么区别？

（2）BLOB 和 TEXT 分别适合于存储什么类型的数据？

（3）说明 ENUM 和 SET 类型的区别以及在什么情况下适用？

（4）在 MySQL 中执行如下算术运算：(9-7)*4，8+15/3，17DIV2，39%12。

（5）在 MySQL 中执行如下比较运算：36>27，15>=8， 40<50，15<=15，NULL<=>NULL，NULL<=>1，5<=>5。

（6）在 MySQL 中执行如下逻辑运算：4&&8，-2||NULL，NULL XOR 0，0 XOR 1，!2。

（7）在 MySQL 中执行如下位运算：13&17，20|8，14^20，~16。

第 6 章
◀MySQL 函数▶

学习目标 Objective

MySQL 提供了众多功能强大、方便易用的函数。使用这些函数,可以极大地提高用户对数据库的管理效率。MySQL 中的函数包括:数学函数、字符串函数、日期和时间函数、条件判断函数、系统信息函数和加密函数等其他函数。本章将介绍 MySQL 中的这些函数的功能和用法。

内容导航 Navigation

- 了解什么是 MySQL 的函数
- 掌握各种数学函数的用法
- 掌握各种字符串函数的用法
- 掌握时间和日期函数的用法
- 掌握条件函数的用法
- 掌握系统信息函数的用法
- 掌握加密函数的用法
- 掌握其他特殊函数的用法
- 熟练掌握综合案例中函数的操作方法和技巧

6.1 MySQL 函数简介

函数表示对输入参数值返回一个具有特定关系的值,MySQL 提供了大量丰富的函数,在进行数据库管理以及数据的查询和操作时将会经常用到各种函数。通过对数据的处理,数据库功能可以变得更加强大,更加灵活地满足不同用户的需求。各类函数从功能方面主要分为以下几类:数学函数、字符串函数、日期和时间函数、条件判断函数、系统信息函数和加密函数等。本章将分类介绍不同函数的使用方法。

6.2 数学函数

数学函数主要用来处理数值数据，主要的数学函数有：绝对值函数、三角函数（包括正弦函数、余弦函数、正切函数、余切函数等）、对数函数、随机数函数等。在有错误产生时，数学函数将会返回空值 NULL。本节将介绍各种数学函数的功能和用法。

6.2.1 绝对值函数 ABS(x)和返回圆周率的函数 PI()

ABS(X)返回 X 的绝对值。

【例 6.1】求 2，-3.3 和-33 的绝对值，输入语句如下：

```
mysql>SELECT ABS(2), ABS(-3.3), ABS(-33);
+--------+-----------+----------+
| ABS(2) | ABS(-3.3) | ABS(-33) |
+--------+-----------+----------+
|      2 |       3.3 |       33 |
+--------+-----------+----------+
```

正数的绝对值为其本身，2 的绝对值为 2；负数的绝对值为其相反数，-3.3 的绝对值为 3.3；-33 的绝对值为 33。

PI()返回圆周率 π 的值。默认的显示小数位数是 6 位。

【例 6.2】返回圆周率值，输入语句如下：

```
mysql> SELECT pi();
+----------+
| pi()     |
+----------+
| 3.141593 |
+----------+
```

返回结果保留了 7 位有效数字。

6.2.2 平方根函数 SQRT(x)和求余函数 MOD(x,y)

SQRT(x)返回非负数 x 的二次方根。

【例 6.3】求 9，40 和-49 的二次平方根，输入语句如下：

```
mysql> SELECT SQRT(9), SQRT(40), SQRT(-49);
+---------+------------------+-----------+
| SQRT(9) | SQRT(40)         | SQRT(-49) |
+---------+------------------+-----------+
|       3 | 6.324555320336759 |     NULL |
```

```
+----------+-------------------------------+-------------+
```

3 的平方等于 9，因此 9 的二次平方根为 3；40 的平方根为 6.324555320336759；而负数没有平方根，因此-49 返回的结果为 NULL。

MOD(x,y)返回 x 被 y 除后的余数，MOD() 对于带有小数部分的数值也起作用，它返回除法运算后的精确余数。

【例 6.4】对 MOD(31,8)，MOD(234, 10)，MOD(45.5,6)进行求余运算，输入语句如下：

```
mysql> SELECT MOD(31,8),MOD(234, 10),MOD(45.5,6);
+-------------+---------------+--------------+
| MOD(31,8)   | MOD(234, 10)  | MOD(45.5,6)  |
+-------------+---------------+--------------+
|          7  |            4  |         3.5  |
+-------------+---------------+--------------+
```

6.2.3 获取整数的函数 CEIL(x)、CEILING(x)和 FLOOR(x)

CEIL(x)和 CEILING(x)意义相同，返回不小于 x 的最小整数值，返回值转化为一个 BIGINT。

【例 6.5】使用 CEILING 函数返回最小整数，输入语句如下：

```
mysql> SELECT  CEIL(-3.35),CEILING(3.35);
+--------------+----------------+
| CEIL(-3.35)  | CEILING(3.35)  |
+--------------+----------------+
|          -3  |             4  |
+--------------+----------------+
```

-3.35 为负数，不小于-3.35 的最小整数为-3，因此返回值为-3；不小于 3.35 的最小整数为4，因此返回值为 4。

FLOOR(x)返回不大于 x 的最大整数值，返回值转化为一个 BIGINT。

【例 6.6】使用 FLOOR 函数返回最大整数，输入语句如下：

```
mysql> SELECT FLOOR(-3.35), FLOOR(3.35);
+----------------+----------------+
| FLOOR(-3.35)   | FLOOR(3.35)    |
+----------------+----------------+
|           -4   |          3     |
+----------------+----------------+
```

−3.35 为负数，不大于-3.35 的最大整数为-4，因此返回值为-4；不大于 3.35 的最大整数为 3，因此返回值为 3。

6.2.4 获取随机数的函数 RAND()和 RAND(x)

RAND(x)返回一个随机浮点值 v，范围在 0 到 1 之间(即 $0 \leqslant v \leqslant 1.0$)。若已指定一个整数参数 x，则它被用作种子值，用来产生重复序列。

【例 6.7】使用 RAND()函数产生随机数，输入语句如下：

```
mysql> SELECT RAND(),RAND(),RAND();
+---------------------+---------------------+---------------------+
| RAND()              | RAND()              | RAND()              |
+---------------------+---------------------+---------------------+
| 0.12754744582581096 | 0.15585151236117958 | 0.39661525506211004 |
+---------------------+---------------------+---------------------+
```

可以看到，不带参数的 RAND()每次产生的随机数值是不同的。

【例 6.8】使用 RAND(x)函数产生随机数，输入语句如下：

```
mysql> SELECT RAND(10),RAND(10),RAND(11);
+--------------------+--------------------+-------------------+
| RAND(10)           | RAND(10)           | RAND(11)          |
+--------------------+--------------------+-------------------+
| 0.6570515219653505 | 0.6570515219653505 | 0.907234631392392 |
+--------------------+--------------------+-------------------+
```

可以看到，当 RAND(x)的参数相同时，将产生相同的随机数，不同的 x 产生的随机数值不同。

6.2.5 函数 ROUND(x)、ROUND(x,y)和 TRUNCATE(x,y)

ROUND(x)返回最接近于参数 x 的整数，对 x 值进行四舍五入。

【例 6.9】使用 ROUND(x)函数对操作数进行四舍五入操作，输入语句如下：

```
mysql> SELECT ROUND(-1.14),ROUND(-1.67), ROUND(1.14),ROUND(1.66);
+--------------+--------------+-------------+-------------+
| ROUND(-1.14) | ROUND(-1.67) | ROUND(1.14) | ROUND(1.66) |
+--------------+--------------+-------------+-------------+
|           -1 |           -2 |           1 |           2 |
+--------------+--------------+-------------+-------------+
```

可以看到，四舍五入处理之后，只保留了各个值的整数部分。

ROUND(x,y)返回最接近于参数 x 的数，其值保留到小数点后面 y 位，若 y 为负值，则将保留 x 值到小数点左边 y 位。

【例 6.10】使用 ROUND(x,y)函数对操作数进行四舍五入操作，结果保留小数点后面指定 y 位，输入语句如下：

```
mysql>    SELECT    ROUND(1.38,   1),   ROUND(1.38,  0),   ROUND(232.38,   -1),
```

```
ROUND(232.38,-2);
+--------------+--------------+----------------+----------------+
| ROUND(1.38, 1) | ROUND(1.38, 0) | ROUND(232.38, -1) | round(232.38,-2) |
+--------------+--------------+----------------+----------------+
|          1.4 |            1 |            230 |            200 |
+--------------+--------------+----------------+----------------+
```

ROUND(1.38, 1)保留小数点后面 1 位，四舍五入的结果为 1.4；ROUND(1.38, 0) 保留小数点后面 0 位，即返回四舍五入后的整数值； ROUND(232.38, -1)和 ROUND (232.38,-2)分别保留小数点左边 1 位和 2 位。

 y 值为负数时，保留的小数点左边的相应位数直接保存为 0，不进行四舍五入。

TRUNCATE(x,y)返回被舍去至小数点后 y 位的数字 x。若 y 的值为 0，则结果不带有小数点或不带有小数部分。若 y 设为负数，则截去（归零）x 小数点左起第 y 位开始后面所有低位的值。

【例 6.11】使用 TRUNCATE(x,y)函数对操作数进行截取操作，结果保留小数点后面指定 y 位，输入语句如下：

```
mysql>  SELECT   TRUNCATE(1.31,1),   TRUNCATE(1.99,1),   TRUNCATE(1.99,0),
TRUNCATE(19.99,-1);
+----------------+----------------+----------------+--------------------+
| TRUNCATE(1.31,1) | TRUNCATE(1.99,1) | TRUNCATE(1.99,0) | TRUNCATE(19.99,-1) |
+----------------+----------------+----------------+--------------------+
|            1.3 |            1.9 |              1 |                 10 |
+----------------+----------------+----------------+--------------------+
```

TRUNCATE(1.31,1)和 TRUNCATE(1.99,1)都保留小数点后 1 位数字，返回值分别为 1.3 和 1.9；TRUNCATE(1.99,0)返回整数部分值 1；TRUNCATE(19.99,-1)截去小数点左边第 1 位后面的值，并将整数部分的 1 位数字置 0，结果为 10。

 ROUND(x,y)函数在截取值的时候会四舍五入，而 TRUNCATE (x,y)直接截取值，并不进行四舍五入。

6.2.6 符号函数 SIGN(x)

SIGN(x)返回参数的符号，x 的值为负、零或正时返回结果依次为-1、0 或 1。

【例 6.12】使用 SIGN 函数返回参数的符号，输入语句如下：

```
mysql> SELECT SIGN(-21),SIGN(0), SIGN(21);
+------------+---------+-----------+
```

```
| SIGN(-21) | SIGN(0) | SIGN(21) |
+-----------+---------+----------+
|        -1 |       0 |        1 |
+-----------+---------+----------+
```

SIGN(-21)返回-1；SIGN(0)返回 0；SIGN(21)返回 1。

6.2.7　幂运算函数 POW(x,y)、POWER(x,y)和 EXP(x)

POW(x,y)或者 POWER(x,y)函数返回 x 的 y 次乘方的结果值。

【例 6.13】使用 POW 和 POWER 函数进行乘方运算，输入语句如下：

```
mysql> SELECT POW(2,2), POWER(2,2),POW(2,-2), POWER(2,-2);
+----------+------------+-----------+-------------+
| POW(2,2) | POWER(2,2) | POW(2,-2) | POWER(2,-2) |
+----------+------------+-----------+-------------+
|        4 |          4 |      0.25 |        0.25 |
+----------+------------+-----------+-------------+
```

可以看到，POW 和 POWER 的结果是相同的，POW(2,2)和 POWER(2,2)返回 2 的 2 次方，结果都是 4；POW(2,-2)和 POWER(2,-2)都返回 2 的-2 次方，结果为 4 的倒数，即 0.25。

EXP(x)返回 e 的 x 乘方后的值。

【例 6.14】使用 EXP 函数计算 e 的乘方，输入语句如下：

```
mysql> SELECT EXP(3),EXP(-3),EXP(0);
+-------------------+----------------------+--------+
| EXP(3)            | EXP(-3)              | EXP(0) |
+-------------------+----------------------+--------+
| 20.085536923187668 | 0.049787068367863944 |      1 |
+-------------------+----------------------+--------+
```

EXP(3)返回以 e 为底的 3 次方，结果为 20.085536923187668；EXP(-3)返回以 e 为底的-3 次方，结果为 0.049787068367863944；EXP(0)返回以 e 为底的 0 次方，结果为 1。

6.2.8　对数运算函数 LOG(x)和 LOG10(x)

LOG(x)返回 x 的自然对数，x 相对于基数 e 的对数。

【例 6.15】使用 LOG(x)函数计算自然对数，输入语句如下：

```
mysql> SELECT LOG(3), LOG(-3);
+-------------------+---------+
| LOG(3)            | LOG(-3) |
+-------------------+---------+
| 1.0986122886681098 |    NULL |
+-------------------+---------+
```

对数定义域不能为负数，因此 LOG(-3)返回结果为 NULL。

LOG10(x)返回 x 的基数为 10 的对数。

【例 6.16】使用 LOG10 计算以 10 为基数的对数，输入语句如下：

```
mysql> SELECT LOG10(2), LOG10(100), LOG10(-100);
+--------------------+------------+-------------+
| LOG10(2)           | LOG10(100) | LOG10(-100) |
+--------------------+------------+-------------+
| 0.3010299956639812 |          2 |        NULL |
+--------------------+------------+-------------+
```

10 的 2 次乘方等于 100，因此 LOG10(100)返回结果为 2，LOG10(-100)定义域非负，因此返回 NULL。

6.2.9　角度与弧度相互转换的函数 RADIANS(x)和 DEGREES(x)

RADIANS(x)将参数 x 由角度转化为弧度。

【例 6.17】使用 RADIANS 将角度转换为弧度，输入语句如下：

```
mysql> SELECT RADIANS(90),RADIANS(180);
+--------------------+-------------------+
| RADIANS(90)        | RADIANS(180)      |
+--------------------+-------------------+
| 1.5707963267948966 | 3.141592653589793 |
+--------------------+-------------------+
```

DEGREES(x)将参数 x 由弧度转化为角度。

【例 6.18】使用 DEGREES 将弧度转换为角度，输入语句如下：

```
mysql> SELECT DEGREES(PI()), DEGREES(PI() / 2);
+--------------+-------------------+
| DEGREES(PI()) | DEGREES(PI() / 2) |
+--------------+-------------------+
|          180 |                90 |
+--------------+-------------------+
```

6.2.10　正弦函数 SIN(x)和反正弦函数 ASIN(x)

SIN(x)返回 x 正弦，其中 x 为弧度值。

【例 6.19】使用 SIN 函数计算正弦值，输入语句如下：

```
mysql> SELECT SIN(1), ROUND(SIN(PI()));
+---------------------+------------------+
| SIN(1)              | ROUND(SIN(PI())) |
```

```
+----------------------+----------------------+
|0.8414709848078965    |                  0   |
+----------------------+----------------------+
```

ASIN(x)返回 x 的反正弦，即正弦为 x 的值。若 x 不在-1 到 1 的范围之内，则返回 NULL。

【例 6.20】使用 ASIN 函数计算反正弦值，输入语句如下：

```
mysql> SELECT ASIN(0.8414709848078965), ASIN(3);
+--------------------------+---------+
| ASIN(0.8414709848078965) | ASIN(3) |
+--------------------------+---------+
|                        1 | NULL    |
+--------------------------+---------+
```

由结果可以看到，函数 ASIN 和 SIN 互为反函数；ASIN(3)中的参数 3 超出了正弦值的范围，因此返回 NULL。

6.2.11　余弦函数 COS(x)和反余弦函数 ACOS(x)

COS(x)返回 x 的余弦，其中 x 为弧度值。

【例 6.21】使用 COS 函数计算余弦值，输入语句如下：

```
mysql> SELECT COS(0),COS(PI()),COS(1);
+--------+-----------+--------------------+
| COS(0) | COS(PI()) | COS(1)             |
+--------+-----------+--------------------+
|      1 |        -1 | 0.5403023058681398 |
+--------+-----------+--------------------+
```

由结果可以看到，COS(0)值为 1；COS(PI())值为-1；COS(1)值为 0.5403023058681398。
ACOS(x)返回 x 的反余弦，即余弦是 x 的值。若 x 不在-1~1 的范围之内，则返回 NULL。

【例 6.22】使用 ACOS 函数计算反余弦值，输入语句如下：

```
mysql> SELECT ACOS(1),ACOS(0), ROUND(ACOS(0.5403023058681398));
+---------+--------------------+---------------------------------+
| ACOS(1) | ACOS(0)            | ROUND(ACOS(0.5403023058681398)) |
+---------+--------------------+---------------------------------+
|       0 | 1.5707963267948966 |                               1 |
+---------+--------------------+---------------------------------+
```

由结果可以看到，函数 ACOS 和 COS 互为反函数。

6.2.12　正切函数、反正切函数和余切函数

TAN(x)返回 x 的正切，其中 x 为给定的弧度值。

【例 6.23】使用 TAN 函数计算正切值,输入语句如下:

```
mysql> SELECT TAN(0.3), ROUND(TAN(PI()/4));
+--------------------+--------------------------+
| TAN(0.3)           | ROUND(TAN(PI()/4))       |
+--------------------+--------------------------+
| 0.30933624960962325 |                        1 |
+--------------------+--------------------------+
```

ATAN(x)返回 x 的反正切,即正切为 x 的值。

【例 6.24】使用 ATAN 函数计算反正切值,输入语句如下:

```
mysql> SELECT ATAN(0.30933624960962325), ATAN(1);
+----------------------------------+--------------------------+
| ATAN(0.30933624960962325)        | ATAN(1)                  |
+----------------------------------+--------------------------+
|                             0.3  | 0.7853981633974483       |
+----------------------------------+--------------------------+
```

由结果可以看到,函数 ATAN 和 TAN 互为反函数。

COT(x)返回 x 的余切。

【例 6.25】使用 COT()函数计算余切值,输入语句如下,

```
mysql> SELECT COT(0.3), 1/TAN(0.3),COT(PI() / 4);
+--------------------+--------------------+--------------------+
| COT(0.3)           | 1/TAN(0.3)         | COT(PI() / 4)      |
+--------------------+--------------------+--------------------+
| 3.2327281437658275 | 3.2327281437658275 | 1.0000000000000002 |
+--------------------+--------------------+--------------------+
```

由结果可以看到,函数 COT 和 TAN 互为倒函数。

6.3 字符串函数

字符串函数主要用来处理数据库中的字符串数据,MySQL 中字符串函数有:计算字符串长度函数、字符串合并函数、字符串替换函数、字符串比较函数、查找指定字符串位置函数等。本节将介绍各种字符串函数的功能和用法。

6.3.1 计算字符串字符数的函数和字符串长度的函数

CHAR_LENGTH(str)返回值为字符串 str 所包含的字符个数。一个多字节字符算作一个单字符。

【例 6.26】使用 CHAR_LENGTH 函数计算字符串字符个数，输入语句如下：

```
mysql> SELECT CHAR_LENGTH('date'), CHAR_LENGTH('egg');
+---------------------+--------------------+
| CHAR_LENGTH('date') | CHAR_LENGTH('egg') |
+---------------------+--------------------+
|                   4 |                  3 |
+---------------------+--------------------+
```

LENGTH(str)返回值为字符串的字节长度，使用 utf8（UNICODE 的一种变长字符编码，又称万国码）编码字符集时，一个汉字是 3 个字节，一个数字或字母算一个字节。

【例 6.27】使用 LENGTH 函数计算字符串长度，输入语句如下：

```
mysql> SELECT LENGTH('date'), LENGTH('egg');
+----------------+---------------+
| LENGTH('date') | LENGTH('egg') |
+----------------+---------------+
|              4 |             3 |
+----------------+---------------+
```

可以看到，计算的结果与 CHAR_LENGTH 相同，因为英文字符的个数和所占的字节相同，一个字符占一个字节。

6.3.2　合并字符串函数 CONCAT(s1,s2,…)、CONCAT_WS(x,s1,s2,…)

CONCAT(s1,s2,…)返回结果为连接参数产生的字符串，或许有一个或多个参数。如有任何一个参数为 NULL，则返回值为 NULL。如果所有参数均为非二进制字符串，则结果为非二进制字符串。如果自变量中含有任一二进制字符串，则结果为一个二进制字符串。

【例 6.28】使用 CONCAT 函数连接字符串，输入语句如下：

```
mysql> SELECT CONCAT('My SQL', '5.7'),CONCAT('My',NULL, 'SQL');
+-------------------------+--------------------------+
| CONCAT('My SQL', '5.7') | CONCAT('My',NULL, 'SQL') |
+-------------------------+--------------------------+
| My SQL5.7               | NULL                     |
+-------------------------+--------------------------+
```

CONCAT('My SQL', '5.7')返回两个字符串连接后的字符串；CONCAT('My',NULL, 'SQL')中有一个参数为 NULL，因此返回结果为 NULL。

CONCAT_WS(x,s1,s2,…)，CONCAT_WS 代表 CONCAT With Separator，是 CONCAT()的特殊形式。第一个参数 x 是其他参数的分隔符，分隔符的位置放在要连接的两个字符串之间。分隔符可以是一个字符串，也可以是其他参数。如果分隔符为 NULL，则结果为 NULL。函数会忽略任何分隔符参数后的 NULL 值。

【例 6.29】使用 CONCAT_WS 函数连接带分隔符的字符串，输入语句如下：

```
mysql> SELECT CONCAT_WS('-', '1st','2nd', '3rd'), CONCAT_WS('*', '1st', NULL,
'3rd');
+------------------------------------+------------------------------------+
| CONCAT_WS('-', '1st','2nd', '3rd') | CONCAT_WS('*', '1st', NULL, '3rd') |
+------------------------------------+------------------------------------+
| 1st-2nd-3rd                        | 1st*3rd                            |
+------------------------------------+------------------------------------+
```

CONCAT_WS('-', '1st','2nd', '3rd')使用分隔符'-'将 3 个字符串连接成一个字符串，结果为 "1st-2nd-3rd"；CONCAT_WS('*', '1st', NULL, '3rd')使用分隔符'*'将两个字符串连接成一个字符串，同时忽略 NULL 值。

6.3.3 替换字符串的函数 INSERT(s1,x,len,s2)

INSERT(s1,x,len,s2)返回字符串 s1，其子字符串起始于 x 位置和被字符串 s2 取代的 len 字符。如果 x 超过字符串长度，则返回值为原始字符串。假如 len 的长度大于其他字符串的长度，则从位置 x 开始替换。若任何一个参数为 NULL，则返回值为 NULL。

【例 6.30】使用 INSERT 函数进行字符串替代操作，输入语句如下：

```
MySQL> SELECT INSERT('Quest', 2, 4, 'What') AS col1,
> INSERT('Quest', -1, 4, 'What') AS col2,
> INSERT('Quest', 3, 100, 'Wh') AS col3;
+--------+--------+-----------+
| col1   | col2   | col3      |
+--------+--------+-----------+
| QWhat  | Quest  | QuWhat    |
+--------+--------+-----------+
```

第一个函数 INSERT('Quest', 2, 4, 'What')将 "Quest" 第 2 个字符开始长度为 4 的字符串替换为 What，结果为 "QWhat"；第二个函数 INSERT('Quest', -1, 4, 'What')中起始位置-1 超出了字符串长度，直接返回原字符；第三个函数 INSERT('Quest', 3, 100, 'What')替换长度超出了原字符串长度，则从第 3 个字符开始，截取后面所有的字符，并替换为指定字符 What，结果为 "QuWhat"。

6.3.4 字母大小写转换函数

LOWER (str)或者 LCASE (str)可以将字符串 str 中的字母字符全部转换成小写字母。

【例 6.31】使用 LOWER 函数或者 LCASE 函数将字符串中所有字母字符转换为小写，输入语句如下：

```
mysql> SELECT LOWER('BEAUTIFUL'), LCASE('Well');
+--------------------+-----------------+
| LOWER('BEAUTIFUL') | LCASE('WelL')   |
+--------------------+-----------------+
| beautiful          | well            |
+--------------------+-----------------+
```

由结果可以看到，原来所有字母为大写的，全部转换为小写，如"BEAUTIFUL"，转换之后为"beautiful"；大小写字母混合的字符串，小写不变，大写字母转换为小写字母，如"WelL"，转换之后为"well"。

UPPER(str)或者 UCASE(str)可以将字符串 str 中的字母字符全部转换成大写字母。

【例 6.32】使用 UPPER 函数或者 UCASE 函数将字符串中所有字母字符转换为大写，输入语句如下：

```
mysql> SELECT UPPER('black'), UCASE('BLacK');
+----------------+----------------+
| UPPER('black') | UCASE('BLacK') |
+----------------+----------------+
| BLACK          | BLACK          |
+----------------+----------------+
```

由结果可以看到，原来所有字母字符为小写的，全部转换为大写，如"balck"，转换之后为"BLACK"；大小写字母混合的字符串，大写不变，小写字母转换为大写字母，如"BLacK"，转换之后为"BLACK"。

6.3.5 获取指定长度的字符串的函数 LEFT(s,n)和 RIGHT(s,n)

LEFT(s,n)返回字符串 s 开始的最左边 n 个字符。

【例 6.33】使用 LEFT 函数返回字符串中左边的字符，输入语句如下：

```
mysql> SELECT LEFT('football', 5);
+---------------------+
| LEFT('football', 5) |
+---------------------+
| footb               |
+---------------------+
```

函数返回字符串"football"左边开始的长度为 5 的子字符串，结果为"footb"。

RIGHT(s,n)返回字符串中最右边 n 个字符。

【例 6.34】使用 RIGHT 函数返回字符串中右边的字符，输入语句如下：

```
MySQL> SELECT RIGHT('football', 4);
+----------------------+
| RIGHT('football', 4) |
```

```
+------------------------+
| ball                   |
+------------------------+
```

函数返回字符串"football"右边开始的长度为 4 的子字符串，结果为"ball"。

6.3.6 填充字符串的函数 LPAD(s1,len,s2)和 RPAD(s1,len,s2)

LPAD(s1,len,s2)返回字符串 s1,其左边由字符串 s2 填补到 len 字符长度。假如 s1 的长度大于 len，则返回值被缩短至 len 字符。

【例 6.35】使用 LPAD 函数对字符串进行填充操作，输入语句如下：

```
MySQL> SELECT LPAD('hello',4,'??'), LPAD('hello',10,'??');
+----------------------+-----------------------+
| LPAD('hello',4,'??') | LPAD('hello',10,'??') |
+----------------------+-----------------------+
| hell                 | ?????hello            |
+----------------------+-----------------------+
```

字符串"hello"长度大于 4，不需要填充，因此 LPAD('hello',4,'??')只返回被缩短的长度为 4 的子串"hell"；字符串"hello"长度小于 10，LPAD('hello',10,'??')返回结果为 "?????hello"，左侧填充'?'，长度为 10。

RPAD(s1,len,s2)返回字符串 sl，其右边被字符串 s2 填补至 len 字符长度。假如字符串 s1 的长度大于 len，则返回值被缩短到 len 字符长度。

【例 6.36】使用 RPAD 函数对字符串进行填充操作，输入语句如下：

```
mysql> SELECT RPAD('hello',4,'?'), RPAD('hello',10,'?');
+---------------------+----------------------+
| RPAD('hello',4,'?') | RPAD('hello',10,'?') |
+---------------------+----------------------+
| hell                | hello?????           |
+---------------------+----------------------+
```

字符串"hello"长度大于 4，不需要填充，因此 RPAD('hello',4,'?')只返回被缩短的长度为 4 的子串"hell"；字符串"hello"长度小于 10，RPAD('hello',10,'?')返回结果为 "hello?????"，右侧填充'?'，长度为 10。

6.3.7 删除空格的函数 LTRIM(s)、RTRIM(s)和 TRIM(s)

LTRIM(s)返回字符串 s，字符串左侧空格字符被删除。

【例 6.37】使用 LTRIM 函数删除字符串左边的空格，输入语句如下：

```
mysql> SELECT '( book )',CONCAT('(',LTRIM(' book '),')');
+-------------+------------------------------------+
```

```
| ( book )  | CONCAT('(',LTRIM(' book '),')') |
+-------------+---------------------------------+
| ( book )  | (book )                         |
+-------------+---------------------------------+
```

LTRIM 只删除字符串左边的空格，而右边的空格不会被删除，" book "删除左边空格之后的结果为"book"。

RTRIM(s)返回字符串 s，字符串右侧空格字符被删除。

【例 6.38】使用 RTRIM 函数删除字符串右边的空格，输入语句如下：

```
mysql> SELECT '( book )',CONCAT('(', RTRIM (' book '),')');
+-------------+---------------------------------+
| ( book )  | CONCAT('(',LTRIM(' book '),')') |
+-------------+---------------------------------+
| ( book )  | ( book)                         |
+-------------+---------------------------------+
```

RTRIM 只删除字符串右边的空格，左边的空格不会被删除，" book "删除右边空格之后的结果为" book "。

TRIM(s)删除字符串 s 两侧的空格。

【例 6.39】使用 TRIM 函数删除字符串两侧的空格，使用语句如下：

```
mysql> SELECT '( book )',CONCAT('(', TRIM(' book '),')');
+-------------+---------------------------------+
| ( book )  | CONCAT('(',TRIM(' book '),')')  |
+-------------+---------------------------------+
| ( book )  | (book)                          |
+-------------+---------------------------------+
```

可以看到，函数执行之后字符串" book "两边的空格都被删除，结果为"book"。

6.3.8 删除指定字符串的函数 TRIM(s1 FROM s)

TRIM(s1 FROM s)删除字符串 s 中两端所有的子字符串 s1。s1 为可选项，在未指定情况下，删除空格。

【例 6.40】使用 TRIM(s1 FROM s)函数删除字符串中两端指定的字符，输入语句如下：

```
mysql> SELECT TRIM('xy' FROM 'xyxboxyokxxyxy') ;
+-----------------------------------+
| TRIM('xy' FROM 'xyxboxyokxxyxy') |
+-----------------------------------+
| xboxyokx                          |
+-----------------------------------+
```

删除字符串"xyxboxyokxxyxy"两端的重复字符串"xy",而中间的"xy"并不删除,结果为"xboxyokx"。

6.3.9 重复生成字符串的函数 REPEAT(s,n)

REPEAT(s,n)返回一个由重复的字符串 s 组成的字符串,字符串 s 的数目等于 n。若 n<=0,则返回一个空字符串。若 s 或 n 为 NULL,则返回 NULL。

【例 6.41】使用 REPEAT 函数重复生成相同的字符串,输入语句如下:

```
mysql>  SELECT REPEAT('mysql', 3);
+----------------------------+
|  REPEAT('MySQL', 3)  |
+----------------------------+
| MySQLMySQLMySQL |
+----------------------------+
```

REPEAT('MySQL', 3)函数返回的字符串由 3 个重复的"MySQL"字符串组成。

6.3.10 空格函数 SPACE(n)和替换函数 REPLACE(s,s1,s2)

SPACE(n)返回一个由 n 个空格组成的字符串。

【例 6.42】使用 SPACE 函数生成由空格组成的字符串,输入语句如下:

```
mysql> SELECT CONCAT('(', SPACE(6), ')' );
+----------------------------------+
| CONCAT('(', SPACE(6), ')' ) |
+----------------------------------+
| (        )              |
+----------------------------------+
```

SPACE(6)返回的字符串由 6 个空格组成。

REPLACE(s,s1,s2)使用字符串 s2 替代字符串 s 中所有的字符串 s1。

【例 6.43】使用 REPLACE 函数进行字符串替代操作,输入语句如下:

```
mysql> SELECT REPLACE('xxx.mysql.com', 'x', 'w');
+-------------------------------------------+
| REPLACE('xxx.mysql.com', 'x', 'w') |
+-------------------------------------------+
| www.mysql.com              |
+-------------------------------------------+
```

REPLACE('xxx.MySQL.com', 'x', 'w')将"xxx.mysql.com"字符串中的'x'字符替换为'w'字符,结果为"www.mysql.com"。

6.3.11　比较字符串大小的函数 STRCMP(s1,s2)

STRCMP(s1,s2)若所有的字符串均相同，则返回 0；若根据当前分类次序，第一个参数小于第二个，则返回-1，其他情况返回 1。

【例 6.44】使用 STRCMP 函数比较字符串大小，输入语句如下：

```
mysql> SELECT STRCMP('txt', 'txt2'),STRCMP('txt2', 'txt'), STRCMP('txt',
'txt');
+----------------------+----------------------+----------------------+
| STRCMP('txt', 'txt2') | STRCMP('txt2', 'txt') | STRCMP('txt', 'txt') |
+----------------------+----------------------+----------------------+
|                   -1 |                    1 |                    0 |
+----------------------+----------------------+----------------------+
```

"txt" 小于 "txt2"，因此 STRCMP('txt', 'txt2')返回结果为-1，STRCMP('txt2', 'txt')返回结果为 1；"txt" 与 "txt" 相等，因此 STRCMP('txt', 'txt')返回结果为 0。

6.3.12　获取子串的函数 SUBSTRING(s,n,len)和 MID(s,n,len)

SUBSTRING(s,n,len)带有 len 参数的格式，从字符串 s 返回一个长度同 len 字符相同的子字符串，起始于位置 n。也可能对 n 使用一个负值。假若这样，则子字符串的位置起始于字符串结尾的 n 字符，即倒数第 n 个字符，而不是字符串的开头位置。

【例 6.45】使用 SUBSTRING 函数获取指定位置处的子字符串，输入语句如下：

```
MySQL> SELECT SUBSTRING('breakfast',5) AS col1,
> SUBSTRING('breakfast',5,3) AS col2,
> SUBSTRING('lunch', -3) AS col3,
>SUBSTRING('lunch', -5, 3) AS col4;
+-------+------+------+------+
| col1  | col2 | col3 | col4 |
+-------+------+------+------+
| kfast | kfa  | nch  | lun  |
+-------+------+------+------+
```

SUBSTRING('breakfast',5)返回从第 5 个位置开始到字符串结尾的子字符串，结果为 "kfast"；SUBSTRING('breakfast',5,3)返回从第 5 个位置开始长度为 3 的子字符串，结果为 "kfa"；SUBSTRING('lunch', -3)返回从结尾开始第 3 个位置到字符串结尾的子字符串，结果为 "nch"；SUBSTRING('lunch', -5, 3)返回从结尾开始第 5 个位置，即字符串开头起，长度为 3 的子字符串，结果为 "lun"。

MID(s,n,len)与 SUBSTRING(s,n,len)的作用相同。

【例 6.46】使用 MID()函数获取指定位置处的子字符串，输入语句如下：

```
MySQL> SELECT MID('breakfast',5) as col1,
>MID('breakfast',5,3) as col2,
>MID('lunch', -3) as col3,
>MID('lunch', -5, 3) as col4;
+-------+------+------+------+
| col1  | col2 | col3 | col4 |
+-------+------+------+------+
| kfast | kfa  | nch  | lun  |
+-------+------+------+------+
```

可以看到 MID 和 SUBSTRING 的结果是一样的。

如果对 len 使用的是一个小于 1 的值，则结果始终为空字符串。

6.3.13　匹配子串开始位置的函数

LOCATE(str1,str)、POSITION(str1 IN str)和 INSTR(str, str1)3 个函数作用相同，返回子字符串 str1 在字符串 str 中的开始位置。

【例 6.47】使用 LOCATE，POSITION，INSTR 函数查找字符串中指定子字符串的开始位置，输入语句如下：

```
mysql> SELECT LOCATE('ball','football'),POSITION('ball'IN 'football'),INSTR
('football', 'ball');
+--------------------------+-----------------------------+--------------------+
| LOCATE('ball','football') | POSITION('ball'IN 'football') | INSTR ('football',
'ball') |
+--------------------------+-----------------------------+--------------------+
|                        5 |                           5 |                  5 |
+--------------------------+-----------------------------+--------------------+
```

子字符串"ball"在字符串"football"中从第 5 个字母位置开始，因此 3 个函数返回结果都为 5。

6.3.14　字符串逆序的函数 REVERSE(s)

REVERSE(s)将字符串 s 反转，返回的字符串的顺序和 s 字符串顺序相反。

【例 6.48】使用 REVERSE 函数反转字符串，输入语句如下：

```
mysql> SELECT REVERSE('abc');
```

```
+--------------------+
| REVERSE('abc')     |
+--------------------+
| cba                |
+--------------------+
```

可以看到，字符串"abc"经过 REVERSE 函数处理之后所有字符串顺序被反转，结果为
"cba"。

6.3.15 返回指定位置的字符串的函数

ELT(N,字符串 1,字符串 2,字符串 3,...，字符串 N)若 N = 1，则返回值为字符串 1，若 N=2，
则返回值为字符串 2，以此类推。若 N 小于 1 或大于参数的数目，则返回值为 NULL。

【例 6.49】使用 ELT 函数返回指定位置字符串，输入语句如下：

```
mysql> SELECT ELT(3,'1st','2nd','3rd'), ELT(3,'net','os');
+--------------------------+-------------------+
| ELT(3,'1st','2nd','3rd') | ELT(3,'net','os') |
+--------------------------+-------------------+
| 3rd                      | NULL              |
+--------------------------+-------------------+
```

由结果可以看到，ELT(3,'1st','2nd','3rd')返回第 3 个位置的字符串"3rd"；指定返回字符
串位置超出参数个数，返回 NULL。

6.3.16 返回指定字符串位置的函数 FIELD(s,s1,s2,…)

FIELD(s,s1,s2,…)返回字符串 s 在列表 s1,s2,…中第一次出现的位置,在找不到 s 的情况下,
返回值为 0。如果 s 为 NULL，则返回值为 0，原因是 NULL 不能同任何值进行同等比较。

【例 6.50】使用 FIELD 函数返回指定字符串第一次出现的位置，输入语句如下：

```
mysql> SELECT FIELD('Hi', 'hihi', 'Hey', 'Hi', 'bas') as col1,
    -> FIELD('Hi', 'Hey', 'Lo', 'Hilo', 'foo') as col2;
+------+------+
| col1 | col2 |
+------+------+
|    3 |    0 |
+------+------+
```

FIELD('Hi', 'hihi', 'Hey', 'Hi', 'bas')函数中字符串"Hi"出现在列表的第 3 个字符串位置，因
此返回结果为 3；FIELD('Hi', 'Hey', 'Lo', 'Hilo', 'foo')列表中没有字符串"Hi"，因此返回结果
为 0。

6.3.17　返回子串位置的函数 FIND_IN_SET(s1,s2)

FIND_IN_SET(s1,s2)返回字符串 s1 在字符串列表 s2 中出现的位置，字符串列表是一个由多个逗号 ','分开的字符串组成的列表。如果 s1 不在 s2 或 s2 为空字符串，则返回值为 0。如果任意一个参数为 NULL，则返回值为 NULL。这个函数在第一个参数包含一个逗号 ','时将无法正常运行。

【例 6.51】使用 FIND_IN_SET()函数返回子字符串在字符串列表中的位置，输入语句如下：

```
mysql> SELECT FIND_IN_SET('Hi','hihi,Hey,Hi,bas');
+--------------------------------------+
| FIND_IN_SET('Hi','hihi,Hey,Hi,bas') |
+--------------------------------------+
|                                    3 |
+--------------------------------------+
```

虽然 FIND_IN_SET()和 FIELD()两个函数格式不同，但作用类似，都可以返回指定字符串在字符串列表中的位置。

6.3.18　选取字符串的函数 MAKE_SET(x,s1,s2,…)

MAKE_SET(x,s1,s2,…)返回由 x 的二进制数指定的相应位的字符串组成的字符串，s1 对应比特 1，s2 对应比特 01，以此类推。s1，s2...中的 NULL 值不会被添加到结果中。

【例 6.52】使用 MAKE_SET 根据二进制位选取指定字符串，输入语句如下：

```
mysql> SELECT  MAKE_SET(1,'a','b','c') as col1,
    -> MAKE_SET(1 | 4,'hello','nice','world') as col2,
    -> MAKE_SET(1 | 4,'hello','nice',NULL,'world') as col3,
    -> MAKE_SET(0,'a','b','c') as col4;
+------+-------------+-------+------+
| col1 | col2        | col3  | col4 |
+------+-------------+-------+------+
| a    | hello,world | hello |      |
+------+-------------+-------+------+
```

1 的二进制值为 0001，4 的二进制值为 0100，1 与 4 进行或操作之后的二进制值为 0101，从右到左第 1 位和第 3 位为 1。MAKE_SET(1,'a','b','c')返回第 1 个字符串；SET(1 | 4,'hello','nice','world')返回从左端开始第 1 和第 3 个字符串组成的字符串；NULL 不会添加到结果中，因此 SET(1 | 4,'hello','nice',NULL,'world')只返回第 1 个字符串 'hello'；SET(0,'a','b','c')返回空字符串。

6.4 日期和时间函数

日期和时间函数主要用来处理日期和时间值，一般的日期函数除了使用 DATE 类型的参数外，也可以使用 DATETIME 或者 TIMESTAMP 类型的参数，但会忽略这些值的时间部分。相同的，以 TIME 类型值为参数的函数，可以接受 TIMESTAMP 类型的参数，但会忽略日期部分，许多日期函数可以同时接受数和字符串类型的两种参数，本节将介绍各种日期和时间函数的功能和用法。

6.4.1 获取当前日期的函数和获取当前时间的函数

CURDATE()和 CURRENT_DATE()函数作用相同，将当前日期按照'YYYY-MM-DD'或 YYYYMMDD 格式的值返回，具体格式根据函数在字符串或是数字语境中而定。

【例 6.53】使用日期函数获取系统当前日期，输入语句如下：

```
mysql> SELECT CURDATE(),CURRENT_DATE(), CURDATE() + 0;
+------------+----------------+---------------+
| CURDATE()  | CURRENT_DATE() | CURDATE() + 0 |
+------------+----------------+---------------+
| 2016-07-24 | 2016-07-24     |      20160724 |
+------------+----------------+---------------+
```

可以看到，两个函数作用相同，都返回了相同的系统当前日期，"CURDATE() + 0"将当前日期值转换为数值型。

CURTIME()和 CURRENT_TIME()函数作用相同，将当前时间以'HH:MM:SS'或 HHMMSS 的格式返回，具体格式根据函数在字符串或是数字语境中而定。

【例 6.54】使用时间函数获取系统当前时间，输入语句如下：

```
mysql> SELECT CURTIME(),CURRENT_TIME(),CURTIME() + 0;
+-----------+----------------+---------------+
| CURTIME() | CURRENT_TIME() | CURTIME() + 0 |
+-----------+----------------+---------------+
| 10:21:34  | 10:21:34       | 102134.000000 |
+-----------+----------------+---------------+
```

可以看到，两个函数作用相同，都返回了相同的系统当前时间，"CURTIME () + 0"将当前时间值转换为数值型。

6.4.2 获取当前日期和时间的函数

CURRENT_TIMESTAMP()、LOCALTIME()、NOW()和 SYSDATE() 4 个函数的作用相同，均返回当前日期和时间值，格式为'YYYY-MM-DD HH:MM:SS'或 YYYYMMDDHHMMSS，

具体格式根据函数在字符串或数字语境中而定。

【例 6.55】使用日期时间函数获取当前系统日期和时间，输入语句如下：

```
mysql> SELECT CURRENT_TIMESTAMP(),LOCALTIME(),NOW(),SYSDATE();
+---------------------+---------------------+---------------------+---------------------+
| CURRENT_TIMESTAMP() | LOCALTIME()         | NOW()               | SYSDATE()           |
+---------------------+---------------------+---------------------+---------------------+
| 2016-03-24 10:28:43 | 2016-03-24 10:28:43 | 2016-03-24 10:28:43 | 2016-03-24 10:28:43 |
+---------------------+---------------------+---------------------+---------------------+
```

可以看到，4 个函数返回的结果是相同的。

6.4.3 UNIX 时间戳函数

UNIX_TIMESTAMP(date)若无参数调用，则返回一个 Unix 时间戳（'1970-01-01 00:00:00' GMT 之后的秒数）作为无符号整数。其中，GMT（Greenwich mean time）为格林尼治标准时间）。若用 date 来调用 UNIX_TIMESTAMP()，它会将参数值以 '1970-01-01 00:00:00' GMT 后的秒数的形式返回。date 可以是一个 DATE 字符串、DATETIME 字符串、TIMESTAMP 或一个当地时间的 YYMMDD 或 YYYYMMDD 格式的数字。

【例 6.56】使用 UNIX_TIMESTAMP 函数返回 UNIX 格式的时间戳，输入语句如下：

```
mysql> SELECT UNIX_TIMESTAMP(), UNIX_TIMESTAMP(NOW()), NOW();
+------------------+-----------------------+---------------------+
| UNIX_TIMESTAMP() | UNIX_TIMESTAMP( NOW() )| NOW()               |
+------------------+-----------------------+---------------------+
|       1466393937 |            1466393937 | 2016-06-20 10:54:51 |
+------------------+-----------------------+---------------------+
```

FROM_UNIXTIME(date) 函数把 UNIX 时间戳转换为普通格式的时间，与 UNIX_TIMESTAMP (date)函数互为反函数。

【例 6.57】使用 FROM_UNIXTIME 函数将 UNIX 时间戳转换为普通格式时间，输入语句如下：

```
mysql> SELECT FROM_UNIXTIME('1466393937');
+-----------------------------+
| FROM_UNIXTIME('1311476091') |
```

```
+---------------------------------------------+
| 2016-06-20 10:54:51                         |
+---------------------------------------------+
```

可以看到，FROM_UNIXTIME('1466393937')与【例 6.56】中 UNIX_TIMESTAMP(NOW())的结果正好相反，即两个函数互为反函数。

6.4.4 返回 UTC 日期的函数和返回 UTC 时间的函数

UTC_DATE()函数返回当前 UTC（世界标准时间）日期值，其格式为'YYYY-MM-DD'或 YYYYMMDD，具体格式取决于函数是否用在字符串或数字语境中。

【例 6.58】使用 UTC_DATE()函数返回当前 UTC 日期值，输入语句如下：

```
mysql> SELECT UTC_DATE(), UTC_DATE() + 0;
+------------------+--------------------+
| UTC_DATE() | UTC_DATE() + 0 |
+------------------+--------------------+
| 2016-03-24 |         20160324 |
+------------------+--------------------+
```

UTC_DATE()函数返回值为当前时区的日期值。

UTC_TIME()返回当前 UTC 时间值，其格式为'HH:MM:SS'或 HHMMSS，具体格式取决于函数是否用在字符串或数字语境中。

【例 6.59】使用 UTC_TIME()函数返回当前 UTC 时间值，输入语句如下：

```
mysql> SELECT UTC_TIME(), UTC_TIME() + 0;
+------------------+--------------------+
| UTC_TIME() | UTC_TIME() + 0 |
+------------------+--------------------+
| 03:11:29 |      31129.000000 |
+------------------+--------------------+
```

UTC_TIME()返回当前时区的时间值。

6.4.5 获取月份的函数 MONTH(date)和 MONTHNAME(date)

MONTH(date)函数返回 date 对应的月份，范围值从 1~12。

【例 6.60】使用 MONTH()函数返回指定日期中的月份，输入语句如下：

```
mysql> SELECT MONTH('2016-02-13');
+----------------------------+
| MONTH('2016-02-13') |
+----------------------------+
|                        2 |
```

```
+-------------------------------+
```

MONTHNAME(date)函数返回日期 date 对应月份的英文全名。

【例 6.61】使用 MONTHNAME()函数返回指定日期中的月份的名称，输入语句如下：

```
mysql> SELECT MONTHNAME('2016-02-13');
+-------------------------------+
| MONTHNAME('2016-02-13') |
+-------------------------------+
| February                |
+-------------------------------+
```

6.4.6 获取星期的函数 DAYNAME(d)、DAYOFWEEK(d)和 WEEKDAY(d)

DAYNAME(d)函数返回 d 对应的工作日的英文名称，例如 Sunday、Monday 等。

【例 6.62】使用 DAYNAME()函数返回指定日期的工作日名称，输入语句如下：

```
mysql> SELECT DAYNAME('2016-02-10');
+-------------------------+
| DAYNAME('2016-02-10') |
+-------------------------+
| Wednesday               |
+-------------------------+
```

可以看到，2016 年 2 月 10 日是星期三，因此返回结果为 Wednesday。

DAYOFWEEK(d)函数返回 d 对应的一周中的索引（位置）。1 表示周日，2 表示周一，...，7 表示周六)。

【例 6.63】使用 DAYOFWEEK()函数返回日期对应的周索引，输入语句如下：

```
mysql> SELECT DAYOFWEEK('2016-02-14');
+-------------------------------+
| DAYOFWEEK('2016-02-14')      |
+-------------------------------+
|                     1         |
+-------------------------------+
```

由【例 6.63】可知，2016 年 2 月 14 日为周日，因此返回其对应的索引值，结果为 1。

WEEKDAY(d)返回 d 对应的工作日索引。0 表示周一，1 表示周二，...，6 表示周日。

【例 6.64】使用 WEEKDAY()函数返回日期对应的工作日索引，输入语句如下：

```
mysql> SELECT WEEKDAY('2016-02-14 22:23:00'), WEEKDAY('2016-04-01');
+--------------------------------+-------------------------+
| WEEKDAY('2016-02-14 22:23:00') | WEEKDAY('2016-04-01')   |
+--------------------------------+-------------------------+
|                         6      |              4          |
+--------------------------------+-------------------------+
```

```
+--------------------------------------------------+--------------------------------------------------+
```

可以看到，WEEKDAY()和 DAYOFWEEK()函数都是返回指定日期在某一周内的位置，只是索引编号不同。

6.4.7　获取星期数的函数 WEEK(d)和 WEEKOFYEAR(d)

WEEK(d)计算日期 d 是一年中的第几周。WEEK()的双参数形式允许指定该星期是否起始于周日或周一，以及返回值的范围是否为从 0~53 或从 1~53。若 Mode 参数被省略，则使用 default_week_format 系统自变量的值，可参考表 6.1。

表 6.1　WEEK 函数中 Mode 参数取值

Mode	一周的第一天	范围	Week 1 为第一周...
0	周日	0~53	本年度中有一个周日
1	周一	0~53	本年度中有 3 天以上
2	周日	1~53	本年度中有一个周日
3	周一	1~53	本年度中有 3 天以上
4	周日	0~53	本年度中有 3 天以上
5	周一	0~53	本年度中有一个周一
6	周日	1~53	本年度中有 3 天以上
7	周一	1~53	本年度中有一个周一

【例 6.65】使用 WEEK()函数查询指定日期是一年中的第几周，输入语句如下：

```
mysql> SELECT WEEK('2011-02-20'),WEEK('2011-02-20',0), WEEK('2011-02-20',1);
+--------------------+----------------------+----------------------+
| WEEK('2011-02-20') | WEEK('2011-02-20',0) | WEEK('2011-02-20',1) |
+--------------------+----------------------+----------------------+
|                  8 |                    8 |                    7 |
+--------------------+----------------------+----------------------+
```

可以看到，WEEK('2011-02-20')使用一个参数，其第二个参数为 default_week_format 默认值，MySQL 中该值默认为 0，指定一周的第一天为周日，因此和 WEEK('2011-02-20',0)返回结果相同；WEEK('2011-02-20',1)中第二个参数为 1，指定一周的第一天为周一，返回值为 7。可以看到，第二个参数的不同，返回的结果也不同，使用不同的参数的原因是不同地区和国家的习惯不同，每周的第一天并不相同。

WEEKOFYEAR(d)计算某天位于一年中的第几周，范围是从 1~53。相当于 WEEK(d,3)。

【例 6.66】使用 WEEKOFYEAR()查询指定日期是一年中的第几周，输入语句如下：

```
mysql> SELECT WEEK('2011-02-20',3), WEEKOFYEAR('2011-02-20');
+----------------------+--------------------------+
| WEEK('2011-02-20',3) | WEEKOFYEAR('2011-02-20') |
+----------------------+--------------------------+
```

```
|                 7 |                  7 |
+-------------------+--------------------+
```

可以看到，两个函数返回结果相同。

6.4.8　获取天数的函数 DAYOFYEAR(d)和 DAYOFMONTH(d)

DAYOFYEAR(d)函数返回 d 是一年中的第几天，范围是从 1~366。

【例 6.67】使用 DAYOFYEAR()函数返回指定日期在一年中的位置，输入语句如下：

```
mysql> SELECT DAYOFYEAR('2016-02-20');
+-------------------------+
| DAYOFYEAR('2016-02-20') |
+-------------------------+
|                      51 |
+-------------------------+
```

1 月份 31 天，再加上 2 月份的 20 天，因此返回结果为 51。

DAYOFMONTH(d)函数返回 d 是一个月中的第几天，范围是从 1~31。

【例 6.68】使用 DAYOFMONTH()函数返回指定日期在一个月中的位置，输入语句如下：

```
mysql> SELECT DAYOFMONTH('2016-02-20');
+--------------------------+
| DAYOFMONTH('2016-02-20') |
+--------------------------+
|                       20 |
+--------------------------+
```

结果显而易见。

6.4.9　获取年份、季度、小时、分钟和秒钟的函数

YEAR(date) 返回 date 对应的年份，范围是 1970~2069。

【例 6.69】使用 YEAR()函数返回指定日期对应的年份，输入语句如下：

```
mysql> SELECT YEAR('11-02-03'),YEAR('96-02-03');
+------------------+------------------+
| YEAR('11-02-03') | YEAR('96-02-03') |
+------------------+------------------+
|             2011 |             1996 |
+------------------+------------------+
```

 '00~69' 转换为 '2000~2069'，'70~99' 转换为 '1970~1999'。

QUARTER(date)返回 date 对应的一年中的季度值，范围是从 1~4。

【例 6.70】使用 QUARTER()函数返回指定日期对应的季度，输入语句如下：

```
mysql> SELECT QUARTER('16-04-01');
+---------------------+
| QUARTER('16-04-01') |
+---------------------+
|                   2 |
+---------------------+
```

MINUTE(time)返回 time 对应的分钟数，范围是从 0~59。

【例 6.71】使用 MINUTE()函数返回指定时间的分钟值，输入语句如下：

```
mysql> SELECT MINUTE('16-02-03 10:10:03');
+-----------------------------+
| MINUTE('16-02-03 10:10:03') |
+-----------------------------+
|                          10 |
+-----------------------------+
```

SECOND(time)返回 time 对应的秒数，范围是从 0~59。

【例 6.72】使用 SECOND()函数返回指定时间的秒值，输入语句如下：

```
mysql> SELECT SECOND('10:05:03');
+--------------------+
| SECOND('10:05:03') |
+--------------------+
|                  3 |
+--------------------+
```

6.4.10 获取日期的指定值的函数 EXTRACT(type FROM date)

EXTRACT(type FROM date)函数所使用的时间间隔类型说明符同 DATE_ADD()或 DATE_SUB()的相同，但它从日期中提取一部分，而不是执行日期运算。

【例 6.73】使用 EXTRACT 函数提取日期或者时间值，输入语句如下：

```
mysql> SELECT EXTRACT(YEAR FROM '2016-07-02') AS col1,
    -> EXTRACT(YEAR_MONTH FROM '2016-07-12 01:02:03') AS col2,
    -> EXTRACT(DAY_MINUTE FROM '2016-07-12 01:02:03') AS col3;
+------+--------+--------+
| col1 | col2   | col3   |
+------+--------+--------+
| 2016 | 201607 | 120102 |
+------+--------+--------+
```

type 值为 YEAR 时，只返回年值，结果为 2011；type 值为 YEAR_MONTH 时返回年与月份，结果为 201107；type 值为 DAY_MINUTE 时，返回日、小时和分钟值，结果为 120102。

6.4.11 时间和秒钟转换的函数

TIME_TO_SEC(time)返回已转化为秒的 time 参数。转换公式为：小时*3600+分钟*60+秒。

【例 6.74】使用 TIME_TO_SEC 函数将时间值转换为秒值，输入语句如下：

```
mysql> SELECT TIME_TO_SEC('23:23:00');
+--------------------------+
| TIME_TO_SEC('23:23:00') |
+--------------------------+
|                   84180 |
+--------------------------+
```

SEC_TO_TIME(seconds)返回被转化为小时、分钟和秒数的 seconds 参数值，其格式为
'HH:MM:SS'或 HHMMSS，具体格式根据该函数是否用在字符串或数字语境中而定。

【例 6.75】使用 SEC_TO_TIME()函数将秒值转换为时间格式，输入语句如下：

```
mysql> SELECT SEC_TO_TIME(2345),SEC_TO_TIME(2345)+0,
    -> TIME_TO_SEC('23:23:00'), SEC_TO_TIME(84180);
+-------------------+---------------------+-------------------------+--------------------+
| SEC_TO_TIME(2345) | SEC_TO_TIME(2345)+0 | TIME_TO_SEC('23:23:00') | SEC_TO_TIME(84180) |
+-------------------+---------------------+-------------------------+--------------------+
| 00:39:08          |         3905.000000 |                   84180 | 23:23:00           |
+-------------------+---------------------+-------------------------+--------------------+
```

可以看到，SEC_TO_TIME 函数返回值加上 0 值之后变成了小数值；TIME_TO_SEC 正好
和 SEC_TO_TIME 互为反函数。

6.4.12 计算日期和时间的函数

计算日期和时间的函数有：DATE_ADD()、ADDDATE()、DATE_SUB()、SUBDATE()、
ADDTIME()、SUBTIME()和 DATE_DIFF()。

DATE_ADD(date,INTERVAL expr type)和 DATE_SUB(date,INTERVAL expr type)，其中，
date 是一个 DATETIME 或 DATE 值，用来指定起始时间。expr 是一个表达式，用来指定从起
始日期添加或减去的时间间隔值。expr 是一个字符串；对于负值的时间间隔，它可以以一个
负号 '-' 开头。type 为关键词，它指示了表达式被解释的方式。表 6.2 显示了 type 和 expr 参
数的关系。

表 6.2　MySQL 中计算日期和时间的格式

type 值	预期的 expr 格式
MICROSECOND	MICROSECONDS
SECOND	SECONDS
MINUTE	MINUTES
HOUR	HOURS
DAY	DAYS
WEEK	WEEKS
MONTH	MONTHS
QUARTER	QUARTERS
YEAR	YEARS
SECOND_MICROSECOND	'SECONDS.MICROSECONDS'
MINUTE_MICROSECOND	'MINUTES.MICROSECONDS'
MINUTE_SECOND	'MINUTES:SECONDS'
HOUR_MICROSECOND	'HOURS.MICROSECONDS'
HOUR_SECOND	'HOURS:MINUTES:SECONDS'
HOUR_MINUTE	'HOURS:MINUTES'
DAY_MICROSECOND	'DAYS.MICROSECONDS'
DAY_SECOND	'DAYS HOURS:MINUTES:SECONDS'
DAY_MINUTE	'DAYS HOURS:MINUTES'
DAY_HOUR	'DAYS HOURS'
YEAR_MONTH	'YEARS-MONTHS'

若 date 参数是一个 DATE 值，计算只会包括 YEAR、MONTH 和 DAY 部分（即没有时间部分），其结果是一个 DATE 值。否则，结果将是一个 DATETIME 值。

DATE_ADD(date,INTERVAL expr type)和 ADDDATE(date,INTERVAL expr type)两个函数作用相同，执行日期的加运算。

【例 6.76】使用 DATE_ADD()和 ADDDATE()函数执行日期加操作，输入语句如下：

```
mysql> SELECT DATE_ADD('2010-12-31 23:59:59', INTERVAL 1 SECOND) AS col1,
    -> ADDDATE('2010-12-31 23:59:59', INTERVAL 1 SECOND) AS col2,
    -> DATE_ADD('2010-12-31 23:59:59', INTERVAL '1:1' MINUTE_SECOND) AS col3;
+---------------------+---------------------+---------------------+
| col1                | col2                | col3                |
+---------------------+---------------------+---------------------+
| 2011-01-01 00:00:00 | 2011-01-01 00:00:00 | 2011-01-01 00:01:00 |
+---------------------+---------------------+---------------------+
```

由结果可以看到，DATE_ADD('2010-12-31 23:59:59', INTERVAL 1 SECOND)和 ADDDATE('2010-12-31 23:59:59', INTERVAL 1 SECOND)两个函数执行的结果是相同的，将时间增加 1 秒后返回，结果都为'2011-01-01 00:00:00'；DATE_ADD('2010-12-31 23:59:59',

INTERVAL '1:1' MINUTE_SECOND)日期运算类型是 MINUTE_SECOND，将指定时间增加 1 分 1 秒后返回，结果为 '2011-01-01 00:01:00'。

DATE_SUB(date,INTERVAL expr type)或者 SUBDATE(date,INTERVAL expr type)两个函数作用相同，执行日期的减运算。

【例 6.77】使用 DATE_SUB 和 SUBDATE 函数执行日期减操作，输入语句如下：

```
mysql> SELECT DATE_SUB('2011-01-02', INTERVAL 31 DAY) AS col1,
    -> SUBDATE('2011-01-02', INTERVAL 31 DAY) AS col2,
    -> DATE_SUB('2011-01-01 00:01:00',INTERVAL '0 0:1:1' DAY_SECOND) AS col3;
+------------+------------+---------------------+
| col1       | col2       | col3                |
+------------+------------+---------------------+
| 2010-12-02 | 2010-12-02 | 2010-12-31 23:59:59 |
+------------+------------+---------------------+
```

由 结 果 可 以 看 到 ， DATE_SUB('2011-01-02', INTERVAL 31 DAY) 和 SUBDATE('2011-01-02', INTERVAL 31 DAY)两个函数执行的结果是相同的，将日期值减少 31 天后返回，结果都为"2010-12-02"；DATE_SUB('2011-01-01 00:01:00',INTERVAL '0 0:1:1' DAY_SECOND)函数将指定日期减少 1 天，时间减少 1 分 1 秒后返回，结果为"2010-12-31 23:59:59"。

> DATE_ADD 和 DATE_SUB 在指定修改的时间段时，也可以指定负值，负值代表相减，即返回以前的日期和时间。

ADDTIME(date,expr)函数将 expr 值添加到 date，并返回修改后的值，date 是一个日期或者日期时间表达式，而 expr 是一个时间表达式。

【例 6.78】使用 ADDTIME 进行时间加操作，输入语句如下：

```
mysql> SELECT ADDTIME('2000-12-31 23:59:59','1:1:1'), ADDTIME('02:02:02',
'02:00:00');
+--------------------------------------+--------------------------------+
| ADDTIME('2000-12-31 23:59:59','1:1:1') | ADDTIME('02:02:02','02:00:00') |
+--------------------------------------+--------------------------------+
| 2001-01-01 01:01:00                  | 04:02:02                       |
+--------------------------------------+--------------------------------+
```

可以看到，将"2000-12-31 23:59:59"的时间部分值增加 1 小时 1 分钟 1 秒后的日期变为"2001-01-01 01:01:00"；"02:02:02"增加两小时后的时间为"04:02:02"。

SUBTIME(date,expr)函数中 date 减去 expr 值，并返回修改后的值，date 是一个日期或者日期时间表达式，而 expr 是一个时间表达式。

【例 6.79】使用 SUBTIME()函数执行时间减操作，输入语句如下：

```
mysql>              SELECT              SUBTIME('2000-12-31              23:59:59','1:1:1'),
SUBTIME('02:02:02','02:00:00');
+-------------------------------------+-----------------------------------+
| SUBTIME('2000-12-31 23:59:59','1:1:1') | SUBTIME('02:02:02','02:00:00') |
+-------------------------------------+-----------------------------------+
| 2000-12-31 22:58:58                 | 00:02:02                          |
+-------------------------------------+-----------------------------------+
```

可以看到，将"2000-12-31 23:59:59"的时间部分值减少 1 小时 1 分钟 1 秒后的日期变为
"2000-12-31 22:58:58"；"02:02:02"减少两小时的时间为"00:02:02"。

DATEDIFF(date1,date2)返回起始时间 date1 和结束时间 date2 之间的天数。date1 和 date2
为日期或 date-and-time 表达式。计算中只用到这些值的日期部分。

【例 6.80】使用 DATEDIFF()函数计算两个日期之间的间隔天数，输入语句如下：

```
mysql> SELECT DATEDIFF('2010-12-31 23:59:59','2010-12-30') AS col1,
   -> DATEDIFF('2010-11-30 23:59:59','2010-12-31') AS col2;
+-------+-------+
| col1 | col2 |
+-------+-------+
|    1 |  -31 |
+-------+-------+
```

DATEDIFF() 函 数 返 回 date1-date2 后 的 值 ， 因 此 DATEDIFF('2010-12-31
23:59:59','2010-12-30')返回值为 1；DATEDIFF('2010-11-30 23:59:59','2010-12-31')返回值为-31。

6.4.13 将日期和时间格式化的函数

DATE_FORMAT(date,format)根据 format 指定的格式显示 date 值。主要 format 格式如表
6.3 所示。

表 6.3 DATE_FORMAT 时间日期格式

说明符	说明
%a	工作日的缩写名称(Sun..Sat)
%b	月份的缩写名称(Jan..Dec)
%c	月份，数字形式(0..12)
%D	带有英语后缀的该月日期(0th, 1st, 2nd, 3rd, …)
%d	该月日期，数字形式 (00..31)
%e	该月日期，数字形式 (0..31)
%f	微秒 (000000..999999)
%H	以 2 位数表示 24 小时(00..23)
%h, %I	以 2 位数表示 12 小时(01..12)
%i	分钟,数字形式(00..59)
%j	一年中的天数(001..366)

（续表）

说明符	说明
%k	以 24(0..23)小时表示时间
%l	以 12(1..12)小时表示时间
%M	月份名称(January..December)
%m	月份，数字形式 (00..12)
%p	上午(AM)或下午(PM)
%r	时间，12 小时制（小时 hh:分钟 mm:秒数 ss 后加 AM 或 PM）
%S,%s	以 2 位数形式表示秒 (00..59)
%T	时间，24 小时制（小时 hh:分钟 mm:秒数 ss）
%U	周 (00..53)，其中周日为每周的第一天
%u	周 (00..53)，其中周一为每周的第一天
%V	周 (01..53)，其中周日为每周的第一天；和 %X 同时使用
%v	周 (01..53)，其中周一为每周的第一天；和 %x 同时使用
%W	工作日名称（周日..周六）
%w	一周中的每日（0=周日..6=周六）
%X	该周的年份，其中周日为每周的第一天；数字形式，4 位数；和%V 同时使用
%x	该周的年份，其中周一为每周的第一天；数字形式，4 位数；和%v 同时使用
%Y	4 位数形式表示年份
%y	2 位数形式表示年份
%%	'%'文字字符

【例 6.81】使用 DATE_FORMAT()函数格式化输出日期和时间值，输入语句如下：

```
mysql> SELECT DATE_FORMAT('1997-10-04 22:23:00', '%W %M %Y') AS col1,
    -> DATE_FORMAT('1997-10-04 22:23:00','%D %y %a %d %m %b %j') AS col2;
+-------------------------+--------------------------------+
| col1                    | col2                           |
+-------------------------+--------------------------------+
| Saturday October 1997   | 4th 97 Sat 04 10 Oct 277       |
+-------------------------+--------------------------------+
mysql> SELECT DATE_FORMAT('1997-10-04 22:23:00', '%H:%i:%s') AS col3,
    -> DATE_FORMAT('1999-01-01', '%X %V') AS col4;
+----------+----------+
| col3     | col4     |
+----------+----------+
| 22:23:00 | 1998 52  |
+----------+----------+
```

可以看到"1997-10-04 22:23:00"分别按照不同参数转换成了不同格式的日期值和时间值。

TIME_FORMAT(time,format)根据 format 字符串安排 time 值的格式。format 字符串可能仅会处理包含小时、分钟和秒的格式说明符，其他说明符产生一个 NULL 值或 0。若 time 值包含一个大于 23 的小时部分，则%H 和%k 小时格式说明符会产生一个大于 0..23 的通常范围的值。

【例 6.82】使用 TIME_FORMAT()函数格式化输入时间值，输入语句如下：

```
mysql> SELECT TIME_FORMAT('16:00:00', '%H %k %h %I %l');
+-------------------------------------------------+
| TIME_FORMAT('16:00:00', '%H %k %h %I %l')       |
+-------------------------------------------------+
| 16 16 04 04 4                                   |
+-------------------------------------------------+
```

TIME_FORMAT 只处理时间值，可以看到，"16:00:00"按照不同的参数转换为不同格式的时间值。

GET_FORMAT(val_type, format_type)返回日期时间字符串的显示格式，val_type 表示日期数据类型，包括 DATE、DATETIME 和 TIME；format_type 表示格式化显示类型，包括 EUR、INTERVAL、ISO、JIS、USA。GET_FORMAT 根据两个值类型组合返回的字符串显示格式如表 6.4 所示。

表 6.4　GET_FORMAT 返回的格式字符串

值类型	格式化类型	显示格式字符串
DATE	EUR	%d.%m.%Y
DATE	INTERVAL	%Y%m%d
DATE	ISO	%Y-%m-%d
DATE	JIS	%Y-%m-%d
DATE	USA	%m.%d.%Y
TIME	EUR	%H.%i.%s
TIME	INTERVAL	%H%i%s
TIME	ISO	%H:%i:%s
TIME	JIS	%H:%i:%s
TIME	USA	%h:%i:%s %p
DATETIME	EUR	%Y-%m-%d %H.%i.%s
DATETIME	INTERVAL	%Y%m%d%H%i%s
DATETIME	ISO	%Y-%m-%d %H:%i:%s
DATETIME	JIS	%Y-%m-%d %H:%i:%s
DATETIME	USA	%Y-%m-%d %H.%i.%s

【例 6.83】使用 GET_FORMAT()函数显示不同格式化类型下的格式字符串，输入语句如下：

```
mysql> SELECT GET_FORMAT(DATE,'EUR'), GET_FORMAT(DATE,'USA');
+------------------------+------------------------+
| GET_FORMAT(DATE,'EUR') | GET_FORMAT(DATE,'USA') |
+------------------------+------------------------+
```

```
| %d.%m.%Y                    | %m.%d.%Y                    |
+-----------------------------+-----------------------------+
```

可以看到，不同类型的格式化字符串并不相同。

【例 6.84】在 DATE_FORMAT()函数中，使用 GET_FORMAT 函数返回的显示格式字符串
来显示指定的日期值，输入语句如下：

```
mysql> SELECT DATE_FORMAT('2000-10-05 22:23:00', GET_FORMAT(DATE,'USA') );
+--------------------------------------------------------------+
| DATE_FORMAT('2000-10-05 22:23:00', GET_FORMAT(DATE,'USA') )  |
+--------------------------------------------------------------+
| 10.05.2000                                                   |
+--------------------------------------------------------------+
```

GET_FORMAT(DATE,'USA') 返 回 的 显 示 格 式 字 符 串 为 %m.%d.%Y ， 对 照 表
6.3DATE_FORMAT 函数的显示格式，%m 以数字形式显示月份，%d 以数字形式显示日，%Y
以 4 位数字形式显示年，因此结果为 10.05.2000。

6.5 条件判断函数

条件判断函数也称为控制流程函数，根据满足的条件的不同，执行相应的流程。MySQL
中进行条件判断的函数有 IF、IFNULL 和 CASE。本节将分别介绍各个函数的用法。

6.5.1 IF(expr,v1,v2)函数

IF(expr, v1, v2)，如果表达式 expr 是 TRUE(expr <> 0 and expr <> NULL)，则 IF()的返回值
为 v1；否则返回值为 v2。IF()的返回值为数字值或字符串值，具体情况视其所在语境而定。

【例 6.85】使用 IF()函数进行条件判断，输入语句如下：

```
mysql> SELECT IF(1>2,2,3),
    -> IF(1<2,'yes ','no'),
    -> IF(STRCMP('test','test1'),'no','yes');
+-------------+--------------------+----------------------------------------+
| IF(1>2,2,3) | IF(1<2,'yes ','no') | IF(STRCMP('test','test1'),'no','yes') |
+-------------+--------------------+----------------------------------------+
|           3 | yes                | no                                     |
+-------------+--------------------+----------------------------------------+
```

1>2 的结果为 FALSE，IF(1>2,2,3)返回第 2 个表达式的值；1<2 的结果为 TRUE，IF(1<2,'yes
','no') 返 回 第 一 个 表 达 式 的 值 ； " test " 小 于 " test1 " ， 结 果 为 true ，
IF(STRCMP('test','test1'),'no','yes')返回第一个表达式的值。

如果 v1 或 v2 中只有一个明确是 NULL，则 IF()函数的结果类型为非 NULL 表达式的结果类型。

6.5.2 IFNULL(v1,v2)函数

IFNULL(v1,v2)假如 v1 不为 NULL，则 IFNULL()的返回值为 v1；否则其返回值为 v2。IFNULL()的返回值是数字或是字符串，具体情况取决于其所在的语境。

【例 6.86】使用 IFNULL()函数进行条件判断，输入语句如下：

```
mysql> SELECT IFNULL(1,2), IFNULL(NULL,10), IFNULL(1/0, 'wrong');
+-------------+-----------------+----------------------+
| IFNULL(1,2) | IFNULL(NULL,10) | IFNULL(1/0, 'wrong') |
+-------------+-----------------+----------------------+
|           1 |              10 | wrong                |
+-------------+-----------------+----------------------+
```

IFNULL(1,2)虽然第二个值也不为空，但返回结果依然是第一个值；IFNULL(NULL,10)第一个值为空，因此返回 10；"1/0"的结果为空，因此 IFNULL(1/0, 'wrong')返回字符串"wrong"。

6.5.3 CASE 函数

CASE expr WHEN v1 THEN r1 [WHEN v2 THEN r2] [ELSE rn] END

该函数表示，如果 expr 值等于某个 vn，则返回对应位置 THEN 后面的结果。如果与所有值都不相等，则返回 ELSE 后面的 rn。

【例 6.87】使用 CASE value WHEN 语句执行分支操作，输入语句如下：

```
mysql> SELECT CASE 2 WHEN 1 THEN 'one' WHEN 2 THEN 'two' ELSE 'more' END;
+-----------------------------------------------------------+
| CASE 2 WHEN 1 THEN 'one' WHEN 2 THEN 'two' ELSE 'more' END |
+-----------------------------------------------------------+
| two                                                       |
+-----------------------------------------------------------+
```

CASE 后面的值为 2，与第二条分支语句 WHEN 后面的值相等，因此返回结果为"two"。

CASE WHEN v1 THEN r1 [WHEN v2 THEN r2] ELSE rn] END

该函数表示，某个 vn 值为 TRUE 时，返回对应位置 THEN 后面的结果，如果所有值都不为 TRUE，则返回 ELSE 后的 rn。

【例 6.88】使用 CASE WHEN 语句执行分支操作，输入语句如下：

```
mysql> SELECT CASE WHEN 1<0 THEN 'true' ELSE 'false' END;
```

```
+-------------------------------------------------+
| CASE WHEN 1<0 THEN 'true' ELSE 'false' END |
+-------------------------------------------------+
| false                                           |
+-------------------------------------------------+
```

1<0 结果为 FALSE，因此函数返回值为 ELSE 后面的 "false"。

 一个 CASE 表达式的默认返回值类型是任何返回值的相容集合类型，但具体情况视其所在语境而定。如果用在字符串语境中，则返回结果为字符串。如果用在数字语境中，则返回结果为十进制值、实数值或整数值。

6.6 系统信息函数

本节将介绍常用的系统信息函数，MySQL 中的系统信息有，数据库的版本号、当前用户名和连接数、系统字符集、最后一个自动生成的 ID 值等。本章将介绍各个函数的使用方法。

6.6.1 获取 MySQL 版本号、连接数和数据库名的函数

VERSION()返回指示 MySQL 服务器版本的字符串。这个字符串使用 utf8 字符集。

【例 6.89】查看当前 MySQL 版本号，输入语句如下：

```
mysql> SELECT VERSION();
+--------------+
| VERSION()    |
+--------------+
| 5.7.10       |
+--------------+
```

CONNECTION_ID()返回 MySQL 服务器当前连接的次数，每个连接都有各自唯一的 ID。

【例 6.90】查看当前用户的连接数，输入语句如下：

```
mysql> SELECT CONNECTION_ID();
+-------------------------+
| CONNECTION_ID()         |
+-------------------------+
|                  3      |
+-------------------------+
```

在这里返回 3，返回值根据登录的次数会有不同。

```
SHOW PROCESSLIST;SHOW FULL PROCESSLIST;
```

processlist 命令的输出结果显示了有哪些线程在运行，不仅可以查看当前所有的连接数，还可以查看当前的连接状态，帮助识别出有问题的查询语句等。

如果是 root 账号，能看到所有用户的当前连接。如果是其他普通账号，则只能看到自己占用的连接。show processlist;只列出前 100 条，如果想全部列出可使用 show full processlist 命令。

【例 6.91】使用 SHOW PROCESSLIST 命令输出当前用户的连接信息，输入语句如下：

```
MySQL> SHOW PROCESSLIST;
+----+------+---------------+------+---------+------+-------+------------------+
| Id | User | Host          | db   | Command | Time | State | Info             |
+----+------+---------------+------+---------+------+-------+------------------+
|1   | root | localhost:3602 | NULL | Query   |    0 | NULL  | show processlist |
+----+------+---------------+------+---------+------+-------+------------------+
```

各个列的含义和用途：

（1）Id 列，用户登录 MySQL 时，系统分配的"connection id"。

（2）User 列，显示当前用户。如果不是 root，这个命令就只显示用户权限范围内的 SQL 语句。

（3）Host 列，显示这个语句是从哪个 IP 的哪个端口上发出的，可以用来追踪出现问题语句的用户。

（4）db 列，显示这个进程目前连接的是哪个数据库。

（5）Command 列，显示当前连接执行的命令，一般取值为休眠（Sleep），查询（Query），连接（Connect）。

（6）Time 列，显示这个状态持续的时间，单位是秒。

（7）State 列，显示使用当前连接的 SQL 语句的状态，很重要的列，后续会有所有状态的描述，State 只是语句执行中的某一个状态。一个 SQL 语句，以查询为例，可能需要经过 Copying to tmp table，Sorting result，Sending data 等状态才可以完成。

（8）Info 列，显示这个 SQL 语句，是判断问题语句的一个重要依据。

使用另一个命令行登录 MySQL，此时将会有 2 个连接，在第 2 个登录的命令行下再次输入 SHOW PROCESSLIST，结果如下：

```
mysql> SHOW PROCESSLIST;
+----+------+---------------+------+---------+------+-------+------------------+
| Id | User | Host          | db   | Command | Time | State | Info             |
+----+------+---------------+------+---------+------+-------+------------------+
| 1  | root | localhost:3602 | NULL | Sleep   |  38  |       | NULL             |
| 2  | root | localhost:3272 | NULL | Query   |    0 | NULL  | show processlist |
+----+------+---------------+------+---------+------+-------+------------------+
```

可以看到，当前活动用户为登录的连接 Id 为 2 的用户，正在执行的 Command（操作命令）

是 Query（查询），使用的查询命令为 SHOW PROCESSLIST；而连接 Id 为 1 的用户目前没有对数据进行操作，即处于 Sleep 操作，而且已经经过了 38 秒。

DATABASE()和 SCHEMA()函数返回使用 utf8 字符集的默认(当前)数据库名。

【例 6.92】查看当前使用的数据库，输入语句如下：

```
mysql> SELECT DATABASE(),SCHEMA();
+------------+------------+
| DATABASE() | SCHEMA()   |
+------------+------------+
| mysql      | mysql      |
+------------+------------+
```

可以看到，两个函数的作用相同。

6.6.2 获取用户名的函数

USER()、CURRENT_USER、SYSTEM_USER()和 SESSION_USER()这几个函数返回当前被 MySQL 服务器验证的用户名和主机名组合。这个值符合确定当前登录用户存取权限的 MySQL 账户。一般情况下，这几个函数的返回值是相同的。

【例 6.93】获取当前登录用户名称，输入语句如下：

```
mysql> SELECT USER(), CURRENT_USER(), SYSTEM_USER();
+----------------+----------------+----------------+
| USER()         | CURRENT_USER() | SYSTEM_USER()  |
+----------------+----------------+----------------+
| root@localhost | root@localhost | root@localhost |
+----------------+----------------+----------------+
```

返回结果值指示了当前账户连接服务器时的用户名及所连接的客户主机，root 为当前登录的用户名，localhost 为登录的主机名。

6.6.3 获取字符串的字符集和排序方式的函数

CHARSET(str)返回字符串 str 自变量的字符集。

【例 6.94】使用 CHARSET()函数返回字符串使用的字符集，输入语句如下：

```
mysql> SELECT CHARSET('abc'),
    -> CHARSET(CONVERT('abc' USING latin1)),
    -> CHARSET(VERSION());
+----------------+--------------------------------------+-------------------+
| CHARSET('abc') | CHARSET(CONVERT('abc' USING latin1)) | CHARSET(VERSION())|
+----------------+--------------------------------------+-------------------+
```

```
---+--------------------------+
| utf8          | latin1                                          | utf8            |
+--------------------------+----------------------------------------------
---+--------------------------+
```

CHARSET('abc')返回系统默认的字符集 utf8；CHARSET(CONVERT('abc' USING latin1)) 返回的字符集为 latin1；前面介绍过，VERSION()返回的字符串使用 utf8 字符集，因此 CHARSET(VERSION())返回结果为 utf8。

COLLATION(str)返回字符串 str 的字符排列方式。

【例 6.95】使用 COLLATION()函数返回字符串排列方式，输入语句如下：

```
mysql> SELECT COLLATION('abc'),COLLATION(CONVERT('abc' USING utf8));
+------------------------------------------------------------------
-----------------+
| COLLATION(_latin2 'abc') | COLLATION(CONVERT('abc' USING utf8)) |
+------------------------------------------------------------------
-----------------+
| latin2_general_ci        | utf8_general_ci                    |
+------------------------------------------------------------------
-----------------+
```

可以看到，使用不同字符集时字符串的排列方式不同，

6.6.4 获取最后一个自动生成的 ID 值的函数

LAST_INSERT_ID()自动返回最后一个 INSERT 或 UPDATE 为 AUTO_INCREMENT 列设置的第一个发生的值。

【例 6.96】使用 SELECT LAST_INSERT_ID 查看最后一个自动生成的列值，执行过程如下：

1. 一次插入一条记录

首先创建表 worker，其 ID 字段带有 AUTO_INCREMENT 约束，输入语句如下：

```
mysql> CREATE TABLE worker (Id INT AUTO_INCREMENT NOT NULL PRIMARY KEY,
    -> Name VARCHAR(30));
Query OK, 0 rows affected (0.03 sec)
```

分别单独向表 worker 中插入两条记录：

```
mysql> INSERT INTO worker VALUES(NULL, 'jimy');
Query OK, 1 row affected (0.00 sec)
mysql> INSERT INTO worker VALUES(NULL, 'Tom');
Query OK, 1 row affected (0.00 sec)
```

```
mysql> SELECT * FROM worker;
+----+------+
| Id | Name |
+----+------+
|  1 | jimy |
|  2 | Tom  |
+----+------+
```

查看已经插入的数据可以发现，最后一条插入的记录的 ID 字段值为 2，使用 LAST_INSERT_ID()查看最后自动生成的 ID 值：

```
mysql> SELECT LAST_INSERT_ID();
+--------------------------+
| LAST_INSERT_ID() |
+--------------------------+
|                        2 |
+--------------------------+
```

可以看到，一次插入一条记录时，返回值为最后一条插入记录的 ID 值。

2. 一次同时插入多条记录

接下来，向表中插入多条记录，输入语句如下：

```
mysql> INSERT INTO worker VALUES
    -> (NULL, 'Kevin'),(NULL,'Michal'),(NULL,'Nick');
Query OK, 3 rows affected (0.00
Records: 3  Duplicates: 0  Warn
```

查询已经插入的记录，

```
mysql> SELECT * FROM worker;
+----+--------+
| Id | Name   |
+----+--------+
|  1 | jimy   |
|  2 | Tom    |
|  3 | Kevin  |
|  4 | Michal |
|  5 | Nick   |
+----+--------+
5 rows in set (0.00 sec)
```

可以看到最后一条记录的 ID 字段值为 5，使用 LAST_INSERT_ID()查看最后自动生成的 ID 值：

```
mysql> SELECT LAST_INSERT_ID();
+----------------------------+
```

```
| LAST_INSERT_ID()          |
+---------------------------+
|               3           |
+---------------------------+
1 row in set (0.00 sec)
```

结果显示，LAST_INSERT_ID 值不是 5 而是 3，这是为什么呢？在向数据表中插入一条新记录时，LAST_INSERT_ID()返回带有 AUTO_INCREMENT 约束的字段最新生成的值 2；继续向表中同时添加 3 条记录，这是因为当使用一条 INSERT 语句插入多个行时，LAST_INSERT_ID()只返回插入的第一行数据时产生的值，在这里为第 3 条记录。之所以这样，是因为这使依靠其他服务器复制同样的 INSERT 语句变得简单。

LAST_INSERT_ID 是与 table 无关的，如果向表 a 插入数据后，再向表 b 插入数据，LAST_INSERT_ID 返回表 b 中的 ID 值。

6.7 加/解密函数

加密函数主要用来对数据进行加密和界面处理，以保证某些重要数据不被别人获取。这些函数在保证数据库安全时非常有用。本节将介绍各种加密和解密函数的作用和使用方法。

6.7.1 加密函数 PASSWORD(str)

PASSWORD(str)从原明文密码 str 计算并返回加密后的密码字符串，当参数为 NULL 时，返回 NULL。

【例 6.97】使用 PASSWORD 函数加密密码，输入语句如下：

```
mysql> SELECT PASSWORD('newpwd');
+--------------------------------------------------+
| PASSWORD('newpwd')                               |
+--------------------------------------------------+
| *1FA85AA204CC12B39B20E8F1E839D11B3F9E6AA4        |
+--------------------------------------------------+
```

MySQL 将 PASSWORD 函数加密后的密码保存到用户权限表中。

PASSWORD()函数在 MySQL 服务器的鉴定系统中使用；不应将它用在个人的应用程序中。PASSWORD()加密是单向的(不可逆)。PASSWORD() 执行密码加密与 UNIX 中密码被加密的方式不同。

6.7.2　加密函数 MD5(str)

MD5(str)为字符串算出一个 MD5 128 比特校验和。该值以 32 位十六进制数字的二进制字符串形式返回，若参数为 NULL，则会返回 NULL。

【例 6.98】使用 MD5 函数加密字符串，输入语句如下：

```
mysql> SELECT MD5 ('mypwd');
+----------------------------------+
| MD5('mypwd')                     |
+----------------------------------+
| 318bcb4be908d0da6448a0db76908d78 |
+----------------------------------+
```

可以看到，"mypwd"经 MD5 加密后的结果为 318bcb4be908d0da6448a0db76908d78。

6.7.3　加密函数 ENCODE(str,pswd_str)

ENCODE(str,pswd_str)使用 pswd_str 作为密码，加密 str。使用 DECODE()解密结果，是一个和 str 长度相同的二进制字符串。

【例 6.99】使用 ENCODE 加密字符串，输入语句如下：

```
mysql> SELECT ENCODE('secret','cry'), LENGTH(ENCODE('secret','cry'));
+------------------------+--------------------------------+
| ENCODE('secret','cry') | LENGTH(ENCODE('secret','cry')) |
+------------------------+--------------------------------+
| 鶸 ?                   |                              6 |
+------------------------+--------------------------------+
```

可以看到，加密后的显示结果为乱码，但加密后的长度和被加密的字符串长度相同，均为 6。

6.7.4　解密函数 DECODE(crypt_str,pswd_str)

DECODE(crypt_str,pswd_str)使用 pswd_str 作为密码，解密加密字符串 crypt_str，crypt_str 是由 ENCODE()返回的字符串。

【例 6.100】使用 DECODE 函数解密被 ENCODE 加密的字符串，输入语句如下：

```
mysql> SELECT DECODE(ENCODE('secret','cry'),'cry');
+--------------------------------------+
| DECODE(ENCODE('secret','cry'),'cry') |
+--------------------------------------+
| secret                               |
+--------------------------------------+
```

可以看到，使用相同解密字符串进行解密之后的结果，正好为 ENCODE 函数中被加密的字符串。DECODE 函数和 ENCODE 函数互为反函数。

6.8 其他函数

本节将要介绍的函数不能笼统地分为哪一类，但是这些函数也非常有用，例如重复指定操作函数、改变字符集函数、IP 地址与数字转换函数等。本节将介绍这些函数的作用和使用方法。

6.8.1 格式化函数 FORMAT(x,n)

FORMAT(x,n)将数字 x 格式化，并以四舍五入的方式保留小数点后 n 位，结果以字符串的形式返回。若 n 为 0，则返回结果函数不含小数部分。

【例 6.101】使用 FORMAT 函数格式化数字，保留小数点位数为指定值，输入语句如下：

```
MySQL> SELECT FORMAT(12332.123456, 4), FORMAT(12332.1,4), FORMAT(12332.2,0);
+-------------------------+-------------------+-------------------+
| FORMAT(12332.123456, 4) | FORMAT(12332.1,4) | FORMAT(12332.2,0) |
+-------------------------+-------------------+-------------------+
| 12332.1235              | 12332.1000        | 12332             |
+-------------------------+-------------------+-------------------+
```

由结果可以看到，FORMAT(12332.123456, 4)保留 4 位小数点值，并进行四舍五入，结果为 12 332.1235；FORMAT(12332.1,4)保留 4 位小数值，位数不够的用 0 补齐；FORMAT(12332.2,0)不保留小数位值，返回结果为整数 12 332。

6.8.2 不同进制的数字进行转换的函数

CONV(N, from_base, to_base)函数进行不同进制数间的转换。返回值为数值 N 的字符串表示，由 from_base 进制转化为 to_base 进制。如有任意一个参数为 NULL，则返回值为 NULL。自变量 N 被理解为一个整数，但是可以被指定为一个整数或字符串。最小基数为 2，而最大基数则为 36。

【例 6.102】使用 CONV 函数在不同进制数值之间转换，输入语句如下：

```
mysql> SELECT CONV('a',16,2),
    -> CONV(15,10,2),
    -> CONV(15,10,8),
    -> CONV(15,10,16);
```

```
+------------------+---------------+---------------+----------------+
| CONV('a',16,2)   | CONV(15,10,2) | CONV(15,10,8) | CONV(15,10,16) |
+------------------+---------------+---------------+----------------+
| 1010             | 1111          | 17            | F              |
+------------------+---------------+---------------+----------------+
```

CONV('a',16,2) 将十六进制的 a 转换为二进制表示的数值，十六进制的 a 表示十进制的数值 10，二进制的数值 1010 正好也等于十进制的数值 10；CONV(15,10,2)将十进制的数值 15 转换为二进制值，结果为 1111；CONV(15,10,8)将十进制的数值 15 转换为八进制值，结果为 17；CONV(15,10,16)将十进制的数值 15 转换为十六进制值，结果为 F。

进制说明：

- 二进制，采用 0 和 1 两个数字来表示的数。它以 2 为基数，逢二进一。
- 八进制，采用 0，1，2，3，4，5，6，7 八个数字，逢八进一，以数字 0 开头。
- 十进制，采用 0-9，共十个数字表示，逢十进一。
- 十六进制，它由 0-9，A-F 组成。与十进制的对应关系是：0-9 对应 0-9，A-F 对应 10-15。以数字 0x 开头。

6.8.3 IP 地址与数字相互转换的函数

INET_ATON(expr)给出一个作为字符串的网络地址的点地址表示，返回一个代表该地址数值的整数。地址可以是 4 或 8bit 地址。

【例 6.103】使用 INET_ATON 函数将字符串网络点地址转换为数值网络地址，输入语句如下：

```
mysql> SELECT INET_ATON('209.207.224.40');
+------------------------------+
| INET_ATON('209.207.224.40')  |
+------------------------------+
|                   3520061480 |
+------------------------------+
```

产生的数字按照网络字节顺序。如上面的例子，计算方法为：$209\times256^3 + 207\times256^2 + 224\times256 + 40$。

INET_NTOA(expr)给定一个数字网络地址（4 或 8bit），返回作为字符串的该地址的点地址表示。

【例 6.104】使用 INET_NTOA 函数将数值网络地址转换为字符串网络点地址，输入语句如下：

```
mysql> SELECT INET_NTOA(3520061480);
+------------------------------+
| INET_NTOA(3520061480)        |
```

```
+--------------------------------+
| 209.207.224.40                 |
+--------------------------------+
```

可以看到，INET_NTOA 和 INET_ATON 互为反函数。

6.8.4　加锁函数和解锁函数

GET_LOCK(str,timeout)设法使用字符串 str 给定的名字得到一个锁，持续时间 timeout 秒。若成功得到锁，则返回 1；若操作超时，则返回 0；若发生错误，则返回 NULL。假如有一个用 GET_LOCK()得到的锁，当执行 RELEASE_LOCK()或连接断开（正常或非正常）时，这个锁就会解除。

RELEASE_LOCK(str)解开被 GET_LOCK()获取的，用字符串 str 所命名的锁。若锁被解开，则返回 1；若该线程尚未创建锁，则返回 0（此时锁没有被解开）；若命名的锁不存在，则返回 NULL。若该锁从未被 GET_LOCK()的调用获取，或锁已经被提前解开，则该锁不存在。

IS_FREE_LOCK(str)检查名为 str 的锁是否可以使用（换言之，没有被封锁）。若锁可以使用，则返回 1（没有人在用这个锁）；若这个锁正在被使用，则返回 0；出现错误，则返回 NULL（诸如不正确的参数）。

IS_USED_LOCK(str)检查名为 str 的锁是否正在被使用（换言之，被封锁）。若被封锁，则返回使用该锁的客户端的连接标识符（connection ID）；否则，返回 NULL。

【例 6.105】使用加锁、解锁函数，输入语句如下：

```
mysql> SELECT GET_LOCK('lock1',10) AS GetLock,
    -> IS_USED_LOCK('lock1') AS ISUsedLock,
    -> IS_FREE_LOCK('lock1') AS ISFreeLock,
    -> RELEASE_LOCK('lock1') AS ReleaseLock;
+-----------+------------+------------+-------------+
| GetLock   | ISUsedLock | ISFreeLock | ReleaseLock |
+-----------+------------+------------+-------------+
|        1  |          1 |          0 |           1 |
+-----------+------------+------------+-------------+
```

GET_LOCK('lock1',10)返回结果为 1，说明成功得到了一个名称为'lock1'的锁，持续时间为 10 秒。

IS_USED_LOCK('lock1')返回结果为当前连接 ID，表示名称为'lock1'的锁正在被使用。

IS_FREE_LOCK('lock1')返回结果为 0，说明名称为'lock1'的锁正在被使用。

RELEASE_LOCK('lock1')返回值为 1，说明解锁成功。

6.8.5　重复执行指定操作的函数

BENCHMARK(count,expr)函数重复 count 次执行表达式 expr。它可以用于计算 MySQL 处

理表达式的速度。结果值通常为 0（0 只是表示处理过程很快，并不是没有花费时间）。另一个作用是它可以在 MySQL 客户端内部报告语句执行的时间。

【例 6.106】使用 BENCHMARK 重复执行指定函数。

首先，使用 PASSWORD 函数加密密码，输入语句如下：

```
mysql> SELECT PASSWORD ( 'newpwd' );
+------------------------------------------------+
| PASSWORD ( 'newpwd' )                          |
+------------------------------------------------+
| *1FA85AA204CC12B39B20E8F1E839D11B3F9E6AA4      |
+------------------------------------------------+
1 row in set (0.00 sec)
```

可以看到，PASSWORD 执行花费时间为 0.00sec，下面使用 BENCHMARK 函数重复执行 PASSWORD 操作 500000 次：

```
mysql> SELECT BENCHMARK( 500000, PASSWORD ('newpwd') );
+------------------------------------------+
| benchmark( 500000, PASSWORD ('newpwd') ) |
+------------------------------------------+
|                                       0  |
+------------------------------------------+
1 row in set (0.67 sec)
```

由此可以看出，使用 BENCHMARK 执行 500000 次的时间为 0.67sec，明显比执行一次的时间延长了。

> BENCHMARK 报告的时间是客户端经过的时间，而不是在服务器端的 CPU 时间，每次执行后报告的时间并不一定是相同的。读者可以多次执行该语句，查看结果。

6.8.6 改变字符集的函数

CONVERT(... USING ...)带有 USING 的 CONVERT()函数被用来在不同的字符集之间转化数据。

【例 6.107】使用 CONVERT()函数改变字符串的默认字符集，输入语句如下：

```
MySQL> SELECT CHARSET('string'), CHARSET(CONVERT('string' USING latin1));
+-------------------+-----------------------------------------+
| CHARSET('string') | CHARSET(CONVERT('string' USING latin1)) |
+-------------------+-----------------------------------------+
| utf8              | latin1                                  |
+-------------------+-----------------------------------------+
```

默认为 utf8 字符集，通过 CONVERT 将字符串"string"的默认字符集改为 latin1。

6.8.7 改变数据类型的函数

CAST(x , AS type)和 CONVERT(x, type)函数将一个类型的值转换为另一个类型的值，可转换的 type 有：BINARY、CHAR(n)、DATE、TIME、DATETIME、DECIMAL、SIGNED、UNSIGNED。

【例 6.108】使用 CAST 和 CONVERT 函数进行数据类型的转换，SQL 语句如下：

```
mysql> SELECT CAST(100 AS CHAR(2)), CONVERT('2010-10-01 12:12:12',TIME);
+----------------------+------------------------------------+
| CAST(100 AS CHAR(2)) | CONVERT('2010-10-01 12:12:12',TIME) |
+----------------------+------------------------------------+
| 10                   | 12:12:12                           |
+----------------------+------------------------------------+
```

可以看到，CAST(100 AS CHAR(2))将整数数据 100 转换为带有两个显示宽度的字符串类型，结果为'10'；CONVERT('2010-10-01 12:12:12',TIME)将 DATETIME 类型的值，转换为 TIME 类型值，结果为'12:12:12'。

6.9 综合案例——MySQL 函数的使用

本章为读者介绍了大量的 MySQL 函数，包括数学函数、字符串函数、日期和时间函数、条件判断函数、系统函数、加密函数以及其他函数。读者应该在实践过程中深入了解、掌握这些函数。不同版本的 MySQL 之间的函数可能会有微小的差别，使用时需要查阅对应版本的参考手册，但大部分函数功能在不同版本的 MySQL 之间是一致的。接下来，将给出一个使用各种 MySQL 函数的综合案例。

1. 案例目的

使用各种函数操作数据，掌握各种函数的作用和使用方法。

2. 案例操作过程

步骤 01 使用数学函数 RAND()生成 3 个 10 以内的随机整数。

RAND()函数生成的随机数在 0~1 之间，要生成 0~10 之间的随机数，RAND()需要乘以 10，如果要求是整数，则还必须舍去结果的小数部分，在这里使用 ROUND()函数，执行过程如下：

```
mysql>SELECT ROUND(RAND() * 10), ROUND(RAND() * 10), ROUND(RAND() * 10);
+--------------------+--------------------+--------------------+
```

```
| ROUND(RAND() * 10) | ROUND(RAND() * 10) | ROUND(RAND() * 10) |
+--------------------+--------------------+--------------------+
|                  2 |                  6 |                  5 |
+--------------------+--------------------+--------------------+
1 row in set (0.01 sec)
```

步骤 02 使用 SIN()、COS()、TAN()、COT()函数计算三角函数值，并将计算结果转换成整数值。

MySQL 中三角函数计算出来的值并不一定是整数值，需要使用数学函数将其转换为整数，可以使用的数学函数有 ROUND()、FLOOR() 等，执行过程如下：

```
mysql> SELECT PI(), sin(PI()/2),cos(PI()), ROUND(tan(PI()/4)),
FLOOR(cot(PI()/4));
+----------+-------------+-----------+--------------------+--------------------+
| PI()     | sin(PI()/2) | cos(PI()) | ROUND(tan(PI()/4)) | FLOOR(cot(PI()/4)) |
+----------+-------------+-----------+--------------------+--------------------+
| 3.141593 |           1 |        -1 |                  1 |                  1 |
+----------+-------------+-----------+--------------------+--------------------+
```

步骤 03 创建表，并使用字符串和日期函数，对字段值进行操作。

（1）创建表 member，其中包含 5 个字段，分别为 AUTO_INCREMENT 约束的 m_id 字段、VARCHAR 类型的 m_FN 字段、VARCHAR 类型的 m_LN 字段、DATETIME 类型的 m_birth 字段和 VARCHAR 类型的 m_info 字段。

（2）插入一条记录，m_id 值为默认，m_FN 值为"Halen"，m_LN 值为"Park"，m_birth 值为 1970-06-29，m_info 值为"GoodMan"。

（3）返回 m_FN 的长度，返回第 1 条记录中的人的全名，将 m_info 字段值转换成小写字母。将 m_info 的值反向输出。

（4）计算第 1 条记录中人的年龄，并计算 m_birth 字段中的值在那一年中的位置，按照"Saturday October 4th 1997"格式输出时间值。

（5）插入一条新的记录，m_FN 值为"Samuel"，m_LN 值为"Green"，m_birth 值为系统当前时间，m_info 为空。使用 LAST_INSERT_ID()查看最后插入的 ID 值。

操作过程如下：

（1）创建表 member，输入语句如下：

```
CREATE TABLE member
(
m_id    INT AUTO_INCREMENT PRIMARY KEY,
m_FN    VARCHAR(100),
m_LN    VARCHAR(100),
m_birth DATETIME,
m_info  VARCHAR(255) NULL
);
```

执行结果如下：

```
mysql> CREATE TABLE member
    -> (
    -> m_id    INT AUTO_INCREMENT PRIMARY KEY,
    -> m_FN   VARCHAR(100),
    -> m_LN   VARCHAR(100),
    -> m_birth DATETIME,
    -> m_info  VARCHAR(255) NULL
    -> );
Query OK, 0 rows affected (0.01 sec)
```

（2）插入一条记录，输入语句如下：

```
INSERT INTO member VALUES (NULL, 'Halen ', 'Park', '1970-06-29', 'GoodMan ');
```

使用 SELECT 语句查看插入结果，

```
mysql> SELECT * FROM member;
+------+-------+------+---------------------+---------+
| m_id | m_FN  | m_LN | m_birth             | m_info  |
+------+-------+------+---------------------+---------+
|    1 | Halen | Park | 1970-06-29 00:00:00 | GoodMan |
+------+-------+------+---------------------+---------+
1 row in set (0.00 sec)
```

（3）返回 m_FN 的长度，返回第 1 条记录中人的全名，将 m_info 字段值转换成小写字母，将 m_info 的值反向输出。

```
SELECT LENGTH(m_FN), CONCAT(m_FN, m_LN),
LOWER(m_info), REVERSE(m_info) FROM member;
```

执行结果如下：

```
mysql> SELECT LENGTH(m_FN), CONCAT(m_FN, m_LN),
    -> LOWER(m_info), REVERSE(m_info) FROM member;
+--------------+--------------------+---------------+-----------------+
| LENGTH(m_FN) | CONCAT(m_FN, m_LN) | LOWER(m_info) | REVERSE(m_info) |
+--------------+--------------------+---------------+-----------------+
|            6 | Halen Park         | goodman       | naMdooG         |
+--------------+--------------------+---------------+-----------------+
1 row in set (0.00 sec)
```

（4）计算第 1 条记录中人的年龄，并计算 m_birth 字段中的值在那一年中的位置，按照 "Saturday October 4th 1997" 格式输出时间值。

```
SELECT YEAR(CURDATE())-YEAR(m_birth) AS age, DAYOFYEAR(m_birth) AS days,
DATE_FORMAT(m_birth, '%W %D %M %Y') AS birthDate FROM member;
```

语句执行结果如下：

```
mysql> SELECT YEAR(CURDATE())-YEAR(m_birth) AS age,
```

```
   -> DAYOFYEAR(m_birth) AS days,
   -> DATE_FORMAT(m_birth, '%W %D %M %Y') AS birthDate
   -> FROM member;
+------+------+-----------------------------+
| age  | days | birthDate                   |
+------+------+-----------------------------+
|   46 |  180 | Monday 29th June 1970       |
+------+------+-----------------------------+
1 row in set (0.00 sec)
```

（5）插入一条新的记录，m_FN 值为"Samuel"，m_LN 值为"Green"，m_birth 值为系统当前时间，m_info 为空。使用 LAST_INSERT_ID()查看最后插入的 ID 值。

```
INSERT INTO member VALUES (NULL, 'Samuel', 'Green', NOW(),NULL);
```

执行结果如下：

```
MySQL> INSERT INTO member VALUES (NULL, 'Samuel', 'Green', NOW(),NULL);
Query OK, 1 row affected (0.00 sec)
```

使用 SELECT 语句查看插入结果：

```
mysql> SELECT * FROM member;
+------+---------+---------+---------------------+----------+
| m_id | m_FN    | m_LN    | m_birth             | m_info   |
+------+---------+---------+---------------------+----------+
|    1 | Halen   | Park    | 1970-06-29 00:00:00 | GoodMan  |
|    2 | Samuel  | Green   | 2016-03-24 15:00:01 | NULL     |
+------+---------+---------+---------------------+----------+
2 rows in set (0.00 sec)
```

可以看到，表中现在有两条记录，接下来使用 LAST_INSERT_ID()函数查看最后插入的 ID 值，输入语句如下：

```
mysql> SELECT LAST_INSERT_ID();
+--------------------------+
| LAST_INSERT_ID()         |
+--------------------------+
|                        2 |
+--------------------------+
1 row in set (0.00 sec)
```

最后插入的为第二条记录，其 ID 值为 2，因此返回值为 2。

步骤 04 使用 CASE 进行条件判断，如果 m_birth 小于 2000 年，显示"old"，如果 m_birth 大于 2000 年，则显示"young"，输入语句如下：

```
mysql> SELECT m_birth, CASE WHEN YEAR(m_birth) < 2000  THEN  'old'
   -> WHEN YEAR(m_birth) > 2000 THEN  'young'
   -> ELSE 'not born' END AS status FROM member;
+-------------------------+---------+
```

```
| m_birth             | status  |
+---------------------+---------+
| 1970-06-29 00:00:00 | old     |
| 2016-03-24 15:00:01 | young   |
+---------------------+---------+
2 rows in set (0.00 sec)
```

6.10 专家解惑

疑问 1：如何从日期时间值中获取年、月、日等部分日期或时间值？

MySQL 中，日期时间值以字符串形式存储在数据表中，因此可以使用字符串函数分别截取日期时间值的不同部分，例如某个名称为 dt 的字段有值"2010-10-01 12:00:30"，如果只需要获得年值，可以输入 LEFT(dt, 4)，这样就获得了字符串左边开始长度为 4 的子字符串，即 YEAR 部分的值；如果要获取月份值，可以输入 MID(dt,6,2)，字符串第 6 个字符开始，长度为 2 的子字符串正好为 dt 中的月份值。同理，读者可以根据其他日期和时间的位置，计算并获取相应的值。

疑问 2：如何改变默认的字符集？

CONVERT()函数改变指定字符串的默认字符集，在开始的章节中，向读者介绍使用 GUI 图形化安装配置工具进行 MySQL 的安装和配置，其中的一个步骤是可以选择 MySQL 的默认字符集。但是，如果只改变字符集，没有必要把配置过程重新执行一遍，在这里，一个简单的方式是修改配置文件。在 Windows 中，MySQL 配置文件名称为 my.ini，该文件在 MySQL 的安装目录下面。修改配置文件中的 default-character-set 和 character-set-server 参数值，将其改为想要的字符集名称，如 gbk、gb2312、latin1 等，修改完之后重新启动 MySQL 服务，即可生效。读者可以在修改字符集时使用 SHOW VARIABLES LIKE 'character_set_%';命令查看当前字符集，以进行对比。

6.11 经典习题

1. 使用数学函数进行如下运算：

（1）计算 18 除以 5 的商和余数。
（2）将弧度值 PI()/4 转换为角度值。
（3）计算 9 的 4 次方值。
（4）保留浮点值 3.14159 小数点后面 2 位。

2. 使用字符串函数进行如下运算：

（1）分别计算字符串"Hello World!"和"University"的长度。

（2）从字符串"Nice to meet you!"中获取子字符串"meet"。

（3）重复输出 3 次字符串"Cheer!"。

（4）将字符串"voodoo"逆序输出。

（5）4 个字符串"MySQL""not""is""great"，按顺序排列，从中选择 1、3 和 4 位置处的字符串组成新的字符串。

3. 使用日期和时间函数进行如下运算：

（1）计算当前日期是一年的第几周。

（2）计算当前日期是一周中的第几个工作日。

（3）计算"1929-02-14"与当前日期之间相差的年份。

（4）按"97 Oct 4th Saturday"格式输出当前日期。

（5）从当前日期时间值中获取时间值，并将其转换为秒值。

4. 使用 MySQL 函数进行如下运算：

（1）使用 SHOW PROCESSLIST 语句查看当前连接状态。

（2）使用加密函数 ENCODE 对字符串"MySQL"加密，并使用 DECODE 函数解密。

（3）将十进制的值 100 转换为十六进制值。

（4）格式化数值 5.1584，四舍五入保留到小数点后面第 3 位。

（5）将字符串"new string"的字符集改为 gb2312。

第 7 章
◀ 查询数据 ▶

 学习目标!Objective

数据库管理系统的一个最重要的功能就是数据查询，数据查询不应只是简单查询数据库中存储的数据，还应该根据需要对数据进行筛选，以及确定数据以什么样的格式显示。MySQL提供了功能强大、灵活的语句来实现这些操作，本章将介绍如何使用 SELECT 语句查询数据表中的一列或多列数据、使用集合函数显示查询结果、连接查询、子查询以及使用正则表达式进行查询等。

内容导航!Navigation

- 了解基本查询语句
- 掌握表单查询的方法
- 掌握如何使用几何函数查询
- 掌握连接查询的方法
- 掌握如何使用子查询
- 熟悉合并查询结果
- 熟悉如何为表和字段取别名
- 掌握如何使用正则表达式查询
- 掌握综合案例中数据表的查询操作技巧和方法

7.1 基本查询语句

MySQL 从数据表中查询数据的基本语句为 SELECT 语句。SELECT 语句的基本格式是：

```
SELECT
        {* | <字段列表>}
        [
            FROM <表1>,<表2>...
            [WHERE <表达式>
```

```
            [GROUP BY <group by definition>]
            [HAVING <expression> [{<operator> <expression>}...]]
            [ORDER BY <order by definition>]
            [LIMIT [<offset>,] <row count>]
        ]
SELECT [字段1,字段2,…,字段n]
FROM [表或视图]
WHERE [查询条件];
```

其中，各条子句的含义如下：

- {*|<字段列表>}包含星号通配符选择字段列表，表示查询的字段，其中字段列至少包含一个字段名称，如果要查询多个字段，多个字段之间用逗号隔开，最后一个字段后不要加逗号。
- FROM <表1>,<表2>…，表1和表2表示查询数据的来源，可以是单个或者多个。
- WHERE 子句是可选项，如果选择该项，将限定查询行必须满足的查询条件。
- GROUP BY <字段>，该子句告诉 MySQL 如何显示查询出来的数据，并按照指定的字段分组。
- [ORDER BY <字段 >]，该子句告诉 MySQL 按什么样的顺序显示查询出来的数据，可以进行的排序有：升序(ASC)、降序（DESC）。
- [LIMIT [<offset>,] <row count>]，该子句告诉 MySQL 每次显示查询出来的数据条数。

SELECT 的可选参数比较多，读者可能无法一下完全理解，不要紧，接下来将从最简单的开始，一步一步深入学习之后，读者会对各个参数的作用有清晰的认识。

下面以一个例子说明如何使用 SELECT 从单个表中获取数据。

首先定义数据表，输入语句如下：

```
CREATE TABLE fruits
(
f_id     char(10)      NOT NULL,
s_id     INT           NOT NULL,
f_name   char(255)     NOT NULL,
f_price  decimal(8,2)     NOT NULL,
PRIMARY KEY(f_id)
);
```

为了演示如何使用 SELECT 语句，需要插入如下数据：

```
mysql> INSERT INTO fruits (f_id, s_id, f_name, f_price)
    -> VALUES('a1', 101,'apple',5.2),
    -> ('b1',101,'blackberry', 10.2),
    -> ('bs1',102,'orange', 11.2),
    -> ('bs2',105,'melon',8.2),
    -> ('t1',102,'banana', 10.3),
    -> ('t2',102,'grape', 5.3),
```

```
    -> ('o2',103,'coconut', 9.2),
    -> ('c0',101,'cherry', 3.2),
    -> ('a2',103, 'apricot',2.2),
    -> ('l2',104,'lemon', 6.4),
    -> ('b2',104,'berry', 7.6),
    -> ('m1',106,'mango', 15.7),
    -> ('m2',105,'xbabay', 2.6),
    -> ('t4',107,'xbababa', 3.6),
    -> ('m3',105,'xxtt', 11.6),
    -> ('b5',107,'xxxx', 3.6);
```

使用 SELECT 语句查询 f_id 和 f_name 字段的数据。

```
mysql> SELECT f_id, f_name FROM fruits;
+-------+------------+
| f_id  | f_name     |
+-------+------------+
| a1    | apple      |
| a2    | apricot    |
| b1    | blackberry |
| b2    | berry      |
| b5    | xxxx       |
| bs1   | orange     |
| bs2   | melon      |
| c0    | cherry     |
| l2    | lemon      |
| m1    | mango      |
| m2    | xbabay     |
| m3    | xxtt       |
| o2    | coconut    |
| t1    | banana     |
| t2    | grape      |
| t4    | xbababa    |
+-------+------------+
16 rows in set (0.00 sec)
```

该语句的执行过程是，SELECT 语句决定了要查询的列值，在这里查询 f_id 和 f_name 两个字段的值，FROM 子句指定了数据的来源，这里指定数据表 fruits，因此返回结果为 fruits 表中 f_id 和 f_name 两个字段下所有的数据。其显示顺序为添加到表中的顺序。

7.2 单表查询

单表查询是指从一张表数据中查询所需的数据。本节将介绍单表查询中的各种基本的查询方式，主要有：查询所有字段、查询指定字段、查询指定记录、查询空值、多条件的查询、对查询结果进行排序等。

7.2.1 查询所有字段

1. 在 SELECT 语句中使用星号（*）通配符查询所有字段

SELECT 查询记录最简单的形式是从一个表中检索所有记录，实现的方法是使用星号（*）通配符指定查找所有列的名称。语法格式如下：

```
SELECT * FROM 表名;
```

【例 7.1】从 fruits 表中检索所有字段的数据，SQL 语句如下：

```
mysql> SELECT * FROM fruits;
+------+------+------------+---------+
| f_id | s_id | f_name     | f_price |
+------+------+------------+---------+
| a1   | 101  | apple      |    5.20 |
| a2   | 103  | apricot    |    2.20 |
| b1   | 101  | blackberry |   10.20 |
| b2   | 104  | berry      |    7.60 |
| b5   | 107  | xxxx       |    3.60 |
| bs1  | 102  | orange     |   11.20 |
| bs2  | 105  | melon      |    8.20 |
| c0   | 101  | cherry     |    3.20 |
| l2   | 104  | lemon      |    6.40 |
| m1   | 106  | mango      |   15.70 |
| m2   | 105  | xbabay     |    2.60 |
| m3   | 105  | xxtt       |   11.60 |
| o2   | 103  | coconut    |    9.20 |
| t1   | 102  | banana     |   10.30 |
| t2   | 102  | grape      |    5.30 |
| t4   | 107  | xbababa    |    3.60 |
+------+------+------------+---------+
```

可以看到，使用星号（*）通配符时，将返回所有列，列按照定义表时候的顺序显示。

2. 在 SELECT 语句中指定所有字段

下面介绍另外一种查询所有字段值的方法。根据前面 SELECT 语句的格式，SELECT 关键字后面的字段名为将要查找的数据，因此可以将表中所有字段的名称跟在 SELECT 子句后面，如果忘记了字段名称，可以使用 DESC 命令查看表的结构。有时候，由于表中的字段可能比较多，不一定能记得所有字段的名称，因此该方法会很不方便，不建议使用。例如查询 fruits 表中的所有数据，SQL 语句也可以书写如下，

```
SELECT f_id, s_id ,f_name, f_price FROM fruits;
```

查询结果与【例 7.1】相同。

一般情况下，除非需要使用表中所有的字段数据，最好不要使用通配符'*'。使用通配符虽然可以节省输入查询语句的时间，但是获取不需要的列数据通常会降低查询和所使用的应用程序的效率。通配符的优势是，当不知道所需要的列的名称时，可以通过它获取它们。

7.2.2 查询指定字段

1. 查询单个字段

查询表中的某一个字段，语法格式为：

```
SELECT 列名 FROM 表名；
```

【例 7.2】查询 fruits 表中 f_name 列所有水果名称，SQL 语句如下：

```
SELECT f_name FROM fruits;
```

该语句使用 SELECT 声明从 fruits 表中获取名称为 f_name 字段下的所有水果名称，指定字段的名称紧跟在 SELECT 关键字之后，查询结果如下：

```
mysql> SELECT f_name FROM fruits;
+----------------+
| f_name         |
+----------------+
| apple          |
| apricot        |
| blackberry     |
| berry          |
| xxxx           |
| orange         |
| melon          |
| cherry         |
| lemon          |
| mango          |
| xbabay         |
| xxtt           |
| coconut        |
| banana         |
| grape          |
| xbababa        |
+----------------+
```

输出结果显示了 fruits 表中 f_name 字段下的所有数据。

2. 查询多个字段

使用 SELECT 声明，可以获取多个字段下的数据，只需要在关键字 SELECT 后面指定要查找的字段的名称，不同字段名称之间用逗号（，）分隔开，最后一个字段后面不需要加逗号，语法格式如下：

```
SELECT 字段名1,字段名2,…,字段名 n  FROM 表名;
```

【例 7.3】例如，从 fruits 表中获取 f_name 和 f_price 两列，SQL 语句如下：

```
SELECT f_name, f_price FROM fruits;
```

该语句使用 SELECT 声明从 fruits 表中获取名称为 f_name 和 f_price 两个字段下的所有水果名称和价格，两个字段之间用逗号分隔开，查询结果如下：

```
mysql> SELECT f_name, f_price FROM fruits;
+------------+---------+
| f_name     | f_price |
+------------+---------+
| apple      |    5.20 |
| apricot    |    2.20 |
| blackberry |   10.20 |
| berry      |    7.60 |
| xxxx       |    3.60 |
| orange     |   11.20 |
| melon      |    8.20 |
| cherry     |    3.20 |
| lemon      |    6.40 |
| mango      |   15.70 |
| xbabay     |    2.60 |
| xxtt       |   11.60 |
| coconut    |    9.20 |
| banana     |   10.30 |
| grape      |    5.30 |
| xbababa    |    3.60 |
+------------+---------+
```

输出结果显示了 fruits 表中 f_name 和 f_price 两个字段下的所有数据。

MySQL 中的 SQL 语句是不区分大小写的，因此 SELECT 和 select 作用是相同的，但是，许多开发人员习惯将关键字使用大写，而数据列和表名使用小写，读者也应该养成一个良好的编程习惯，这样写出来的代码更容易阅读和维护。

7.2.3 查询指定记录

数据库中包含大量的数据，根据特殊要求，可能只需要查询表中的指定数据，即对数据进行过滤。在 SELECT 语句中，通过 WHERE 子句可以对数据进行过滤，语法格式为：

```
SELECT 字段名1,字段名2,…,字段名 n
FROM 表名
WHERE 查询条件
```

在 WHERE 子句中，MySQL 提供了一系列的条件判断符，查询结果如表 7.1 所示。

表 7.1 WHERE 条件判断符

操作符	说明
=	相等
<> , !=	不相等
<	小于
<=	小于或者等于
>	大于
>=	大于或者等于
BETWEEN	位于两值之间

【例 7.4】查询价格为 10.2 元的水果的名称，SQL 语句如下：

```
SELECT f_name, f_price
FROM fruits
WHERE f_price = 10.2;
```

该语句使用 SELECT 声明从 fruits 表中获取价格等于 10.2 的水果的数据，从查询结果可以看到，价格是 10.2 的水果的名称是 blackberry，其他的均不满足查询条件，查询结果如下：

```
mysql> SELECT f_name, f_price
    -> FROM fruits
    -> WHERE f_price = 10.2;
+------------+---------+
| f_name     | f_price |
+------------+---------+
| blackberry | 10.20   |
+------------+---------+
```

本例采用了简单的相等过滤，查询一个指定列 f_price 具有值 10.20。

相等还可以用来比较字符串，如下：

【例 7.5】查找名称为"apple"的水果的价格，SQL 语句如下：

```
SELECT f_name, f_price
FROM fruits
WHERE f_name = 'apple';
```

该语句使用 SELECT 声明从 fruits 表中获取名称为 "apple" 的水果的价格, 从查询结果可以看到只有名称为 "apple" 行被返回, 其他的均不满足查询条件。

```
mysql> SELECT f_name, f_price
    -> FROM fruits
    -> WHERE f_name = 'apple';
+--------+---------+
| f_name | f_price |
+--------+---------+
| apple  | 5.20    |
+--------+---------+
```

【例 7.6】查询价格小于 10 的水果的名称, SQL 语句如下:

```
SELECT f_name, f_price
FROM fruits
WHERE f_price < 10;
```

该语句使用 SELECT 声明从 fruits 表中获取价格低于 10 的水果名称, 即 f_price 小于 10 的水果信息被返回, 查询结果如下:

```
mysql> SELECT f_name, f_price
    -> FROM fruits
    -> WHERE f_price < 10.00;
+-----------+-----------+
| f_name    | f_price   |
+-----------+-----------+
| apple     |    5.20   |
| apricot   |    2.20   |
| berry     |    7.60   |
| xxxx      |    3.60   |
| melon     |    8.20   |
| cherry    |    3.20   |
| lemon     |    6.40   |
| xbabay    |    2.60   |
| coconut   |    9.20   |
| grape     |    5.30   |
| xbababa   |    3.60   |
+-----------+-----------+
```

可以看到查询结果中, 所有记录的 f_price 字段的值均小于 10.00 元。而大于或等于 10.00 元的记录没有被返回。

7.2.4　带 IN 关键字的查询

IN 操作符用来查询满足指定范围内的条件的记录, 使用 IN 操作符, 将所有检索条件用括号括起来，检索条件之间用逗号分隔开，只要满足条件范围内的一个值即为匹配项。

【例 7.7】查询 s_id 为 101 和 102 的记录，SQL 语句如下：

```
SELECT s_id,f_name, f_price
FROM fruits
WHERE s_id IN (101,102)
ORDER BY f_name;
```

查询结果如下：

```
+-------+------------+-------------+
| s_id  | f_name     |   f_price   |
+-------+------------+-------------+
|  101  | apple      |     5.20    |
|  102  | banana     |    10.30    |
|  101  | blackberry |    10.20    |
|  101  | cherry     |     3.20    |
|  102  | grape      |     5.30    |
|  102  | orange     |    11.20    |
+-------+------------+-------------+
```

相反的，可以使用关键字 NOT 来检索不在条件范围内的记录。

【例 7.8】查询所有 s_id 不等于 101 也不等于 102 的记录，SQL 语句如下：

```
SELECT s_id,f_name, f_price
FROM fruits
WHERE s_id NOT IN (101,102)
ORDER BY f_name;
```

查询结果如下：

```
+-------+----------+-------------+
| s_id  | f_name   | f_price     |
+-------+----------+-------------+
|  103  | apricot  |   2.20      |
|  104  | berry    |   7.60      |
|  103  | coconut  |   9.20      |
|  104  | lemon    |   6.40      |
|  106  | mango    |  15.70      |
|  105  | melon    |   8.20      |
|  107  | xbababa  |   3.60      |
|  105  | xbabay   |   2.60      |
|  105  | xxtt     |  11.60      |
|  107  | xxxx     |   3.60      |
+-------+----------+-------------+
```

可以看到，该语句在 IN 关键字前面加上了 NOT 关键字，这使得查询的结果与前面一个

的结果正好相反，前面检索了 s_id 等于 101 和 102 的记录，而这里所要求的查询的记录中的
s_id 字段值不等于这两个值中的任何一个。

7.2.5 带 BETWEEN AND 的范围查询

BETWEEN AND 用来查询某个范围内的值，该操作符需要两个参数，即范围的开始值和
结束值，如果字段值满足指定的范围查询条件，则这些记录被返回。

【例 7.9】查询价格在 2.00 元到 10.20 元之间的水果名称和价格，SQL 语句如下：

```
SELECT f_name, f_price FROM fruits WHERE f_price BETWEEN 2.00 AND 10.20;
```

查询结果如下：

```
mysql> SELECT f_name, f_price
    -> FROM fruits
    -> WHERE f_price BETWEEN 2.00 AND 10.20;
+------------------+----------+
| f_name           | f_price  |
+------------------+----------+
| apple            |   5.20   |
| apricot          |   2.20   |
| blackberry       |  10.20   |
| berry            |   7.60   |
| xxxx             |   3.60   |
| melon            |   8.20   |
| cherry           |   3.20   |
| lemon            |   6.40   |
| xbabay           |   2.60   |
| coconut          |   9.20   |
| grape            |   5.30   |
| xbababa          |   3.60   |
+------------------+----------+
```

可以看到，返回结果包含了价格从 2.00 元到 10.20 元之间的字段值，并且端点值 10.20 也
包括在返回结果中，即 BETWEEN 匹配范围中所有值，包括开始值和结束值。

BETWEEN AND 操作符前可以加关键字 NOT，表示指定范围之外的值，如果字段值不满
足指定的范围内的值，则这些记录被返回。

【例 7.10】查询价格在 2.00 元到 10.20 元之外的水果名称和价格，SQL 语句如下：

```
SELECT f_name, f_price
FROM fruits
WHERE f_price NOT BETWEEN 2.00 AND 10.20;
```

查询结果如下：

```
+---------+-----------+
| f_name  | f_price   |
+---------+-----------+
| orange  |   11.20   |
| mango   |   15.70   |
| xxtt    |   11.60   |
| banana  |   10.30   |
+---------+-----------+
```

由结果可以看到，返回的记录只有 f_price 字段大于 10.20 的，其实，f_price 字段小于 2.00 的记录也满足查询条件。因此，如果表中有 f_price 字段小于 2.00 的记录，也应当作为查询结果。

7.2.6 带 LIKE 的字符匹配查询

在前面的检索操作中，讲述了如何查询多个字段的记录，如何进行比较查询或者是查询一个条件范围内的记录，如果要查找所有的包含字符 "ge" 的水果名称，该如何查找呢？简单的比较操作在这里已经行不通了，在这里，需要使用通配符进行匹配查找，通过创建查找模式对表中的数据进行比较。执行这个任务的关键字是 LIKE。

通配符是一种在 SQL 的 WHERE 条件子句中拥有特殊意思的字符，SQL 语句中支持多种通配符，可以和 LIKE 一起使用的通配符有 '%' 和 '_'。

1. 百分号通配符 '%'，匹配任意长度的字符，甚至包括零字符

【例 7.11】查找所有以 'b' 字母开头的水果，SQL 语句如下：

```
SELECT f_id, f_name
FROM fruits
WHERE f_name LIKE 'b%';
```

查询结果如下：

```
+--------+--------------+
| f_id   | f_name       |
+--------+--------------+
| b1     | blackberry   |
| b2     | berry        |
| t1     | banana       |
+--------+--------------+
```

该语句查询的结果返回所有以 'b' 开头的水果的 id 和 name，'%' 告诉 MySQL，返回所有以字母 'b' 开头的记录，不管 'b' 后面有多少个字符。

在搜索匹配时通配符 '%' 可以放在不同位置。如【例 7.12】。

【例 7.12】在 fruits 表中，查询 f_name 中包含字母 'g' 的记录，SQL 语句如下：

```
SELECT f_id, f_name
FROM fruits
WHERE f_name LIKE '%g%';
```

查询结果如下：

```
+------+--------+
| f_id | f_name |
+------+--------+
| bs1  | orange |
| m1   | mango  |
| t2   | grape  |
+------+--------+
```

该语句查询字符串中包含字母'g'的水果名称，只要名字中有字符'g'，而前面或后面不管有多少个字符，都满足查询的条件。

【例 7.13】查询以'b'开头，并以'y'结尾的水果的名称，SQL 语句如下：

```
SELECT f_name
FROM fruits
WHERE f_name LIKE 'b%y';
```

查询结果如下：

```
+------------+
| f_name     |
+------------+
| blackberry |
| berry      |
+------------+
```

通过以上查询结果，可以看到，'%'用于匹配在指定的位置的任意数目的字符。

2. 下划线通配符'_'，一次只能匹配任意一个字符

另一个非常有用的通配符是下划线通配符'_'，该通配符的用法和'%'相同，区别是'%'可以匹配多个字符，而'_'只能匹配任意单个字符，如果要匹配多个字符，则需要使用相同个数的'_'。

【例 7.14】在 fruits 表中，查询以字母'y'结尾，且'y'前面只有 4 个字母的记录，SQL 语句如下：

```
SELECT f_id, f_name FROM fruits WHERE f_name LIKE '----y';
```

查询结果如下：

```
+------+--------+
| f_id | f_name |
```

```
+------+--------+
| b2   | berry  |
+------+--------+
```

从结果可以看到，以'y'结尾且前面只有 4 个字母的记录只有一条。其他记录的 f_name 字段也有以'y'结尾的，但其总的字符串长度不为 5，因此不在返回结果中。

7.2.7　查询空值

数据表创建的时候，设计者可以指定某列中是否可以包含空值（NULL）。空值不同于 0，也不同于空字符串。空值一般表示数据未知、不适用或将在以后添加数据。在 SELECT 语句中使用 IS NULL 子句，可以查询某字段内容为空的记录。

下面，在数据库中创建数据表 customers，该表中包含了本章中需要用到的数据。

```
CREATE TABLE customers
(
 c_id      int       NOT NULL AUTO_INCREMENT,
 c_name    char(50)  NOT NULL,
 c_address char(50)  NULL,
 c_city    char(50)  NULL,
 c_zip     char(10)  NULL,
 c_contact char(50)  NULL,
 c_email   char(255) NULL,
 PRIMARY KEY (c_id)
);
```

为了演示需要插入数据，请读者执行以下语句。

```
INSERT INTO customers(c_id, c_name, c_address, c_city,
c_zip, c_contact, c_email)
VALUES(10001, 'RedHook', '200 Street ', 'Tianjin',
 '300000', 'LiMing', 'LMing@163.com'),
(10002, 'Stars', '333 Fromage Lane',
 'Dalian', '116000', 'Zhangbo','Jerry@hotmail.com'),
(10003, 'Netbhood', '1 Sunny Place', 'Qingdao', '266000',
 'LuoCong', NULL),
(10004, 'JOTO', '829 Riverside Drive', 'Haikou',
 '570000', 'YangShan', 'sam@hotmail.com');
 SELECT COUNT(*) AS cust_num  FROM customers;
```

【例 7.15】查询 customers 表中 c_email 为空的记录的 c_id、c_name 和 c_email 字段值，SQL 语句如下：

```
SELECT c_id, c_name,c_email FROM customers WHERE c_email IS NULL;
```

查询结果如下：

```
mysql> SELECT c_id, c_name,c_email FROM customers WHERE c_email IS NULL;
+-------+-----------+---------+
| c_id | c_name | c_email |
+-------+-----------+---------+
| 10003 | Netbhood | NULL|
+-------+-----------+---------+
```

可以看到，显示 customers 表中字段 c_email 的值为 NULL 的记录，满足查询条件。

与 IS NULL 相反的是 NOT IS NULL，该关键字查找字段不为空的记录。

【例 7.16】查询 customers 表中 c_email 不为空的记录的 c_id、c_name 和 c_email 字段值，SQL 语句如下：

```
SELECT c_id, c_name,c_email FROM customers WHERE c_email IS NOT NULL;
```

查询结果如下：

```
mysql> SELECT c_id, c_name,c_email FROM customers WHERE c_email IS NOT NULL;
+-------+------------+----------------------+
| c_id | c_name | c_email |
+-------+------------+----------------------+
| 10001 | RedHook | LMing@163.com |
| 10002 | Stars | Jerry@hotmail.com |
| 10004 | JOTO | sam@hotmail.com |
+-------+------------+----------------------+
```

可以看到，查询出来的记录的 c_email 字段都不为空值。

7.2.8 带 AND 的多条件查询

使用 SELECT 查询时，可以增加查询的限制条件，这样可以使查询的结果更加精确。MySQL 在 WHERE 子句中使用 AND 操作符限定只有满足所有查询条件的记录才会被返回。可以使用 AND 连接两个甚至多个查询条件，多个条件表达式之间用 AND 分开。

【例 7.17】在 fruits 表中查询 s_id = 101，并且 f_price 大于等于 5 的水果价格和名称，SQL 语句如下：

```
SELECT f_id, f_price, f_name FROM fruits WHERE s_id = '101' AND f_price >=5;
```

查询结果如下：

```
mysql> SELECT f_id, f_price, f_name
    -> FROM fruits
    -> WHERE s_id = '101' AND f_price >= 5;
+-------+---------+------------+
| f_id | f_price | f_name |
+-------+---------+------------+
| a1 | 5.20 | apple |
```

```
| b1   | 10.20 | blackberry |
+------+-------+------------+
```

前面的语句检索了 s_id=101 的水果供应商所有价格大于等于 5 元的水果名称和价格。WHERE 子句中的条件分为两部分，AND 关键字指示 MySQL 返回所有同时满足两个条件的行。即使是 id=101 的水果供应商提供的水果，如果价格<5，或者是 id 不等于 '101' 的水果供应商里的水果不管其价格为多少，均不是要查询的结果。

 上述例子的 WHERE 子句中只包含了一个 AND 语句，把两个过滤条件组合在一起。实际上可以添加多个 AND 过滤条件，增加条件的同时增加一个 AND 关键字。

【例 7.18】在 fruits 表中查询 s_id = 101 或者 102，且 f_price 大于 5，并且 f_name='apple' 的水果价格和名称，SQL 语句如下：

```
SELECT f_id, f_price, f_name FROM fruits
WHERE s_id IN('101', '102') AND f_price >= 5 AND f_name = 'apple';
```

查询结果如下：

```
mysql> SELECT f_id, f_price, f_name FROM fruits
    -> WHERE s_id IN('101','102') AND f_price >= 5 AND f_name = 'apple';
+------+---------+--------+
| f_id | f_price | f_name |
+------+---------+--------+
| a1   |    5.20 | apple  |
+------+---------+--------+
```

可以看到，符合查询条件的返回记录只有一条。

7.2.9 带 OR 的多条件查询

与 AND 相反，在 WHERE 声明中使用 OR 操作符，表示只需要满足其中一个条件的记录即可返回。OR 也可以连接两个甚至多个查询条件，多个条件表达式之间用 OR 分开。

【例 7.19】查询 s_id=101 或者 s_id=102 的水果供应商的 f_price 和 f_name，SQL 语句如下：

```
SELECT s_id,f_name, f_price FROM fruits WHERE s_id = 101 OR s_id = 102;
```

查询结果如下：

```
mysql> SELECT s_id,f_name, f_price
    -> FROM fruits
    -> WHERE s_id = 101 OR s_id = 102;
+------+-----------------+-------------+
| s_id | f_name          | f_price     |
+------+-----------------+-------------+
| 101  | apple           |    5.20     |
```

```
|   101 | blackberry       |    10.20 |
|   102 | orange           |    11.20 |
|   101 | cherry           |     3.20 |
|   102 | banana           |    10.30 |
|   102 | grape            |     5.30 |
+-------+------------------+----------+
```

结果显示了 s_id=101 和 s_id=102 的商店里的水果名称和价格，OR 操作符告诉 MySQL，检索的时候只需要满足其中的一个条件，不需要全部都满足。如果这里使用 AND 的话，将检索不到符合条件的数据。

在这里，也可以使用 IN 操作符实现与 OR 相同的功能，下面的例子可进行说明。

【例 7.20】查询 s_id=101 或者 s_id=102 的水果供应商的 f_price 和 f_name，SQL 语句如下：

```
SELECT s_id,f_name, f_price FROM fruits WHERE s_id IN(101,102);
```

查询结果如下：

```
mysql> SELECT s_id,f_name, f_price
    -> FROM fruits
    -> WHERE s_id IN(101,102);
+-------+------------------+-----------+
| s_id  | f_name           | f_price   |
+-------+------------------+-----------+
|   101 | apple            |    5.20   |
|   101 | blackberry       |   10.20   |
|   102 | orange           |   11.20   |
|   101 | cherry           |    3.20   |
|   102 | banana           |   10.30   |
|   102 | grape            |    5.30   |
+-------+------------------+-----------+
```

在这里可以看到，OR 操作符和 IN 操作符使用后的结果是一样的，它们可以实现相同的功能。但是使用 IN 操作符使得检索语句更加简洁明了，并且 IN 执行的速度要快于 OR。更重要的是，使用 IN 操作符，可以执行更加复杂的嵌套查询（后面章节将会讲述）。

> OR 可以和 AND 一起使用，但是在使用时要注意两者的优先级，由于 AND 的优先级高于 OR，因此先对 AND 两边的操作数进行操作，再与 OR 中的操作数结合。

7.2.10 查询结果不重复

从前面的例子可以看到，SELECT 查询返回所有匹配的行。例如，查询 fruits 表中所有的 s_id，其结果为：

```
+------+
| s_id |
```

```
+------+
| 101 |
| 103 |
| 101 |
| 104 |
| 107 |
| 102 |
| 105 |
| 101 |
| 104 |
| 106 |
| 105 |
| 105 |
| 103 |
| 102 |
| 102 |
| 107 |
+------+
```

可以看到查询结果返回了 16 条记录，其中有一些重复的 s_id 值，有时，出于对数据分析的要求，需要消除重复的记录值，如何使查询结果没有重复呢？在 SELECT 语句中，可以使用 DISTINCT 关键字指示 MySQL 消除重复的记录值。语法格式为：

```
SELECT DISTINCT 字段名 FROM 表名;
```

【例 7.21】查询 fruits 表中 s_id 字段的值，返回 s_id 字段值且不得重复，SQL 语句如下：

```
SELECT DISTINCT s_id FROM fruits;
```

查询结果如下：

```
mysql> SELECT DISTINCT s_id FROM fruits;
+------+
| s_id |
+------+
| 101 |
| 103 |
| 104 |
| 107 |
| 102 |
| 105 |
| 106 |
+------+
```

可以看到，这次查询结果只返回了 7 条记录的 s_id 值，且不再有重复的值，SELECT DISTINCT s_id 告诉 MySQL 只返回不同的 s_id 行。

7.2.11 对查询结果排序

从前面的查询结果，读者会发现有些字段的值是没有任何顺序的，MySQL 可以通过在 SELECT 语句中使用 ORDER BY 子句，对查询的结果进行排序。

1. 单列排序

例如查询 f_name 字段，查询结果如下：

```
mysql> SELECT f_name FROM fruits;
+---------------+
| f_name        |
+---------------+
| apple         |
| apricot       |
| blackberry    |
| berry         |
| xxxx          |
| orange        |
| melon         |
| cherry        |
| lemon         |
| mango         |
| xbabay        |
| xxtt          |
| coconut       |
| banana        |
| grape         |
| xbababa       |
+---------------+
```

可以看到，查询的数据并没有以一种特定的顺序显示，如果没有对它们进行排序，它们将根据它们插入到数据表中的顺序来显示。

下面使用 ORDER BY 子句对指定的列数据进行排序。

【例 7.22】查询 fruits 表的 f_name 字段值，并对其进行排序，SQL 语句如下：

```
mysql> SELECT f_name FROM fruits ORDER BY f_name;
+---------------+
| f_name        |
+---------------+
| apple         |
| apricot       |
| banana        |
| berry         |
| blackberry    |
| cherry        |
```

```
| coconut    |
| grape      |
| lemon      |
| mango      |
| melon      |
| orange     |
| xbababa    |
| xbabay     |
| xxtt       |
| xxxx       |
+------------------+
```

该语句查询的结果和前面的语句相同，不同的是，通过指定 ORDER BY 子句，MySQL 对查询的 name 列的数据，按字母表的顺序进行了升序排序。

2. 多列排序

有时，需要根据多列值进行排序。比如，如果要显示一个学生列表，可能会有多个学生的姓氏是相同的，因此还需要根据学生的名进行排序。对多列数据进行排序，须将需要排序的列之间用逗号隔开。

【例 7.23】查询 fruits 表中的 f_name 和 f_price 字段，先按 f_name 排序，再按 f_price 排序，SQL 语句如下：

```
SELECT f_name, f_price FROM fruits ORDER BY f_name, f_price;
```

查询结果如下：

```
mysql> SELECT f_name, f_price FROM fruits ORDER BY f_name, f_price;
+---------------+------------+
| f_name        | f_price    |
+---------------+------------+
| apple         |   5.20     |
| apricot       |   2.20     |
| banana        |  10.30     |
| berry         |   7.60     |
| blackberry    |  10.20     |
| cherry        |   3.20     |
| coconut       |   9.20     |
| grape         |   5.30     |
| lemon         |   6.40     |
| mango         |  15.70     |
| melon         |   8.20     |
| orange        |  11.20     |
| xbababa       |   3.60     |
| xbabay        |   2.60     |
| xxtt          |  11.60     |
| xxxx          |   3.60     |
```

```
+----------------+--------------+
```

 在对多列进行排序的时候,首先排序的第一列必须有相同的列值,才会对第二列进行排序。
如果第一列数据中所有值都是唯一的, 将不再对第二列进行排序。

3. 指定排序方向

默认情况下,查询数据按字母升序进行排序（从 A~Z）,但数据的排序并不仅限于此,
还可以使用 ORDER BY 对查询结果进行降序排序（从 Z~A）,这可以通过关键字 DESC 实现,
下面的例子表明了如何进行降序排列。

【例 7.24】查询 fruits 表中的 f_name 和 f_price 字段, 对结果按 f_price 降序方式排序, SQL
语句如下:

```
SELECT f_name, f_price FROM fruits ORDER BY f_price DESC;
```

查询结果如下:

```
mysql> SELECT f_name, f_price FROM fruits ORDER BY f_price DESC;
+------------+---------+
| f_name     | f_price |
+------------+---------+
| mango      | 15.70   |
| xxtt       | 11.60   |
| orange     | 11.20   |
| banana     | 10.30   |
| blackberry | 10.20   |
| coconut    | 9.20    |
| melon      | 8.20    |
| berry      | 7.60    |
| lemon      | 6.40    |
| grape      | 5.30    |
| apple      | 5.20    |
| xxxx       | 3.60    |
| xbababa    | 3.60    |
| cherry     | 3.20    |
| xbabay     | 2.60    |
| apricot    | 2.20    |
+------------+---------+
```

 与 DESC 相反的是 ASC（升序排序）, 将字段列中的数据, 按字母表顺序升序排序。实
际上, 在排序的时候 ASC 是作为默认的排序方式, 所以加不加都可以。

也可以对多列进行不同的顺序排序, 如【例 7.25】所示。

【例 7.25】查询 fruits 表，先按 f_price 降序排序，再按 f_name 字段升序排序，SQL 语句如下：

```
SELECT f_price, f_name FROM fruits ORDER BY f_price DESC, f_name;
```

查询结果如下：

```
mysql> SELECT f_price, f_name FROM fruits ORDER BY f_price DESC, f_name;
+-------------+------------+
| f_price | f_name     |
+-------------+------------+
|   15.70 | mango      |
|   11.60 | xxtt       |
|   11.20 | orange     |
|   10.30 | banana     |
|   10.20 | blackberry |
|    9.20 | coconut    |
|    8.20 | melon      |
|    7.60 | berry      |
|    6.40 | lemon      |
|    5.30 | grape      |
|    5.20 | apple      |
|    3.60 | xbababa    |
|    3.60 | xxxx       |
|    3.20 | cherry     |
|    2.60 | xbabay     |
|    2.20 | apricot    |
+-------------+--------------+
```

DESC 排序方式只应用到直接位于其前面的字段上，由结果可以看出。

DESC 关键字只对其前面的列进行降序排列，在这里只对 f_price 排序，而并没有对 f_name 进行排序，因此，f_price 按降序排序，而 f_name 列仍按升序排序。如果要对多列都进行降序排序，必须要在每一列的列名后面加 DESC 关键字。

7.2.12 分组查询

分组查询是对数据按照某个或多个字段进行分组，MySQL 中使用 GROUP BY 关键字对数据进行分组，基本语法形式为：

```
[GROUP BY 字段] [HAVING <条件表达式>]
```

字段值为进行分组时所依据的列名称；"HAVING <条件表达式>"指定满足表达式限定条件的结果将被显示。

1. 创建分组

GROUP BY 关键字通常和集合函数一起使用，例如：MAX()、MIN()、COUNT()、SUM()、AVG()。例如，要返回每个水果供应商提供的水果种类，这时就要在分组过程中用到 COUNT()函数，把数据分为多个逻辑组，并对每个组进行集合计算。

【例 7.26】根据 s_id 对 fruits 表中的数据进行分组，SQL 语句如下：

```
SELECT s_id, COUNT(*) AS Total FROM fruits GROUP BY s_id;
```

查询结果如下：

```
mysql> SELECT s_id, COUNT(*) AS Total FROM fruits GROUP BY s_id;
+------+------------+
| s_id | Total      |
+------+------------+
| 101  |    3       |
| 102  |    3       |
| 103  |    2       |
| 104  |    2       |
| 105  |    3       |
| 106  |    1       |
| 107  |    2       |
+------+------------+
```

查询结果显示，s_id 表示供应商的 ID，Total 字段使用 COUNT()函数计算得出，GROUP BY 子句按照 s_id 排序并对数据分组，可以看到 ID 为 101、102、105 的供应商分别提供 3 种水果，ID 为 103、104、107 的供应商分别提供 2 种水果，ID 为 106 的供应商只提供 1 种水果。

如果要查看每个供应商提供的水果的种类的名称，该怎么办呢？MySQL 中可以在 GROUP BY 字节中使用 GROUP_CONCAT()函数，将每个分组中各个字段的值显示出来。

【例 7.27】根据 s_id 对 fruits 表中的数据进行分组，将每个供应商的水果名称显示出来，SQL 语句如下：

```
SELECT s_id, GROUP_CONCAT(f_name) AS Names FROM fruits GROUP BY s_id;
```

查询结果如下：

```
mysql> SELECT s_id, GROUP_CONCAT(f_name) AS Names FROM fruits GROUP BY s_id;
+------+------------------------------+
| s_id | Names                        |
+------+------------------------------+
| 101  | apple,blackberry,cherry      |
| 102  | grape,banana,orange          |
| 103  | apricot,coconut              |
| 104  | lemon,berry                  |
| 105  | xbabay,xxtt,melon            |
```

```
| 106 | mango                     |
| 107 | xxxx,xbababa              |
+------+---------------------------+
```

由结果可以看到，GROUP_CONCAT()函数将每个分组中的名称显示出来了，其名称的个数与 COUNT()函数计算出来的相同。

2. 使用 HAVING 过滤分组

GROUP BY 可以和 HAVING 一起限定显示记录所需满足的条件，只有满足条件的分组才会被显示。

【例 7.28】根据 s_id 对 fruits 表中的数据进行分组，并显示水果种类大于 1 的分组信息，SQL 语句如下：

```
SELECT s_id, GROUP_CONCAT(f_name) AS Names
FROM fruits
GROUP BY s_id HAVING COUNT(f_name) > 1;
```

查询结果如下：

```
+------+-------------------------------+
| s_id | Names                         |
+------+-------------------------------+
| 101  | apple,blackberry,cherry       |
| 102  | grape,banana,orange           |
| 103  | apricot,coconut               |
| 104  | lemon,berry                   |
| 105  | xbabay,xxtt,melon             |
| 107  | xxxx,xbababa                  |
+------+-------------------------------+
```

由结果可以看到，ID 为 101、102、103、104、105、107 的供应商提供的水果种类大于 1，满足 HAVING 子句条件，因此出现在返回结果中；而 ID 为 106 的供应商的水果种类等于 1，不满足限定条件，因此不在返回结果中。

> HAVING 关键字与 WHERE 关键字都是用来过滤数据，两者有什么区别呢？其中重要的一点是，HAVING 在数据分组之后进行过滤来选择分组，而 WHERE 在分组之前用来选择记录。另外 WHERE 排除的记录不再包括在分组中。

3. 在 GROUP BY 子句中使用 WITH ROLLUP

使用 WITH ROLLUP 关键字之后，在所有查询出的分组记录之后增加一条记录，该记录计算查询出的所有记录的总和，即统计记录数量。

【例 7.29】根据 s_id 对 fruits 表中的数据进行分组，并显示记录数量，SQL 语句如下：

```
SELECT s_id, COUNT(*) AS Total
FROM fruits
GROUP BY s_id WITH ROLLUP;
```

查询结果如下：

```
+------+-----------+
| s_id |   Total   |
+------+-----------+
| 101  |     3     |
| 102  |     3     |
| 103  |     2     |
| 104  |     2     |
| 105  |     3     |
| 106  |     1     |
| 107  |     2     |
| NULL |    16     |
+------+-----------+
```

由结果可以看到，通过 GROUP BY 分组之后，在显示结果的最后面新添加了一行，该行 Total 列的值正好是上面所有数值之和。

4. 多字段分组

使用 GROUP BY 可以对多个字段进行分组，GROUP BY 关键字后面跟需要分组的字段，MySQL 根据多字段的值来进行层次分组，分组层次从左到右，即先按第 1 个字段分组，然后在第 1 个字段值相同的记录中，再根据第 2 个字段的值进行分组…依次类推。

【例 7.30】根据 s_id 和 f_name 字段对 fruits 表中的数据进行分组， SQL 语句如下，

```
mysql> SELECT * FROM fruits group by s_id,f_name;
```

查询结果如下：

```
+------+------+------------+---------+
| f_id | s_id |   f_name   | f_price |
+------+------+------------+---------+
| a1   | 101  | apple      |  5.20   |
| b1   | 101  | blackberry |  10.20  |
| c0   | 101  | cherry     |  3.20   |
| t1   | 102  | banana     |  10.30  |
| t2   | 102  | grape      |  5.30   |
| bs1  | 102  | orange     |  11.20  |
| a2   | 103  | apricot    |  2.20   |
| o2   | 103  | coconut    |  9.20   |
| b2   | 104  | berry      |  7.60   |
| l2   | 104  | lemon      |  6.40   |
| bs2  | 105  | melon      |  8.20   |
```

```
| m2    |  105 | xbabay           |   2.60 |
| m3    |  105 | xxtt             |  11.60 |
| m1    |  106 | mango            |  15.70 |
| t4    |  107 | xbababa          |   3.60 |
| b5    |  107 | xxxx             |   3.60 |
+-------+------+------------------+--------+
```

由结果可以看到，查询记录先按照 s_id 进行分组，再对 f_name 字段按不同的取值进行分组。

5. GROUP BY 和 ORDER BY 一起使用

某些情况下需要对分组进行排序，在前面的介绍中，ORDER BY 用来对查询的记录排序，如果和 GROUP BY 一起使用可以完成对分组的排序。

为了演示效果，首先创建数据表，SQL 语句如下：

```sql
CREATE TABLE orderitems
(
 o_num       int           NOT NULL,
 o_item      int           NOT NULL,
 f_id        char(10)      NOT NULL,
 quantity    int           NOT NULL,
 item_price decimal(8,2) NOT NULL,
 PRIMARY KEY (o_num,o_item)
) ;
```

然后插入演示数据。SQL 语句如下：

```sql
INSERT INTO orderitems(o_num, o_item, f_id, quantity, item_price)
VALUES(30001, 1, 'a1', 10, 5.2),
(30001, 2, 'b2', 3, 7.6),
(30001, 3, 'bs1', 5, 11.2),
(30001, 4, 'bs2', 15, 9.2),
(30002, 1, 'b3', 2, 20.0),
(30003, 1, 'c0', 100, 10),
(30004, 1, 'o2', 50, 2.50),
(30005, 1, 'c0', 5, 10),
(30005, 2, 'b1', 10, 8.99),
(30005, 3, 'a2', 10, 2.2),
(30005, 4, 'm1', 5, 14.99);
```

【例 7.31】查询订单价格大于 100 的订单号和总订单价格，SQL 语句如下：

```sql
SELECT o_num, SUM(quantity * item_price) AS orderTotal
FROM orderitems
GROUP BY o_num
HAVING SUM(quantity*item_price) >= 100;
```

查询结果如下：

```
+--------+------------+
| o_num  | orderTotal |
+--------+------------+
| 30001  |  268.80    |
| 30003  | 1000.00    |
| 30004  |  125.00    |
| 30005  |  236.85    |
+--------+------------+
```

可以看到，返回的结果中 orderTotal 列的总订单价格并没有按照一定顺序显示，接下来，使用 ORDER BY 关键字按总订单价格排序显示结果，SQL 语句如下：

```
SELECT o_num, SUM(quantity * item_price) AS orderTotal
FROM orderitems
GROUP BY o_num
HAVING SUM(quantity*item_price) >= 100
ORDER BY orderTotal;
```

查询结果如下：

```
+---------+----------------+
| o_num   | orderTotal     |
+---------+----------------+
| 30004   |     125.00     |
| 30005   |     236.85     |
| 30001   |     268.80     |
| 30003   |    1000.00     |
+---------+----------------+
```

由结果可以看到，GROUP BY 子句按订单号对数据进行分组，SUM()函数便可以返回总的订单价格，HAVING 子句对分组数据进行过滤，使得只返回总价格大于 100 的订单，最后使用 ORDER BY 子句排序输出。

当使用 ROLLUP 时，不能同时使用 ORDER BY 子句进行结果排序。即 ROLLUP 和 ORDER BY 是互相排斥的。

7.2.13 使用 LIMIT 限制查询结果的数量

SELECT 返回所有匹配的行，有可能是表中所有的行，如仅仅需要返回第一行或者前几行，使用 LIMIT 关键字，基本语法格式如下：

```
LIMIT [位置偏移量,] 行数
```

第一个"位置偏移量"参数指示 MySQL 从哪一行开始显示，是一个可选参数，如果不指定"位置偏移量"，将会从表中的第一条记录开始（第一条记录的位置偏移量是 0，第二条记录的位置偏移量是 1...依次类推）；第二个参数"行数"指示返回的记录条数。

【例 7.32】显示 fruits 表查询结果的前 4 行，SQL 语句如下：

```
SELECT * From fruits LIMIT 4;
```

查询结果如下：

```
+------+------+-----------+---------+
| f_id | s_id | f_name    | f_price |
+------+------+-----------+---------+
| a1   | 101  | apple     |   5.20  |
| a2   | 103  | apricot   |   2.20  |
| b1   | 101  | blackberry|  10.20  |
| b2   | 104  | berry     |   7.60  |
+------+------+-----------+---------+
```

由结果可以看到，该语句没有指定返回记录的"位置偏移量"参数，显示结果从第一行开始，"行数"参数为 4，因此返回的结果为表中的前 4 行记录。

如果指定返回记录的开始位置，则返回结果为从"位置偏移量"参数开始的指定行数，"行数"参数指定返回的记录条数。

【例 7.33】在 fruits 表中，使用 LIMIT 子句，返回从第 5 个记录开始的，行数长度为 3 的记录，SQL 语句如下：

```
SELECT * From fruits LIMIT 4, 3;
```

查询结果如下：

```
mysql> SELECT * From fruits LIMIT 4, 3;
+------+------+---------+---------+
| f_id | s_id | f_name  | f_price |
+------+------+---------+---------+
| b5   | 107  | xxxx    |   3.60  |
| bs1  | 102  | orange  |  11.20  |
| bs2  | 105  | melon   |   8.20  |
+------+------+---------+---------+
```

由结果可以看到，该语句指示 MySQL 返回从第 5 条记录行开始之后的 3 条记录。第一个数字'4'表示从第 5 行开始（位置偏移量从 0 开始，第 5 行的位置偏移量为 4），第二个数字 3 表示返回的行数。

所以，带一个参数的 LIMIT 指定从查询结果的首行开始，唯一的参数表示返回的行数，即"LIMIT n"与"LIMIT 0,n"等价。带两个参数的 LIMIT 可以返回从任何一个位置开始的指定的行数。

返回第一行时，位置偏移量是 0。因此，"LIMIT 1, 1"将返回第二行，而不是第一行。

MySQL 5.7 中可以使用"LIMIT 4 OFFSET 3",意思是获取从第 5 条记录开始后面的 3 条记录,和"LIMIT 4,3;"返回的结果相同。

7.3 使用聚合函数查询

有时候并不需要返回实际表中的数据,而只是对数据进行总结。MySQL 提供一些查询功能,可以对获取的数据进行分析和报告。这些函数的功能有:计算数据表中记录行数的总数、计算某个字段列下数据的总和,以及计算表中某个字段下的最大值、最小值或者平均值。本节将介绍这些函数以及如何使用它们。这些聚合函数的名称和作用如表 7.2 所示。

表 7.2　MySQL 聚合函数

函数	作用
AVG()	返回某列的平均值
COUNT()	返回某列的行数
MAX()	返回某列的最大值
MIN()	返回某列的最小值
SUM()	返回某列值的和

接下来,将详细介绍各个函数的使用方法。

7.3.1　COUNT()函数

COUNT()函数统计数据表中包含的记录行的总数,或者根据查询结果返回列中包含的数据行数。其使用方法有两种:

- COUNT(*) 计算表中总的行数,不管某列有数值或者为空值。
- COUNT(字段名)计算指定列下总的行数,计算时将忽略空值的行。

【例 7.34】查询 customers 表中总的行数,SQL 语句如下:

```
mysql> SELECT COUNT(*) AS cust_num
    -> FROM customers;
+----------+
| cust_num |
+----------+
|    4     |
+----------+
```

由查询结果可以看到,COUNT(*)返回 customers 表中记录的总行数,不管其值是什么。返回的总数的名称为 cust_num。

【例 7.35】查询 customers 表中有电子邮箱的顾客的总数，SQL 语句如下：

```
mysql> SELECT COUNT(c_email) AS email_num
    -> FROM customers;
+-----------+
| email_num |
+-----------+
|     3     |
+-----------+
```

由查询结果可以看到，表中 5 个 customer 只有 3 个有 email，customer 的 email 为空值 NULL 的记录没有被 COUNT()函数计算。

 两个例子中不同的数值，说明了两种方式在计算总数的时候对待 NULL 值的方式不同。即指定列的值为空的行被 COUNT()函数忽略，但是如果不指定列，而在 COUNT()函数中使用星号"*"，则所有记录都不忽略。

前面介绍分组查询的时候，介绍了 COUNT()函数与 GROUP BY 关键字一起使用，用来计算不同分组中的记录总数。

【例 7.36】在 orderitems 表中，使用 COUNT()函数统计不同订单号中订购的水果种类，SQL 语句如下：

```
mysql> SELECT o_num, COUNT(f_id)
    -> FROM orderitems
    -> GROUP BY o_num;
+-------+-------------+
| o_num | COUNT(f_id) |
+-------+-------------+
| 30001 |      4      |
| 30002 |      1      |
| 30003 |      1      |
| 30004 |      1      |
| 30005 |      4      |
+-------+-------------+
```

查询结果可以看到，GROUP BY 关键字先按照订单号进行分组，然后计算每个分组中的总记录数。

7.3.2 SUM()函数

SUM()是一个求总和的函数，返回指定列值的总和。

【例 7.37】在 orderitems 表中查询 30005 号订单一共购买的水果总量，SQL 语句如下：

```
mysql> SELECT SUM(quantity) AS items_total
```

```
    -> FROM orderitems
    -> WHERE o_num = 30005;
+-------------+
| items_total |
+-------------+
|     30      |
+-------------+
```

由查询结果可以看到，SUM(quantity)函数返回订单中所有水果数量之和，WHERE 子句指定查询的订单号为 30005。

SUM()可以与 GROUP BY 一起使用，来计算每个分组的总和。

【例 7.38】在 orderitems 表中，使用 SUM()函数统计不同订单号中订购的水果总量，SQL 语句如下：

```
mysql> SELECT o_num, SUM(quantity) AS items_total
    -> FROM orderitems
    -> GROUP BY o_num;
+-------+-------------+
| o_num | items_total |
+-------+-------------+
| 30001 |     33      |
| 30002 |      2      |
| 30003 |     100     |
| 30004 |     50      |
| 30005 |     30      |
+-------+-------------+
```

由查询结果可以看到，GROUP BY 按照订单号 o_num 进行分组，SUM()函数计算每个分组中订购的水果的总量。

 SUM()函数在计算时，忽略列值为 NULL 的行。

7.3.3 AVG()函数

AVG()函数通过计算返回的行数和每一行数据的和，求得指定列数据的平均值。

【例 7.39】在 fruits 表中，查询 s_id=103 的供应商的水果价格的平均值，SQL 语句如下：

```
mysql> SELECT AVG(f_price) AS avg_price
    -> FROM fruits
    -> WHERE s_id = 103;
+-----------+
| avg_price |
+-----------+
| 5.700000  |
```

```
+-----------+
```

该例中，查询语句增加了一个 WHERE 子句，并且添加了查询过滤条件，只查询 s_id = 103 的记录中的 f_price。因此，通过 AVG()函数计算的结果只是指定的供应商水果的价格平均值，而不是市场上所有水果的价格的平均值。

AVG()可以与 GROUP BY 一起使用，来计算每个分组的平均值。

【例 7.40】在 fruits 表中，查询每一个供应商的水果价格的平均值，SQL 语句如下：

```
mysql> SELECT s_id,AVG(f_price) AS avg_price
    -> FROM fruits
    -> GROUP BY s_id;
+------+-------------+
| s_id | avg_price   |
+------+-------------+
| 101  |  6.200000   |
| 102  |  8.933333   |
| 103  |  5.700000   |
| 104  |  7.000000   |
| 105  |  7.466667   |
| 106  | 15.700000   |
| 107  |  3.600000   |
+------+-------------+
```

GROUP BY 关键字根据 s_id 字段对记录进行分组，然后计算出每个分组的平均值，这种分组求平均值的方法非常有用，例如：求不同班级学生成绩的平均值，求不同部门工人的平均工资，求各地的年平均气温等等。

AVG()函数使用时，其参数为要计算的列名称，如果要得到多个列的多个平均值，则需要在每一列上使用 AVG()函数。

7.3.4 MAX()函数

MAX()返回指定列中的最大值。

【例 7.41】在 fruits 表中查找市场上价格最高的水果值，SQL 语句如下：

```
mysql>SELECT MAX(f_price) AS max_price FROM fruits;
+-------------+
| max_price   |
+-------------+
|   15.70     |
+-------------+
```

由结果可以看到，MAX()函数查询出了 f_price 字段的最大值 15.70。

MAX()也可以和 GROUP BY 关键字一起使用，求每个分组中的最大值。

【例 7.42】在 fruits 表中查找不同供应商提供的价格最高的水果值，SQL 语句如下：

```
mysql> SELECT s_id, MAX(f_price) AS max_price
    -> FROM fruits
-> GROUP BY s_id;
+------+-----------+
| s_id | max_price |
+------+-----------+
| 101  |    10.20  |
| 102  |    11.20  |
| 103  |     9.20  |
| 104  |     7.60  |
| 105  |    11.60  |
| 106  |    15.70  |
| 107  |     3.60  |
+------+-----------+
```

由结果可以看到，GROUP BY 关键字根据 s_id 字段对记录进行分组，然后计算出每个分组中的最大值。

MAX()函数不仅适用于查找数值类型，也可应用于字符类型。

【例 7.43】在 fruits 表中查找 f_name 的最大值，SQL 语句如下：

```
mysql> SELECT MAX(f_name) FROM fruits;
+------------------+
| MAX(f_name)      |
+------------------+
| xxxx             |
+------------------+
```

由结果可以看到，MAX()函数可以对字母进行大小判断，并返回最大的字符或者字符串值。

> MAX()函数除了用来找出最大的列值或日期值之外，还可以返回任意列中的最大值，包括返回字符类型的最大值。在对字符类型数据进行比较时，按照字符的 ASCII 码值大小进行比较，从 a~z，a 的 ASCII 码最小，z 的最大。在比较时，先比较第一个字母，如果相等，继续比较下一个字符，一直到两个字符不相等或者字符结束为止。例如，'b' 与 't' 比较时，'t' 为最大值；"bcd" 与 "bca" 比较时，"bcd" 为最大值。

7.3.5　MIN()函数

MIN()返回查询列中的最小值。

【例 7.44】在 fruits 表中查找市场上价格最低的水果值，SQL 语句如下：

```
mysql>SELECT MIN(f_price) AS min_price FROM fruits;
+-----------+
```

```
| min_price |
+-----------+
|   2.20    |
+-----------+
```

由结果可以看到，MIN ()函数查询出了 f_price 字段的最小值 2.20。

MIN()也可以和 GROUP BY 关键字一起使用，求出每个分组中的最小值。

【例 7.45】在 fruits 表中查找不同供应商提供的价格最低的水果值，SQL 语句如下：

```
mysql> SELECT s_id, MIN(f_price) AS min_price
    -> FROM fruits
    -> GROUP BY s_id;
+------+-----------+
| s_id | min_price |
+------+-----------+
| 101  |    3.20   |
| 102  |    5.30   |
| 103  |    2.20   |
| 104  |    6.40   |
| 105  |    2.60   |
| 106  |   15.70   |
| 107  |    3.60   |
+------+-----------+
```

由结果可以看到，GROUP BY 关键字根据 s_id 字段对记录进行分组，然后计算出每个分组中的最小值。

MIN()函数与 MAX()函数类似，不仅适用于查找数值类型，也可应用于字符类型。

7.4　连接查询

连接是关系数据库模型的主要特点。连接查询是关系数据库中最主要的查询，主要包括内连接、外连接等。通过连接运算符可以实现多个表查询。在关系数据库管理系统中，表建立时各数据之间的关系不必确定，常把一个实体的所有信息存放在一个表中。当查询数据时，通过连接操作查询出存放在多个表中的不同实体的信息。当两个或多个表中存在相同意义的字段时，便可以通过这些字段对不同的表进行连接查询。本节将介绍多表之间的内连接查询、外连接查询以及复合条件连接查询。

7.4.1　内连接查询

内连接（INNER JOIN）使用比较运算符进行表间某（些）列数据的比较操作，并列出这些表中与连接条件相匹配的数据行，组合成新记录，也就是说，在内连接查询中，只有满足条件的记录才能出现在结果关系中。

为了演示的需要，首先创建数据表 suppliers，SQL 语句如下：

```
CREATE TABLE suppliers
(
  s_id      int      NOT NULL AUTO_INCREMENT,
  s_name    char(50) NOT NULL,
  s_city    char(50) NULL,
  s_zip     char(10) NULL,
  s_call    CHAR(50) NOT NULL,
  PRIMARY KEY (s_id)
) ;
```

插入需要演示的数据，SQL 语句如下：

```
INSERT INTO suppliers(s_id, s_name,s_city, s_zip, s_call)
VALUES(101,'FastFruit Inc.','Tianjin','300000','48075'),
(102,'LT Supplies','Chongqing','400000','44333'),
(103,'ACME','Shanghai','200000','90046'),
(104,'FNK Inc.','Zhongshan','528437','11111'),
(105,'Good Set','Taiyuang','030000', '22222'),
(106,'Just Eat Ours','Beijing','010', '45678'),
(107,'DK Inc.','Zhengzhou','450000', '33332');
```

【例 7.46】在 fruits 表和 suppliers 表之间使用内连接查询。

查询之前，查看两个表的结构：

```
mysql> DESC fruits;
+---------+--------------+------+-----+---------+-------+
| Field   | Type         | Null | Key | Default | Extra |
+---------+--------------+------+-----+---------+-------+
| f_id    | char(10)     | NO   | PRI | NULL    |       |
| s_id    | int(11)      | NO   |     | NULL    |       |
| f_name  | char(255)    | NO   |     | NULL    |       |
| f_price | decimal(8,2) | NO   |     | NULL    |       |
+---------+--------------+------+-----+---------+-------+

mysql> DESC suppliers;
+--------+----------+------+-----+---------+----------------+
| Field  | Type     | Null | Key | Default | Extra          |
+--------+----------+------+-----+---------+----------------+
| s_id   | int(11)  | NO   | PRI | NULL    | auto_increment |
| s_name | char(50) | NO   |     | NULL    |                |
| s_city | char(50) | YES  |     | NULL    |                |
| s_zip  | char(10) | YES  |     | NULL    |                |
| s_call | char(50) | NO   |     | NULL    |                |
```

```
    +--------+------------+-----------------+------------------+----------------------
----------+
```

由结果可以看到，fruits 表和 suppliers 表中都有相同数据类型的字段 s_id，两个表通过 s_id 字段建立联系。接下来从 fruits 表中查询 f_name、f_price 字段，从 suppliers 表中查询 s_id、s_name，SQL 语句如下：

```
mysql> SELECT suppliers.s_id, s_name,f_name, f_price
    -> FROM fruits ,suppliers
    -> WHERE fruits.s_id = suppliers.s_id;
+------+----------------+----------------+-----------+
| s_id | s_name         | f_name         | f_price   |
+------+----------------+----------------+-----------+
| 101  | FastFruit Inc. | apple          |    5.20   |
| 103  | ACME           | apricot        |    2.20   |
| 101  | FastFruit Inc. | blackberry     |   10.20   |
| 104  | FNK Inc.       | berry          |    7.60   |
| 107  | DK Inc.        | xxxx           |    3.60   |
| 102  | LT Supplies    | orange         |   11.20   |
| 105  | Good Set       | melon          |    8.20   |
| 101  | FastFruit Inc. | cherry         |    3.20   |
| 104  | FNK Inc.       | lemon          |    6.40   |
| 106  | Just Eat Ours  | mango          |   15.70   |
| 105  | Good Set       | xbabay         |    2.60   |
| 105  | Good Set       | xxtt           |   11.60   |
| 103  | ACME           | coconut        |    9.20   |
| 102  | LT Supplies    | banana         |   10.30   |
| 102  | LT Supplies    | grape          |    5.30   |
| 107  | DK Inc.        | xbababa        |    3.60   |
+------+----------------+----------------+-----------+
```

在这里，SELECT 语句与前面所介绍的一个最大的差别是：SELECT 后面指定的列分别属于两个不同的表，（f_name，f_price）在表 fruits 中，而另外两个字段在表 supplies 中；同时 FROM 子句列出了两个表 fruits 和 suppliers。WHERE 子句在这里作为过滤条件，指明只有两个表中的 s_id 字段值相等的时候才符合连接查询的条件。从返回的结果可以看到，显示的记录是由两个表中不同列值组成的新记录。

因为 fruits 表和 suppliers 表中有相同的字段 s_id，因此在比较的时候，需要完全限定表名（格式为"表名.列名"），如果只给出 s_id，MySQL 将不知道指的是哪一个，并返回错误信息。

下面的内连接查询语句返回与前面完全相同的结果。

【例 7.47】在 fruits 表和 suppliers 表之间，使用 INNER JOIN 语法进行内连接查询，SQL 语句如下：

```
mysql> SELECT suppliers.s_id, s_name,f_name, f_price
    -> FROM fruits INNER JOIN suppliers
    -> ON fruits.s_id = suppliers.s_id;
+------+-----------------+------------+-----------+
| s_id | s_name          | f_name     | f_price   |
+------+-----------------+------------+-----------+
| 101  | FastFruit Inc.  | apple      |    5.20   |
| 103  | ACME            | apricot    |    2.20   |
| 101  | FastFruit Inc.  | blackberry |   10.20   |
| 104  | FNK Inc.        | berry      |    7.60   |
| 107  | DK Inc.         | xxxx       |    3.60   |
| 102  | LT Supplies     | orange     |   11.20   |
| 105  | Good Set        | melon      |    8.20   |
| 101  | FastFruit Inc.  | cherry     |    3.20   |
| 104  | FNK Inc.        | lemon      |    6.40   |
| 106  | Just Eat Ours   | mango      |   15.70   |
| 105  | Good Set        | xbabay     |    2.60   |
| 105  | Good Set        | xxtt       |   11.60   |
| 103  | ACME            | coconut    |    9.20   |
| 102  | LT Supplies     | banana     |   10.30   |
| 102  | LT Supplies     | grape      |    5.30   |
| 107  | DK Inc.         | xbababa    |    3.60   |
+------+-----------------+------------+-----------+
```

在这里的查询语句中,两个表之间的关系通过 INNER JOIN 指定。使用这种语法的时候,连接的条件使用 ON 子句给出而不是 WHERE, ON 和 WHERE 后面指定的条件相同。

> 使用 WHERE 子句定义连接条件比较简单明了,而 INNER JOIN 语法是 ANSI SQL 的标准规范,使用 INNER JOIN 连接语法能够确保不会忘记连接条件,而且,WHERE 子句在某些时候会影响查询的性能。

如果在一个连接查询中,涉及的两个表都是同一个表,这种查询称为自连接查询。自连接是一种特殊的内连接,它是指相互连接的表在物理上为同一张表,但可以在逻辑上分为两张表。

【例 7.48】查询供应 f_id= 'a1'的水果供应商提供的水果种类,SQL 语句如下:

```
mysql> SELECT f1.f_id, f1.f_name
    -> FROM fruits AS f1, fruits AS f2
    -> WHERE f1.s_id = f2.s_id AND f2.f_id = 'a1';
+------+------------+
| f_id | f_name     |
+------+------------+
| a1   | apple      |
```

```
| b1   | blackberry |
| c0   | cherry     |
+------+------------+
```

此处查询的两个表是相同的表，为了防止产生二义性，对表使用了别名，ftuits 表第 1 次出现的别名为 f1，第 2 次出现的别名为 f2，使用 SELECT 语句返回列时明确指出返回以 f1 为前缀的列的全名，WHERE 连接两个表，并按照第 2 个表的 f_id 对数据进行过滤，返回所需数据。

7.4.2 外连接查询

外连接查询将查询多个表中相关联的行，内连接时，返回查询结果集合中的仅是符合查询条件和连接条件的行。但有时候需要包含没有关联的行中数据，即返回查询结果集合中的不仅包含符合连接条件的行，而且还包括左表（左外连接或左连接）、右表（右外连接或右连接）或两个连接表（全外连接）中的所有数据行。外连接分为左外连接或左连接和右外连接或右连接：

- LEFT JOIN（左连接）：返回包括左表中的所有记录和右表中连接字段相等的记录。
- RIGHT JOIN（右连接）：返回包括右表中的所有记录和左表中连接字段相等的记录。

1. LEFT JOIN（左连接）

左连接的结果包括 LEFT OUTER 子句中指定的左表的所有行，而不仅仅是连接列所匹配的行。如果左表的某行在右表中没有匹配行，则在相关联的结果行中，右表的所有选择列表列均为空值。

首先创建表 orders，SQL 语句如下：

```
CREATE TABLE orders
(
 o_num  int      NOT NULL AUTO_INCREMENT,
 o_date datetime NOT NULL,
 c_id   int      NOT NULL,
 PRIMARY KEY (o_num)
) ;
```

插入需要演示的数据，SQL 语句如下：

```
INSERT INTO orders(o_num, o_date, c_id)
VALUES(30001, '2008-09-01', 10001),
(30002, '2008-09-12', 10003),
(30003, '2008-09-30', 10004),
(30004, '2008-10-03', 10005),
(30005, '2008-10-08', 10001);
```

【例 7.49】在 customers 表和 orders 表中，查询所有客户，包括没有订单的客户，SQL 语句如下：

```
mysql> SELECT customers.c_id, orders.o_num
    -> FROM customers LEFT OUTER JOIN orders
    -> ON customers.c_id = orders.c_id;
+-------+-------+
| c_id  | o_num |
+-------+-------+
| 10001 | 30001 |
| 10001 | 30005 |
| 10002 | NULL  |
| 10003 | 30002 |
| 10004 | 30003 |
+-------+-------+
```

结果显示了 5 条记录，ID 等于 10002 的客户目前并没有下订单，所以对应的 orders 表中并没有该客户的订单信息，所以该条记录只取出了 customers 表中相应的值，而从 orders 表中取出的值为空值 NULL。

2. RIGHT JOIN（右连接）

右连接是左连接的反向连接，将返回右表的所有行。如果右表的某行在左表中没有匹配行，左表将返回空值。

【例 7.50】在 customers 表和 orders 表中，查询所有订单，包括没有客户的订单，SQL 语句如下：

```
mysql> SELECT customers.c_id, orders.o_num
    -> FROM customers RIGHT OUTER JOIN orders
    -> ON customers.c_id = orders.c_id;
+-------+-------+
| c_id  | o_num |
+-------+-------+
| 10001 | 30001 |
| 10003 | 30002 |
| 10004 | 30003 |
| NULL  | 30004 |
| 10001 | 30005 |
+-------+-------+
```

结果显示了 5 条记录，订单号等于 30004 的订单的客户可能由于某种原因取消了该订单，对应的 customers 表中并没有该客户的信息，所以该条记录只取出了 ordes 表中相应的值，而从 customers 表中取出的值为空值 NULL。

7.4.3 复合条件连接查询

复合条件连接查询是在连接查询的过程中，通过添加过滤条件，限制查询的结果，使查询的结果更加准确。

【例 7.51】在 customers 表和 orders 表中，使用 INNER JOIN 语法查询 customers 表中 ID 为 10001 的客户的订单信息，SQL 语句如下：

```
mysql> SELECT customers.c_id, orders.o_num
    -> FROM customers INNER JOIN orders
    -> ON customers.c_id = orders.c_id AND customers.c_id = 10001;
+-------+-------+
| c_id  | o_num |
+-------+-------+
| 10001 | 30001 |
| 10001 | 30005 |
+-------+-------+
```

结果显示，在连接查询时指定查询客户 ID 为 10001 的订单信息，添加了过滤条件之后返回的结果将会变少，因此返回结果只有两条记录。

使用连接查询，并对查询的结果进行排序。

【例 7.52】在 fruits 表和 suppliers 表之间，使用 INNER JOIN 语法进行内连接查询，并对查询结果排序，SQL 语句如下：

```
mysql> SELECT suppliers.s_id, s_name,f_name, f_price
    -> FROM fruits INNER JOIN suppliers
    -> ON fruits.s_id = suppliers.s_id
    -> ORDER BY fruits.s_id;
+------+----------------+------------+---------+
| s_id | s_name         | f_name     | f_price |
+------+----------------+------------+---------+
| 101  | FastFruit Inc. | apple      |    5.20 |
| 101  | FastFruit Inc. | blackberry |   10.20 |
| 101  | FastFruit Inc. | cherry     |    3.20 |
| 102  | LT Supplies    | grape      |    5.30 |
| 102  | LT Supplies    | banana     |   10.30 |
| 102  | LT Supplies    | orange     |   11.20 |
| 103  | ACME           | apricot    |    2.20 |
| 103  | ACME           | coconut    |    9.20 |
| 104  | FNK Inc.       | lemon      |    6.40 |
| 104  | FNK Inc.       | berry      |    7.60 |
| 105  | Good Set       | xbabay     |    2.60 |
| 105  | Good Set       | xxtt       |   11.60 |
| 105  | Good Set       | melon      |    8.20 |
| 106  | Just Eat Ours  | mango      |   15.70 |
```

```
| 107 | DK Inc.            | xxxx            | 3.60 |
| 107 | DK Inc.            | xbababa         | 3.60 |
+-----+--------------------+-----------------+------+
```

由结果可以看到，内连接查询的结果按照 suppliers.s_id 字段进行了升序排序。

7.5   子查询

子查询指一个查询语句嵌套在另一个查询语句内部的查询，这个特性从 MySQL 4.1 开始引入。在 SELECT 子句中先计算子查询，子查询结果作为外层另一个查询的过滤条件，查询可以基于一个表或者多个表。子查询中常用的操作符有 ANY（SOME）、ALL、IN、EXISTS。子查询可以添加到 SELECT、UPDATE 和 DELETE 语句中，而且可以进行多层嵌套。子查询中也可以使用比较运算符，如"<"、"<="、">"、">="和"!="等。本节将介绍如何在 SELECT 语句中嵌套子查询。

7.5.1   带 ANY、SOME 关键字的子查询

ANY 和 SOME 关键字是同义词，表示满足其中任一条件，它们允许创建一个表达式对子查询的返回值列表进行比较，只要满足内层子查询中的任何一个比较条件，就返回一个结果作为外层查询的条件。

下面定义两个表 tbl1 和 tbl2：

```
CREATE table tbl1 ( num1 INT NOT NULL);
CREATE table tbl2 ( num2 INT NOT NULL);
```

分别向两个表中插入数据：

```
INSERT INTO tbl1 values(1), (5), (13), (27);
INSERT INTO tbl2 values(6), (14), (11), (20);
```

ANY 关键字接在一个比较操作符的后面，表示若与子查询返回的任何值比较为 TRUE，则返回 TRUE。

【例 7.53】返回 tbl2 表的所有 num2 列，然后将 tbl1 中的 num1 的值与之进行比较，只要大于 num2 的任何 1 个值，即为符合查询条件的结果。

```
mysql> SELECT num1 FROM tbl1 WHERE num1 > ANY (SELECT num2 FROM tbl2);
+------+
| num1 |
+------+
|   13 |
|   27 |
```

```
+------+
```

在子查询中，返回的是 tbl2 表的所有 num2 列结果（6,14,11,20），然后将 tbl1 中的 num1 列的值与之进行比较，只要大于 num2 列的任意一个数即为符合条件的结果。

7.5.2 带 ALL 关键字的子查询

ALL 关键字与 ANY 和 SOME 不同，使用 ALL 时需要同时满足所有内层查询的条件。例如，修改前面的例子，用 ALL 关键字替换 ANY。

ALL 关键字接在一个比较操作符的后面，表示与子查询返回的所有值比较为 TRUE，则返回 TRUE。

【例 7.54】返回 tbl1 表中比 tbl2 表 num2 列所有值都大的值，SQL 语句如下：

```
mysql> SELECT num1 FROM tbl1 WHERE num1 > ALL (SELECT num2 FROM tbl2);
+------+
| num1 |
+------+
|  27  |
+------+
```

在子查询中，返回的是 tbl2 的所有 num2 列结果（6,14,11,20），然后将 tbl1 中的 num1 列的值与之进行比较，大于所有 num2 列值的 num1 值只有 27，因此返回结果为 27。

7.5.3 带 EXISTS 关键字的子查询

EXISTS 关键字后面的参数是一个任意的子查询，系统对子查询进行运算以判断它是否返回行，如果至少返回一行，那么 EXISTS 的结果为 true，此时外层查询语句将进行查询；如果子查询没有返回任何行，那么 EXISTS 返回的结果是 false，此时外层语句将不进行查询。

【例 7.55】查询 suppliers 表中是否存在 s_id=107 的供应商，如果存在，则查询 fruits 表中的记录，SQL 语句如下：

```
mysql> SELECT * FROM fruits
    -> WHERE EXISTS
    -> (SELECT s_name FROM suppliers WHERE s_id = 107);
+------+------+------------+---------+
| f_id | s_id | f_name     | f_price |
+------+------+------------+---------+
| a1   | 101  | apple      |   5.20  |
| a2   | 103  | apricot    |   2.20  |
| b1   | 101  | blackberry |  10.20  |
| b2   | 104  | berry      |   7.60  |
| b5   | 107  | xxxx       |   3.60  |
| bs1  | 102  | orange     |  11.20  |
```

```
| bs2   | 105 | melon    |    8.20 |
| c0    | 101 | cherry   |    3.20 |
| l2    | 104 | lemon    |    6.40 |
| m1    | 106 | mango    |   15.70 |
| m2    | 105 | xbabay   |    2.60 |
| m3    | 105 | xxtt     |   11.60 |
| o2    | 103 | coconut  |    9.20 |
| t1    | 102 | banana   |   10.30 |
| t2    | 102 | grape    |    5.30 |
| t4    | 107 | xbababa  |    3.60 |
+-------+-----+----------+---------+
```

由结果可以看到，内层查询结果表明 suppliers 表中存在 s_id=107 的记录，因此 EXISTS 表达式返回 true；外层查询语句接收 true 之后对表 fruits 进行查询，返回所有的记录。

EXISTS 关键字可以和条件表达式一起使用。

【例 7.56】查询 suppliers 表中是否存在 s_id=107 的供应商，如果存在，则查询 fruits 表中的 f_price 大于 10.20 的记录，SQL 语句如下：

```
mysql> SELECT * FROM fruits
    -> WHERE f_price>10.20 AND EXISTS
    -> (SELECT s_name FROM suppliers WHERE s_id = 107);
+--------+-------+--------+---------+
| f_id   | s_id  | f_name | f_price |
+--------+-------+--------+---------+
| bs1    | 102   | orange | 11.20   |
| m1     | 106   | mango  | 15.70   |
| m3     | 105   | xxtt   | 11.60   |
| t1     | 102   | banana | 10.30   |
+--------+-------+--------+---------+
```

由结果可以看到，内层查询结果表明 suppliers 表中存在 s_id=107 的记录，因此 EXISTS 表达式返回 true；外层查询语句接收 true 之后根据查询条件 f_price > 10.20 对 fruits 表进行查询，返回结果为 4 条 f_price 大于 10.20 的记录。

NOT EXISTS 与 EXISTS 使用方法相同，返回的结果相反。子查询如果至少返回一行，那么 NOT EXISTS 的结果为 false，此时外层查询语句将不进行查询；如果子查询没有返回任何行，那么 NOT EXISTS 返回的结果是 true，此时外层语句将进行查询。

【例 7.57】查询 suppliers 表中是否存在 s_id=107 的供应商，如果不存在则查询 fruits 表中的记录，SQL 语句如下：

```
mysql> SELECT * FROM fruits
    -> WHERE NOT EXISTS
    -> (SELECT s_name FROM suppliers WHERE s_id = 107);
Empty set (0.00 sec)
```

查询语句 SELECT s_name FROM suppliers WHERE s_id = 107，对 suppliers 表进行查询返回了一条记录，NOT EXISTS 表达式返回 false，外层表达式接收 false，将不再查询 fruits 表中的记录。

EXISTS 和 NOT EXISTS 的结果只取决于是否会返回行，而不取决于这些行的内容，所以这个子查询输入列表通常是无关紧要的。

7.5.4 带 IN 关键字的子查询

IN 关键字进行子查询时，内层查询语句仅仅返回一个数据列，这个数据列里的值将提供给外层查询语句进行比较操作。

【例 7.58】在 orderitems 表中查询 f_id 为 c0 的订单号，并根据订单号查询具有订单号的客户 c_id，SQL 语句如下：

```
mysql> SELECT c_id FROM orders WHERE o_num IN
    -> (SELECT o_num  FROM orderitems WHERE f_id = 'c0');
+-------+
| c_id  |
+-------+
| 10004 |
| 10001 |
+-------+
```

查询结果的 c_id 有两个值，分别为 10001 和 10004。上述查询过程可以分步执行，首先内层子查询查出 orderitems 表中符合条件的订单号，单独执行内查询，查询结果如下：

```
mysql> SELECT o_num  FROM orderitems WHERE f_id = 'c0';
+-------+
| o_num |
+-------+
| 30003 |
| 30005 |
+-------+
```

可以看到，符合条件的 o_num 列的值有两个：30003 和 30005，然后执行外层查询，在 orders 表中查询订单号等于 30003 或 30005 的客户 c_id。嵌套子查询语句还可以写为如下形式，实现相同的效果：

```
mysql> SELECT c_id FROM orders WHERE o_num IN (30003, 30005);
+-------+
| c_id  |
+-------+
| 10004 |
| 10001 |
```

```
+-------+
```

这个例子说明在处理 SELECT 语句的时候，MySQL 实际上执行了两个操作过程，即先执行内层子查询，再执行外层查询，内层子查询的结果作为外部查询的比较条件。

SELECT 语句中可以使用 NOT IN 关键字，其作用与 IN 正好相反。

【例 7.59】与前一个例子类似，但是在 SELECT 语句中使用 NOT IN 关键字，SQL 语句如下：

```
mysql> SELECT c_id FROM orders WHERE o_num NOT IN
    -> (SELECT o_num  FROM orderitems WHERE f_id = 'c0');
+-------+
| c_id  |
+-------+
| 10001 |
| 10003 |
| 10005 |
+-------+
```

这里返回的结果有 3 条记录，由前面可以看到，子查询返回的订单值有两个，即 30003 和 30005，但为什么这里还有值为 10001 的 c_id 呢？这是因为 c_id 等于 10001 的客户的订单不止一个，可以查看订单表 orders 中的记录。

```
mysql> SELECT * FROM orders;
+-------+---------------------+-------+
| o_num | o_date              | c_id  |
+-------+---------------------+-------+
| 30001 | 2008-09-01 00:00:00 | 10001 |
| 30002 | 2008-09-12 00:00:00 | 10003 |
| 30003 | 2008-09-30 00:00:00 | 10004 |
| 30004 | 2008-10-03 00:00:00 | 10005 |
| 30005 | 2008-10-08 00:00:00 | 10001 |
+-------+---------------------+-------+
```

可以看到，虽然排除了订单号为 30003 和 30005 的客户 c_id，但是 o_num 为 30001 的订单与 30005 都是 10001 号客户的订单。所以结果中只是排除了订单号，但是仍然有可能选择同一个客户。

 子查询的功能也可以通过连接查询完成，但是子查询使得 MySQL 代码更容易阅读和编写。

7.5.5 带比较运算符的子查询

在前面介绍的带 ANY、ALL 关键字的子查询时使用了 ">" 比较运算符，子查询时还可以使用其他的比较运算符，如 "<"、"<="、"="、">=" 和 "!=" 等。

【例 7.60】在 suppliers 表中查询 s_city 等于"Tianjin"的供应商 s_id，然后在 fruits 表中查询所有该供应商提供的水果的种类，SQL 语句如下：

```
SELECT s_id, f_name FROM fruits
WHERE s_id =
(SELECT s1.s_id FROM suppliers AS s1 WHERE s1.s_city = 'Tianjin');
```

该嵌套查询首先在 suppliers 表中查找 s_city 等于 Tianjin 的供应商的 s_id，单独执行子查询查看 s_id 的值，执行下面的操作过程：

```
mysql> SELECT s1.s_id FROM suppliers AS s1 WHERE s1.s_city = 'Tianjin';
+------+
| s_id |
+------+
| 101  |
+------+
```

然后在外层查询时，在 fruits 表中查找 s_id 等于 101 的供应商提供的水果的种类，查询结果如下：

```
mysql> SELECT s_id, f_name FROM fruits
    -> WHERE s_id =
    -> (SELECT s1.s_id FROM suppliers AS s1 WHERE s1.s_city = 'Tianjin');
+------+------------+
| s_id | f_name     |
+------+------------+
| 101  | apple      |
| 101  | blackberry |
| 101  | cherry     |
+------+------------+
```

结果表明，"Tianjin"地区的供应商提供的水果种类有 3 种，分别为"apple"、"blackberry"、"cherry"。

【例 7.61】在 suppliers 表中查询 s_city 等于"Tianjin"的供应商 s_id，然后在 fruits 表中查询所有非该供应商提供的水果的种类，SQL 语句如下：

```
mysql> SELECT s_id, f_name FROM fruits
    -> WHERE s_id <>
    -> (SELECT s1.s_id FROM suppliers AS s1 WHERE s1.s_city = 'Tianjin');
+------+---------+
| s_id | f_name  |
+------+---------+
| 103  | apricot |
| 104  | berry   |
| 107  | xxxx    |
| 102  | orange  |
| 105  | melon   |
| 104  | lemon   |
```

```
| 106 | mango    |
| 105 | xbabay   |
| 105 | xxtt     |
| 103 | coconut  |
| 102 | banana   |
| 102 | grape    |
| 107 | xbababa  |
+------+----------+
```

该嵌套查询执行过程与前面相同，在这里使用了不等于"<>"运算符，因此返回的结果和前面正好相反。

7.6 合并查询结果

利用 UNION 关键字，可以给出多条 SELECT 语句，并将它们的结果组合成单个结果集。合并时，两个表对应的列数和数据类型必须相同。各个 SELECT 语句之间使用 UNION 或 UNION ALL 关键字分隔。UNION 不使用关键字 ALL，执行的时候删除重复的记录，所有返回的行都是唯一的；使用关键字 ALL 的作用是不删除重复行也不对结果进行自动排序。基本语法格式如下：

```
SELECT column,... FROM table1
UNION [ALL]
SELECT column,... FROM table2
```

【例 7.62】查询所有价格小于 9 的水果的信息，查询 s_id 等于 101 和 103 所有的水果的信息，使用 UNION 连接查询结果，SQL 语句如下：

```
SELECT s_id, f_name, f_price
FROM fruits
WHERE f_price < 9.0
UNION ALL
SELECT s_id, f_name, f_price
FROM fruits
WHERE s_id IN(101,103);
```

合并查询结果如下：

```
+------+----------------+---------+
| s_id | f_name         | f_price |
+------+----------------+---------+
| 101  | apple          |    5.20 |
| 103  | apricot        |    2.20 |
| 104  | berry          |    7.60 |
| 107  | xxxx           |    3.60 |
| 105  | melon          |    8.20 |
| 101  | cherry         |    3.20 |
| 104  | lemon          |    6.40 |
| 105  | xbabay         |    2.60 |
```

```
| 102 | grape     |  5.30 |
| 107 | xbababa   |  3.60 |
| 101 | apple     |  5.20 |
| 103 | apricot   |  2.20 |
| 101 | blackberry| 10.20 |
| 101 | cherry    |  3.20 |
| 103 | coconut   |  9.20 |
+------+------------+----------+
```

如前所述，UNION 将多个 SELECT 语句的结果组合成一个结果集合。可以分开查看每个 SELECT 语句的结果：

```
mysql> SELECT s_id, f_name, f_price
    -> FROM fruits
    -> WHERE f_price < 9.0;
+------+------------+---------+
| s_id | f_name     | f_price |
+------+------------+---------+
| 101  | apple      |   5.20  |
| 103  | apricot    |   2.20  |
| 104  | berry      |   7.60  |
| 107  | xxxx       |   3.60  |
| 105  | melon      |   8.20  |
| 101  | cherry     |   3.20  |
| 104  | lemon      |   6.40  |
| 105  | xbabay     |   2.60  |
| 102  | grape      |   5.30  |
| 107  | xbababa    |   3.60  |
+------+------------+---------+
10 rows in set (0.00 sec)

mysql> SELECT s_id, f_name, f_price
    -> FROM fruits
    -> WHERE s_id IN(101,103);
+------+------------+---------+
| s_id | f_name     | f_price |
+------+------------+---------+
| 101  | apple      |   5.20  |
| 103  | apricot    |   2.20  |
| 101  | blackberry |  10.20  |
| 101  | cherry     |   3.20  |
| 103  | coconut    |   9.20  |
+------+------------+---------+
5 rows in set (0.00 sec)
```

由分开查询的结果可以看到，第 1 条 SELECT 语句查询价格小于 9 的水果，第 2 条 SELECT 语句查询供应商 101 和 103 提供的水果。使用 UNION 将两条 SELECT 语句分隔开，执行完毕之后把输出结果组合成单个的结果集，并删除重复的记录。

使用 UNION ALL 包含重复的行，在前面的例子中，分开查询时，两个返回结果中有相同的记录。UNION 从查询结果集中自动去除了重复的行，如果要返回所有匹配行，而不进行删除，可以使用 UNION ALL。

【例 7.63】查询所有价格小于 9 的水果的信息，查询 s_id 等于 101 和 103 的所有水果的信息，使用 UNION ALL 连接查询结果，SQL 语句如下：

```
SELECT s_id, f_name, f_price
FROM fruits
WHERE f_price < 9.0
UNION ALL
SELECT s_id, f_name, f_price
FROM fruits
WHERE s_id IN(101,103);
```

查询结果如下：

```
+------+-----------------+---------+
| s_id | f_name          | f_price |
+------+-----------------+---------+
| 101  | apple           |    5.20 |
| 103  | apricot         |    2.20 |
| 104  | berry           |    7.60 |
| 107  | xxxx            |    3.60 |
| 105  | melon           |    8.20 |
| 101  | cherry          |    3.20 |
| 104  | lemon           |    6.40 |
| 105  | xbabay          |    2.60 |
| 102  | grape           |    5.30 |
| 107  | xbababa         |    3.60 |
| 101  | apple           |    5.20 |
| 103  | apricot         |    2.20 |
| 101  | blackberry      |   10.20 |
| 101  | cherry          |    3.20 |
| 103  | coconut         |    9.20 |
+------+-----------------+---------+
```

由结果可以看到，这里总的记录数等于两条 SELECT 语句返回的记录数之和，连接查询结果并没有去除重复的行。

> UNION 和 UNION ALL 的区别：使用 UNION ALL 的功能是不删除重复行，加上 ALL 关键字语句执行时所需要的资源少，所以尽可能地使用它，因此知道有重复行但是想保留这些行，确定查询结果中不会有重复数据或者不需要去掉重复数据的时候，应当使用 UNION ALL 以提高查询效率。

7.7 为表和字段取别名

在前面介绍分组查询、聚合函数查询和嵌套子查询章节中，读者注意到有的地方使用了 AS 关键字为查询结果中的某一列指定一个特定的名字。在内连接查询时，则对相同的表 fruits 分别指定两个不同的名字，这里可以为字段或者表取一个别名，在查询时，使用别名替代其指定的内容，本节将介绍如何为字段和表创建别名以及如何使用别名。

7.7.1　为表取别名

当表名字很长或者执行一些特殊查询时，为了方便操作或者需要多次使用相同的表时，可以为表指定别名，用这个别名替代表原来的名称。为表取别名的基本语法格式为：

```
表名 [AS] 表别名
```

"表名"为数据库中存储的数据表的名称，"表别名"为查询时指定的表的新名称，AS 关键字为可选参数。

【例 7.64】为 orders 表取别名 o，查询 30001 订单的下单日期，SQL 语句如下：

```
SELECT * FROM orders AS o
WHERE o.o_num = 30001;
```

在这里 orders AS o 代码表示为 orders 表取别名为 o，指定过滤条件时直接使用 o 代替 orders，查询结果如下：

```
+-------+---------------------+-------+
| o_num | o_date              | c_id  |
+-------+---------------------+-------+
| 30001 | 2008-09-01 00:00:00 | 10001 |
+-------+---------------------+-------+
```

【例 7.65】为 customers 和 orders 表分别取别名，并进行连接查询，SQL 语句如下：

```
mysql> SELECT c.c_id, o.o_num
    -> FROM customers AS c LEFT OUTER JOIN orders AS o
    -> ON c.c_id = o.c_id;
+-------+-------+
| c_id  | o_num |
+-------+-------+
| 10001 | 30001 |
| 10001 | 30005 |
| 10002 | NULL  |
| 10003 | 30002 |
| 10004 | 30003 |
+-------+-------+
```

由结果看到，MySQL 可以同时为多个表取别名，而且表别名可以放在不同的位置，如 WHERE 子句、SELECT 列表、ON 子句以及 ORDER BY 子句等。

在前面介绍内连接查询时指出自连接是一种特殊的内连接，在连接查询中的两个表都是同一个表，其查询语句如下：

```
mysql> SELECT f1.f_id, f1.f_name
    -> FROM fruits AS f1, fruits AS f2
    -> WHERE f1.s_id = f2.s_id AND f2.f_id = 'a1';
+-------+-------------+
| f_id  | f_name      |
```

```
+------+------------+
| a1   | apple      |
| b1   | blackberry |
| c0   | cherry     |
+------+------------+
```

在这里，如果不使用表别名，MySQL 将不知道引用的是哪个 fruits 表实例，这是表别名的一个非常有用的地方。

 在为表取别名时，要保证不能与数据库中的其他表的名称冲突。

7.7.2 为字段取别名

在本章和前面各章节的例子中可以看到，在使用 SELECT 语句显示查询结果时，MySQL 会显示每个 SELECT 后面指定的输出列，在有些情况下，显示的列的名称会很长或者名称不够直观，MySQL 可以指定列别名，替换字段或表达式。为字段取别名的基本语法格式为：

列名 [AS] 列别名

"列名"为表中字段定义的名称，"列别名"为字段新的名称，AS 关键字为可选参数。

【例 7.66】查询 fruits 表，为 f_name 取别名 fruit_name，f_price 取别名 fruit_price，为 fruits 表取别名 f1，查询表中 f_price < 8 的水果的名称，SQL 语句如下：

```
mysql> SELECT f1.f_name AS fruit_name, f1.f_price AS fruit_price
    -> FROM fruits AS f1
    -> WHERE f1.f_price < 8;
+----------------+-------------+
| fruit_name     | fruit_price |
+----------------+-------------+
| apple          |      5.20   |
| apricot        |      2.20   |
| berry          |      7.60   |
| xxxx           |      3.60   |
| cherry         |      3.20   |
| lemon          |      6.40   |
| xbabay         |      2.60   |
| grape          |      5.30   |
| xbababa        |      3.60   |
+----------------+-------------+
```

也可以为 SELECT 子句中的计算字段取别名，例如，对使用 COUNT 聚合函数或者 CONCAT 等系统函数执行的结果字段取别名。

【例 7.67】查询 suppliers 表中字段 s_name 和 s_city，使用 CONCAT 函数连接这两个字段值，并取列别名为 suppliers_title。

如果没有对连接后的值取别名，其显示列名称将会不够直观，SQL 语句如下：

```
mysql> SELECT CONCAT(TRIM(s_name) , ' (',  TRIM(s_city), ')')
```

```
    -> FROM suppliers
    -> ORDER BY s_name;
+-----------------------------------------------------------+
| CONCAT(TRIM(s_name) , ' (', TRIM(s_city), ')') |
+-----------------------------------------------------------+
| ACME (Shanghai)                          |
| DK Inc. (Qingdao)                        |
| FastFruit Inc. (Tianjin)                 |
| FNK Inc. (Zhongshan)                     |
| Good Set (Taiyuan)                       |
| Just Eat Ours (Beijing)                  |
| LT Supplies (Chongqing)                  |
+-----------------------------------------------------------+
```

由结果可以看到，显示结果的列名称为 SELECT 子句后面的计算字段，实际上计算之后的列是没有名字的，这样的结果让人很不容易理解，如果为字段取一个别名，将会使结果清晰，SQL 语句如下：

```
mysql> SELECT CONCAT(TRIM(s_name) , ' (', TRIM(s_city), ')')
    -> AS suppliers_title
    -> FROM suppliers
    -> ORDER BY s_name;
+------------------------------+
| suppliers_title              |
+------------------------------+
| ACME (Shanghai)        |
| DK Inc. (Qingdao)      |
| FastFruit Inc. (Tianjin) |
| FNK Inc. (Zhongshan)   |
| Good Set (Taiyuan)     |
| Just Eat Ours (Beijing) |
| LT Supplies (Chongqing)|
+------------------------------+
```

由结果可以看到，SELECT 子句计算字段值之后增加了 AS suppliers_title，它指示 MySQL 为计算字段创建一个别名 suppliers_title，显示结果为指定的列别名，这样就增强了查询结果的可读性。

> 表别名只在执行查询的时候使用，并不在返回结果中显示，而列别名定义之后，将返回给客户端显示，显示的结果字段为字段列的别名。

7.8 使用正则表达式查询

正则表达式通常被用来检索或替换那些符合某个模式的文本内容，根据指定的匹配模式匹配文本中符合要求的特殊字符串。例如从一个文本文件中提取电话号码，查找一篇文章中重复的单词或者替换用户输入的某些敏感词语等等，这些地方都可以使用正则表达式。正则表达式强大而且灵活,可以应用于非常复杂的查询。

MySQL 中使用 REGEXP 关键字指定正则表达式的字符匹配模式,表 7.3 列出了 REGEXP 操作符中常用字符匹配列表。

表 7.3　正则表达式常用字符匹配列表

选项	说明	例子	匹配值示例
^	匹配文本的开始字符	'^b'匹配以字母 b 开头的字符串	book, big, banana, bike
$	匹配文本的结束字符	'st$'匹配以 st 结尾的字符串	test, resist, persist
.	匹配任何单个字符	'b.t'匹配任何 b 和 t 之间有一个字符	bit, bat, but,bite
*	匹配零个或多个在它前面的字符	'f*n'匹配字符 n 前面有任意个字符 f	fn, fan,faan, fabcn
+	匹配前面的字符 1 次或多次	'ba+ '匹配以 b 开头后面紧跟至少有一个 a	ba, bay, bare, battle
<字符串>	匹配包含指定的字符串的文本	'fa'	fan,afa,faad
[字符集合]	匹配字符集合中的任何一个字符	'[xz]' 匹配 x 或者 z	dizzy, zebra, x-ray, extra
[^]	匹配不在括号中的任何字符	'[^abc]'匹配任何不包含 a、b 或 c 的字符串	desk, fox, f8ke
字符串 {n,}	匹配前面的字符串至少 n 次	b{2}匹配 2 个或更多的 b	bbb,bbbb,bbbbbbb
字符串 {n,m}	匹配前面的字符串至少 n 次,至多 m 次。如果 n 为 0,此参数为可选参数	b{2,4}匹配最少 2 个,最多 4 个 b	bb,bbb,bbbb

下文将详细介绍在 MySQL 中如何使用正则表达式。

7.8.1　查询以特定字符或字符串开头的记录

字符'^'匹配以特定字符或者字符串开头的文本。

【例 7.68】在 fruits 表中,查询 f_name 字段以字母'b'开头的记录,SQL 语句如下:

```
mysql> SELECT * FROM fruits WHERE f_name REGEXP '^b';
+------+------+------------------+-------------+
| f_id | s_id | f_name           | f_price     |
+------+------+------------------+-------------+
| b1   | 101  | blackberry       | 10.20       |
| b2   | 104  | berry            |  7.60       |
| t1   | 102  | banana           | 10.30       |
+------+------+------------------+-------------+
```

fruits 表中有 3 条记录的 f_name 字段值是以字母 b 开头,返回结果有 3 条记录。

【例 7.69】在 fruits 表中，查询 f_name 字段以 "be" 开头的记录，SQL 语句如下：

```
mysql> SELECT * FROM fruits WHERE f_name REGEXP '^be';
+------+------+--------+---------+
| f_id | s_id | f_name | f_price |
+------+------+--------+---------+
| b2   | 104  | berry  |  7.60   |
+------+------+--------+---------+
```

只有 berry 是以 "be" 开头，所以查询结果中只有 1 条记录。

7.8.2　查询以特定字符或字符串结尾的记录

字符 '$' 匹配以特定字符或者字符串结尾的文本。

【例 7.70】在 fruits 表中，查询 f_name 字段以字母 'y' 结尾的记录，SQL 语句如下：

```
mysql> SELECT * FROM fruits WHERE f_name REGEXP 'y$';
+------+------+------------+---------+
| f_id | s_id | f_name     | f_price |
+------+------+------------+---------+
| b1   | 101  | blackberry |  10.20  |
| b2   | 104  | berry      |   7.60  |
| c0   | 101  | cherry     |   3.20  |
| m2   | 105  | xbabay     |   2.60  |
+------+------+------------+---------+
```

fruits 表中有 4 条记录的 f_name 字段值是以字母 'y' 结尾，返回结果有 4 条记录。

【例 7.71】在 fruits 表中，查询 f_name 字段以字符串 "rry" 结尾的记录，SQL 语句如下：

```
mysql> SELECT * FROM fruits WHERE f_name REGEXP 'rry$';
+------+------+------------+---------+
| f_id | s_id | f_name     | f_price |
+------+------+------------+---------+
| b1   | 101  | blackberry |  10.20  |
| b2   | 104  | berry      |   7.60  |
| c0   | 101  | cherry     |   3.20  |
+------+------+------------+---------+
```

fruits 表中有 3 条记录的 f_name 字段值是以字符串 "rry" 结尾，返回结果有 3 条记录。

7.8.3　用符号"."来替代字符串中的任意一个字符

字符 '.' 匹配任意一个字符。

【例 7.72】在 fruits 表中，查询 f_name 字段值包含字母 'a' 与 'g' 且两个字母之间只有一个字母的记录，SQL 语句如下，

```
mysql> SELECT * FROM fruits WHERE f_name REGEXP 'a.g';
+------+------+--------+---------+
| f_id | s_id | f_name | f_price |
+------+------+--------+---------+
| bs1  | 102  | orange | 11.20   |
| m1   | 106  | mango  | 15.70   |
+------+------+--------+---------+
```

查询语句中 'a.g' 指定匹配字符中要有字母 a 和 g，且两个字母之间包含单个字符，并不限定匹配的字符的位置和所在查询字符串的总长度，因此 orange 和 mango 都符合匹配条件。

7.8.4 使用 "*" 和 "+" 来匹配多个字符

星号 '*' 匹配前面的字符任意多次，包括 0 次。加号 '+' 匹配前面的字符至少一次。

【例 7.73】在 fruits 表中，查询 f_name 字段值以字母 'b' 开头，且 'b' 后面出现字母 'a' 的记录，SQL 语句如下：

```
mysql> SELECT * FROM fruits WHERE f_name REGEXP '^ba*';
+------+------+------------+---------+
| f_id | s_id | f_name     | f_price |
+------+------+------------+---------+
| b1   | 101  | blackberry | 10.20   |
| b2   | 104  | berry      | 7.60    |
| t1   | 102  | banana     | 10.30   |
+------+------+------------+---------+
```

星号 '*' 可以匹配任意多个字符，blackberry 和 berry 中字母 b 后面并没有出现字母 a，但是也满足匹配条件。

【例 7.74】在 fruits 表中，查询 f_name 字段值以字母 'b' 开头，且 'b' 后面出现字母 'a' 至少一次的记录，SQL 语句如下：

```
mysql> SELECT * FROM fruits WHERE f_name REGEXP '^ba+';
+------+------+--------+---------+
| f_id | s_id | f_name | f_price |
+------+------+--------+---------+
| t1   | 102  | banana | 10.30   |
+------+------+--------+---------+
```

'a+' 匹配字母 'a' 至少一次，只有 banana 满足匹配条件。

7.8.5 匹配指定字符串

正则表达式可以匹配指定字符串，只要这个字符串在查询文本中即可，如要匹配多个字符串，多个字符串之间使用分隔符 '|' 隔开。

【例 7.75】在 fruits 表中，查询 f_name 字段值包含字符串"on"的记录，SQL 语句如下：

```
mysql> SELECT * FROM fruits WHERE f_name REGEXP 'on';
+-------+-------+-----------+---------+
| f_id | s_id | f_name    | f_price |
+-------+-------+-----------+---------+
| bs2   | 105   | melon     | 8.20    |
| l2    | 104   | lemon     | 6.40    |
| o2    | 103   | coconut   | 9.20    |
+-------+-------+-----------+---------+
```

可以看到，f_name 字段的 melon、lemon 和 coconut 3 个值中都包含有字符串"on"，满足匹配条件。

【例 7.76】在 fruits 表中，查询 f_name 字段值包含字符串"on"或者"ap"的记录，SQL 语句如下：

```
mysql> SELECT * FROM fruits WHERE f_name REGEXP 'on|ap';
+-------+-------+-----------+---------+
| f_id | s_id | f_name    | f_price |
+-------+-------+-----------+---------+
| a1    | 101   | apple     | 5.20    |
| a2    | 103   | apricot   | 2.20    |
| bs2   | 105   | melon     | 8.20    |
| l2    | 104   | lemon     | 6.40    |
| o2    | 103   | coconut   | 9.20    |
| t2    | 102   | grape     | 5.30    |
+-------+-------+-----------+---------+
```

可以看到，f_name 字段的 melon、lemon 和 coconut 3 个值中都包含有字符串"on"，apple 和 apricot 值中包含字符串"ap"，满足匹配条件。

之前介绍过，LIKE 运算符也可以匹配指定的字符串，但与 REGEXP 不同，LIKE 匹配的字符串如果在文本中间出现，则找不到它，相应的行也不会返回。而 REGEXP 在文本内进行匹配，如果被匹配的字符串在文本中出现，REGEXP 将会找到它，相应的行也会被返回。对比结果如【例 7.77】所示。

【例 7.77】在 fruits 表中，使用 LIKE 运算符查询 f_name 字段值为"on"的记录，SQL 语句如下：

```
mysql> SELECT * FROM fruits WHERE f_name LIKE 'on';
Empty set (0.00 sec)
```

f_name 字段没有值为"on"的记录，返回结果为空。读者可以体会一下两者的区别。

7.8.6　匹配指定字符中的任意一个

方括号"[]"指定一个字符集合，只匹配其中任何一个字符，即为所查找的文本。

【例 7.78】在 fruits 表中，查找 f_name 字段中包含字母 'o' 或者 't' 的记录，SQL 语句如下：

```
mysql> SELECT * FROM fruits WHERE f_name REGEXP '[ot]';
+------+------+---------+---------+
| f_id | s_id | f_name  | f_price |
+------+------+---------+---------+
| a2   | 103  | apricot |    2.20 |
| bs1  | 102  | orange  |   11.20 |
| bs2  | 105  | melon   |    8.20 |
| l2   | 104  | lemon   |    6.40 |
| m1   | 106  | mango   |   15.70 |
| m3   | 105  | xxtt    |   11.60 |
| o2   | 103  | coconut |    9.20 |
+------+------+---------+---------+
```

查询结果可以看到，所有返回的记录的 f_name 字段的值中都包含有字母 o 或者 t，或者两个都有。

方括号"[]"还可以指定数值集合。

【例 7.79】在 fruits 表，查询 s_id 字段中数值中包含 4、5 或者 6 的记录，SQL 语句如下：

```
mysql> SELECT * FROM fruits WHERE s_id REGEXP '[456]';
+------+------+---------+---------+
| f_id | s_id | f_name  | f_price |
+------+------+---------+---------+
| b2   | 104  | berry   |    7.60 |
| bs2  | 105  | melon   |    8.20 |
| l2   | 104  | lemon   |    6.40 |
| m1   | 106  | mango   |   15.70 |
| m2   | 105  | xbabay  |    2.60 |
| m3   | 105  | xxtt    |   11.60 |
+------+------+---------+---------+
```

查询结果中，s_id 字段值中有 3 个数字中的 1 个即为匹配记录字段。

匹配集合"[456]"也可以写成"[4-6]"即指定集合区间。例如"[a-z]"表示集合区间为从 a~z 的字母，"[0-9]"表示集合区间为所有数字。

7.8.7　匹配指定字符以外的字符

"[^字符集合]"匹配不在指定集合中的任何字符。

【例 7.80】在 fruits 表中，查询 f_id 字段包含字母 a~e 和数字 1~2 以外的字符的记录，SQL
语句如下：

```
mysql> SELECT * FROM fruits WHERE f_id REGEXP '[^a-e1-2]';
+------+------+---------+---------+
| f_id | s_id | f_name  | f_price |
+------+------+---------+---------+
| b5   |  107 | xxxx    |    3.60 |
| bs1  |  102 | orange  |   11.20 |
| bs2  |  105 | melon   |    8.20 |
| c0   |  101 | cherry  |    3.20 |
| l2   |  104 | lemon   |    6.40 |
| m1   |  106 | mango   |   15.70 |
| m2   |  105 | xbabay  |    2.60 |
| m3   |  105 | xxtt    |   11.60 |
| o2   |  103 | coconut |    9.20 |
| t1   |  102 | banana  |   10.30 |
| t2   |  102 | grape   |    5.30 |
| t4   |  107 | xbababa |    3.60 |
+------+------+---------+---------+
```

返回记录中的 f_id 字段值中包含了指定字母和数字以外的值，如 s、m、o、t 等，这些字
母均不在 a~e 与 1~2 之间，满足匹配条件。

7.8.8　使用{n,}或者{n,m}来指定字符串连续出现的次数

"字符串{n,}"表示至少匹配 n 次前面的字符；"字符串{n,m}"表示匹配前面的字符串
不少于 n 次，不多于 m 次。例如，a{2,}表示字母 a 连续出现至少 2 次，也可以大于 2 次；a{2,4}
表示字母 a 连续出现最少 2 次，最多不能超过 4 次。

【例 7.81】在 fruits 表中，查询 f_name 字段值出现字母'x'至少 2 次的记录，SQL 语句
如下：

```
mysql>  SELECT * FROM fruits WHERE f_name REGEXP 'x{2,}';
+------+------+---------+---------+
| f_id | s_id | f_name  | f_price |
+------+------+---------+---------+
| b5   |  107 | xxxx    |    3.60 |
| m3   |  105 | xxtt    |   11.60 |
+------+------+---------+---------+
```

可以看到，f_name 字段的"xxxx"包含了 4 个字母'x'，"xxtt"包含两个字母'x'，
均为满足匹配条件的记录。

【例 7.82】在 fruits 表中，查询 f_name 字段值出现字符串"ba"最少 1 次，最多 3 次的记

第 7 章 查询数据

录，SQL 语句如下：

```
mysql> SELECT * FROM fruits WHERE f_name REGEXP 'ba{1,3}';
+-------+--------+----------+---------+
| f_id  | s_id   | f_name   | f_price |
+-------+--------+----------+---------+
| m2    | 105    | xbabay   |   2.60  |
| t1    | 102    | banana   |  10.30  |
| t4    | 107    | xbababa  |   3.60  |
+-------+--------+----------+---------+
```

可以看到，f_name 字段的 xbabay 值中"ba"出现了 2 次，banana 中出现了 1 次，xbababa 中出现了 3 次，都满足匹配条件的记录。

7.9 综合案例——数据表查询操作

SQL 语句可以分为两部分，一部分用来创建数据库对象，另一部分用来操作这些对象，本章详细介绍了操作数据库对象的数据表查询语句。通过本章的介绍，读者可以了解到 SQL 中的查询语言功能的强大，用户可以根据需要灵活使用。本章的综合案例将回顾这些查询语句。

1. 案例目的

根据不同条件对表进行查询操作，掌握数据表的查询语句。employee、dept 表结构以及表中的记录，如表 7.4~表 7.7 所示。

表 7.4　employee 表结构

字段名	字段说明	数据类型	主键	外键	非空	唯一	自增
e_no	员工编号	INT(11)	是	否	是	是	否
e_name	员工姓名	VARCHAR(50)	否	否	是	否	否
e_gender	员工性别	CHAR(2)	否	否	否	否	否
dept_no	部门编号	INT(11)	否	否	是	否	否
e_job	职位	VARCHAR(50)	否	否	是	否	否
e_salary	薪水	INT(11)	否	否	是	否	否
hireDate	入职日期	DATE	否	否	是	否	否

表 7.5　dept 表结构

字段名	字段说明	数据类型	主键	外键	非空	唯一	自增
d_no	部门编号	INT(11)	是	是	是	是	是
d_name	部门名称	VARCHAR(50)	否	否	是	否	否
d_location	部门地址	VARCHAR(100)	否	否	否	否	否

表 7.6   employee 表中的记录

e_no	e_name	e_gender	dept_no	e_job	e_salary	hireDate
1001	SMITH	m	20	CLERK	800	2005-11-12
1002	ALLEN	f	30	SALESMAN	1600	2003-05-12
1003	WARD	f	30	SALESMAN	1250	2003-05-12
1004	JONES	m	20	MANAGER	2975	1998-05-18
1005	MARTIN	m	30	SALESMAN	1250	2001-06-12
1006	BLAKE	f	30	MANAGER	2850	1997-02-15
1007	CLARK	m	10	MANAGER	2450	2002-09-12
1008	SCOTT	m	20	ANALYST	3000	2003-05-12
1009	KING	f	10	PRESIDENT	5000	1995-01-01
1010	TURNER	f	30	SALESMAN	1500	1997-10-12
1011	ADAMS	m	20	CLERK	1100	1999-10-05
1012	JAMES	f	30	CLERK	950	2008-06-15

表 7.7   dept 表中的记录

d_no	d_name	d_location
10	ACCOUNTING	ShangHai
20	RESEARCH	BeiJing
30	SALES	ShenZhen
40	OPERATIONS	FuJian

2. 案例操作过程

步骤 01   创建数据表 employee 和 dept。

```
CREATE TABLE dept
(
d_no        INT(11) NOT NULL PRIMARY KEY AUTO_INCREMENT,
d_name      VARCHAR(50),NOT NOLL
d_location    VARCHAR(100)
);
```

由于 employee 表 dept_no 依赖于父表 dept 的主键 d_no，因此需要先创建 dept 表，然后创建 employee 表。

```
CREATE TABLE employee
(
e_no        INT(11) NOT NULL PRIMARY KEY,
e_name      VARCHAR(50) NOT NULL,
e_gender    CHAR(2),
dept_no     INT(11) NOT NULL,
e_job       VARCHAR(50) NOT NULL,
e_salary    INT(11) NOT NULL,
```

```
hireDate   DATE  NOT NULL,
CONSTRAINT dno_fk FOREIGN KEY(dept_no)
REFERENCES dept(d_no)
);
```

步骤 02　将指定记录分别插入两个表中。

向 dept 表中插入数据，SQL 语句如下：

```
INSERT INTO dept
VALUES (10, 'ACCOUNTING', 'ShangHai'),
(20, 'RESEARCH ', 'BeiJing '),
(30, 'SALES ', 'ShenZhen '),
(40, 'OPERATIONS ', 'FuJian ');
```

向 employee 表中插入数据，SQL 语句如下：

```
INSERT INTO employee
VALUES (1001, 'SMITH', 'm',20, 'CLERK',800,'2005-11-12'),
(1002, 'ALLEN', 'f',30, 'SALESMAN', 1600,'2003-05-12'),
(1003, 'WARD', 'f',30, 'SALESMAN', 1250,'2003-05-12'),
(1004, 'JONES', 'm',20, 'MANAGER', 2975,'1998-05-18'),
(1005, 'MARTIN', 'm',30, 'SALESMAN', 1250,'2001-06-12'),
(1006, 'BLAKE', 'f',30, 'MANAGER', 2850,'1997-02-15'),
(1007, 'CLARK', 'm',10, 'MANAGER', 2450,'2002-09-12'),
(1008, 'SCOTT', 'm',20, 'ANALYST', 3000,'2003-05-12'),
(1009, 'KING', 'f',10, 'PRESIDENT', 5000,'1995-01-01'),
(1010, 'TURNER', 'f',30, 'SALESMAN', 1500,'1997-10-12'),
(1011, 'ADAMS', 'm',20, 'CLERK', 1100,'1999-10-05'),
(1012, 'JAMES', 'm',30, 'CLERK', 950,'2008-06-15');
```

步骤 03　在 employee 表中，查询所有记录的 e_no、e_name 和 e_salary 字段值。

```
SELECT e_no, e_name, e_salary;
```

执行结果如下：

```
mysql> SELECT e_no, e_name, e_salary FROM employee;
+------+--------------+------------+
| e_no | e_name | e_salary |
+------+--------------+------------+
| 1001 | SMITH  |      800 |
| 1002 | ALLEN  |     1600 |
| 1003 | WARD   |     1250 |
| 1004 | JONES  |     2975 |
| 1005 | MARTIN |     1250 |
| 1006 | BLAKE  |     2850 |
| 1007 | CLARK  |     2450 |
| 1008 | SCOTT  |     3000 |
```

```
| 1009 | KING   |     5000  |
| 1010 | TURNER |     1500  |
| 1011 | ADAMS  |     1100  |
| 1012 | JAMES  |      950  |
+------+-----------+---------------+
12 rows in set (0.00 sec)
```

步骤 04　在 employee 表中，查询 dept_no 等于 10 和 20 的所有记录。

```
SELECT * FROM employee WHERE dept_no IN (10, 20);
```

执行结果如下：

```
mysql> SELECT * FROM employee WHERE dept_no IN (10, 20);
+------+--------+----------+---------+-----------+----------+------------+
| e_no | e_name | e_gender | dept_no | e_job     | e_salary | hireDate   |
+------+--------+----------+---------+-----------+----------+------------+
| 1001 | SMITH  | m        |      20 | CLERK     |      800 | 2005-11-12 |
| 1004 | JONES  | m        |      20 | MANAGER   |     2975 | 1998-05-18 |
| 1007 | CLARK  | m        |      10 | MANAGER   |     2450 | 2002-09-12 |
| 1008 | SCOTT  | m        |      20 | ANALYST   |     3000 | 2003-05-12 |
| 1009 | KING   | f        |      10 | PRESIDENT |     5000 | 1995-01-01 |
| 1011 | ADAMS  | m        |      20 | CLERK     |     1100 | 1999-10-05 |
+------+--------+----------+---------+-----------+----------+------------+
6 rows in set (0.00 sec)
```

步骤 05　在 employee 表中，查询工资范围在 800~2500 的员工信息。

```
SELECT * FROM employee WHERE e_salary BETWEEN 800 AND 2500;
```

执行结果如下：

```
mysql> SELECT * FROM employee WHERE e_salary BETWEEN 800 AND 2500;
+------+--------------+------------------+------------+----------------+-------
-----------+-----------+
| e_no | e_name | e_gender | dept_no | e_job   |    e_salary | hireDate
|
+------+--------------+------------------+----------+----------------+-------
------------+-----------+
| 1001 | SMITH  | m        |      20 | CLERK     |      800 | 2005-11-12 |
| 1002 | ALLEN  | f        |      30 | SALESMAN  |     1600 | 2003-05-12 |
| 1003 | WARD   | f        |      30 | SALESMAN  |     1250 | 2003-05-12 |
| 1005 | MARTIN | m        |      30 | SALESMAN  |     1250 | 2001-06-12 |
| 1007 | CLARK  | m        |      10 | MANAGER   |     2450 | 2002-09-12 |
| 1010 | TURNER | f        |      30 | SALESMAN  |     1500 | 1997-10-12 |
| 1011 | ADAMS  | m        |      20 | CLERK     |     1100 | 1999-10-05 |
| 1012 | JAMES  | m        |      30 | CLERK     |      950 | 2008-06-15 |
+------+--------------+------------------+----------+----------------+-------
```

```
------------+-------------+
8 rows in set (0.00 sec)
```

步骤 06 在 employee 表中，查询部门编号为 20 的部门中的员工信息。

```
SELECT * FROM employee WHERE dept_no = 20;
```

执行结果如下：

```
mysql> SELECT * FROM employee WHERE dept_no = 20;
+------+-------------+-------------+----------------+-------------+--------
--------+-------------+
| e_no | e_name | e_gender | dept_no | e_job | e_salary | hireDate |
+------+-------------+-------------+----------------+-------------+------
----------+-------------+
| 1001 | SMITH | m | 20 | CLERK | 800 | 2005-11-12 |
| 1004 | JONES | m | 20 | MANAGER | 2975 | 1998-05-18 |
| 1008 | SCOTT | m | 20 | ANALYST | 3000 | 2003-05-12 |
| 1011 | ADAMS | m | 20 | CLERK | 1100 | 1999-10-05 |
+------+-------------+-------------+----------------+-------------+------
-------------+-------------+
4 rows in set (0.00 sec)
```

步骤 07 在 employee 表中，查询每个部门最高工资的员工信息。

```
SELECT dept_no, MAX(e_salary) FROM employee GROUP BY dept_no;
```

执行结果如下：

```
mysql> SELECT dept_no, MAX(e_salary) FROM employee GROUP BY dept_no;
+---------+------------------+
| dept_no | MAX(e_salary) |
+---------+------------------+
| 10 | 5000 |
| 20 | 3000 |
| 30 | 2850 |
+---------+------------------+
3 rows in set (0.00 sec)
```

步骤 08 查询员工 BLAKE 所在部门和部门所在地。

```
SELECT d_no, d_location  FROM dept WHERE d_no=
(SELECT dept_no FROM employee WHERE e_name='BLAKE');
```

执行结果如下：

```
mysql> SELECT e_name,d_no, d_location
    -> FROM dept WHERE d_no=
    -> (SELECT dept_no FROM employee WHERE e_name='BLAKE');
+------+------------+
```

```
| d_no | d_location |
+-------+-------------+
|  30  | ShenZhen    |
+-------+-------------+
1 row in set (0.00 sec)
```

步骤 09 使用连接查询，查询所有员工的部门和部门信息。

```
SELECT e_no, e_name, dept_no, d_name,d_location
FROM employee, dept WHERE dept.d_no=employee.dept_no;
```

执行结果如下：

```
mysql> SELECT e_no, e_name, dept_no, d_name,d_location
    -> FROM employee, dept WHERE dept.d_no=employee.dept_no;
+-------+----------+----------+------------+-------------+
| e_no  | e_name   | dept_no  | d_name     | d_location  |
+-------+----------+----------+------------+-------------+
| 1001  | SMITH    |    20    | RESEARCH   | BeiJing     |
| 1002  | ALLEN    |    30    | SALES      | ShenZhen    |
| 1003  | WARD     |    30    | SALES      | ShenZhen    |
| 1004  | JONES    |    20    | RESEARCH   | BeiJing     |
| 1005  | MARTIN   |    30    | SALES      | ShenZhen    |
| 1006  | BLAKE    |    30    | SALES      | ShenZhen    |
| 1007  | CLARK    |    10    | ACCOUNTING | ShangHai    |
| 1008  | SCOTT    |    20    | RESEARCH   | BeiJing     |
| 1009  | KING     |    10    | ACCOUNTING | ShangHai    |
| 1010  | TURNER   |    30    | SALES      | ShenZhen    |
| 1011  | ADAMS    |    20    | RESEARCH   | BeiJing     |
| 1012  | JAMES    |    30    | SALES      | ShenZhen    |
+-------+----------+----------+------------+-------------+
12 rows in set (0.00 sec)
```

步骤 10 在 employee 表中，计算每个部门各有多少名员工。

```
SELECT dept_no, COUNT(*) FROM employee GROUP BY dept_no;
```

执行结果如下：

```
mysql> SELECT dept_no, COUNT(*) FROM employee GROUP BY dept_no;
+----------+----------+
| dept_no  | COUNT(*) |
+----------+----------+
|    10    |    2     |
|    20    |    4     |
|    30    |    6     |
+----------+----------+
3 rows in set (0.00 sec)
```

步骤 11 在 employee 表中，计算不同类型职工的总工资数。

```
SELECT e_job, SUM(e_salary) FROM employee GROUP BY e_job;
```

执行结果如下：

```
mysql> SELECT e_job, SUM(e_salary) FROM employee GROUP BY e_job;
+----------------+----------------------+
| e_job          | SUM(e_salary)        |
+----------------+----------------------+
| ANALYST        |          3000        |
| CLERK          |          2850        |
| MANAGER        |          8275        |
| PRESIDENT      |          5000        |
| SALESMAN       |          5600        |
+----------------+----------------------+
5 rows in set (0.00 sec)
```

步骤 12 在 employee 表中，计算不同部门的平均工资。

```
SELECT dept_no, AVG(e_salary) FROM employee GROUP BY dept_no;
```

执行结果如下：

```
mysql> SELECT dept_no, AVG(e_salary) FROM employee GROUP BY dept_no;
+---------+----------------+
| dept_no | AVG(e_salary)  |
+---------+----------------+
|    10   |   3725.0000    |
|    20   |   1968.7500    |
|    30   |   1566.6667    |
+---------+----------------+
3 rows in set (0.00 sec)
```

步骤 13 在 employee 表中，查询工资低于 1500 的员工信息。

```
SELECT * FROM employee WHERE e_salary < 1500;
```

执行过程如下：

```
mysql> SELECT * FROM employee WHERE e_salary < 1500;
+------+--------+----------+---------+----------+----------+------------+
| e_no | e_name | e_gender | dept_no | e_job    | e_salary | hireDate   |
+------+--------+----------+---------+----------+----------+------------+
| 1001 | SMITH  | m        |      20 | CLERK    |      800 | 2005-11-12 |
| 1003 | WARD   | f        |      30 | SALESMAN |     1250 | 2003-05-12 |
| 1005 | MARTIN | m        |      30 | SALESMAN |     1250 | 2001-06-12 |
| 1011 | ADAMS  | m        |      20 | CLERK    |     1100 | 1999-10-05 |
| 1012 | JAMES  | m        |      30 | CLERK    |      950 | 2008-06-15 |
+------+--------+----------+---------+----------+----------+------------+
```

```
5 rows in set (0.00 sec)
```

步骤⑭ 在 employee 表中，将查询记录先按部门编号由高到低排列，再按员工工资由高到低排列。

```
SELECT e_name,dept_no, e_salary
FROM employee ORDER BY dept_no DESC, e_salary DESC;
```

执行过程如下：

```
mysql> SELECT e_name,dept_no, e_salary
    -> FROM employee ORDER BY dept_no DESC, e_salary DESC;
+------------+-------------+------------+
| e_name     | dept_no     | e_salary   |
+------------+-------------+------------+
| BLAKE      |         30  |      2850  |
| ALLEN      |         30  |      1600  |
| TURNER     |         30  |      1500  |
| WARD       |         30  |      1250  |
| MARTIN     |         30  |      1250  |
| JAMES      |         30  |       950  |
| SCOTT      |         20  |      3000  |
| JONES      |         20  |      2975  |
| ADAMS      |         20  |      1100  |
| SMITH      |         20  |       800  |
| KING       |         10  |      5000  |
| CLARK      |         10  |      2450  |
+------------+-------------+--------------+
12 rows in set (0.00 sec)
```

步骤⑮ 在 employee 表中，查询员工姓名以字母 'A' 或 'S' 开头的员工的信息。

```
SELECT * FROM employee WHERE e_name REGEXP '^[as]';
```

执行过程如下：

```
mysql> SELECT * FROM employee WHERE e_name REGEXP '^[as]';
+------+--------+----------+----------+----------+----------+------------+
| e_no | e_name | e_gender | dept_no  | e_job    | e_salary | hireDate   |
+------+--------+----------+----------+----------+----------+------------+
| 1001 | SMITH  | m        |      20  | CLERK    |      800 | 2005-11-12 |
| 1002 | ALLEN  | f        |      30  | SALESMAN |     1600 | 2003-05-12 |
| 1008 | SCOTT  | m        |      20  | ANALYST  |     3000 | 2003-05-12 |
| 1011 | ADAMS  | m        |      20  | CLERK    |     1100 | 1999-10-05 |
+------+--------+----------+----------+----------+----------+------------+
```

```
4 rows in set (0.00 sec)
```

步骤 **16** 在 employee 表中，查询到目前为止，工龄大于等于 10 年的员工信息。

```
SELECT * FROM employee where YEAR(CURDATE()) -YEAR(hireDate) >= 15;
```

执行过程如下：

```
mysql> SELECT * FROM employee where YEAR(CURDATE()) -YEAR(hireDate) >= 15;
+------+------------+----------+---------+-----------+----------+-----
----------+-----------+
| e_no | e_name | e_gender | dept_no | e_job     | e_salary | hireDate
|
+------+------------+----------+---------+-----------+----------+----
-----------+-----------+
| 1004 | JONES  | m        |      20 | MANAGER   |     2975 | 1998-05-18 |
| 1005 | MARTIN | m        |      30 | SALESMAN  |     1250 | 2001-06-12 |
| 1006 | BLAKE  | f        |      30 | MANAGER   |     2850 | 1997-02-15 |
| 1009 | KING   | f        |      10 | PRESIDENT |     5000 | 1995-01-01 |
| 1010 | TURNER | f        |      30 | SALESMAN  |     1500 | 1997-10-12 |
| 1011 | ADAMS  | m        |      20 | CLERK     |     1100 | 1999-10-05 |
+------+------------+----------+---------+-----------+----------+---
-----------+-----------+
6 rows in set (0.01 sec)
```

7.10 专家解惑

疑问 1：DISTINCT 可以应用于所有的列吗？

查询结果中，如果需要对列进行降序排序，可以使用 DESC，这个关键字只能对其前面的列进行降序排列。例如，要对多列都进行降序排序，必须要在每一列的列名后面加 DESC 关键字。而 DISTINCT 不同，DISTINCT 不能部分使用。换句话说，DISTINCT 关键字应用于所有列而不仅是它后面的第一个指定列。例如，查询 3 个字段 s_id，f_name，f_price，如果不同记录的这 3 个字段的组合值都不同，则所有记录都会被查询出来。

疑问 2：ORDER BY 可以和 LIMIT 混合使用吗？

在使用 ORDER BY 子句时，应保证其位于 FROM 子句之后，如果使用 LIMIT，则必须位于 ORDER BY 之后，如果子句顺序不正确，MySQL 将产生错误消息。

疑问 3：什么时候使用引号？

在查询的时候，会看到在 WHERE 子句中使用条件，有的值加上了单引号，而有的值未加。单引号用来限定字符串，如果将值与字符串类型列进行比较，则需要限定引号；而用来与数值进行比较则不需要用引号。

疑问 4：在 WHERE 子句中必须使用圆括号吗？

任何时候使用具有 AND 和 OR 操作符的 WHERE 子句，都应该使用圆括号明确操作顺序。如果条件较多，即使能确定计算次序，默认的计算次序也可能会使 SQL 语句不易理解，因此使用括号明确操作符的次序，是一个良好的习惯。

疑问 5：为什么使用通配符格式正确，却没有查找出符合条件的记录？

MySQL 中存储字符串数据时，可能会不小心把两端带有空格的字符串保存到记录中，而在查看表中记录时，MySQL 不能明确地显示空格，数据库操作者不能直观地确定字符串两端是否有空格。例如，使用 LIKE '%e'匹配以字母 e 结尾的水果的名称，如果字母 e 后面多了一个空格，则 LIKE 语句不能将该记录查找出来。解决的方法是使用 TRIM 函数，将字符串两端的空格删除之后再进行匹配。

7.11 经典习题

在已经创建的 employee 表中进行如下操作：

（1）计算所有女员工（'F'）的年龄。

（2）使用 LIMIT 查询从第 3 条记录开始到第 6 条记录。

（3）查询销售人员（SALSEMAN）的最低工资。

（4）查询名字以字母 N 或者 S 结尾的记录。

（5）查询在 Beijing 工作的员工的姓名和职务。

（6）使用左连接方式查询 employee 和 dept 表。

（7）查询所有 2001~2005 年入职的员工的信息，查询部门编号为 20 和 30 的员工信息并使用 UNION 合并两个查询结果。

（8）使用 LIKE 查询员工姓名中包含字母 a 的记录。

（9）使用 REGEXP 查询员工姓名中包含 T、C 或者 M 3 个字母中任意 1 个的记录。

第 8 章
◄ 插入、更新与删除数据 ►

学习目标 | Objective

存储在系统中的数据是数据库管理系统（DBMS）的核心，数据库被设计用来管理数据的存储、访问和维护数据的完整性。MySQL 中提供了功能丰富的数据库管理语句，包括有效地向数据库中插入数据的 INSERT 语句，更新数据的 UPDATE 语句以及当数据不再使用时删除数据的 DELETE 语句。本章将详细介绍在 MySQL 中如何使用这些语句操作数据。

内容导航 | Navigation

- 掌握如何向表中插入数据
- 掌握更新数据的方法
- 熟悉如何删除数据
- 掌握综合案例对数据表基本操作的方法和技巧

8.1 插入数据

在使用数据库之前，数据库中必须要有数据，MySQL 中使用 INSERT 语句向数据库表中插入新的数据记录。可以插入的方式有：插入完整的记录、插入记录的一部分、插入多条记录、插入另一个查询的结果，下面将分别介绍这些内容。

8.1.1 为表的所有字段插入数据

使用基本的 INSERT 语句插入数据，要求指定表名称和插入到新记录中的值。基本语法格式为：

```
INSERT INTO table_name (column_list) VALUES (value_list);
```

table_name 指定要插入数据的表名，column_list 指定要插入数据的那些列，value_list 指定每个列应对应插入的数据。注意，使用该语句时字段列和数据值的数量必须相同。

本章将使用样例表 person，创建语句如下：

```
CREATE TABLE person
(
id      INT UNSIGNED NOT NULL AUTO_INCREMENT,
name    CHAR(40) NOT NULL DEFAULT '',
age     INT NOT NULL DEFAULT 0,
info    CHAR(50) NULL,
PRIMARY KEY (id)
);
```

向表中所有字段插入值的方法有两种：一种是指定所有字段名，另一种是完全不指定字段名。

【例 8.1】在 person 表中，插入一条新记录，id 值为 1，name 值为 Green，age 值为 21，info 值为 Lawyer。

执行插入操作之前，使用 SELECT 语句查看表中的数据：

```
mysql> SELECT * FROM person;
Empty set (0.00 sec)
```

结果显示当前表为空，没有数据，接下来执行插入操作：

```
mysql> INSERT INTO person (id ,name, age , info)
    -> VALUES (1,'Green', 21, 'Lawyer');
Query OK, 1 row affected (0.00 sec)
```

语句执行完毕，查看执行结果：

```
mysql> SELECT * FROM person;
+----+--------+------+------------+
| id | name   | age  | info       |
+----+--------+------+------------+
|  1 | Green  |  21  | Lawyer     |
+----+--------+------+------------+
```

可以看到插入记录成功。在插入数据时，指定了 person 表的所有字段，因此将为每一个字段插入新的值。

INSERT 语句后面的列名称顺序可以不是 person 表定义时的顺序。即插入数据时，不需要按照表定义的顺序插入，只要保证值的顺序与列字段的顺序相同就可以，如【例 8.2】所示。

【例 8.2】在 person 表中，插入一条新记录，id 值为 2，name 值为 Suse，age 值为 22，info 值为 dancer，SQL 语句如下：

```
mysql> INSERT INTO person (age ,name, id , info)
    -> VALUES (22, 'Suse', 2, 'dancer');
```

语句执行完毕，查看执行结果：

```
mysql> SELECT * FROM person;
```

```
+----+--------+------+------------+
| id | name   | age  | info       |
+----+--------+------+------------+
| 1  | Green  | 21   | Lawyer     |
| 2  | Suse   | 22   | dancer     |
+----+--------+------+------------+
```

由结果可以看到，INSERT 语句成功插入了一条记录。

使用 INSERT 插入数据时，允许列名称列表 column_list 为空，此时，值列表中需要为表的每一个字段指定值，并且值的顺序必须和数据表中字段定义时的顺序相同，如【例 8.3】所示。

【例 8.3】在 person 表中，插入一条新记录，id 值为 3，name 值为 Mary，age 值为 24，info 值为 Musician，SQL 语句如下：

```
mysql> INSERT INTO person
    -> VALUES (3,'Mary', 24, 'Musician');
Query OK, 1 row affected (0.00 sec)
```

语句执行完毕，查看执行结果：

```
mysql> SELECT * FROM person;
+----+--------+------+------------+
| id | name   | age  | info       |
+----+--------+------+------------+
| 1  | Green  | 21   | Lawyer     |
| 2  | Suse   | 22   | dancer     |
| 3  | Mary   | 24   | Musician   |
+----+--------+------+------------+
```

可以看到插入记录成功。数据库中增加了一条 id 为 3 的记录，其他字段值为指定的插入值。本例的 INSERT 语句中没有指定插入列表，只有一个值列表。在这种情况下，值列表为每一个字段列指定插入值，并且这些值的顺序必须和 person 表中字段定义的顺序相同。

虽然使用 INSERT 插入数据时可以忽略插入数据的列名称，但是值如果不包含列名称，那 VALUES 关键字后面的值不仅要求完整而且顺序必须和表定义时列的顺序相同。如果表的结构被修改，对列进行增加、删除或者位置改变操作，这些操作将使得用这种方式插入数据时的顺序也同时改变。如果指定列名称，则不会受到表结构改变的影响。

8.1.2　为表的指定字段插入数据

为表的指定字段插入数据，就是在 INSERT 语句中只向部分字段中插入值，而其他字段的值为表定义时的默认值。

【例 8.4】在 person 表中，插入一条新记录，name 值为 Willam，age 值为 20，info 值为 sports man，SQL 语句如下：

```
mysql> INSERT INTO person (name, age,info)
    -> VALUES('Willam', 20, 'sports man');
Query OK, 1 row affected (0.00 sec)
```

提示信息表示插入一条记录成功。使用 SELECT 查询表中的记录，查询结果如下：

```
mysql> SELECT * FROM person;
+----+--------+-----+------------+
| id | name   | age | info       |
+----+--------+-----+------------+
|  1 | Green  |  21 | Lawyer     |
|  2 | Suse   |  22 | dancer     |
|  3 | Mary   |  24 | Musician   |
|  4 | Willam |  20 | sports man |
+----+--------+-----+------------+
```

可以看到插入记录成功。如查询结果显示，该 id 字段自动添加了一个整数值 4。在这里 id 字段为表的主键，不能为空，系统会自动为该字段插入自增的序列值。在插入记录时，如果某些字段没有指定插入值，MySQL 将插入该字段定义时的默认值。下面例子说明在没有指定列字段时，插入默认值。

【例 8.5】在 person 表中，插入一条新记录，name 值为 laura，age 值为 25，SQL 语句如下：

```
mysql> INSERT INTO person (name, age ) VALUES ('Laura', 25);
Query OK, 1 row affected (0.00 sec)
```

语句执行完毕，查看执行结果，

```
mysql> SELECT * FROM person;
+----+--------+-----+------------+
| id | name   | age | info       |
+----+--------+-----+------------+
|  1 | Green  |  21 | Lawyer     |
|  2 | Suse   |  22 | dancer     |
|  3 | Mary   |  24 | Musician   |
|  4 | Willam |  20 | sports man |
|  5 | Laura  |  25 | NULL       |
+----+--------+-----+------------+
```

可以看到，在本例插入语句中，没有指定 info 字段值，查询结果显示，info 字段在定义时默认为 NULL，因此系统自动为该字段插入空值。

要保证每个插入值的类型和对应列的数据类型匹配，如果类型不同，将无法插入，并且 MySQL 会产生错误。

8.1.3 同时插入多条记录

INSERT 语句可以同时向数据表中插入多条记录，插入时指定多个值列表，每个值列表之间用逗号分隔开，基本语法格式如下：

```
INSERT INTO table_name (column_list)
VALUES (value_list1), (value_list2),...,(value_listn);
```

value_list1,value_list2,…,value_listn;表示第 1,2,…,n 个插入记录的字段的值列表。

【例 8.6】在 person 表中，在 name、age 和 info 字段指定插入值，同时插入 3 条新记录，SQL 语句如下：

```
INSERT INTO person(name, age, info)
VALUES ('Evans',27, 'secretary'),
('Dale',22, 'cook'),
('Edison',28, 'singer');
```

语句执行结果如下：

```
mysql> INSERT INTO person(name, age, info)
    -> VALUES ('Evans',27, 'secretary'),
    -> ('Dale',22, 'cook'),
    -> ('Edison',28, 'singer');
Query OK, 3 rows affected (0.00 sec)
Records: 3  Duplicates: 0  Warnings: 0
```

语句执行完毕，查看执行结果：

```
mysql>  SELECT * FROM person;
+----+-----------+------+------------+
| id | name      | age  | info       |
+----+-----------+------+------------+
|  1 | Green     | 21   | Lawyer     |
|  2 | Suse      | 22   | dancer     |
|  3 | Mary      | 24   | Musician   |
|  4 | Willam    | 20   | sports man |
|  5 | Laura     | 25   | NULL       |
|  6 | Evans     | 27   | secretary  |
|  7 | Dale      | 22   | cook       |
|  8 | Edison    | 28   | singer     |
+----+-----------+------+------------+
```

由结果可以看到，INSERT 语句执行后，person 表中添加了 3 条记录，其 name 和 age 字段分别为指定的值，id 字段为 MySQL 添加的默认的自增值。

使用 INSERT 同时插入多条记录时，MySQL 会返回一些在执行单行插入时没有的额外信息，这些包含数的字符串的意思分别是：

- Records：表明插入的记录条数。
- Duplicates：表明插入时被忽略的记录，原因可能是这些记录包含了重复的主键值。
- Warnings：表明有问题的数据值，例如发生数据类型转换。

【例 8.7】在 person 表中，不指定插入列表，同时插入 2 条新记录，SQL 语句如下：

```
INSERT INTO person
VALUES (9,'Harry',21, 'magician'),
(NULL,'Harriet',19, 'pianist');
```

语句执行结果如下：

```
mysql> INSERT INTO person
    -> VALUES (9,'Harry',21, 'magician'),
    -> (NULL,'Harriet',19, 'pianist');
Query OK, 2 rows affected (0.01 sec)
Records: 2  Duplicates: 0  Warnings: 0
```

语句执行完毕，查看执行结果：

```
mysql> SELECT * FROM person;
+----+-----------+------+-------------+
| id | name      | age  | info        |
+----+-----------+------+-------------+
|  1 | Green     |  21  | Lawyer      |
|  2 | Suse      |  22  | dancer      |
|  3 | Mary      |  24  | Musician    |
|  4 | Willam    |  20  | sports man  |
|  5 | Laura     |  25  | NULL        |
|  6 | Evans     |  27  | secretary   |
|  7 | Dale      |  22  | cook        |
|  8 | Edison    |  28  | singer      |
|  9 | Harry     |  21  | magician    |
| 10 | Harriet   |  19  | pianist     |
+----+-----------+------+-------------+
```

由结果可以看到，INSERT 语句执行后，person 表中添加了 2 条记录，与前面介绍单个 INSERT 语法不同，person 表名后面没有指定插入字段列表，因此，VALUES 关键字后面的多个值列表，都要为每一条记录的每一个字段列指定插入值，并且这些值的顺序必须和 person 表中字段定义的顺序相同，带有 AUTO_INCREMENT 属性的 id 字段插入 NULL 值，系统会自动为该字段插入唯一的自增编号。

一个同时插入多行记录的 INSERT 语句等同于多个单行插入的 INSERT 语句，但是多行的 INSERT 语句在处理过程中，效率更高。因为 MySQL 执行单条 INSERT 语句插入多行数据，比使用多条 INSERT 语句快，所以在插入多条记录时，最好选择使用单条 INSERT 语句的方式插入。

8.1.4　将查询结果插入到表中

INSERT 语句用来给数据表插入记录时，指定插入记录的列值。INSERT 还可以将 SELECT 语句查询的结果插入到表中，如果想要从另外一个表中合并个人信息到 person 表，不需要把每一条记录的值一个一个输入，只需要使用一条 INSERT 语句和一条 SELECT 语句组成的组合语句，即可快速地从一个或多个表中向一个表中插入多个行。基本语法格式如下：

```
INSERT INTO table_name1 (column_list1)
SELECT (column_list2) FROM table_name2 WHERE (condition)
```

table_name1 指定待插入数据的表；column_list1 指定待插入表中要插入数据的哪些列；table_name2 指定插入数据是从哪个表中查询出来的；column_list2 指定数据来源表的查询列，该列表必须和 column_list1 列表中的字段个数相同，数据类型相同；condition 指定 SELECT 语句的查询条件。

【例 8.8】从 person_old 表中查询所有的记录，并将其插入到 person 表中。

首先，创建一个名为 person_old 的数据表，其表结构与 person 结构相同，SQL 语句如下：

```
CREATE TABLE person_old
(
id      INT UNSIGNED NOT NULL AUTO_INCREMENT,
name    CHAR(40) NOT NULL DEFAULT '',
age     INT NOT NULL DEFAULT 0,
info    CHAR(50) NULL,
PRIMARY KEY (id)
);
```

向 person_old 表中添加两条记录：

```
mysql> INSERT INTO person_old
    -> VALUES (11,'Harry',20, 'student'), (12,'Beckham',31, 'police');
Query OK, 2 rows affected (0.00 sec)
Records: 2  Duplicates: 0  Warnings: 0

mysql> SELECT * FROM person_old;
+----+----------+------+---------+
| id | name     | age  | info    |
+----+----------+------+---------+
| 11 | Harry    | 20   | student |
| 12 | Beckham  | 31   | police  |
+----+----------+------+---------+
2 rows in set (0.02 sec)
```

可以看到，插入记录成功，peson_old 表中现在有两条记录。接下来将 person_old 表中所有的记录插入 person 表中，SQL 语句如下：

```
INSERT INTO person(id, name, age, info)
SELECT id, name, age, info FROM person_old;
```

语句执行结果如下：

```
mysql> INSERT INTO person(id, name, age, info)
    -> SELECT id, name, age, info FROM person_old;
Query OK, 2 rows affected (0.00 sec)
Records: 2 Duplicates: 0 Warnings: 0
```

语句执行完毕，查看执行结果：

```
mysql> SELECT * FROM person;
+----+---------+------+----------+
| id | name    | age  | info     |
+----+---------+------+----------+
|  1 | Green   |  21  | Lawyer   |
|  2 | Suse    |  22  | dancer   |
|  3 | Mary    |  24  | Musici   |
|  4 | Willam  |  20  | sports   |
|  5 | Laura   |  25  | NULL     |
|  6 | Evans   |  27  | secret   |
|  7 | Dale    |  22  | cook     |
|  8 | Edison  |  28  | singer   |
|  9 | Harry   |  21  | magici   |
| 10 | Harriet |  19  | pianis   |
| 11 | Harry   |  20  | student  |
| 12 | Beckham |  31  | police   |
+----+---------+------+--------
```

由结果可以看到，INSERT 语句执行后，person 表中多了两条记录，这两条记录和 person_old 表中的记录完全相同，数据转移成功。这里的 id 字段为自增的主键，在插入的时候要保证该字段值的唯一性，如果不能确定，可以插入的时候忽略该字段，只插入其他字段的值。

这个例子中使用的 person_old 表和 person 表的定义相同，事实上，MySQL 不关心 SELECT 返回的列名，它根据列的位置进行插入，SELECT 的第 1 列对应待插入表的第 1 列，第 2 列对应待插入表的第 2 列，等等。即使不同结果的表之间也可以方便地转移数据。

8.2 更新数据

表中有数据之后，接下来可以对数据进行更新操作，MySQL 中使用 UPDATE 语句更新表中的记录，可以更新特定的行或者同时更新所有的行。基本语法结构如下：

```
UPDATE table_name
SET column_name1 = value1,column_name2=value2,……,column_namen=valuen
WHERE (condition);
```

column_name1,column_name2,……,column_namen 为指定更新的字段的名称；value1,
value2,……valuen 为相对应的指定字段的更新值；condition 指定更新的记录需要满足的条件。
更新多个列时，每个"列-值"对之间用逗号隔开，最后一列之后不需要逗号。

【例 8.9】在 person 表中，更新 id 值为 11 的记录，将 age 字段值改为 15，将 name 字段值
改为 LiMing，SQL 语句如下：

```
UPDATE person SET age = 15, name='LiMing' WHERE id = 11;
```

更新操作执行前可以使用 SELECT 语句查看当前的数据：

```
mysql> SELECT * FROM person WHERE id=11;
+----+-------+-----+---------+
| id | name  | age | info    |
+----+-------+-----+---------+
| 11 | Harry |  20 | student |
+----+-------+-----+---------+
```

由结果可以看到更新之前，id 等于 11 的记录的 name 字段值为 harry，age 字段值为 20，
下面使用 UPDATE 语句更新数据，语句执行结果如下：

```
mysql> UPDATE person SET age = 15, name='LiMing' WHERE id = 11;
Query OK, 1 row affected (0.00 sec)
Rows matched: 1  Changed: 1  Warnings: 0
```

语句执行完毕，查看执行结果：

```
mysql> SELECT * FROM person WHERE id=11;
+----+--------+-----+---------+
| id | name   | age | info    |
+----+--------+-----+---------+
| 11 | LiMing |  15 | student |
+----+--------+-----+---------+
```

由结果可以看到，id 等于 11 的记录中的 name 和 age 字段的值已经成功被修改为指定值。

 保证 UPDATE 以 WHERE 子句结束，通过 WHERE 子句指定被更新的记录所需要满足的
条件，如果忽略 WHERE 子句，MySQL 将更新表中所有的行。

【例 8.10】在 person 表中，更新 age 值为 19~22 的记录，将 info 字段值都改为 student，SQL
语句如下：

```
UPDATE person SET info='student'  WHERE age  BETWEEN 19 AND 22;
```

更新操作执行前可以使用 SELECT 语句查看当前的数据：

```
mysql> SELECT * FROM person WHERE age BETWEEN 19 AND 22;
+----+---------+------+------------+
| id | name    | age  | info       |
+----+---------+------+------------+
|  1 | Green   | 21   | Lawyer     |
|  2 | Suse    | 22   | dancer     |
|  4 | Willam  | 20   | sports man |
|  7 | Dale    | 22   | cook       |
|  9 | Harry   | 21   | magician   |
| 10 | Harriet | 19   | pianist    |
+----+---------+------+------------+
```

可以看到，这些 age 字段值在 19~22 的记录的 info 字段值各不相同。下面使用 UPDATE 语句更新数据，语句执行结果如下：

```
mysql> UPDATE person SET info='student' WHERE age BETWEEN 19 AND 22;
Query OK, 6 rows affected (0.00 sec)
Rows matched: 6  Changed: 6  Warnings: 0
```

语句执行完毕，查看执行结果：

```
mysql> SELECT * FROM person WHERE age BETWEEN 19 AND 22;
+----+---------+------+---------+
| id | name    | age  | info    |
+----+---------+------+---------+
|  1 | Green   | 21   | student |
|  2 | Suse    | 22   | student |
|  4 | Willam  | 20   | student |
|  7 | Dale    | 22   | student |
|  9 | Harry   | 21   | student |
| 10 | Harriet | 19   | student |
+----+---------+------+---------+
```

由结果可以看到，UPDATE 执行后，成功将表中符合条件的 6 条记录的 info 字段值都改为 student。

8.3 删除数据

从数据表中删除数据使用 DELETE 语句，DELETE 语句允许 WHERE 子句指定删除条件。DELETE 语句基本语法格式如下：

```
DELETE FROM table_name [WHERE <condition>];
```

table_name 指定要执行删除操作的表；"[WHERE <condition>]"为可选参数，指定删除条件，如果没有 WHERE 子句，DELETE 语句将删除表中的所有记录。

【例 8.11】在 person 表中，删除 id 等于 11 的记录。

执行删除操作前，使用 SELECT 语句查看当前 id=11 的记录：

```
mysql> SELECT * FROM person WHERE id=11;
+----+--------+-----+---------+
| id | name   | age | info    |
+----+--------+-----+---------+
| 11 | LiMing | 15  | student |
+----+--------+-----+---------+
```

可以看到，现在表中有 id=11 的记录，下面使用 DELETE 语句删除该记录，语句执行结果如下：

```
mysql> DELETE FROM person WHERE id = 11;
Query OK, 1 row affected (0.02 sec)
```

语句执行完毕，查看执行结果：

```
mysql> SELECT * FROM person WHERE id=11;
Empty set (0.00 sec)
```

查询结果为空，说明删除操作成功。

【例 8.12】在 person 表中，使用 DELETE 语句同时删除多条记录，在前面 UPDATE 语句中将 age 字段值在 19~22 的记录的 info 字段值修改为 student，在这里删除这些记录，SQL 语句如下：

```
DELETE FROM person WHERE age BETWEEN 19 AND 22;
```

执行删除操作前，使用 SELECT 语句查看当前的数据：

```
mysql> SELECT * FROM person WHERE age BETWEEN 19 AND 22;
+----+---------+-----+---------+
| id | name    | age | info    |
+----+---------+-----+---------+
|  1 | Green   | 20  | student |
|  2 | Suse    | 21  | student |
|  4 | Willam  | 22  | student |
|  7 | Dale    | 22  | student |
|  9 | Harry   | 21  | student |
| 10 | Harriet | 19  | student |
+----+---------+-----+---------+
```

可以看到，这些 age 字段值在 19~22 的记录存储在表中。下面使用 DELETE 删除这些记录：

```
mysql> DELETE FROM person WHERE age BETWEEN 19 AND 22;
Query OK, 6 rows affected (0.00 sec)
```

语句执行完毕，查看执行结果：

```
mysql> SELECT * FROM person WHERE age BETWEEN 19 AND 22;
Empty set (0.00 sec)
```

查询结果为空，删除多条记录成功。

【例 8.13】删除 person 表中所有记录，SQL 语句如下：

```
DELETE FROM person;
```

执行删除操作前，使用 SELECT 语句查看当前的数据：

```
mysql> SELECT * FROM person;
+----+----------+------+-------------+
| id | name     | age  | info        |
+----+----------+------+-------------+
|  3 | Mary     |   24 | Musician    |
|  5 | Laura    |   25 | NULL        |
|  6 | Evans    |   27 | secretary   |
| 12 | Beckham  |   31 | police      |
+----+----------+------+-------------+
```

结果显示 person 表中还有 4 条记录，执行 DELETE 语句删除这 4 条记录：

```
mysql> DELETE FROM person;
Query OK, 4 rows affected (0.00 sec)
```

语句执行完毕，查看执行结果：

```
mysql> SELECT * FROM person;
Empty set (0.00 sec)
```

查询结果为空，删除表中所有记录成功，现在 person 表中已经没有任何数据记录。

 如果想删除表中的所有记录，还可以使用 TRUNCATE TABLE 语句，TRUNCATE 将直接删除原来的表，并重新创建一个表，其语法结构为 TRUNCATE TABLE table_name。TRUNCATE 直接删除表而不是删除记录，因此执行速度比 DELETE 快。

8.4 综合案例——记录的插入、更新和删除

本章重点介绍了数据表中数据的插入、更新和删除操作。MySQL 中对数据的操作没有任何提示，因此在更新和删除数据时，一要谨慎小心，查询条件一定要准确，避免造成数据的丢

失。本章的综合案例包含了对数据表中数据的基本操作，包括记录的插入、更新和删除。

1. 案例目的

掌握表数据基本操作。创建表 books，对数据表进行插入、更新和删除操作。books 表结构以及表中的记录，如表 8.1 和表 8.2 所示。

表 8.1　books 表结构

字段名	字段说明	数据类型	主键	外键	非空	唯一	自增
id	书编号	INT(11)	是	否	是	是	否
name	书名	VARCHAR(50)	否	否	是	否	否
authors	作者	VARCHAR(100)	否	否	是	否	否
price	价格	FLOAT	否	否	是	否	否
pubdate	出版日期	YEAR	否	否	是	否	否
note	说明	VARCHAR(255)	否	否	否	否	否
num	库存	INT(11)	否	否	是	否	否

表 8.2　books 表中的记录

id	name	authors	price	pubdate	note	num
1	Tale of AAA	Dickes	23	1995	novel	11
2	EmmaT	Jane lura	35	1993	joke	22
3	Story of Jane	Jane Tim	40	2001	novel	0
4	Lovey Day	George Byron	20	2005	novel	30
5	Old Land	Honore Blade	30	2010	law	0
6	The Battle	Upton Sara	33	1999	medicine	40
7	Rose Hood	Richard Haggard	28	2008	cartoon	28

2. 案例操作过程

步骤01　创建数据表 books，并按表 8.1 结构定义各个字段。

```
CREATE TABLE books
(
id       INT(11) NOT NULL PRIMARY KEY,
name     VARCHAR(50) NOT NULL,
authors  VARCHAR(100) NOT NULL,
price        FLOAT NOT NULL,
pubdate  YEAR NOT NULL,
note     VARCHAR(255) NULL,
num      INT(11) NOT NULL DEFAULT 0
);
```

步骤02　将表 8.2 中的记录插入 books 表中，分别使用不同的方法插入记录，执行过程如下。

表创建好之后，使用 SELECT 语句查看表中的数据，结果如下：

```
mysql> SELECT * FROM books;
Empty set (0.00 sec)
```

可以看到，当前表中为空，没有任何数据，下面向表中插入记录。

（1）指定所有字段名称插入记录，SQL 语句如下。

```
mysql> INSERT INTO books
    -> (id, name, authors, price, pubdate,note,num)
    -> VALUES(1, 'Tale of AAA', 'Dickes', 23, '1995', 'novel',11);
Query OK, 1 row affected (0.02 sec)
```

语句执行成功，插入了一条记录。

（2）不指定字段名称插入记录，SQL 语句如下。

```
mysql> INSERT INTO books
    -> VALUES (2,'EmmaT','Jane lura',35,'1993', 'joke',22);
Query OK, 1 row affected (0.01 sec)
```

语句执行成功，插入了一条记录。

使用 SELECT 语句查看当前表中的数据：

```
mysql> SELECT * FROM books;
+----+-------------+-----------+-------+---------+---------+------+
| id | name        | authors   | price | pubdate | note    | num  |
+----+-------------+-----------+-------+---------+---------+------+
|  1 | Tale of AAA | Dickes    |    23 | 1995    | novel   | 11   |
|  2 | EmmaT       | Jane lura |    35 | 1993    | joke    | 22   |
+----+-------------+-----------+-------+---------+---------+------+
2 rows in set (0.00 sec)
```

可以看到，两条语句分别成功插入了两条记录。

（3）同时插入多条记录。

使用 INSERT 语句将剩下的多条记录插入表中，SQL 语句如下：

```
mysql> INSERT INTO books
    -> VALUES(3, 'Story of Jane', 'Jane Tim', 40, '2001', 'novel', 0),
    -> (4, 'Lovey Day', 'George Byron', 20, '2005', 'novel', 30),
    -> (5, 'Old Land', 'Honore Blade', 30, '2010', 'law',0),
    -> (6,'The Battle','Upton Sara',33,'1999', 'medicine',40),
    -> (7,'Rose Hood','Richard Kale',28,'2008', 'cartoon',28);
Query OK, 5 rows affected (0.00 sec)
Records: 5  Duplicates: 0  Warnings: 0
```

由结果可以看到，语句执行成功，总共插入了 5 条记录，使用 SELECT 语句查看表中所有的记录：

```
mysql> SELECT * FROM books;
+----+-------------------+--------------+-------+----------+----------+------
--------+-----+
| id | name              | authors      | price | pubdate  | note     | num |
+----+-------------------+--------------+-------+----------+----------+------
----------+-----+
| 1 | Tale of AAA        | Dickes       |  23 |   1995 | novel     |  11 |
| 2 | EmmaT              | Jane lura    |  35 |   1993 | joke      |  22 |
| 3 | Story of Jane      | Jane Tim     |  40 |   2001 | novel     |   0 |
| 4 | Lovey Day          | George Byron |  20 |   2005 | novel     |  30 |
| 5 | Old Land           | Honore Blade |  30 |   2010 | law       |   0 |
| 6 | The Battle         | Upton Sara   |  33 |   1999 | medicine  |  40 |
| 7 | Rose Hood          | Richard Kale |  28 |   2008 | cartoon   |  28 |
+----+-------------------+--------------+-------+----------+----------+------
------------+-----+
7 rows in set (0.00 sec)
```

由结果可以看到，所有记录成功插入表中。

步骤 03 将小说类型（novel）的书的价格都增加 5。

执行该操作的 SQL 语句为：

```
UPDATE books SET price = price + 5 WHERE note = 'novel';
```

执行前先使用 SELECT 语句查看当前记录：

```
mysql> SELECT id, name, price, note FROM books WHERE note = 'novel';
+----+-------------------+-------+-------+
| id | name              | price | note  |
+----+-------------------+-------+-------+
| 1 | Tale of AAA        |  23 | novel |
| 3 | Story of Jane      |  40 | novel |
| 4 | Lovey Day          |  20 | novel |
+----+---------------+-------+-------+
3 rows in set (0.00 sec)
```

使用 UPDATE 语句执行更新操作：

```
mysql> UPDATE books SET price = price + 5 WHERE note = 'novel';
Query OK, 3 rows affected (0.00 sec)
Rows matched: 3 Changed: 3 Warnings: 0
```

由结果可以看到，该语句对 3 条记录进行了更新，使用 SELECT 语句查看更新结果：

```
mysql> SELECT id, name, price, note FROM books WHERE note = 'novel';
+----+-------------------+-------+-------+
| id | name              | price | note  |
+----+-------------------+---------+-------+
```

```
| 1 | Tale of AAA   |    28 | novel |
| 3 | Story of Jane |    45 | novel |
| 4 | Lovey Day     |    25 | novel |
+----+-----------------+-----------+-------+
```

对比可知，price 的值都在原来的价格之上增加了 5。

步骤 04 将名称为 EmmaT 的书的价格改为 40，并将说明改为 drama。

修改语句为：

```
UPDATE books SET price=40,note= 'drama 'WHERE name= 'EmmaT ';
```

执行修改前，使用 SELECT 语句查看当前记录：

```
mysql> SELECT name, price, note FROM books WHERE name='EmmaT';
+---------+-------+------+
| name  | price | note |
+---------+-------+------+
| EmmaT | 35  | joke |
+---------+-------+------+
1 row in set (0.00 sec)
```

下面执行修改操作：

```
mysql> UPDATE books SET price=40,note='drama' WHERE name='EmmaT';
Query OK, 1 row affected (0.00 sec)
Rows matched: 1  Changed: 1  Warnings: 0
```

结果显示修改了一条记录，使用 SELECT 查看执行结果：

```
mysql> SELECT name, price, note FROM books WHERE name='EmmaT';
+---------+---------+-------+
| name  | price  | note  |
+---------+---------+-------+
| EmmaT | 40   | drama |
+---------+---------+-------+
1 row in set (0.00 sec)
```

可以看到，price 和 note 字段的值已经改变，修改操作成功。

步骤 05 删除库存为 0 的记录。

删除库存为 0 的语句为：

```
DELETE FROM books WHERE num=0;
```

删除之前使用 SELECT 语句查看当前记录：

```
mysql> SELECT * FROM books WHERE num=0;
+----+-----------------+-------------------+----------+----------+-------+-----+
```

```
| id | name          | authors      | price | pubdate | note  | num |
+----+---------------+--------------+-------+---------+-------+-----+
| 3  | Story of Jane | Jane Tim     |    45 | 2001    | novel |  0  |
| 5  | Old Land      | Honore Blade |    30 | 2010    | law   |  0  |
+----+---------------+--------------+-------+---------+-------+-----+
2 rows in set (0.00 sec)
```

可以看到，当前有两条记录的 num 值为 0，下面使用 DELETE 语句删除这两条记录，SQL 语句如下：

```
mysql> DELETE FROM books WHERE num=0;
Query OK, 2 rows affected (0.00 sec)
```

语句执行成功，查看操作结果：

```
mysql> SELECT * FROM books WHERE num=0;
Empty set (0.00 sec)
```

可以看到，查询结果为空，表中已经没有库存量为 0 的记录。

8.5 专家解惑

疑问 1：插入记录时可以不指定字段名称吗？

不管使用哪种 INSERT 语法，都必须给出 VALUES 的正确数目。如果不提供字段名，则必须给每个字段提供一个值，否则将产生一条错误消息。如果要在 INSERT 操作中省略某些字段，这些字段需要满足一定条件：该列定义为允许空值；或者表定义时给出默认值，如果不给出值，将使用默认值。

疑问 2：更新或者删除表时必须指定 WHERE 子句吗？

在前面章节中可以看到，所有的 UPDATE 和 DELETE 语句全都在 WHERE 子句中指定了条件。如果省略 WHERE 子句，则 UPDATE 或 DELETE 将被应用到表中所有的行。因此，除非确实打算更新或者删除所有记录，否则要注意使用不带 WHERE 子句的 UPDATE 或 DELETE 语句。建议在对表进行更新和删除操作之前，使用 SELECT 语句确认需要删除的记录，以免造成无法挽回的结果。

8.6 经典习题

创建数据表 pet，并对表进行插入、更新与删除操作，pet 表结构如表 8.3 所示。

（1）首先创建数据表 pet，使用不同的方法将表 8.4 中的记录插入到 pet 表中。

（2）使用 UPDATE 语句将名称为 Fang 的狗的主人改为 Kevin。

（3）将没有主人的宠物的 owner 字段值都改为 Duck。

（4）删除已经死亡的宠物记录。

（5）删除所有表中的记录。

表 8.3 pet 表结构

字段名	字段说明	数据类型	主键	外键	非空	唯一	自增
name	宠物名称	VARCHAR(20)	否	否	是	否	否
owner	宠物主人	VARCHAR(20)	否	否	否	否	否
species	种类	VARCHAR(20)	否	否	是	否	否
sex	性别	CHAR(1)	否	否	是	否	否
birth	出生日期	YEAR	否	否	是	否	否
death	死亡日期	YEAR	否	否	否	否	否

表 8.4 pet 表中记录

name	owner	species	sex	birth	death
Fluffy	Harold	cat	f	2003	2010
Claws	Gwen	cat	m	2004	NULL
Buffy	NULL	dog	f	2009	NULL
Fang	Benny	dog	m	2000	NULL
Bowser	Diane	dog	m	2003	2009
Chirpy	NULL	bird	f	2008	NULL

第 9 章
◀ 索　引 ▶

 学习目标！Objective

　　索引用于快速找出在某个列中有一特定值的行。不使用索引，MySQL 必须从第 1 条记录
开始读完整个表，直到找出相关的行。表越大，查询数据所花费的时间越多。如果表中查询的
列有一个索引，MySQL 能快速到达某个位置去搜寻数据文件，而不必查看所有数据。本章将
介绍与索引相关的内容，包括索引的含义和特点、索引的分类、索引的设计原则以及如何创建
和删除索引。

内容导航！Navigation

- 了解什么是索引
- 掌握创建索引的方法和技巧
- 熟悉如何删除索引
- 掌握综合案例中索引创建的方法和技巧
- 熟悉操作索引的常见问题

9.1　索引简介

　　索引是对数据库表中一列或多列的值进行排序的一种结构，使用索引可提高数据库中特定
数据的查询速度。本节将介绍索引的含义、分类和设计原则。

9.1.1　索引的含义和特点

　　索引是一个单独的、存储在磁盘上的数据库结构，它们包含着对数据表里所有记录的引用
指针。使用索引用于快速找出在某个或多个列中有一特定值的行，所有 MySQL 列类型都可以
被索引，对相关列使用索引是提高查询操作速度的最佳途径。

　　例如：数据库中有 2 万条记录，现在要执行这样一个查询：SELECT * FROM table where

num=10000。如果没有索引，必须遍历整个表，直到 num 等于 10000 的这一行被找到为止；如果在 num 列上创建索引，MySQL 不需要任何扫描，直接在索引里面找 10000，就可以得知这一行的位置。可见，索引的建立可以提高数据库的查询速度。

索引是在存储引擎中实现的，因此，每种存储引擎的索引都不一定完全相同，并且每种存储引擎也不一定支持所有索引类型。根据存储引擎定义每个表的最大索引数和最大索引长度。所有存储引擎支持每个表至少 16 个索引，总索引长度至少为 256 字节。大多数存储引擎有更高的限制。MySQL 中索引的存储类型有两种：BTREE 和 HASH，具体和表的存储引擎相关；MyISAM 和 InnoDB 存储引擎只支持 BTREE 索引；MEMORY/HEAP 存储引擎可以支持 HASH 和 BTREE 索引。

索引的优点主要有以下几条：

（1）通过创建唯一索引，可以保证数据库表中每一行数据的唯一性。
（2）可以大大加快数据的查询速度，这也是创建索引的最主要的原因。
（3）在实现数据的参考完整性方面，可以加速表和表之间的连接。
（4）在使用分组和排序子句进行数据查询时，也可以显著减少查询中分组和排序的时间。

增加索引也有许多不利，主要表现在如下几个方面：

（1）创建索引和维护索引要耗费时间，并且随着数据量的增加所耗费的时间也会增加。
（2）索引需要占磁盘空间，除了数据表占数据空间之外，每一个索引还要占一定的物理空间，如果有大量的索引，索引文件可能比数据文件更快达到最大文件尺寸。
（3）当对表中的数据进行增加、删除和修改的时候，索引也要动态地维护，这样就降低了数据的维护速度。

9.1.2 索引的分类

MySQL 的索引可以分为以下几类：

1. 普通索引和唯一索引

普通索引是 MySQL 中的基本索引类型，允许在定义索引的列中插入重复值和空值。

唯一索引，索引列的值必须唯一，但允许有空值。如果是组合索引，则列值的组合必须唯一。主键索引是一种特殊的唯一索引，不允许有空值。

2. 单列索引和组合索引

单列索引即一个索引只包含单个列，一个表可以有多个单列索引。

组合索引指在表的多个字段组合上创建的索引，只有在查询条件中使用了这些字段的左边字段时，索引才会被使用。使用组合索引时遵循最左前缀集合。

3. 全文索引

全文索引类型为 FULLTEXT，在定义索引的列上支持值的全文查找，允许在这些索引列中插入重复值和空值。全文索引可以在 CHAR、VARCHAR 或者 TEXT 类型的列上创建。MySQL 中只有 MyISAM 存储引擎支持全文索引。

4. 空间索引

空间索引是对空间数据类型的字段建立的索引，MySQL 中的空间数据类型有 4 种，分别是：GEOMETRY、POINT、LINESTRING 和 POLYGON。MySQL 使用 SPATIAL 关键字进行扩展，使得能够用于创建正规索引类似的语法创建空间索引。创建空间索引的列，必须将其声明为 NOT NULL，空间索引只能在存储引擎为 MyISAM 的表中创建。

9.1.3 索引的设计原则

索引设计不合理或者缺少索引都会对数据库和应用程序的性能造成障碍。高效的索引对于获得良好的性能非常重要。设计索引时，应该考虑以下准则：

（1）索引并非越多越好，一个表中如有大量的索引，不仅占用磁盘空间，而且会影响 INSERT、DELETE、UPDATE 等语句的性能，因为当表中的数据更改的同时，索引也会进行调整和更新。

（2）避免对经常更新的表进行过多的索引，并且索引中的列尽可能少。而对经常用于查询的字段应该创建索引，但要避免添加不必要的字段。

（3）数据量小的表最好不要使用索引，由于数据较少，查询花费的时间可能比遍历索引的时间还要短，索引可能不会产生优化效果。

（4）在条件表达式中经常用到的不同值较多的列上建立索引，在不同值很少的列上不要建立索引。比如在学生表的"性别"字段上只有"男"与"女"两个不同值，因此就无须建立索引。如果建立索引不但不会提高查询效率，反而会严重降低数据更新速度。

（5）当唯一性是某种数据本身的特征时，指定唯一索引。使用唯一索引需能确保定义的列的数据完整性，以提高查询速度。

（6）在频繁进行排序或分组（即进行 group by 或 order by 操作）的列上建立索引，如果待排序的列有多个，可以在这些列上建立组合索引。

9.2 创建索引

MySQL 支持多种方法在单个或多个列上创建索引：在创建表的定义语句 CREATE TABLE 中指定索引列，使用 ALTER TABLE 语句在存在的表上创建索引，或者使用 CREATE INDEX

语句在已存在的表上添加索引。本节将详细介绍这 3 种方法。

9.2.1　创建表的时候创建索引

使用 CREATE TABLE 创建表时，除了可以定义列的数据类型，还可以定义主键约束、外键约束或者唯一性约束，而不论创建那种约束，在定义约束的同时相当于在指定列上创建了一个索引。创建表时创建索引的基本语法格式如下：

```
CREATE  TABLE  table_name [col_name data_type]
[UNIQUE|FULLTEXT|SPATIAL] [INDEX|KEY] [index_name] (col_name [length]) [ASC |
DESC]
```

UNIQUE、FULLTEXT 和 SPATIAL 为可选参数，分别表示唯一索引、全文索引和空间索引；INDEX 与 KEY 为同义词，两者作用相同，用来指定创建索引；col_name 为需要创建索引的字段列，该列必须从数据表中定义的多个列中选择；index_name 指定索引的名称，为可选参数，如果不指定，MySQL 默认 col_name 为索引值；length 为可选参数，表示索引的长度，只有字符串类型的字段才能指定索引长度；ASC 或 DESC 指定升序或者降序的索引值存储。

1. 创建普通索引

最基本的索引类型，没有唯一性之类的限制，其作用只是加快对数据的访问速度。

【例 9.1】在 book 表中的 year_publication 字段上建立普通索引，SQL 语句如下：

```
CREATE TABLE book
(
bookid              INT NOT NULL,
bookname            VARCHAR(255) NOT NULL,
authors             VARCHAR(255) NOT NULL,
info                VARCHAR(255) NULL,
comment             VARCHAR(255) NULL,
year_publication    YEAR NOT NULL,
INDEX(year_publication)
);
```

该语句执行完毕之后，使用 SHOW CREATE TABLE 查看表结构：

```
mysql> SHOW CREATE table book \G
*** 1. row ***
      Table: book
CREATE Table: CREATE TABLE `book` (
  `bookid` int(11) NOT NULL,
  `bookname` varchar(255) NOT NULL,
  `authors` varchar(255) NOT NULL,
  `info` varchar(255) DEFAULT NULL,
  `comment` varchar(255) DEFAULT NULL,
```

```
`year_publication` year(4) NOT NULL,
KEY `year_publication` (`year_publication`)
) ENGINE=InnoDB DEFAULT CHARSET=utf8
```

由结果可以看到，book 表的 year_publication 字段上成功建立索引，其索引名称 year_publication 为 MySQL 自动添加。使用 EXPLAIN 语句查看索引是否正在使用：

```
mysql> explain select * from book where year_publication=1990 \G
*** 1. row ***
           id: 1
  select_type: SIMPLE
        table: book
         type: ref
possible_keys: year_publication
          key: year_publication
      key_len: 1
          ref: const
         rows: 1
        Extra:
1 row in set (0.05 sec)
```

EXPLAIN 语句输出结果的各个行解释如下：

（1）select_type 行指定所使用的 SELECT 查询类型，这里值为 SIMPLE，表示简单的 SELECT，不使用 UNION 或子查询。其他可能的取值有：PRIMARY、UNION、SUBQUERY 等。

（2）table 行指定数据库读取的数据表的名字，它们按被读取的先后顺序排列。

（3）type 行指定了本数据表与其他数据表之间的关联关系，可能的取值有 system、const、eq_ref、ref、range、index 和 All。

（4）possible_keys 行给出了 MySQL 在搜索数据记录时可选用的各个索引。

（5）key 行是 MySQL 实际选用的索引。

（6）key_len 行给出索引按字节计算的长度，key_len 数值越小，表示越快。

（7）ref 行给出了关联关系中另一个数据表里的数据列的名字。

（8）rows 行是 MySQL 在执行这个查询时预计会从这个数据表里读出的数据行的个数。

（9）extra 行提供了与关联操作有关的信息。

可以看到，possible_keys 和 key 的值都为 year_publication，查询时使用了索引。

2. 创建唯一索引

创建唯一索引的主要原因是减少查询索引列操作的执行时间，尤其是对比较庞大的数据表。它与前面的普通索引类似，不同的就是：索引列的值必须唯一，但允许有空值。如果是组合索引，则列值的组合必须唯一。

【例 9.2】创建一个表 t1，在表中的 id 字段上使用 UNIQUE 关键字创建唯一索引。

```
CREATE TABLE t1
(
id   INT NOT NULL,
name CHAR(30) NOT NULL,
UNIQUE INDEX UniqIdx(id)
);
```

该语句执行完毕之后，使用 SHOW CREATE TABLE 查看表结构：

```
mysql> SHOW CREATE table t1 \G
*** 1. row ***
      Table: t1
CREATE Table: CREATE TABLE `t1` (
  `id` int(11) NOT NULL,
  `name` char(30) NOT NULL,
  UNIQUE KEY `UniqIdx` (`id`)
) ENGINE=InnoDB DEFAULT CHARSET=utf8
1 row in set (0.00 sec)
```

由结果可以看到，id 字段上已经成功建立了一个名为 UniqIdx 的唯一索引。

3. 创建单列索引

单列索引是在数据表中的某一个字段上创建的索引，一个表中可以创建多个单列索引。前面两个例子中创建的索引都为单列索引。

【例 9.3】创建一个表 t2，在表中的 name 字段上创建单列索引。

表结构如下：

```
CREATE TABLE t2
(
id   INT NOT NULL,
name CHAR(50) NULL,
INDEX SingleIdx(name(20))
);
```

该语句执行完毕之后，使用 SHOW CREATE TABLE 查看表结构：

```
mysql> SHOW CREATE table t2 \G
*** 1. row ***
      Table: t2
CREATE Table: CREATE TABLE `t2` (
  `id` int(11) NOT NULL,
  `name` char(50) DEFAULT NULL,
  KEY `SingleIdx` (`name`(20))
) ENGINE=InnoDB DEFAULT CHARSET=utf8
```

由结果可以看到，id 字段上已经成功建立了一个名为 SingleIdx 的单列索引，索引长度为 20。

4. 创建组合索引

组合索引是在多个字段上创建一个索引。

【例 9.4】创建表 t3，在表中的 id、name 和 age 字段上建立组合索引，SQL 语句如下：

```
CREATE TABLE t3
(
id   INT NOT NULL,
name CHAR(30)  NOT NULL,
age  INT NOT   NULL,
info VARCHAR(255),
INDEX MultiIdx(id, name, age(100))
);
```

该语句执行完毕之后，使用 SHOW CREATE TABLE 查看表结构：

```
mysql> SHOW CREATE table t3 \G
*** 1. row ***
     Table: t3
CREATE Table: CREATE TABLE `t3` (
 `id` int(11) NOT NULL,
 `name` char(30) NOT NULL,
 `age` int(11) NOT NULL,
 `info` varchar(255) DEFAULT NULL,
 KEY `MultiIdx` (`id`,`name`,`age`)
) ENGINE=InnoDB DEFAULT CHARSET=utf8
```

由结果可以看到，id、name 和 age 字段上已经成功建立了一个名为 MultiIdx 的组合索引。

组合索引可起几个索引的作用，但是使用时并不是随便查询哪个字段都可以使用索引，而是遵从"最左前缀"：利用索引中最左边的列集来匹配行，这样的列集称为最左前缀。例如这里由 id、name 和 age 3 个字段构成的索引，索引行中按 id/name/age 的顺序存放，索引可以搜索下面字段组合：（id, name, age）、（id, name）或者 id。如果列不构成索引最左面的前缀，MySQL 不能使用局部索引，如（age）或者（name,age）组合则不能使用索引查询。

在 t3 表中，查询 id 和 name 字段，使用 EXPLAIN 语句查看索引的使用情况：

```
mysql> explain select * from t3 where id=1 AND name='joe' \G
*** 1. row ***
         id: 1
  select_type: SIMPLE
      table: t3
       type: ref
possible_keys: MultiIdx
        key: MultiIdx
    key_len: 94
        ref: const,const
```

```
        rows: 1
       Extra: Using where
1 row in set (0.00 sec)
```

可以看到，查询 id 和 name 字段时，使用了名称 MultiIdx 的索引，如果查询（name,age）组合或者单独查询 name 和 age 字段，结果如下：

```
*** 1. row ***
          id: 1
  select_type: SIMPLE
        table: t3
         type: ALL
possible_keys: NULL
          key: NULL
      key_len: NULL
          ref: NULL
         rows: 1
        Extra: Using where
```

此时，possible_keys 和 key 值为 NULL，并没有使用在 t3 表中创建的索引进行查询。

5. 创建全文索引

FULLTEXT（全文索引）可以用于全文搜索。只有 MyISAM 存储引擎支持 FULLTEXT 索引，并且只为 CHAR、VARCHAR 和 TEXT 列创建索引。索引总是对整个列进行，不支持局部（前缀）索引。

【例 9.5】创建表 t4，在表中的 info 字段上建立全文索引，SQL 语句如下：

```
CREATE TABLE t4
(
id    INT NOT NULL,
name CHAR(30) NOT NULL,
age   INT NOT NULL,
info VARCHAR(255),
FULLTEXT INDEX FullTxtIdx(info)
) ENGINE=MyISAM;
```

 因为 MySQL 5.7 中默认存储引擎为 InnoDB，在这里创建表时需要修改表的存储引擎为 MyISAM，不然创建索引会出错。

语句执行完毕之后，使用 SHOW CREATE TABLE 查看表结构：

```
mysql> SHOW CREATE table t4 \G
*** 1. row ***
      Table: t4
CREATE Table: CREATE TABLE `t4` (
```

```
   `id` int(11) NOT NULL,
   `name` char(30) NOT NULL,
   `age` int(11) NOT NULL,
   `info` varchar(255) DEFAULT NULL,
   FULLTEXT KEY `FullTxtIdx` (`info`)
) ENGINE=MyISAM DEFAULT CHARSET=utf8
```

由结果可以看到，info 字段上已经成功建立了一个名为 FullTxtIdx 的 FULLTEXT 索引。全文索引非常适合于大型数据集，对于小的数据集，它的用处比较小。

6. 创建空间索引

空间索引必须在 MyISAM 类型的表中创建，且空间类型的字段必须为非空。

【例 9.6】创建表 t5，在空间类型为 GEOMETRY 的字段上创建空间索引，SQL 语句如下：

```
CREATE TABLE t5
( g GEOMETRY NOT NULL, SPATIAL INDEX spatIdx(g) )ENGINE=MyISAM;
该语句执行完毕之后，使用 SHOW CREATE TABLE 查看表结构：
mysql> SHOW CREATE table t5 \G
*** 1. row ***
      Table: t5
CREATE Table: CREATE TABLE `t5` (
   `g` geometry NOT NULL,
   SPATIAL KEY `spatIdx` (`g`)
) ENGINE=MyISAM DEFAULT CHARSET=utf8
```

可以看到，t5 表的 g 字段上创建了名称为 spatIdx 的空间索引。注意创建时指定空间类型字段值的非空约束，并且表的存储引擎为 MyISAM。

9.2.2　在已经存在的表上创建索引

在已经存在的表中创建索引，可以使用 ALTER TABLE 语句或者 CREATE INDEX 语句，本节将介绍如何使用 ALTER TABLE 和 CREATE INDEX 语句在已知表字段上创建索引。

1. 使用 ALTER TABLE 语句创建索引

ALTER TABLE 创建索引的基本语法如下：

```
ALTER TABLE table_name ADD [UNIQUE|FULLTEXT|SPATIAL]  [INDEX|KEY]
[index_name] (col_name[length],…) [ASC | DESC]
```

与创建表时创建索引的语法不同的是，在这里使用了 ALTER TABLE 和 ADD 关键字，ADD 表示向表中添加索引。

【例 9.7】在 book 表中的 bookname 字段上建立名为 BkNameIdx 的普通索引。

添加索引之前，使用 SHOW INDEX 语句查看指定表中创建的索引：

```
mysql> SHOW INDEX FROM book \G
*** 1. Row ***
        Table: book
   Non_unique: 1
     Key_name: year_publication
 Seq_in_index: 1
  Column_name: year_publication
    Collation: A
  Cardinality: 0
     Sub_part: NULL
       Packed: NULL
         Null:
   Index_type: BTREE
      Comment:
Index_comment:
```

其中各个主要参数的含义为：

（1）Table 表示创建索引的表。

（2）Non_unique 表示索引非唯一，1 代表是非唯一索引，0 代表唯一索引。

（3）Key_name 表示索引的名称。

（4）Seq_in_index 表示该字段在索引中的位置，单列索引该值为 1，组合索引为每个字段在索引定义中的顺序。

（5）Column_name 表示定义索引的列字段。

（6）Sub_part 表示索引的长度。

（7）Null 表示该字段是否能为空值。

（8）Index_type 表示索引类型。

可以看到，book 表中已经存在了一个索引，即前面已经定义的名称为 year_publication 索引，该索引为非唯一索引。

下面使用 ALTER TABLE 在 bookname 字段上添加索引，SQL 语句如下：

```
ALTER TABLE book ADD INDEX BkNameIdx( bookname(30) );
```

使用 SHOW INDEX 语句查看表中的索引：

```
mysql> SHOW INDEX FROM book \G
*** 1. Row ***
        Table: book
   Non_unique: 1
     Key_name: year_publication
 Seq_in_index: 1
  Column_name: year_publication
    Collation: A
  Cardinality: 0
```

```
         Sub_part: NULL
          Packed: NULL
            Null:
      Index_type: BTREE
         Comment:
   Index_comment:
*** 2. Row ***
           Table: book
      Non_unique: 1
        Key_name: BkNameIdx
    Seq_in_index: 1
     Column_name: bookname
       Collation: A
     Cardinality: 0
        Sub_part: 30
          Packed: NULL
            Null:
      Index_type: BTREE
         Comment:
   Index_comment:
```

可以看到，现在表中已经有了两个索引，另一个为通过 ALTER TABLE 语句添加的名称为 BkNameIdx 的索引，该索引为非唯一索引，长度为 30。

【例 9.8】在 book 表的 bookId 字段上建立名称为 UniqidIdx 的唯一索引，SQL 语句如下：

```
ALTER TABLE book ADD UNIQUE INDEX UniqidIdx ( bookId );
```

使用 SHOW INDEX 语句查看表中的索引：

```
mysql> SHOW INDEX FROM book \G
*** 1. Row ***
           Table: book
      Non_unique: 0
        Key_name: UniqidIdx
    Seq_in_index: 1
     Column_name: bookid
       Collation: A
     Cardinality: 0
        Sub_part: NULL
          Packed: NULL
            Null:
      Index_type: BTREE
         Comment:
   Index_comment:
```

可以看到 Non_unique 属性值为 0，表示名称为 UniqidIdx 的索引为唯一索引，创建唯一索引成功。

【例9.9】在 book 表的 comment 字段上建立单列索引，SQL 语句如下：

```
ALTER TABLE book ADD INDEX BkcmtIdx ( comment(50) );
```

使用 SHOW INDEX 语句查看表中的索引：

```
*** 3. Row ***
        Table: book
   Non_unique: 1
     Key_name: BkcmtIdx
 Seq_in_index: 1
  Column_name: comment
    Collation: A
  Cardinality: 0
     Sub_part: 50
       Packed: NULL
         Null: YES
   Index_type: BTREE
      Comment:
Index_comment:
```

可以看到，语句执行之后在 book 表的 comment 字段上建立了名称为 BkcmgIdx 的索引，长度为50，在查询时，只需要检索前50个字符。

【例9.10】在 book 表的 authors 和 info 字段上建立组合索引，SQL 语句如下：

```
ALTER TABLE book ADD INDEX BkAuAndInfoIdx ( authors(30),info(50) );
```

使用 SHOW INDEX 语句查看表中的索引：

```
mysql> SHOW INDEX FROM book \G
*** 4. Row ***
        Table: book
   Non_unique: 1
     Key_name: BkAuAndInfoIdx
 Seq_in_index: 1
  Column_name: authors
    Collation: A
  Cardinality: 0
     Sub_part: 30
       Packed: NULL
         Null:
   Index_type: BTREE
      Comment:
Index_comment:
*** 5. Row ***
```

```
        Table: book
   Non_unique: 1
     Key_name: BkAuAndInfoIdx
 Seq_in_index: 2
  Column_name: info
    Collation: A
  Cardinality: 0
     Sub_part: 50
       Packed: NULL
         Null: YES
   Index_type: BTREE
      Comment:
Index_comment:
```

可以看到名称为 BkAuAndInfoIdx 的索引由两个字段组成，authors 字段长度为 30，在组合索引中的序号为 1，该字段不允许空值 NULL；info 字段长度为 50，在组合索引中的序号为 2，该字段可以为空值 NULL。

【例 9.11】创建表 t6，在 t6 表上使用 ALTER TABLE 创建全文索引。

首先创建表 t6，语句如下：

```
CREATE TABLE t6
(
    id    INT NOT NULL,
    info  CHAR(255)
) ENGINE=MyISAM;
```

注意修改 ENGINE 参数为 MyISAM，MySQL 默认引擎 InnoDB 不支持全文索引。

使用 ALTER TABLE 语句在 info 字段上创建全文索引：

```
ALTER TABLE t6 ADD FULLTEXT INDEX infoFTIdx ( info );
```

使用 SHOW INDEX 语句查看索引：

```
mysql> SHOW index from t6 \G
** 1. Row ***
        Table: t6
   Non_unique: 1
     Key_name: infoFTIdx
 Seq_in_index: 1
  Column_name: info
    Collation: NULL
  Cardinality: NULL
     Sub_part: NULL
       Packed: NULL
         Null: YES
```

```
    Index_type: FULLTEXT
        Comment:
ndex_comment:
```

可以看到，t6 表中已经创建了名称为 infoFTIdx 的索引，该索引在 info 字段上创建，类型为 FULLTEXT，允许空值。

【例 9.12】创建表 t7，在 t7 的空间数据类型字段 g 上创建名称为 spatIdx 的空间索引，SQL 语句如下：

```
CREATE TABLE t7 ( g GEOMETRY NOT NULL )ENGINE=MyISAM;
```

使用 ALTER TABLE 在表 t7 的 g 字段建立空间索引：

```
ALTER TABLE t7 ADD SPATIAL INDEX spatIdx(g);
```

使用 SHOW INDEX 语句查看索引：

```
mysql> SHOW index from t7 \G
*** 1. Row ***
        Table: t7
   Non_unique: 1
     Key_name: spatIdx
 Seq_in_index: 1
  Column_name: g
    Collation: A
  Cardinality: NULL
     Sub_part: 32
       Packed: NULL
         Null:
   Index_type: SPATIAL
      Comment:
Index_comment:
```

可以看到，t7 表的 g 字段上创建了名称为 spatIdx 的空间索引。

2. 使用 CREATE INDEX 创建索引

CREATE INDEX 语句可以在已经存在的表上添加索引，MySQL 中 CREATE INDEX 被映射到一个 ALTER TABLE 语句上，基本语法结构为：

```
CREATE [UNIQUE|FULLTEXT|SPATIAL] INDEX index_name
ON table_name (col_name[length],…) [ASC | DESC]
```

可以看到 CREATE INDEX 语句和 ALTER TABLE 语句的语法基本一样，只是关键字不同。在这里，使用相同的表 book，假设该表中没有任何索引值，创建 book 表语句如下：

```
CREATE TABLE book
(
```

```
bookid              INT NOT NULL,
bookname            VARCHAR(255) NOT NULL,
authors             VARCHAR(255) NOT NULL,
info                VARCHAR(255) NULL,
comment             VARCHAR(255) NULL,
year_publication    YEAR NOT NULL
);
```

提示 读者可以将该数据库中的 book 表删除，按上面的语句重新建立，然后进行下面的操作。

【例 9.13】在 book 表中的 bookname 字段上建立名为 BkNameIdx 的普通索引，SQL 语句如下：

```
CREATE INDEX BkNameIdx ON book(bookname);
```

语句执行完毕之后，将在 book 表中创建名称为 BkNameIdx 的普通索引。读者可以使用 SHOW INDEX 或者 SHOW CREATE TABLE 语句查看 book 表中的索引，其索引内容与前面介绍相同。

【例 9.14】在 book 表的 bookId 字段上建立名称为 UniqidIdx 的唯一索引，SQL 语句如下：

```
CREATE UNIQUE INDEX UniqidIdx  ON book ( bookId );
```

语句执行完毕之后，将在 book 表中创建名称为 UniqidIdx 的唯一索引。

【例 9.15】在 book 表的 comment 字段上建立单列索引，SQL 语句如下：

```
CREATE INDEX BkcmtIdx ON book(comment(50) );
```

语句执行完毕之后，将在 book 表的 comment 字段上建立一个名为 BkcmtIdx 的单列索引，长度为 50。

【例 9.16】在 book 表的 authors 和 info 字段上建立组合索引，SQL 语句如下：

```
CREATE INDEX BkAuAndInfoIdx ON book ( authors(20),info(50) );
```

语句执行完毕之后，将在 book 表的 authors 和 info 字段上建立了一个名为 BkAuAndInfoIdx 的组合索引，authors 的索引序号为 1，长度为 20，info 的索引序号为 2，长度为 50。

【例 9.17】删除表 t6，重新建立表 t6，在 t6 表中使用 CREATE INDEX 语句，在 CHAR 类型的 info 字段上创建全文索引，SQL 语句如下：

首先删除表 t6，并重新建立该表，分别输入下面语句：

```
mysql> drop table t6;
Query OK, 0 rows affected (0.00 sec)

mysql> CREATE TABLE t6
```

```
    -> (
    -> id    INT NOT NULL,
    -> info  CHAR(255)
    -> ) ENGINE=MyISAM;
Query OK, 0 rows affected (0.00 sec)
```

使用 CREATE INDEX 在 t6 表的 info 字段上创建名称为 infoFTIdx 的全文索引：

```
CREATE FULLTEXT INDEX ON t6(info);
```

语句执行完毕之后，将在 t6 表中创建名称为 infoFTIdx 的索引，该索引在 info 字段上创建类型为 FULLTEXT，允许空值。

【例 9.18】删除表 t7，重新创建表 t7，在 t7 表中使用 CREATE INDEX 语句，在空间数据类型字段 g 上创建名称为 spatIdx 的空间索引，SQL 语句如下：

首先删除表 t7，并重新建立该表，分别输入下面语句：

```
mysql> drop table t7;
Query OK, 0 rows affected (0.00 sec)

mysql> CREATE TABLE t7 ( g GEOMETRY NOT NULL )ENGINE=MyISAM;
Query OK, 0 rows affected (0.00 sec)
```

使用 CREATE INDEX 语句在表 t7 的 g 字段建立空间索引，

```
CREATE SPATIAL INDEX spatIdx ON t7 (g);
```

语句执行完毕之后，将在 t7 表中创建名称为 spatIdx 的空间索引，该索引在 g 字段上创建。

9.3 删除索引

MySQL 中删除索引使用 ALTER TABLE 或者 DROP INDEX 语句，两者可实现相同的功能，DROP INDEX 语句在内部被映射到一个 ALTER TABLE 语句中。

1. 使用 ALTER TABLE 删除索引

ALTER TABLE 删除索引的基本语法格式如下：

```
ALTER TABLE table_name DROP INDEX index_name;
```

【例 9.19】删除 book 表中名称为 UniqidIdx 的唯一索引。

首先查看 book 表中是否有名称为 UniqidIdx 的索引，输入 SHOW 语句如下：

```
mysql> SHOW CREATE table book \G
*** 1. row ***
```

```
     Table: book
CREATE Table: CREATE TABLE `book` (
 `bookid` int(11) NOT NULL,
 `bookname` varchar(255) NOT NULL,
 `authors` varchar(255) NOT NULL,
 `info` varchar(255) DEFAULT NULL,
 `year_publication` year(4) NOT NULL,
 UNIQUE KEY `UniqidIdx` (`bookid`),
 KEY `BkNameIdx` (`bookname`),
 KEY `BkAuAndInfoIdx` (`authors`(20),`info`(50))
) ENGINE=InnoDB DEFAULT CHARSET=utf8
```

查询结果可以看到，book 表中有名称为 UniqidIdx 的唯一索引，该索引在 bookid 字段上创建，下面删除该索引，输入删除语句如下：

```
mysql> ALTER TABLE book DROP INDEX UniqidIdx;
Query OK, 0 rows affected (0.02 sec)
Records: 0  Duplicates: 0  Warnings: 0
```

语句执行完毕，使用 SHOW 语句查看索引是否被删除：

```
mysql> SHOW CREATE table book \G
*** 1. row ***
     Table: book
CREATE Table: CREATE TABLE `book` (
 `bookid` int(11) NOT NULL,
 `bookname` varchar(255) NOT NULL,
 `authors` varchar(255) NOT NULL,
 `info` varchar(255) DEFAULT NULL,
 `year_publication` year(4) NOT NULL,
 KEY `BkNameIdx` (`bookname`),
 KEY `BkAuAndInfoIdx` (`authors`(20),`info`(50))
) ENGINE=InnoDB DEFAULT CHARSET=utf8
```

由结果可以看到，book 表中已经没有名称为 UniqidIdx 的唯一索引，删除索引成功。

> 添加 AUTO_INCREMENT 约束字段的唯一索引不能被删除。

2. 使用 DROP INDEX 语句删除索引

DROP INDEX 删除索引的基本语法格式如下：

```
DROP INDEX index_name ON table_name;
```

【例 9.20】删除 book 表中名称为 BkAuAndInfoIdx 的组合索引，SQL 语句如下：

```
mysql> DROP INDEX BkAuAndInfoIdx ON book;
Query OK, 0 rows affected (0.02 sec)
Records: 0  Duplicates: 0  Warnings: 0
```

语句执行完毕，使用 SHOW 语句查看索引是否被删除：

```
mysql> SHOW CREATE table book \G
*** 1. row ***
    Table: book
CREATE Table: CREATE TABLE `book` (
 `bookid` int(11) NOT NULL,
 `bookname` varchar(255) NOT NULL,
 `authors` varchar(255) NOT NULL,
 `info` varchar(255) DEFAULT NULL,
 `year_publication` year(4) NOT NULL,
 KEY `BkNameIdx` (`bookname`)
) ENGINE=InnoDB DEFAULT CHARSET=utf8
1 row in set (0.00 sec)
```

可以看到，book 表中已经没有名称为 BkAuAndInfoIdx 的组合索引，删除索引成功。

 删除表中的列时，如果要删除的列为索引的组成部分，则该列也会从索引中删除。如果组成索引的所有列都被删除，则整个索引将被删除。

9.4 综合案例——创建索引

本章全面介绍了什么是索引，以及 MySQL 中索引的种类和各种索引的创建方法，如创建表的同时创建索引，以及使用 ALTER TABLE 或者 CREATE INDEX 语句创建索引。索引是提高数据库性能的一个强有力的工具，因此读者要掌握好索引的创建。在这里，通过一个综合案例，让读者重温本章的重点。

1. 案例目的

创建数据库 index_test，按照下面表结构在 index_test 数据库中创建两个数据表 test_table1 和 test_table2，如表 9.1 和表 9.2 所示，并按照操作过程完成对数据表的基本操作。

表 9.1　test_table1 表结构

字段名	数据类型	主键	外键	非空	唯一	自增
id	int(11)	否	否	是	是	是
name	CHAR(100)	否	否	是	否	否
address	CHAR(100)	否	否	否	否	否
description	CHAR(100)	否	否	否	否	否

表 9.2 test_tabl2 表结构

字段名	数据类型	主键	外键	非空	唯一	自增
id	int(11)	是	否	是	是	否
firstname	CHAR(50)	否	否	是	否	否
middlename	CHAR(50)	否	否	是	否	否
lastname	CHAR(50)	否	否	是	否	否
birth	DATE	否	否	是	否	否
title	CHAR(100)	否	否	否	否	否

2. 案例操作过程

步骤 01 登录 MySQL 数据库。

打开 Windows 命令行，输入登录用户名和密码：

```
C:\>mysql -h localhost -u root -p
Enter password: **
```

步骤 02 创建数据库 index_test。

创建数据库 index_test 的语句如下：

```
mysql> CREATE database index_test;
Query OK, 1 row affected (0.00 sec)
```

结果显示创建成功，在 index_test 数据库中创建表，必须先选择该数据库，输入语句如下：

```
mysql> USE index_test;
Database changed
```

结果显示选择数据库成功。

步骤 03 创建表 test_table1。

```
CREATE TABLE test_table1
(
id          INT(11) NOT NULL  AUTO_INCREMENT,
name        CHAR(100) NOT NULL,
address     CHAR(100)
description CHAR(100)
UNIQUE INDEX UniqIdx(id),
INDEX MultiColIdx(name(20), address(30)),
INDEX ComIdx( description(30) )
);
```

使用 SHOW 语句查看索引信息：

```
mysql> SHOW CREATE table test_table1 \G
*** 1. row ***
```

```
     Table: test_table1
CREATE Table: CREATE TABLE `test_table1` (
  `id` int(11) NOT NULL AUTO_INCREMENT,
  `name` char(100)  NOT NULL,
  `address` char(100),
  `description` char(100),
  UNIQUE KEY `UniqIdx` (`id`),
  KEY `MultiColIdx` (`name`(20),`address`(30)),
  KEY `ComIdx` (`description`(30))
) ENGINE=InnoDB DEFAULT CHARSET=utf8
```

由结果可以看到 test_table1 表中成功创建了 3 个索引，分别是：在 id 字段上名称为 UniqIdx 的唯一索引；在 name 和 address 字段上的组合索引，两个索引列的长度分别为 20 个字符和 30 个字符；在 description 字段上的长度为 30 的普通索引。

步骤 04 创建表 test_table2，存储引擎为 MyISAM。

```
CREATE TABLE test_table2
(
id        INT(11) NOT NULL  PRIMARY KEY
firstname  CHAR(50) NOT NULL,
middlename CHAR(50) NOT NULL,
lastname   CHAR(50) NOT NULL,
birth      DATE NOT NULL,
title      CHAR(100)
) ENGINE=MyISAM;
```

步骤 05 使用 ALTER TABLE 语句在表 test_table2 的 birth 字段上，建立名称为 ComDateIdx 的普通索引。

```
mysql> ALTER TABLE test_table2 ADD INDEX ComDateIdx(birth);
Query OK, 0 rows affected (0.01 sec)
Records: 0 Duplicates: 0 Warnings: 0
```

步骤 06 使用 ALTER TABLE 语句在表 test_table2 的 id 字段上，添加名称为 UniqIdx2 的唯一索引，并以降序排列。

```
mysql> ALTER TABLE test_table2 ADD UNIQUE INDEX UniqIdx2 (id DESC) ;
Query OK, 0 rows affected (0.03 sec)
Records: 0 Duplicates: 0 Warnings: 0
```

步骤 07 使用 CREATE INDEX 在 firstname、middlename 和 lastname 3 个字段上建立名称为 MultiColIdx2 的组合索引。

```
mysql> CREATE  INDEX  MultiColIdx2  ON  test_table2(firstname, middlename,
lastname);
Query OK, 0 rows affected (0.05 sec)
```

```
Records: 0  Duplicates: 0  Warnings: 0
```

步骤 08　使用 CREATE INDEX 在 title 字段上建立名称为 FTIdx 的全文索引。

```
mysql> CREATE FULLTEXT INDEX FTIdx ON test_table2(title);
Query OK, 0 rows affected (0.02 sec)
Records: 0  Duplicates: 0  Warnings: 0
```

步骤 09　使用 ALTER TABLE 语句删除表 test_table1 中名称为 UniqIdx 的唯一索引。

```
mysql> ALTER TABLE test_table1 DROP INDEX UniqIdx;
Query OK, 0 rows affected (0.02 sec)
Records: 0  Duplicates: 0  Warnings: 0
```

步骤 10　使用 DROP INDEX 语句删除表 test_table2 中名称为 MultiColIdx2 的组合索引。

```
mysql> DROP INDEX MultiColIdx2 ON test_table2;
Query OK, 0 rows affected (0.01 sec)
Records: 0  Duplicates: 0  Warnings: 0
```

9.5　专家解惑

疑问 1：索引对数据库性能如此重要，应该如何使用它？

为数据库选择正确的索引是一项复杂的任务。如果索引列较少，则需要的磁盘空间和维护开销都较少。如果在一个大表上创建了多种组合索引，索引文件也会膨胀很快。而另一方面，索引较多可覆盖更多的查询。可能需要试验若干不同的设计，才能找到最有效的索引。可以添加、修改和删除索引而不影响数据库架构或应用程序设计。因此，应尝试多个不同的索引从而建立最优的索引。

疑问 2：尽量使用短索引。

对字符串类型的字段进行索引，如果可能应该指定一个前缀长度。例如，如果有一个 CHAR(255) 的列，如果在前 10 个或 30 个字符内，多数值是唯一的，则不需要对整个列进行索引。短索引不仅可以提高查询速度而且可以节省磁盘空间、减少 I/O 操作。

9.6　经典习题

在 index_test 数据库中创建数据表 writers，writers 表结构如表 9.3 所示，按要求进行操作。

表 9.3　writers 表结构

字段名	数据类型	主键	外键	非空	唯一	自增
w_id	SMALLINT(11)	是	否	是	是	是
w_name	VARCHAR(255)	否	否	是	否	否
w_address	VARCHAR(255)	否	否	否	否	否
w_age	CHAR(2)	否	否	是	否	否
w_note	VARCHAR(255)	否	否	否	否	否

（1）在数据库 index_test 中创建表 writers，存储引擎为 MyISAM，创建表的同时在 w_id 字段上添加名称为 UniqIdx 的唯一索引。

（2）使用 ALTER TABLE 语句在 w_name 字段上建立名称为 nameIdx 的普通索引。

（3）使用 CREATE INDEX 语句在 w_address 和 w_age 字段上建立名称为 MultiIdx 的组合索引。

（4）使用 CREATE INDEX 语句在 w_note 字段上建立名称为 FTIdx 的全文索引。

（5）删除名称为 FTIdx 的全文索引。

第 10 章
◀ 存储过程和函数 ▶

 学习目标 Objective

简单地说，存储过程就是一条或者多条 SQL 语句的集合，可视为批文件，但是其作用不仅限于批处理。本章主要介绍如何创建存储过程和存储函数以及变量的使用，如何调用、查看、修改、删除存储过程和存储函数等。

内容导航 Navigation

- 掌握如何创建存储过程
- 掌握如何创建存储函数
- 熟悉变量的使用方法
- 熟悉如何定义条件和处理程序
- 了解光标的使用方法
- 掌握流程控制的使用
- 掌握如何调用存储过程和函数
- 熟悉如何查看存储过程和函数
- 掌握修改存储过程和函数的方法
- 熟悉如何删除存储过程和函数
- 掌握综合案例中创建存储过程和函数的方法和技巧

10.1 创建存储过程和函数

存储程序可以分为存储过程和函数，MySQL 中创建存储过程和函数使用的语句分别是：CREATE PROCEDURE 和 CREATE FUNCTION。使用 CALL 语句来调用存储过程，只能用输出变量返回值。函数可以从语句外调用（即通过引用函数名），也能返回标量值。存储过程也可以调用其他存储过程。

10.1.1　创建存储过程

创建存储过程，需要使用 CREATE PROCEDURE 语句，基本语法格式如下：

```
CREATE PROCEDURE sp_name ( [proc_parameter] )
[characteristics ...] routine_body
```

CREATE PROCEDURE 为用来创建存储函数的关键字；sp_name 为存储过程的名称；proc_parameter 为指定存储过程的参数列表，列表形式如下：

```
[ IN | OUT | INOUT ] param_name type
```

其中，IN 表示输入参数，OUT 表示输出参数，INOUT 表示既可以输入也可以输出；param_name 表示参数名称；type 表示参数的类型，该类型可以是 MySQL 数据库中的任意类型。

characteristics 指定存储过程的特性，有以下取值：

- LANGUAGE SQL：说明 routine_body 部分是由 SQL 语句组成的，当前系统支持的语言为 SQL，SQL 是 LANGUAGE 特性的唯一值。
- [NOT] DETERMINISTIC：指明存储过程执行的结果是否确定。DETERMINISTIC 表示结果是确定的。每次执行存储过程时，相同的输入会得到相同的输出。NOT DETERMINISTIC 表示结果是不确定的，相同的输入可能得到不同的输出。如果没有指定任意一个值，默认为 NOT DETERMINISTIC。
- { CONTAINS SQL | NO SQL | READS SQL DATA | MODIFIES SQL DATA }：指明子程序使用 SQL 语句的限制。CONTAINS SQL 表明子程序包含 SQL 语句，但是不包含读写数据的语句；NO SQL 表明子程序不包含 SQL 语句；READS SQL DATA 说明子程序包含读数据的语句；MODIFIES SQL DATA 表明子程序包含写数据的语句。默认情况下，系统会指定为 CONTAINS SQL。
- SQL SECURITY { DEFINER | INVOKER }：指明谁有权限来执行。DEFINER 表示只有定义者才能执行。INVOKER 表示拥有权限的调用者可以执行。默认情况下，系统指定为 DEFINER。
- COMMENT 'string'：注释信息，可以用来描述存储过程或函数。

routine_body 是 SQL 代码的内容，可以用 BEGIN…END 来表示 SQL 代码的开始和结束。

编写存储过程并不是件简单的事情，可能存储过程中需要复杂的 SQL 语句，并且要有创建存储过程的权限；但是使用存储过程将简化操作，减少冗余的操作步骤，同时，还可以减少操作过程中的失误，提高效率，因此存储过程是非常有用的，而且应该尽可能地学会使用。

下面的代码演示了存储过程的内容，名称为 AvgFruitPrice，返回所有水果的平均价格，输入代码如下：

```
CREATE PROCEDURE AvgFruitPrice ()
BEGIN
```

```
SELECT AVG(f_price) AS avgprice
FROM fruits;
END;
```

上述代码中，此存储过程名为 AvgFruitPrice，使用 CREATE PROCEDURE AvgFruitPrice ()
语句定义。此存储过程没有参数，但是后面的()仍然需要。BEGIN 和 END 语句用来限定存储
过程体，过程本身仅是一个简单的 SELECT 语句（AVG 为求字段平均值的函数）。

【例 10.1】创建查看 fruits 表的存储过程，代码如下：

```
CREATE PROCEDURE Proc()
    BEGIN
      SELECT * FROM fruits;
    END ;
```

这行代码创建了一个查看 fruits 表的存储过程，每次调用这个存储过程的时候都会执行
SELECT 语句查看表的内容，代码的执行过程如下：

```
MySQL> DELIMITER //
MySQL> CREATE PROCEDURE Proc()
    -> BEGIN
    -> SELECT * FROM fruits;
    -> END //
Query OK, 0 rows affected (0.00 sec)


MySQL> DELIMITER ;
```

这个存储过程和使用 SELECT 语句查看表的效果得到的结果是一样的，当然存储过程也
可以是很多语句的复杂组合，其本身也可以调用其他的函数来组成更加复杂的操作。

  "DELIMITER //" 语句的作用是将 MySQL 的结束符设置为//，因为 MySQL 默认的语句
结束符号为分号 ';'，为了避免与存储过程中 SQL 语句结束符相冲突，需要使用
DELIMITER 改变存储过程的结束符，并以 "END //" 结束存储过程。存储过程定义完毕
之后再使用 "DELIMITER ;" 恢复默认结束符。DELIMITER 也可以指定其他符号做为结
束符。

【例 10.2】创建名称为 CountProc 的存储过程，代码如下：

```
CREATE PROCEDURE CountProc (OUT param1 INT)
BEGIN
SELECT COUNT(*) INTO param1 FROM fruits;
END;
```

上述代码的作用是创建一个获取 fruits 表记录条数的存储过程，名称是 CountProc，COUNT(*) 计算后把结果放入参数 param1 中。代码的执行结果如下：

```
mysql> DELIMITER //
mysql> CREATE PROCEDURE CountProc(OUT param1 INT)
 -> BEGIN
 -> SELECT COUNT(*) INTO param1 FROM fruits;
 -> END //
Query OK, 0 rows affected (0.00 sec)
mysql> DELIMITER ;
```

 当使用 DELIMITER 命令时，应该避免使用反斜杠（'\'）字符，因为反斜线是 MySQL 的转义字符。

10.1.2　创建存储函数

创建存储函数，需要使用 CREATE FUNCTION 语句，基本语法格式如下：

```
CREATE FUNCTION func_name ( [func_parameter] )
 RETURNS type
[characteristic ...] routine_body
```

CREATE FUNCTION 为用来创建存储函数的关键字；func_name 表示存储函数的名称；func_parameter 为存储过程的参数列表，参数列表形式如下：

```
[ IN | OUT | INOUT ] param_name type
```

其中，IN 表示输入参数，OUT 表示输出参数，INOUT 表示既可以输入也可以输出；param_name 表示参数名称；type 表示参数的类型，该类型可以是 MySQL 数据库中的任意类型。

RETURNS type 语句表示函数返回数据的类型；characteristic 指定存储函数的特性，取值与创建存储过程时相同，这里不再赘述。

【例 10.3】创建存储函数，名称为 NameByZip，该函数返回 SELECT 语句的查询结果，数值类型为字符串型，代码如下：

```
CREATE FUNCTION NameByZip ()
 RETURNS CHAR(50)
 RETURN  (SELECT s_name FROM suppliers WHERE s_call= '48075');
```

创建一个存储函数，参数定义为空，返回一个 INT 类型的结果。代码的执行结果如下：

```
mysql> DELIMITER //
mysql> CREATE FUNCTION NameByZip()
-> RETURNS CHAR(50)
```

```
-> RETURN  (SELECT s_name FROM suppliers WHERE s_call= '48075');
-> //
Query OK, 0 rows affected (0.12 sec)

mysql> DELIMITER ;
```

如果在存储函数中的 RETURN 语句返回一个类型不同于函数的 RETURNS 子句中指定类型的值，返回值将被强制为恰当的类型。比如，如果一个函数返回一个 ENUM 或 SET 值，但是 RETURN 语句返回一个整数，对于 SET 成员集的相应的 ENUM 成员，从函数返回的值是字符串。

 指定参数为 IN、OUT 或 INOUT 只对 PROCEDURE 是合法的。（FUNCTION 中总是默认为 IN 参数）。RETURNS 子句只能对 FUNCTION 做指定，对函数而言这是强制的。它用来指定函数的返回类型，而且函数体必须包含一个 RETURN value 语句。

10.1.3　变量的使用

变量可以在子程序中声明并使用，这些变量的作用范围是在 BEGIN...END 程序中，本小节主要介绍如何定义变量和为变量赋值。

1. 定义变量

在存储过程中使用 DECLARE 语句定义变量，语法格式如下：

```
DECLARE var_name[,varname]... date_type [DEFAULT value];
```

var_name 为局部变量的名称。DEFAULT value 子句给变量提供一个默认值。值除了可以被声明为一个常数之外，还可以被指定为一个表达式。如果没有 DEFAULT 子句，初始值为 NULL。

【例 10.4】定义名称为 myparam 的变量，类型为 INT 类型，默认值为 100，代码如下：

```
DECLARE myparam INT DEFAULT 100;
```

2. 为变量赋值

定义变量之后，为变量赋值可以改变变量的默认值，MySQL 中使用 SET 语句为变量赋值，语法格式如下：

```
SET var_name = expr [, var_name = expr] ...;
```

在存储程序中的 SET 语句是一般 SET 语句的扩展版本。被参考变量可能是子程序内声明的变量，或者是全局服务器变量，如系统变量或者用户变量。

在存储程序中的 SET 语句作为预先存在的 SET 语法的一部分来实现。这允许 SET a=x，b=y, ...这样的扩展语法。其中不同的变量类型（局域声明变量及全局变量）可以被混合起来。

这也允许把局部变量和一些只对系统变量有意义的选项合并起来。

【例 10.5】声明 3 个变量，分别为 var1、var2 和 var3，数据类型为 INT，使用 SET 为变量赋值，代码如下：

```
DECLARE var1, var2, var3 INT;
SET var1 = 10, var2 = 20;
SET var3 = var1 + var2;
```

MySQL 中还可以通过 SELECT ... INTO 为一个或多个变量赋值，语法如下：

```
SELECT col_name[,...] INTO var_name[,...] table_expr;
```

这个 SELECT 语法把选定的列直接存储到对应位置的变量。col_name 表示字段名称；var_name 表示定义的变量名称；table_expr 表示查询条件表达式，包括表名称和 WHERE 子句。

【例 10.6】声明变量 fruitname 和 fruitprice，通过 SELECT ... INTO 语句查询指定记录并为变量赋值，代码如下：

```
DECLARE fruitname CHAR(50);
DECLARE fruitprice DECIMAL(8,2);

SELECT f_name,f_price INTO fruitname, fruitprice
FROM fruits WHERE f_id ='a1';
```

10.1.4　定义条件和处理程序

特定条件需要特定处理。这些条件可以联系到错误，以及子程序中的一般流程控制。定义条件是事先定义程序执行过程中遇到的问题，处理程序定义了在遇到这些问题时应当采取的处理方式，并且保证存储过程或函数在遇到警告或错误时能继续执行。这样可以增强存储程序处理问题的能力，避免程序异常停止运行。本节将介绍使用 DECLARE 关键字来定义条件和处理程序。

1. 定义条件

定义条件使用 DECLARE 语句，语法格式如下：

```
DECLARE condition_name CONDITION FOR [condition_type]

[condition_type]:
SQLSTATE [VALUE] sqlstate_value | mysql_error_code
```

其中，condition_name 参数表示条件的名称；condition_type 参数表示条件的类型；sqlstate_value 和 MySQL_error_code 都可以表示 MySQL 的错误，sqlstate_value 为长度为 5 的字符串类型错误代码，MySQL_error_code 为数值类型错误代码。例如：ERROR 1142（42000）中，sqlstate_value 的值是 42000，MySQL_error_code 的值是 1142。

这个语句指定需要特殊处理的条件。它将一个名字和指定的错误条件关联起来。这个名字可以随后被用在定义处理程序的 DECLARE HANDLER 语句中。

【例 10.7】定义"ERROR 1148(42000)"错误，名称为 command_not_allowed。可以用两种不同的方法来定义，代码如下：

```
//方法一：使用 sqlstate_value
DECLARE  command_not_allowed CONDITION FOR SQLSTATE '42000';
//方法二：使用 mysql_error_code
DECLARE  command_not_allowed CONDITION  FOR  1148
```

2. 定义处理程序

定义处理程序时，使用 DECLARE 语句的语法如下：

```
DECLARE handler_type HANDLER FOR condition_value[,...] sp_statement
handler_type:
    CONTINUE | EXIT | UNDO

condition_value:
    SQLSTATE [VALUE] sqlstate_value
 | condition_name
 | SQLWARNING
 | NOT FOUND
 | SQLEXCEPTION
 | mysql_error_code
```

其中，handler_type 为错误处理方式，参数取 3 个值：CONTINUE、EXIT 和 UNDO。CONTINUE 表示遇到错误不处理，继续执行；EXIT 遇到错误马上退出；UNDO 表示遇到错误后撤回之前的操作，MySQL 中暂时不支持这样的操作。

condition_value 表示错误类型，可以有以下取值：

- SQLSTATE [VALUE] sqlstate_value：包含 5 个字符的字符串错误值；
- condition_name：表示 DECLARE CONDITION 定义的错误条件名称；
- SQLWARNING：匹配所有以 01 开头的 SQLSTATE 错误代码；
- NOT FOUND：匹配所有以 02 开头的 SQLSTATE 错误代码；
- SQLEXCEPTION：匹配所有没有被 SQLWARNING 或 NOT FOUND 捕获的 SQLSTATE 错误代码。
- MySQL_error_code：匹配数值类型错误代码。

sp_statement 参数为程序语句段，表示在遇到定义的错误时，需要执行的存储过程或函数。

【例 10.8】定义处理程序的几种方式，代码如下：

```
//方法一：捕获 sqlstate_value
DECLARE CONTINUE HANDLER FOR SQLSTATE '42S02' SET @info='NO_SUCH_TABLE';

//方法二：捕获 mysql_error_code
```

```
DECLARE CONTINUE HANDLER FOR 1146 SET @info=' NO_SUCH_TABLE ';

//方法三：先定义条件，然后调用
DECLARE no_such_table CONDITION FOR 1146;
DECLARE CONTINUE HANDLER FOR NO_SUCH_TABLE SET @info=' NO_SUCH_TABLE ';

//方法四：使用SQLWARNING
DECLARE EXIT HANDLER FOR SQLWARNING SET @info='ERROR';

//方法五：使用NOT FOUND
DECLARE EXIT HANDLER FOR NOT FOUND SET @info=' NO_SUCH_TABLE ';

//方法六：使用SQLEXCEPTION
DECLARE EXIT HANDLER FOR SQLEXCEPTION SET @info='ERROR';
```

上述代码是 6 种定义处理程序的方法。

第一种方法是捕获 sqlstate_value 值。如果遇到 sqlstate_value 值为"42S02"，执行 CONTINUE 操作，并且输出"NO_SUCH_TABLE"信息。

第二种方法是捕获 MySQL_error_code 值。如果遇到 MySQL_error_code 值为 1146，执行 CONTINUE 操作，并且输出"NO_SUCH_TABLE"信息。

第三种方法是先定义条件，然后再调用条件。这里先定义 no_such_table 条件，遇到 1146 错误就执行 CONTINUE 操作。

第四种方法是使用 SQLWARNING。SQLWARNING 捕获所有以 01 开头的 sqlstate_value 值，然后执行 EXIT 操作，并且输出"ERROR"信息。

第五种方法是使用 NOT FOUND。NOT FOUND 捕获所有以 02 开头的 sqlstate_value 值，然后执行 EXIT 操作，并且输出"NO_SUCH_TABLE"信息。

第六种方法是使用 SQLEXCEPTION。SQLEXCEPTION 捕获所有没有被 SQLWARNING 或 NOT FOUND 捕获的 sqlstate_value 值，然后执行 EXIT 操作，并且输出"ERROR"信息。

【例 10.9】定义条件和处理程序，具体执行的过程如下：

```
mysql> CREATE TABLE test.t (s1 int,primary key (s1));
Query OK, 0 rows affected (0.00 sec)

mysql> DELIMITER //

mysql> CREATE PROCEDURE handlerdemo ()
   -> BEGIN
   ->  DECLARE CONTINUE HANDLER FOR SQLSTATE '23000' SET @x2 = 1;
   ->  SET @x = 1;
   ->  INSERT INTO test.t VALUES (1);
   ->  SET @x = 2;
   ->  INSERT INTO test.t VALUES (1);
   ->  SET @x = 3;
   -> END;
   -> //
```

```
Query OK, 0 rows affected (0.00 sec)

mysql> DELIMITER ;

/*调用存储过程*/
mysql> CALL handlerdemo();
Query OK, 0 rows affected (0.00 sec)
/*查看调用过程结果*/
mysql> SELECT @x;
    +------+
    | @x   |
    +------+
    | 3    |
    +------+
    1 row in set (0.00 sec)
```

@x 是 1 个用户变量，执行结果@x 等于 3，这表明 MySQL 被执行到程序的末尾。如果"DECLARE CONTINUE HANDLER FOR SQLSTATE '23000' SET @x2 = 1;"这 1 行不存在，第 2 个 INSERT 因 PRIMARY KEY 强制而失败之后，MySQL 可能已经采取默认(EXIT)路径，并且 SELECT @x 可能已经返回 2。

"@var_name"表示用户变量，使用 SET 语句为其赋值，用户变量与连接有关，一个客户端定义的变量不能被其他客户端看到或使用。当客户端退出时，该客户端连接的所有变量将自动释放。

10.1.5 光标的使用

查询语句可能返回多条记录，如果数据量非常大，需要在存储过程和储存函数中使用光标来逐条读取查询结果集中的记录。应用程序可以根据需要滚动或浏览其中的数据。本节将介绍如何声明、打开、使用和关闭光标。

光标必须在声明处理程序之前被声明，并且变量和条件还必须在声明光标或处理程序之前被声明。

1. 声明光标

MySQL 中使用 DECLARE 关键字来声明光标，其语法的基本形式如下：

```
DECLARE cursor_name CURSOR FOR select_statement
```

其中，cursor_name 参数表示光标的名称；select_statement 参数表示 SELECT 语句的内容，返回一个用于创建光标的结果集。

【例 10.10】声明名称为 cursor_fruit 的光标，代码如下：

```
DECLARE cursor_fruit CURSOR FOR SELECT f_name, f_price FROM fruits ;
```

上面的示例中，光标的名称为 cur_fruit，SELECT 语句部分从 fruits 表中查询出 f_name 和

f_price 字段的值。

2. 打开光标

打开光标的语法如下：

```
OPEN cursor_name{光标名称}
```

这个语句打开先前声明的名称为 cursor_name 的光标。

【例 10.11】打开名称为 cursor_fruit 的光标，代码如下：

```
OPEN  cursor_fruit ;
```

3. 使用光标

使用光标的语法如下：

```
FETCH cursor_name INTO var_name [, var_name] ...{参数名称}
```

其中，cursor_name 参数表示光标的名称；var_name 参数表示将光标中的 SELECT 语句查询出来的信息存入该参数中，var_name 必须在声明光标之前就定义好。

【例 10.12】使用名称为 cursor_fruit 的光标，将查询出来的数据存入 fruit_name 和 fruit_price 这两个变量中，代码如下：

```
FETCH  cursor_fruit INTO fruit_name, fruit_price ;
```

上面的示例中，将光标 cursor_fruit 中 SELECT 语句查询出来的信息存入 fruit_name 和 fruit_price 中。fruit_name 和 fruit_price 必须在前面已经定义。

4. 关闭光标

关闭光标的语法如下：

```
CLOSE cursor_name{光标名称}
```

这个语句关闭先前打开的光标。

如果未被明确地关闭，光标在它被声明的复合语句的末尾被关闭。

【例 10.13】关闭名称为 cursor_fruit 的光标，代码如下：

```
CLOSE  cursor_fruit;
```

MySQL 中光标只能在存储过程和函数中使用。

10.1.6 流程控制的使用

流程控制语句用来根据条件控制语句的执行。MySQL 中用来构造控制流程的语句有：IF

语句、CASE 语句、LOOP 语句、LEAVE 语句、ITERATE 语句、REPEAT 语句和 WHILE 语句。

每个流程中可能包含一个单独语句，或者是使用 BEGIN ... END 构造的复合语句，构造可以被嵌套。本节将介绍这些控制流程语句。

1. IF 语句

IF 语句包含多个条件判断，根据判断的结果为 TRUE 或 FALSE 执行相应的语句，语法格式如下：

```
IF expr_condition THEN statement_list
    [ELSEIF expr_condition THEN statement_list] ...
    [ELSE statement_list]
END IF
```

IF 实现了一个基本的条件构造。如果 expr_condition 求值为真（TRUE），相应的 SQL 语句列表被执行；如果没有 expr_condition 匹配，则 ELSE 子句里的语句列表被执行。statement_list 可以包括一个或多个语句。

 MySQL 中还有一个 IF() 函数，它不同于这里描述的 IF 语句。

【例 10.14】IF 语句的示例，代码如下：

```
IF val IS NULL
  THEN SELECT 'val is NULL';
  ELSE SELECT 'val is not NULL';
END IF;
```

该示例判断 val 值是否为空，如果 val 值为空，输出字符串 "val is NULL"；否则输出字符串 "val is not NULL"。IF 语句都需要使用 END IF 来结束。

2. CASE 语句

CASE 是另一个进行条件判断的语句，该语句有 2 种语句格式，第 1 种格式如下：

```
CASE case_expr
    WHEN when_value THEN statement_list
    [WHEN when_value THEN statement_list] ...
    [ELSE statement_list]
END CASE
```

其中，case_expr 参数表示条件判断的表达式，决定了哪一个 WHEN 子句会被执行；when_value 参数表示表达式可能的值，如果某个 when_value 表达式与 case_expr 表达式结果相同，则执行对应 THEN 关键字后的 statement_list 中的语句；statement_list 参数表示不同 when_value 值的执行语句。

【例 10.15】使用 CASE 流程控制语句的第 1 种格式，判断 val 值等于 1、等于 2，或者两者都不等，语句如下：

```
CASE val
  WHEN 1 THEN SELECT 'val is 1';
  WHEN 2 THEN SELECT 'val is 2';
  ELSE SELECT 'val is not 1 or 2';
END CASE;
```

当 val 值为 1 时，输出字符串"val is 1"；当 val 值为 2 时，输出字符串"val is 2"；否则输出字符串"val is not 1 or 2"。

CASE 语句的第 2 种格式如下：

```
CASE
    WHEN expr_condition THEN statement_list
    [WHEN expr_condition THEN statement_list] ...
    [ELSE statement_list]
END CASE
```

其中，expr_condition 参数表示条件判断语句；statement_list 参数表示不同条件的执行语句。该语句中，WHEN 语句将被逐个执行，直到某个 expr_condition 表达式为真，则执行对应 THEN 关键字后面的 statement_list 语句。如果没有条件匹配， ELSE 子句里的语句被执行。

 这里介绍的用在存储程序里的 CASE 语句与"控制流程函数"里描述的 SQL CASE 表达式的 CASE 语句有轻微不同。这里的 CASE 语句不能有 ELSE NULL 子句，并且用 END CASE 替代 END 来终止。

【例 10.16】使用 CASE 流程控制语句的第 2 种格式，判断 val 是否为空、小于 0、大于 0 或者等于 0，语句如下：

```
CASE
  WHEN val is NULL THEN SELECT 'val is NULL';
  WHEN val < 0 THEN SELECT 'val is less than 0';
  WHEN val > 0 THEN SELECT 'val is greater than 0';
  ELSE SELECT 'val is 0';
END CASE;
```

当 val 值为空，输出字符串"val is NULL"；当 val 值小于 0 时，输出字符串"val is less than 0"；当 val 值大于 0 时，输出字符串"val is greater than 0"；否则输出字符串"val is 0"。

3. LOOP 语句

LOOP 循环语句用来重复执行某些语句，与 IF 和 CASE 语句相比，LOOP 只是创建一个循环操作的过程，并不进行条件判断。LOOP 内的语句一直重复执行直到循环被退出，跳出循环过程，使用 LEAVE 子句，LOOP 语句的基本格式如下：

```
[loop_label:] LOOP
    statement_list
END LOOP [loop_label]
```

loop_label 表示 LOOP 语句的标注名称，该参数可以省略；statement_list 参数表示需要循环执行的语句。

【例 10.17】使用 LOOP 语句进行循环操作，id 值小于等于 10 之前，将重复执行循环过程，代码如下：

```
DECLARE id INT DEFAULT 0;
add_loop: LOOP
SET id = id + 1;
  IF id >= 10 THEN  LEAVE add_loop;
  END IF;
END LOOP add_ loop;
```

该示例循环执行 id 加 1 的操作。当 id 值小于 10 时，循环重复执行；当 id 值大于或者等于 10 时，使用 LEAVE 语句退出循环。LOOP 循环都以 END LOOP 结束。

4. LEAVE 语句

LEAVE 语句用来退出任何被标注的流程控制构造，LEAVE 语句基本格式如下：

```
LEAVE label
```

其中，label 参数表示循环的标志。LEAVE 和 BEGIN ... END 或循环一起被使用。

【例 10.18】使用 LEAVE 语句退出循环，代码如下：

```
add_num: LOOP
SET @count=@count+1;
IF @count=50 THEN LEAVE add_num ;
END LOOP add_num ;
```

该示例循环执行 count 加 1 的操作。当 count 的值等于 50 时，使用 LEAVE 语句跳出循环。

5. ITERATE 语句

ITERATE 语句将执行顺序转到语句段开头处，语句基本格式如下：

```
ITERATE label
```

ITERATE 只可以出现在 LOOP、REPEAT 和 WHILE 语句内。ITERATE 的意思为"再次循环"，label 参数表示循环的标志。ITERATE 语句必须跟在循环标志前面。

【例 10.19】ITERATE 语句示例，代码如下：

```
CREATE PROCEDURE doiterate()
BEGIN
DECLARE p1 INT DEFAULT 0;
my_loop: LOOP
  SET p1= p1 + 1;
  IF p1 < 10 THEN ITERATE my_loop;
  ELSEIF p1 > 20 THEN LEAVE my_loop;
  END IF;
  SELECT 'p1 is between 10 and 20';
END LOOP my_loop;
END
```

p1=0，如果 p1 的值小于 10 时，重复执行 p1 加 1 操作；当 p1 大于等于 10 并且小于 20 时，打印消息"p1 is between 10 and 20"；当 p1 大于 20 时，退出循环。

6. REPEAT 语句

REPEAT 语句创建一个带条件判断的循环过程，每次语句执行完毕之后，会对条件表达式进行判断，如果表达式为真，则循环结束；否则重复执行循环中的语句。REPEAT 语句的基本格式如下：

```
[repeat_label:] REPEAT
    statement_list
UNTIL expr_condition
END REPEAT [repeat_label]
```

repeat_label 为 REPEAT 语句的标注名称，该参数可以省略；REPEAT 语句内的语句或语句群被重复，直至 expr_condition 为真。

【例 10.20】REPEAT 语句示例，id 值小于等于 10 之前，将重复执行循环过程，代码如下：

```
DECLARE id INT DEFAULT 0;
REPEAT
SET id = id + 1;
UNTIL  id >= 10
END REPEAT;
```

该示例循环执行 id 加 1 的操作。当 id 值小于 10 时，循环重复执行；当 id 值大于或者等于 10 时，退出循环。REPEAT 循环都以 END REPEAT 结束。

7. WHILE 语句

WHILE 语句创建一个带条件判断的循环过程，与 REPEAT 不同，WHILE 在执行语句时，先对指定的表达式进行判断，如果为真，则执行循环内的语句，否则退出循环。WHILE 语句的基本格式如下：

```
[while_label:] WHILE expr_condition DO
```

```
    statement_list
END WHILE [while_label]
```

while_label 为 WHILE 语句的标注名称；expr_condition 为进行判断的表达式，如果表达式结果为真，WHILE 语句内的语句或语句群被执行，直至 expr_condition 为假，退出循环。

【例 10.21】WHILE 语句示例，i 值小于 10 时，将重复执行循环过程，代码如下：

```
DECLARE i INT DEFAULT 0;
WHILE i < 10 DO
SET i = i + 1;
END WHILE;
```

10.2 调用存储过程和函数

存储过程已经定义好了，接下来需要知道如何调用这些过程和函数。存储过程和函数有多种调用方法。存储过程必须使用 CALL 语句调用，并且存储过程和数据库相关，如果要执行其他数据库中的存储过程，需要指定数据库名称，例如 CALL dbname.procname。存储函数的调用与 MySQL 中预定义的函数的调用方式相同。本节介绍存储过程和存储函数的调用，主要包括调用存储过程的语法、调用存储函数的语法，以及存储过程和存储函数的调用实例。

10.2.1 调用存储过程

存储过程是通过 CALL 语句进行调用的，语法如下：

```
CALL sp_name([parameter[,...]])
```

CALL 语句调用一个先前用 CREATE PROCEDURE 创建的存储过程，其中 sp_name 为存储过程名称，parameter 为存储过程的参数。

【例 10.22】定义名为 CountProc1 的存储过程，然后调用这个存储过程，代码执行如下：

定义存储过程：

```
mysql> DELIMITER //
mysql> CREATE PROCEDURE CountProc1 (IN sid INT, OUT num INT)
    -> BEGIN
    ->   SELECT COUNT(*) INTO num FROM fruits WHERE s_id = sid;
    -> END //
Query OK, 0 rows affected (0.00 sec)

mysql>  DELIMITER ;
```

调用存储过程：

```
mysql> CALL CountProc1 (101, @num);
Query OK, 1 row affected (0.00 sec)
```

查看返回结果：

```
mysql> select @num;
+------+
| @num |
+------+
|    3 |
+------+
1 row in set (0.02 sec)
```

该存储过程返回了指定 s_id=101 的水果商提供的水果种类，返回值存储在 num 变量中，使用 SELECT 查看，返回结果为 3。

10.2.2 调用存储函数

在 MySQL 中，存储函数的使用方法与 MySQL 内部函数的使用方法是一样的。换言之，用户自己定义的存储函数与 MySQL 内部函数是一个性质的。区别在于，存储函数是用户自己定义的，而内部函数是 MySQL 的开发者定义的。

【例 10.23】定义存储函数 CountProc2，然后调用这个函数，代码如下：

```
mysql> DELIMITER //
mysql> CREATE FUNCTION  CountProc2 (sid INT)
    -> RETURNS INT
    -> BEGIN
    -> RETURN (SELECT COUNT(*) FROM fruits WHERE s_id = sid);
    -> END //
Query OK, 0 rows affected (0.00 sec)
mysql> DELIMITER ;
```

调用存储函数：

```
mysql> SELECT CountProc2(101);
+--------------------+
| Countproc(101)     |
+--------------------+
|                 3  |
+--------------------+
1 row in set (0.00 sec)
```

可以看到，该例与上一个例子中返回的结果相同。虽然存储函数和存储过程的定义稍有不同，但可以实现相同的功能，读者应该在实际应用中灵活选择。

10.3　查看存储过程和函数

MySQL 存储了存储过程和函数的状态信息，用户可以使用 SHOW STATUS 语句或 SHOW CREATE 语句来查看，也可直接从系统的 information_schema 数据库中查询。本节将通过实例来介绍这 3 种方法。

10.3.1　使用 SHOW STATUS 语句查看存储过程和函数的状态

SHOW STATUS 语句可以查看存储过程和函数的状态，其基本语法结构如下：

```
SHOW {PROCEDURE | FUNCTION} STATUS [LIKE 'pattern']
```

这个语句是一个 MySQL 的扩展。它返回子程序的特征，如数据库、名字、类型、创建者及创建和修改日期。如果没有指定样式，根据使用的语句，所有存储程序或存储函数的信息都被列出。PROCEDURE 和 FUNCTION 分别表示查看存储过程和函数；LIKE 语句表示匹配存储过程或函数的名称。

【例 10.24】SHOW STATUS 语句示例，代码如下：

```
SHOW PROCEDURE STATUS LIKE 'C%'\G
```

代码执行如下：

```
mysql> SHOW PROCEDURE STATUS LIKE 'C%'\G
*** 1. row ***
              Db: test
            Name: CountProc
            Type: PROCEDURE
         Definer: root@localhost
        Modified: 2011-08-23 20:32:47
         Created: 2011-08-23 20:32:47
   Security_type: DEFINER
         Comment:
character_set_client: utf8
collation_connection: utf8_general_ci
  Database Collation: utf8_general_ci
1 row in set (0.00 sec)
```

"SHOW PROCEDURE STATUS LIKE 'C%'\G" 语句获取数据库中所有名称以字母 'C' 开头的存储过程的信息。通过上面的语句可以看到：这个存储函数所在的数据库为 test、存储函数的名称为 CountProc 等一些相关信息。

10.3.2　使用 SHOW CREATE 语句查看存储过程和函数的定义

除了 SHOW STATUS 之外，MySQL 还可以使用 SHOW CREATE 语句查看存储过程和函数的状态。

```
SHOW CREATE {PROCEDURE | FUNCTION} sp_name
```

这个语句是一个 MySQL 的扩展。类似于 SHOW CREATE TABLE，它返回一个可用来重新创建已命名子程序的确切字符串。PROCEDURE 和 FUNCTION 分别表示查看存储过程和函数；sp name 参数表示匹配存储过程或函数的名称。

【例 10.25】SHOW CREATE 语句示例，代码如下：

```
SHOW CREATE FUNCTION test.CountProc \G
```

代码执行如下：

```
mysql> SHOW CREATE FUNCTION test.CountProc \G
*** 1. row ***
        Function: CountProc
        sql_mode:
    Create   Function:   CREATE    DEFINER=`root`@`localhost`    FUNCTION
`CountProc`(sid INT) RETURNS int(11)
  BEGIN
      RETURN (SELECT COUNT(*) FROM fruits WHERE s_id = sid);
    END
character_set_client: utf8
collation_connection: utf8_general_ci
  Database Collation: utf8_general_ci
1 row in set (0.00 sec)
```

执行上面的语句可以得到存储函数的名称为 CountProc，sql_mode 为 SQL 的模式，Create Function 为存储函数的具体定义语句，还有数据库设置的一些信息。

10.3.3　从 information_schema.Routines 表中查看存储过程和函数的信息

MySQL 中存储过程和函数的信息存储在 information_schema 数据库下的 Routines 表中。可以通过查询该表的记录来查询存储过程和函数的信息。其基本语法形式如下：

```
SELECT * FROM information_schema.Routines
WHERE ROUTINE_NAME=' sp_name ' ;
```

其中，ROUTINE_NAME 字段中存储的是存储过程和函数的名称；sp_name 参数表示存储过程或函数的名称。

【例 10.26】从 Routines 表中查询名称为 CountProc 的存储函数的信息，代码如下：

```
SELECT * FROM information_schema.Routines
```

```
WHERE ROUTINE_NAME='CountProc' AND ROUTINE_TYPE = 'FUNCTION' \G
```

代码执行如下：

```
mysql> SELECT * FROM information_schema.Routines
    -> WHERE ROUTINE_NAME='CountProc' AND ROUTINE_TYPE = 'FUNCTION' \G
*** 1. row ***
          SPECIFIC_NAME: CountProc
         ROUTINE_CATALOG: def
          ROUTINE_SCHEMA: test
            ROUTINE_NAME: CountProc
            ROUTINE_TYPE: FUNCTION
               DATA_TYPE: int
CHARACTER_MAXIMUM_LENGTH: NULL
  CHARACTER_OCTET_LENGTH: NULL
       NUMERIC_PRECISION: 10
           NUMERIC_SCALE: 0
      CHARACTER_SET_NAME: NULL
          COLLATION_NAME: NULL
          DTD_IDENTIFIER: int(11)
            ROUTINE_BODY: SQL
      ROUTINE_DEFINITION: BEGIN
    RETURN (SELECT COUNT(*) FROM fruits WHERE s_id = sid);
    END
           EXTERNAL_NAME: NULL
       EXTERNAL_LANGUAGE: NULL
          PARAMETER_STYLE: SQL
        IS_DETERMINISTIC: NO
         SQL_DATA_ACCESS: CONTAINS SQL
                SQL_PATH: NULL
           SECURITY_TYPE: DEFINER
                 CREATED: 2011-08-23 20:40:08
            LAST_ALTERED: 2011-08-23 20:40:08
                SQL_MODE:
         ROUTINE_COMMENT:
                 DEFINER: root@localhost
    CHARACTER_SET_CLIENT: utf8
    COLLATION_CONNECTION: utf8_general_ci
      DATABASE_COLLATION: utf8_general_ci
1 row in set (0.00 sec)
```

在 information_schema 数据库下的 Routines 表中，存储所有存储过程和函数的定义。使用 SELECT 语句查询 Routines 表中的存储过程和函数的定义时，一定要使用 ROUTINE_NAME 字段指定存储过程或函数的名称。否则，将查询出所有的存储过程或函数的定义。如果有存储过程和存储函数名称相同，则需要同时指定 ROUTINE_TYPE 字段表明查询的是哪种类型的存储程序。

10.4 修改存储过程和函数

使用 ALTER 语句可以修改存储过程或函数的特性，本节将介绍如何使用 ALTER 语句修改存储过程和函数。

```
ALTER {PROCEDURE | FUNCTION} sp_name [characteristic ...]
```

其中，sp_name 参数表示存储过程或函数的名称；characteristic 参数指定存储函数的特性，可能的取值有：

- CONTAINS SQL 表示子程序包含 SQL 语句，但不包含读或写数据的语句。
- NO SQL 表示子程序中不包含 SQL 语句。
- READS SQL DATA 表示子程序中包含读数据的语句。
- MODIFIES SQL DATA 表示子程序中包含写数据的语句。
- SQL SECURITY { DEFINER | INVOKER }指明谁有权限来执行。
- DEFINER 表示只有定义者自己才能够执行。
- INVOKER 表示调用者可以执行。
- COMMENT 'string'表示注释信息。

> 修改存储过程使用 ALTER PROCEDURE 语句，修改存储函数使用 ALTER FUNCTION 语句。但是，这两个语句的结构是一样的，语句中的所有参数也是一样的。而且，它们与创建存储过程或函数的语句中的参数也是基本一样的。

【例 10.27】修改存储过程 CountProc 的定义。将读写权限改为 MODIFIES SQL DATA，并指明调用者可以执行，代码如下：

```
ALTER PROCEDURE CountProc
MODIFIES SQL DATA
SQL SECURITY INVOKER ;
```

执行代码，并查看修改后的信息。结果显示如下：

```
//执行 ALTER PROCEDURE 语句
mysql> ALTER PROCEDURE CountProc
    -> MODIFIES SQL DATA
    -> SQL SECURITY INVOKER ;
Query OK, 0 rows affected (0.00 sec)
//查询修改后的 CountProc 表信息
mysql> SELECT SPECIFIC_NAME,SQL_DATA_ACCESS,SECURITY_TYPE
    ->  FROM information_schema.Routines
    -> WHERE ROUTINE_NAME='CountProc' AND ROUTINE_TYPE='PROCEDURE';
    +------------------------+--------------------+--------------------
--------+
```

```
| SPECIFIC_NAME | SQL_DATA_ACCESS  | SECURITY_TYPE |
+----------------------+------------------------+-----------------
-------+
| CountProc      | MODIFIES SQL DATA | INVOKER      |
+----------------------+------------------------+-----------------
-------+
1 row in set (0.00 sec)
```

结果显示，存储过程修改成功。从查询的结果可以看出，访问数据的权限（SQL_DATA_ ACCESS）已经变成 MODIFIES SQL DATA，安全类型（SECURITY_TYPE）已经变成了 INVOKER。

【例 10.28】修改存储函数 CountProc 的定义。将读写权限改为 READS SQL DATA，并加上注释信息"FIND NAME"，代码如下：

```
ALTER FUNCTION CountProc
READS SQL DATA
COMMENT 'FIND NAME' ;
```

执行代码，并查看修改后的信息。结果显示如下：

```
//执行 ALTER FUNCTION 语句
mysql> ALTER FUNCTION CountProc
   -> READS SQL DATA
   -> COMMENT 'FIND NAME' ;
Query OK, 0 rows affected (0.00 sec)
//查询修改后 CountProc 表的信息
mysql> SELECT SPECIFIC_NAME,SQL_DATA_ACCESS,ROUTINE_COMMENT
FROM information_schema.Routines
WHERE ROUTINE_NAME='CountProc' AND ROUTINE_TYPE = 'FUNCTION' ;
+------------------------------+------------------------------+----------
----------------------+
| SPECIFIC_NAME  | SQL_DATA_ACCESS | ROUTINE_COMMENT |
+------------------------------+------------------------------+----------
----------------------+
| CountProc      | READS SQL DATA  | FIND NAME    |
+------------------------------+------------------------------+----------
----------------------+
1 row in set (0.01 sec)
```

存储函数修改成功。从查询的结果可以看出，访问数据的权限（SQL_DATA_ACCESS）已经变成 READS SQL DATA，函数注释（ROUTINE_COMMENT）已经变成了 FIND NAME。

10.5 删除存储过程和函数

删除存储过程和函数，可以使用 DROP 语句，其语法结构如下：

```
DROP {PROCEDURE | FUNCTION} [IF EXISTS] sp_name
```

这个语句被用来移除一个存储过程或函数。sp_name 为要移除的存储过程或函数的名称。

IF EXISTS 子句是一个 MySQL 的扩展。如果程序或函数不存储，它可以防止发生错误，产生一个用 SHOW WARNINGS 查看的警告。

【例 10.29】删除存储过程和存储函数，代码如下：

```
DROP PROCEDURE CountProc;
DROP FUNCTION CountProc;
```

语句的执行结果如下：

```
mysql> DROP PROCEDURE CountProc;
Query OK, 0 rows affected (0.00 sec)
mysql> DROP FUNCTION CountProc;
Query OK, 0 rows affected (0.00 sec)
```

上面语句的作用就是删除存储过程 CountProc 和存储函数 CountProc。

10.6 综合案例——创建存储过程和函数

通过这一章的学习，读者应该掌握了如何创建存储过程和存储函数、变量的定义和使用、光标的作用和用途，以及 MySQL 的控制语句。所有的存储过程和存储函数都存储在服务器上，只要调用就可以在服务器上执行。

1. 案例目的

通过实例掌握存储过程和函数的创建和使用。

2. 案例操作过程

步骤 01　创建一个名称为 sch 的数据表，表结构如表 10.1 所示，将表 10.2 中的数据插入到 sch 表中。

表 10.1　sch 表结构

字段名	数据类型	主键	外键	非空	唯一	自增
id	INT(10)	是	否	是	是	否
name	VARCHAR (50)	否	否	是	否	否
glass	VARCHAR(50)	否	否	是	否	否

表 10.2 sch 表内容

id	name	glass
1	xiaoming	glass 1
2	xiaojun	glass 2

创建一个 sch 表，并且向 sch 表中插入表格中的数据，代码如下：

```
CREATE TABLE sch(id INT (10) , name VARCHAR(50),glass VARCHAR(50));
INSERT INTO sch VALUE(1,'xiaoming','glass 1'), (2,'xiaojun','glass 2');
```

通过 DESC 命令查看创建的表格，结果如下：

```
mysql> DESC sch;
+-------+-------------+------+-----+---------+-------+
| Field | Type        | Null | Key | Default | Extra |
+-------+-------------+------+-----+---------+-------+
| id    | int(10)     | YES  |     | NULL    |       |
| name  | varchar(50) | YES  |     | NULL    |       |
| glass | varchar(50) | YES  |     | NULL    |       |
+-------+-------------+------+-----+---------+-------+
3 rows in set (0.00 sec)
```

通过 SELECT * FROM sch 来查看插入表格的内容，结果如下：

```
+------+----------+---------+
| id   | name     | glass   |
+------+----------+---------+
|    1 | xiaoming | glass 1 |
|    2 | xiaojun  | glass 2 |
+------+----------+---------+
```

步骤 02　创建一个存储函数用来统计表 sch 中的记录数。

创建一个可以统计表格内记录条数的存储函数，函数名为 count_sch()，代码如下：

```
CREATE FUNCTION count_sch()
RETURNS INT
RETURN (SELECT COUNT(*) FROM sch);
```

执行的结果如下：

```
mysql> DELIMITER //
mysql> CREATE FUNCTION count_sch()
    -> RETURNS INT
    -> RETURN (SELECT COUNT(*) FROM sch);
    -> //
Query OK, 0 rows affected (0.12 sec)
mysql> SELECT count_sch() //
mysql> DELIMITER ;
```

```
+---------------+
| count_sch()   |
+---------------+
|      2        |
+---------------+
1 row in set (0.05 sec)
```

创建的储存函数名称为 count_sch，通过 SELCET count_sch()查看函数执行的情况，这个表中只有两条记录，得到的结果也是两条记录，说明存储函数成功地执行。

步骤03 创建一个存储过程，通过调用存储函数的方法来获取表 sch 中的记录数和 sch 表中 id 的和。

创建一个存储过程 add_id，同时使用前面创建的存储函数返回表 sch 中的记录数，计算出表中所有的 id 之和。代码如下：

```
CREATE PROCEDURE add_id(out count INT)
BEGIN
DECLARE itmp INT;
DECLARE cur_id CURSOR FOR SELECT id FROM sch;
DECLARE EXIT HANDLER FOR NOT FOUND CLOSE cur_id;

SELECT count_sch() INTO count;

SET @sum=0;
OPEN cur_id;
REPEAT
FETCH cur_id INTO itmp;
IF itmp<10
THEN SET  @sum= @sum+itmp;
END IF;
UNTIL 0 END REPEAT;
CLOSE cur_id;

END ;
```

这个存储过程的代码中使用到了变量的声明、光标、流程控制、在存储过程中调用存储函数等知识点，结果应该是两条记录，id 之和为 3，记录条数是通过上面的存储函数 count_sch() 获取的，是在存储过程中调用了存储函数。代码的执行情况如下：

```
mysql> DELIMITER //
mysql> CREATE PROCEDURE add_id(out count INT)
    -> BEGIN
    -> DECLARE itmp INT;
    -> DECLARE cur_id CURSOR FOR SELECT id FROM sch;
    -> DECLARE EXIT HANDLER FOR NOT FOUND CLOSE cur_id;
```

```
    -> SELECT count_sch() INTO count;
    -> SET @sum=0;
    -> OPEN cur_id;
    -> REPEAT
    -> FETCH cur_id INTO itmp;
    -> IF itmp<10
    -> THEN SET @sum= @sum+itmp;
    -> END IF;
    -> UNTIL 0 END REPEAT;
    -> CLOSE cur_id;
    -> END //
Query OK, 0 rows affected (0.00 sec)

mysql> SELECT @a, @sum //
+------+--------+
| @a  | @sum  |
+------+--------+
|   2 |    3 |
+------+--------+
1 row in set (0.00 sec)
mysql> DELIMITER ;
```

表 sch 中只有两条记录，所有 id 的之和为 3，和预想的执行结果完全相同。这个存储过程创建了一个 cur_id 的光标，使用这个光标来获取每条记录的 id，使用 REPEAT 循环语句来实现所有 id 号相加。

10.7　专家解惑

疑问 1：MySQL 存储过程和函数有什么区别？

在本质上它们都是存储程序。函数只能通过 return 语句返回单个值或者表对象；而存储过程不允许执行 return 语句，但是可以通过 out 参数返回多个值。函数限制比较多，不能用临时表，只能用表变量，还有一些函数都不可用等等；而存储过程的限制相对就比较少。函数可以嵌入在 SQL 语句中使用，可以在 SELECT 语句中作为查询语句的一个部分调用；而存储过程一般是作为一个独立的部分来执行。

疑问 2：存储过程中的代码可以改变吗？

目前，MySQL 还不提供对已存在的存储过程代码的修改，如果必须要修改存储过程，必须使用 DROP 语句删除之后，再重新编写代码，或者创建一个新的存储过程。

疑问 3：存储过程中可以调用其他存储过程吗？

存储过程包含用户定义的 SQL 语句集合，可以使用 CALL 语句调用存储过程，当然在存储过程中也可以使用 CALL 语句调用其他存储过程，但是不能使用 DROP 语句删除其他存储过程。

疑问 4：存储过程的参数不要与数据表中的字段名相同。

在定义存储过程参数列表时，应注意把参数名与数据库表中的字段名区别开来，否则将出现无法预期的结果。

疑问 5：存储过程的参数可以使用中文吗？

一般情况下，可能会出现存储过程中传入中文参数的情况，例如某个存储过程根据用户的名字查找该用户的信息，传入的参数值可能是中文。这时需要在定义存储过程的时候，在后面加上 character set gbk，不然调用存储过程使用中文参数会出错，比如定义 userInfo 存储过程代码如下：

```
CREATE PROCEDURE useInfo(IN u_name VARCHAR(50) character set gbk, OUT u_age INT)
```

10.8 经典习题

（1）写个 Hello Word 的存储过程和函数。

（2）写一个完整的包括参数、变量、变量赋值、条件判断、UPDATE 语句、SELECT 返回结果集的存储过程。

（3）创建一个执行动态 SQL 的存储过程。

（4）创建实现功能相同的存储函数，比较他们之间的不同点在什么地方？

第 11 章

◀ 视 图 ▶

学习目标 | Objective

数据库中的视图是一个虚拟表。同真实的表一样,视图包含一系列带有名称的行和列数据。行和列数据来自定义视图查询所引用的表,并且在引用视图时动态生成。本章将通过一些实例来介绍视图的含义、视图的作用、创建视图、查看视图、修改视图、更新视图和删除视图等 MySQL 的数据库知识。

内容导航 | Navigation

- 了解视图的含义和作用
- 掌握创建视图的方法
- 熟悉如何查看视图
- 掌握修改视图的方法
- 掌握更新视图的方法
- 掌握删除视图的方法
- 掌握综合案例中视图应用的方法和技巧

11.1　视图概述

视图是从一个或者多个表中导出的,视图的行为与表非常相似,但视图是一个虚拟表。在视图中用户可以使用 SELECT 语句查询数据,以及使用 INSERT、UPDATE 和 DELETE 修改记录。从 MySQL 5.0 开始可以使用视图,视图可以使用户操作方便,而且可以保障数据库系统的安全。

11.1.1　视图的含义

视图是一个虚拟表,是从数据库中一个或多个表中导出来的表。视图还可以从已经存在的视图的基础上定义。

视图一经定义便存储在数据库中，与其相对应的数据并没有像表那样在数据库中再存储一份，通过视图看到的数据只是存放在基本表中的数据。对视图的操作与对表的操作一样，可以对其进行查询、修改和删除。当对通过视图看到的数据进行修改时，相应的基本表的数据也要发生变化；同时，若基本表的数据发生变化，则这种变化也可以自动地反映到视图中。

下面有个 student 表和 stu_info 表，在 student 表中包含了学生的 id 号和姓名，stu_info 表中包含了学生的 id 号、班级和家庭住址，而现在公布分班信息，只需要 id 号、姓名和班级，这该如何解决？通过学习后面的内容就可以找到完美的解决方案。

表设计如下：

```
CREATE TABLE student
(
 s_id  INT,
 name  VARCHAR(40)
);

CREATE TABLE stu_info
(
 s_id   INT,
 glass  VARCHAR(40),
 addr   VARCHAR(90)
);
```

通过 DESC 命令可以查看表的设计，可以获得字段、字段的定义、是否为主键、是否为空、默认值和扩展信息。

视图提供了一个很好的解决方法，创建视图的信息来自表的部分信息，只取需要的信息。这样既能满足要求也不破坏表原来的结构。

11.1.2 视图的作用

与直接从数据表中读取相比，视图有以下优点：

1. 简单化

看到的就是需要的。视图不仅可以简化用户对数据的理解，也可以简化他们的操作。那些被经常使用的查询可以被定义为视图，从而使得用户不必为以后的操作每次指定全部的条件。

2. 安全性

通过视图用户只能查询和修改他们所能见到的数据。数据库中的其他数据则既看不见也取不到。数据库授权命令可以使每个用户对数据库的检索限制到特定的数据库对象上，但不能授权到数据库特定行和特定的列上。通过视图，用户可以被限制在数据的不同子集上：

（1）使用权限可被限制在基表的行的子集上。

（2）使用权限可被限制在基表的列的子集上。

（3）使用权限可被限制在基表的行和列的子集上。

（4）使用权限可被限制在多个基表的连接所限定的行上。

（5）使用权限可被限制在基表中的数据的统计汇总上。

（6）使用权限可被限制在另一视图的一个子集上，或是一些视图和基表合并后的子集上。

3. 逻辑数据独立性

视图可帮助用户屏蔽真实表结构变化带来的影响。

11.2 创建视图

视图中包含了 SELECT 查询的结果，因此视图的创建基于 SELECT 语句和已存在的数据表，视图可以建立在一张表上，也可以建立在多张表上。本节主要介绍创建视图的方法。

11.2.1 创建视图的语法形式

创建视图使用 CREATE VIEW 语句，基本语法格式如下：

```
CREATE [OR REPLACE] [ALGORITHM = {UNDEFINED | MERGE | TEMPTABLE}]
VIEW view_name [(column_list)]
AS SELECT_statement
[WITH [CASCADED | LOCAL] CHECK OPTION]
```

其中，CREATE 表示创建新的视图；REPLACE 表示替换已经创建的视图；ALGORITHM 表示视图选择的算法；view_name 为视图的名称，column_list 为属性列；SELECT_statement 表示 SELECT 语句；WITH [CASCADED | LOCAL] CHECK OPTION 参数表示视图在更新时保证在视图的权限范围之内。

ALGORITHM 的取值有 3 个，分别是 UNDEFINED | MERGE | TEMPTABLE，UNDEFINED 表示 MySQL 将自动选择算法；MERGE 表示将使用的视图语句与视图定义合并起来，使得视图定义的某一部分取代语句对应的部分；TEMPTABLE 表示将视图的结果存入临时表，然后用临时表来执行语句。

CASCADED 与 LOCAL 为可选参数，CASCADED 为默认值，表示更新视图时要满足所有相关视图和表的条件；LOCAL 表示更新视图时满足该视图本身定义的条件即可。

该语句要求具有针对视图的 CREATE VIEW 权限，以及针对由 SELECT 语句选择的每一列上的某些权限。对于在 SELECT 语句中其他地方使用的列，必须具有 SELECT 权限。如果还有 OR REPLACE 子句，必须在视图上具有 DROP 权限。

视图属于数据库。在默认情况下，将在当前数据库创建新视图。要想在给定数据库中明确创建视图，创建时应将名称指定为 db_name.view_name。

11.2.2　在单表上创建视图

MySQL 可以在单个数据表上创建视图。

【例 11.1】在 t 表上创建一个名为 view_t 的视图。

首先创建基本表并插入数据，语句如下：

```
CREATE TABLE t (quantity INT, price INT);
INSERT INTO t VALUES(3, 50);
```

语句执行如下：

```
mysql> CREATE TABLE t (quantity INT, price INT);
Query OK, 0 rows affected (0.93 sec)

mysql> INSERT INTO t VALUES(3, 50);
Query OK, 3 rows affected (0.14 sec)
Records: 1 Duplicates: 0 Warnings: 0
```

创建视图语句为：

```
CREATE VIEW view_t AS SELECT quantity, price, quantity *price FROM t;
```

语句执行如下：

```
mysql> CREATE VIEW view_t AS SELECT quantity, price, quantity *price FROM t;
Query OK, 0 rows affected (0.01 sec)
mysql> SELECT * FROM view_t;
+----------+-------+-----------------+
| quantity | price | quantity *price |
+----------+-------+-----------------+
|        3 |    50 |             150 |
+----------+-------+-----------------+
1 row in set (0.00 sec)
```

默认情况下创建的视图和基本表的字段是一样的，也可以通过指定视图字段的名称来创建视图。

【例 11.2】在 t 表格上创建一个名为 view_t2 的视图，代码如下：

```
mysql> CREATE VIEW view_t2(qty, price, total ) AS SELECT quantity, price,
quantity *price FROM t;
Query OK, 0 rows affected (0.01 sec)
```

语句执行成功，查看 view_t2 视图中的数据：

```
mysql> SELECT * FROM view_t2;
+------+-------+------+
```

```
| qty  | price | total |
+------+-------+------+
|   3  |  50   |  150 |
+------+-------+------+
1 row in set (0.00 sec)
```

可以看到，view_t2 和 view_t 两个视图中字段名称不同，但数据却是相同的。因此，在使用视图的时候，可能用户根本就不需要了解基本表的结构，更接触不到实际表中的数据，从而保证了数据库的安全。

11.2.3 在多表上创建视图

MySQL 中也可以在两个或者两个以上的表上创建视图，可以使用 CREATE VIEW 语句实现。

【例 11.3】在表 student 和表 stu_info 上创建视图 stu_glass，代码如下：

首先向两个表中插入数据，输入语句如下：

```
mysql> INSERT INTO student VALUES(1,'wanglin1'),(2,'gaoli'),(3,'zhanghai');
Query OK, 3 rows affected (0.00 sec)
Records: 3 Duplicates: 0 Warnings: 0

mysql> INSERT INTO stu_info VALUES(1, 'wuban','henan'),(2,'liuban','hebei'),
(3,'qiban','shandong');
Query OK, 3 rows affected (0.02 sec)
Records: 3 Duplicates: 0 Warnings: 0
```

创建视图 stu_glass，语句如下：

```
CREATE VIEW stu_glass (id,name, glass) AS SELECT student.s_id,student.name ,
stu_info.glass
  FROM student ,stu_info WHERE student.s_id=stu_info.s_id;
```

代码的执行如下：

```
mysql> CREATE VIEW stu_glass (id,name, glass) AS SELECT student.s_id,
student.name ,stu_info.glass
    -> FROM student ,stu_info WHERE student.s_id=stu_info.s_id;
Query OK, 0 rows affected (0.00 sec)

mysql> SELECT * FROM stu_glass;
+------+-----------+---------+
| id   | name      | glass   |
+------+-----------+---------+
|   1  | wanglin1  | wuban   |
|   2  | gaoli     | liuban  |
|   3  | zhanghai  | qiban   |
+------+-----------+---------+
```

```
3 rows in set (0.00 sec)
```

这个例子就解决了刚开始提出的那个问题，通过这个视图可以很好地保护基本表中的数据。这个视图中的信息很简单，只包含了 id、姓名和班级，id 字段对应 student 表中的 s_id 字段，name 字段对应 student 表中的 name 字段，glass 字段对应 stu_info 表中的 glass 字段。

11.3 查看视图

查看视图是查看数据库中已存在的视图的定义。查看视图必须要有 SHOW VIEW 的权限，MySQL 数据库下的 user 表中保存着这个信息。查看视图的方法包括：DESCRIBE、SHOW TABLE STATUS 和 SHOW CREATE VIEW，本节将介绍查看视图的各种方法。

11.3.1 使用 DESCRIBE 语句查看视图基本信息

DESCRIBE 可以用来查看视图，具体的语法如下：

```
DESCRIBE 视图名;
```

【例 11.4】通过 DESCRIBE 语句查看视图 view_t 的定义，代码如下：

```
DESCRIBE view_t;
```

代码执行如下：

```
mysql> DESCRIBE view_t;
+----------------+-----------+------+-----+---------+-------+
| Field          | Typ       | Null | Key | Default | Extra |
+----------------+-----------+------+-----+---------+-------+
| quantity       | int(11)   | YES  |     | NULL    |       |
| price          | int(11)   | YES  |     | NULL    |       |
| quantity *price| bigint(21)| YES  |     | NULL    |       |
+----------------+-----------+------+-----+---------+-------+
3 rows in set (0.00 sec)
```

结果显示出了视图的字段定义、字段的数据类型、是否为空、是否为主/外键、默认值和额外信息。

DESCRIBE 一般情况下都简写成 DESC，输入这个命令的执行结果和输入 DESCRIBE 的执行结果是一样的。

11.3.2 使用 SHOW TABLE STATUS 语句查看视图基本信息

查看视图的信息可以通过 SHOW TABLE STATUS 的方法，具体的语法如下：

```
SHOW TABLE STATUS LIKE '视图名';
```

【例 11.5】下面将通过一个例子来学习使用 SHOW TABLE STATUS 命令查看视图信息，代码如下：

```
SHOW TABLE STATUS LIKE 'view_t' \G
```

执行结果如下：

```
mysql> SHOW TABLE STATUS LIKE 'view_t' \G
*** 1. row ***
            Name: view_t
          Engine: NULL
         Version: NULL
      Row_format: NULL
            Rows: NULL
  Avg_row_length: NULL
     Data_length: NULL
 Max_data_length: NULL
    Index_length: NULL
       Data_free: NULL
  Auto_increment: NULL
     Create_time: NULL
     Update_time: NULL
      Check_time: NULL
       Collation: NULL
        Checksum: NULL
  Create_options: NULL
         Comment: VIEW
1 row in set (0.01 sec)
```

执行结果显示，表的说明 Comment 的值为 VIEW 说明该表为视图，其他的信息为 NULL 说明这是一个虚表。用同样的语句来查看一下数据表 t 的信息，执行结果如下：

```
mysql> SHOW TABLE STATUS LIKE 't' \G
*** 1. row ***
            Name: t
          Engine: InnoDB
         Version: 10
      Row_format: Compact
            Rows: 1
  Avg_row_length: 16384
     Data_length: 16384
 Max_data_length: 0
    Index_length: 0
       Data_free: 9437184
  Auto_increment: NULL
     Create_time: 2016-03-04 14:04:55
     Update_time: NULL
```

```
      Check_time: NULL
       Collation: utf8_general_ci
        Checksum: NULL
  Create_options:
         Comment:
1 row in set (0.00 sec)
```

从查询的结果来看，这里的信息包含了存储引擎、创建时间等，Comment 信息为空，这就是视图和表的区别。

11.3.3　使用 SHOW CREATE VIEW 语句查看视图详细信息

使用 SHOW CREATE VIEW 语句可以查看视图详细定义，语法如下：

```
SHOW CREATE VIEW 视图名;
```

【例 11.6】SHOW CREATE VIEW 查看视图的详细定义，代码如下：

```
SHOW CREATE VIEW view_t \G
```

执行结果如下：

```
mysql> SHOW CREATE VIEW view_t \G
*** 1. row ***
              View: view_t
        Create View: CREATE ALGORITHM=UNDEFINED DEFINER=`root`@`localhost` SQL
SECURITY DEFINER VIEW `view_t`
  AS select `t`.`quantity` AS `quantity`,`t`.`price` AS `price`,(`t`.`quantity`
* `t`.`price`) AS `quantity *pr
  ice` from `t`
character_set_client: utf8
collation_connection: utf8_general_ci
1 row in set (0.00 sec)
```

执行结果显示视图的名称、创建视图的语句等信息。

11.3.4　在 views 表中查看视图详细信息

在 MySQL 中，information_schema 数据库下的 views 表中存储了所有视图的定义。通过对 views 表的查询，可以查看数据库中所有视图的详细信息，查询语句如下：

```
SELECT * FROM information_schema.views;
```

【例 11.7】在 views 表中查看视图的详细定义，代码如下：

```
mysql> SELECT * FROM information_schema.views\G
*** 1. row ***
       TABLE_CATALOG: def
```

```
          TABLE_SCHEMA: chapter11db
            TABLE_NAME: stu_glass
       VIEW_DEFINITION:      select      `chapter11db`.`student`.`s_id`      AS
`id`,`chapter11db`.`student`.`name` AS `name`,`
   chapter11db`.`stu_info`.`glass` AS `glass` from `chapter11db`.`student` join
`chapter11db`.`stu_info` where (`
   chapter11db`.`student`.`s_id` = `chapter11db`.`stu_info`.`s_id`)
          CHECK_OPTION: NONE
          IS_UPDATABLE: YES
              DEFINER: root@localhost
         SECURITY_TYPE: DEFINER
   CHARACTER_SET_CLIENT: utf8
   COLLATION_CONNECTION: utf8_general_ci
   *** 2. row ***
         TABLE_CATALOG: def
          TABLE_SCHEMA: chapter11db
            TABLE_NAME: view_t
       VIEW_DEFINITION:      select      `chapter11db`.`t`.`quantity`      AS
`quantity`,`chapter11db`.`t`.`price` AS `price`,(
   `chapter11db`.`t`.`quantity` * `chapter11db`.`t`.`price`) AS `quantity*price`
from `chapter11db`.`t`
          CHECK_OPTION: NONE
          IS_UPDATABLE: YES
              DEFINER: root@localhost
         SECURITY_TYPE: DEFINER
   CHARACTER_SET_CLIENT: utf8
   COLLATION_CONNECTION: utf8_general_ci
   *** 3. row ***
         TABLE_CATALOG: def
          TABLE_SCHEMA: chapter11db
            TABLE_NAME: view_t2
       VIEW_DEFINITION:      select      `chapter11db`.`t`.`quantity`      AS
`qty`,`chapter11db`.`t`.`price` AS `price`,(`chap
   ter11db`.`t`.`quantity`  *  `chapter11db`.`t`.`price`)  AS  `total`  from
`chapter11db`.`t`
          CHECK_OPTION: NONE
          IS_UPDATABLE: YES
              DEFINER: root@localhost
         SECURITY_TYPE: DEFINER
   CHARACTER_SET_CLIENT: utf8
   COLLATION_CONNECTION: utf8_general_ci
   3 rows in set (0.03 sec)
```

查询的结果显示当前以及定义的所有视图的详细信息，在这里也可以看到前面定义的 3
个名称为 stu_glass、view_t 和 view_t2 视图的详细信息。

11.4 修改视图

修改视图是指修改数据库中存在的视图，当基本表的某些字段发生变化的时候，可以通过修改视图来保持与基本表的一致性。MySQL 中通过 CREATE OR REPLACE VIEW 语句和 ALTER 语句来修改视图。

11.4.1 使用 CREATE OR REPLACE VIEW 语句修改视图

MySQL 中如果要修改视图，使用 CREATE OR REPLACE VIEW 语句，语法如下：

```
CREATE [OR REPLACE] [ALGORITHM = {UNDEFINED | MERGE | TEMPTABLE}]
    VIEW view_name [(column_list)]
    AS SELECT_statement
    [WITH [CASCADED | LOCAL] CHECK OPTION]
```

可以看到，修改视图的语句和创建视图的语句是完全一样的。当视图已经存在时，修改语句对视图进行修改；当视图不存在时，创建视图。下面通过一个实例来说明。

【例 11.8】修改视图 view_t，代码如下：

```
CREATE OR REPLACE VIEW view_t AS SELECT * FROM t;
```

首先通过 DESC 查看一下更改之前的视图，以便与更改之后的视图进行对比。执行的结果如下：

```
mysql> DESC view_t;
+---------------+-----------+------+-----+---------+-------+
| Field         | Type      | Null | Key | Default | Extra |
+---------------+-----------+------+-----+---------+-------+
| quantity      | int(11)   | YES  |     | NULL    |       |
| price         | int(11)   | YES  |     | NULL    |       |
| quantity*price| bigint(21)| YES  |     | NULL    |       |
+---------------+-----------+------+-----+---------+-------+
3 rows in set (0.00 sec)

mysql> CREATE OR REPLACE VIEW view_t AS SELECT * FROM t;
Query OK, 0 rows affected (0.05 sec)

mysql> DESC view_t;
+----------+---------+------+-----+---------+-------+
| Field    | Type    | Null | Key | Default | Extra |
+----------+---------+------+-----+---------+-------+
| quantity | int(11) | YES  |     | NULL    |       |
| price    | int(11) | YES  |     | NULL    |       |
+----------+---------+------+-----+---------+-------+
```

```
2 rows in set (0.00 sec)
```

从执行的结果来看。相比原来的视图 view_t，新的视图 view_t 少了 1 个字段。

11.4.2   使用 ALTER 语句修改视图

ALTER 语句是 MySQL 提供的另外一种修改视图的方法，语法如下：

```
ALTER [ALGORITHM = {UNDEFINED | MERGE | TEMPTABLE}}
   VIEW view_name [(column_list)]
   AS SELECT_statement
   [WITH [CASCADED | LOCAL] CHECK OPTION]
```

这个语法中的关键字和前面视图的关键字是一样的，这里就不再介绍。

【例 11.9】使用 ALTER 语句修改视图 view_t，代码如下：

```
ALTER VIEW view_t AS SELECT quantity FROM t;
```

执行结果如下：

```
mysql> DESC view_t;
+----------+---------+------+-----+---------+-------+
| Field    | Type    | Null | Key | Default | Extra |
+----------+---------+------+-----+---------+-------+
| quantity | int(11) | YES  |     | NULL    |       |
| price    | int(11) | YES  |     | NULL    |       |
+----------+---------+------+-----+---------+-------+
2 rows in set (0.06 sec)

mysql> ALTER VIEW view_t AS SELECT quantity FROM t;
Query OK, 0 rows affected (0.05 sec)

mysql> DESC view_t;
+---------+---------------+------+-----+---------+-------+
| Field   | Type          | Null | Key | Default | Extra |
+---------+---------------+------+-----+---------+-------+
| quantity| int(11)       | YES  |     | NULL    |       |
+---------+---------------+------+-----+---------+-------+
1 rows in set (0.01 sec)
```

通过 ALTER 语句同样可以达到修改视图 view_t 的目的，从上面的执行过程来看，视图 view_t 只剩下 1 个 quantity 字段，修改成功。

11.5 更新视图

更新视图是指通过视图来插入、更新、删除表中的数据，因为视图是一个虚拟表，其中没有数据。通过视图更新的时候都是转到基本表上进行更新的，如果对视图增加或者删除记录，实际上是对其基本表增加或者删除记录。本节将介绍视图更新的 3 种方法：INSERT、UPDATE 和 DELETE。

【例 11.10】使用 UPDATE 语句更新视图 view_t，代码如下：

```
UPDATE view_t SET quantity=5;
```

执行视图更新之前，查看基本表和视图的信息，执行结果如下：

```
mysql> SELECT * FROM view_t;
+----------+
| quantity |
+----------+
|     3    |
+---------+
1 row in set (0.00 sec)

mysql> SELECT * FROM t;
+--------+-------+
| quantity| price |
+--------+-------+
|    3   |  50  |
+--------+-------+
1 row in set (0.00 sec)
```

使用 UPDATE 语句更新视图 view_t，执行过程如下：

```
mysql> UPDATE view_t SET quantity=5;
Query OK, 1 row affected (0.00 sec)
Rows matched: 1  Changed: 1  Warnings: 0
```

查看视图更新之后，基本表的内容：

```
mysql> SELECT * FROM t;
+----------+-------+
| quantity | price |
+----------+-------+
|     5 |    50 |
+----------+-------+
1 row in set (0.02 sec)
```

```
mysql> SELECT * FROM view_t;
+----------+
| quantity |
+----------+
|        5 |
+----------+
1 row in set (0.00 sec)

mysql> SELECT * FROM view_t2;
+------+-------+-------+
| qty  | price | total |
+------+-------+-------+
|    5 |    50 |   250 |
+------+-------+-------+
1 row in set (0.00 sec)
```

对视图 view_t 更新后，基本表 t 的内容也更新了，同样当对基本表 t 更新后，另外一个视图 view_t2 中的内容也会更新。

【例 11.11】使用 INSERT 语句在基本表 t 中插入一条记录，代码如下：

```
INSERT INTO t VALUES (3,5);
```

执行结果如下：

```
mysql> INSERT INTO t VALUES(3,5);
Query OK, 1 row affected (0.04 sec)

mysql> SELECT * FROM t;
+----------+-------+
| quantity | price |
+----------+-------+
|        5 |    50 |
|        3 |     5 |
+----------+-------+
2 rows in set (0.00 sec)

mysql> SELECT * FROM view_t2;
+------+-------+-------+
| qty  | price | total |
+------+-------+-------+
|    5 |    50 |   250 |
|    3 |     5 |    15 |
+------+-------+-------+
2 rows in set (0.00 sec)
```

向表 t 中插入一条记录，通过 SELECT 查看表 t 和视图 view_t2，可以看到其中的内容也跟着更新，视图更新的不仅仅是数量和单价，总价也会更新。

【例 11.12】使用 DELETE 语句删除视图 view_t2 中的一条记录，代码如下：

```
DELETE FROM view_t2 WHERE price=5;
```

执行结果如下：

```
mysql> DELETE FROM view_t2 WHERE price=5;
Query OK, 1 row affected (0.03 sec)
mysql> SELECT * FROM view_t2;
+------+-------+-------+
| qty  | price | total |
+------+-------+-------+
|    5 |    50 |   250 |
+------+-------+-------+
1 row in set (0.00 sec)

mysql> SELECT * FROM t;
+----------+-------+
| quantity | price |
+----------+-------+
|        5 |    50 |
+----------+-------+
1 row in set (0.02 sec)
```

在视图 view_t2 中删除 price=5 的记录，视图中的删除操作最终是通过删除基本表中相关的记录实现的，查看删除操作之后的表 t 和视图 view_t2，可以看到通过视图删除其所依赖的基本表中的数据。

当视图中包含有如下内容时，视图的更新操作将不能被执行：

（1）视图中不包含基表中被定义为非空的列。

（2）在定义视图的 SELECT 语句后的字段列表中使用了数学表达式。

（3）在定义视图的 SELECT 语句后的字段列表中使用聚合函数。

（4）在定义视图的 SELECT 语句中使用了 DISTINCT，UNION，TOP，GROUP BY 或 HAVING 子句。

11.6 删除视图

当视图不再需要时，可以将其删除，删除一个或多个视图可以使用 DROP VIEW 语句，语法如下：

```
DROP VIEW [IF EXISTS]
    view_name [, view_name] ...
    [RESTRICT | CASCADE]
```

其中，view_name 是要删除的视图名称，可以添加多个需要删除的视图名称，各个名称之间使用逗号分隔开。删除视图必须拥有 DROP 权限。

【例 11.13】删除 stu_glass 视图，代码如下：

```
DROP VIEW IF EXISTS stu_glass;
```

执行结果：

```
mysql> DROP VIEW IF EXISTS stu_glass;
Query OK, 0 rows affected (0.00 sec)
```

如果名称为 stu_glass 的视图存在，该视图将被删除。使用 SHOW CREATE VIEW 语句查看操作结果：

```
mysql> SHOW CREATE VIEW stu_glass;
ERROR 1146 (42S02): Table 'chapter11db.stu_glass' doesn't exist
```

可以看到，stu_glass 视图已经不存在，删除成功。

11.7 综合案例——视图应用

本章介绍了 MySQL 数据库中视图的含义和作用，并且讲解了创建视图、修改视图和删除视图的方法。创建视图和修改视图是本章的重点。这两部分的内容比较多，而且比较复杂。希望读者能够认真学习这两部分的内容，并且在计算机上进行操作。读者在创建视图之后一定要查看视图的结构，确保创建的视图是正确的，修改过视图后也要查看视图的结构，保证修改是正确的。

1. 案例目的

掌握视图的创建、查询、更新和删除操作。

假如 HenanHebei 的 3 个学生参加 Tsinghua University、Peking University 的自学考试，现在需要用数据对其考试的结果进行查询和管理，Tsinghua University 的分数线为 40，Peking University 的分数线为 41。学生表包含了学生的学号、姓名、家庭地址和电话号码；报名表包含学号、姓名、所在学校和报名的学校，表结构以及表中的内容分别如表 11.1~表 11.6 所示。

表 11.1 stu 表结构

字段名	数据类型	主键	外键	非空	唯一	自增
s_id	INT	是	否	是	是	否
s_name	VARCHAR(20)	否	否	是	否	否
addr	VARCHAR(50)	否	否	是	否	否
tel	VARCHAR(50)	否	否	是	否	否

表 11.2 sign 表结构

字段名	数据类型	主键	外键	非空	唯一	自增
s_id	INT	是	否	是	是	否
s_name	VARCHAR(20)	否	否	是	否	否
s_sch	VARCHAR(50)	否	否	是	否	否
s_sign_sch	VARCHAR(50)	否	否	是	否	否

表 11.3 stu_mark 表结构

字段名	数据类型	主键	外键	非空	唯一	自增
s_id	INT	是	否	是	是	否
s_name	VARCHAR(20)	否	否	是	否	否
mark	INT	否	否	是	否	否

表 11.4 stu 表内容

s_id	s_name	addr	tel
1	XiaoWang	Henan	0371-12345678
2	XiaoLi	Hebei	13889072345
3	XiaoTian	Henan	0371-12345670

表 11.5 sign 表内容

s_id	s_name	s_sch	s_sign_sch
1	XiaoWang	Middle School1	Peking University
2	XiaoLi	Middle School2	Tsinghua University
3	XiaoTian	Middle School3	Tsinghua University

表 11.6 stu_mark 表内容

s_id	s_name	mark
1	XiaoWang	80
2	XiaoLi	71
3	XiaoTian	70

2. 案例操作过程

步骤 01 创建学生表 stu，插入 3 条记录。

登录数据库后进入 test 数据库，创建学生表代码如下：

```
CREATE TABLE stu
(
s_id INT PRIMARY KEY,
s_name VARCHAR(20) NOT NULL,
addr VARCHAR(50) NOT NULL,
tel VARCHAR(50) NOT NULL
);
```

```
INSERT INTO stu
VALUES(1,'XiaoWang','Henan','0371-12345678'),
(2,'XiaoLi','Hebei','13889072345'),
(3,'XiaoTian','Henan','0371-12345670');
```

执行结果如下：

```
mysql> CREATE TABLE stu
    -> (
    -> s_id INT PRIMARY KEY,
    -> s_name VARCHAR(20) NOT NULL,
    -> addr VARCHAR(50) NOT NULL,
    -> tel VARCHAR(50) NOT NULL
    -> );
Query OK, 0 rows affected (0.02 sec)

mysql> INSERT INTO stu
    -> VALUES(1,'XiaoWang','Henan','0371-12345678'),
    -> (2,'XiaoLi','Hebei','13889072345'),
    -> (3,'XiaoTian','Henan','0371-12345670');
Query OK, 3 rows affected (0.00 sec)
Records: 3  Duplicates: 0  Warnings: 0

mysql> SELECT * FROM stu;
+------+----------+-------+--------------------+
| s_id | s_name   | addr  | tel                |
+------+----------+-------+--------------------+
|    1 | XiaoWang | Henan | 0371-12345678      |
|    2 | XiaoLi   | Hebei | 13889072345        |
|    3 | XiaoTian | Henan | 0371-12345670      |
+------+----------+-------+--------------------+
3 rows in set (0.00 sec)
```

通过上面的代码执行后，在当前数据库中创建了一个表 stu，通过插入语句向表 stu 中插入了 3 条记录。stu 表的主键为 s_id。

步骤 02　创建报名表 sign，插入 3 条记录。

创建报名表，代码如下：

```
CREATE TABLE sign
(
s_id INT PRIMARY KEY,
s_name VARCHAR(20) NOT NULL,
s_sch VARCHAR(50) NOT NULL,
s_sign_sch VARCHAR(50) NOT NULL
);
```

```
INSERT INTO sign
VALUES(1,'XiaoWang','Middle School1','Peking University'),
(2,'XiaoLi','Middle School2','Tsinghua University'),
(3,'XiaoTian','Middle School3','Tsinghua University');
```

执行结果如下：

```
mysql> CREATE TABLE sign
    -> (
    -> s_id INT PRIMARY KEY,
    -> s_name VARCHAR(20) NOT NULL,
    -> s_sch VARCHAR(50) NOT NULL,
    -> s_sign_sch VARCHAR(50) NOT NULL
    -> );
Query OK, 0 rows affected (0.00 sec)

mysql> INSERT INTO sign
    -> VALUES(1,'XiaoWang','Middle School1','Peking University'),
    -> (2,'XiaoLi','Middle School2','Tsinghua University'),
    -> (3,'XiaoTian','Middle School3','Tsinghua University');
Query OK, 3 rows affected (0.00 sec)
Records: 3 Duplicates: 0 Warnings: 0

mysql> SELECT * FROM sign;
+------+----------+----------------+---------------------+
| s_id | s_name   | s_sch          | s_sign_sch          |
+------+----------+----------------+---------------------+
|    1 | XiaoWang | Middle School1 | Peking University   |
|    2 | XiaoLi   | Middle School2 | Tsinghua University |
|    3 | XiaoTian | Middle School3 | Tsinghua University |
+------+----------+----------------+---------------------+
3 rows in set (0.00 sec)
```

创建了一个 sign 表，同时向表中插入了 3 条报考记录。

步骤 03　创建成绩表 stu_mark，插入 3 条记录。

创建成绩登记表，代码如下：

```
CREATE TABLE stu_mark
(
s_id INT PRIMARY KEY,
s_name VARCHAR(20) NOT NULL,
mark INT NOT NULL
);
INSERT INTO stu_mark VALUES(1,'XiaoWang',80),(2,'XiaoLi',71), (3,'XiaoTian',70);
```

执行结果如下：

```
mysql> CREATE TABLE stu_mark
    -> (
    -> s_id INT PRIMARY KEY,
    -> s_name VARCHAR(20) NOT NULL,
    -> mark INT NOT NULL
    ->);
Query OK, 0 rows affected (0.14 sec)

mysql> INSERT INTO stu_mark VALUES(1,'XiaoWang',80),(2,'XiaoLi',71),
(3,'XiaoTian',70);
Query OK, 3 rows affected (0.37 sec)
Records: 3  Duplicates: 0  Warnings: 0

mysql> SELECT * FROM stu_mark;
+------+----------+------+
| s_id | s_name   | mark |
+------+----------+------+
|    1 | XiaoWang |   80 |
|    2 | XiaoLi   |   71 |
|    3 | XiaoTian |   70 |
+------+----------+------+
3 rows in set (0.00 sec)
```

创建 stu_mark 表，向学生的成绩表插入 3 条成绩记录。

步骤 04 创建考上 Peking University 的学生的视图。

创建考上 Peking University 的学生的视图，代码如下：

```
CREATE VIEW beida (id,name,mark,sch)
AS SELECT stu_mark.s_id,stu_mark.s_name,stu_mark.mark, sign.s_sign_sch
FROM stu_mark ,sign
WHERE      stu_mark.s_id=sign.s_id      AND      stu_mark.mark>=41      AND
sign.s_sign_sch='Peking University';
```

执行结果如下：

```
mysql> CREATE VIEW beida (id,name,mark,sch)
    -> AS SELECT stu_mark.s_id,stu_mark.s_name,stu_mark.mark, sign.s_sign_sch
    -> FROM stu_mark ,sign
    ->     WHERE     stu_mark.s_id=sign.s_id     AND     stu_mark.mark>=41     AND
sign.s_sign_sch='Peking University';
Query OK, 0 rows affected (0.00 sec)

mysql> SELECT *FROM beida;
+----+----------+--------+----------------------+
| id | name   | mark |     sch     |
```

```
+----+-----------+------+-----------------------+
| 1 | XiaoWang |   80 | Peking University     |
+----+-----------+------+-----------------------+
1 row in set (0.00 sec)
```

视图 beida 包含了考上 Peking University 的学号、姓名、成绩和报考的学校名称，其中，报考的学校名称为 Peking University。通过 SELECT 语句进行查看，可以获得成绩在 Peking University 分数线之上的学生信息。

步骤 05 创建考上 Tsinghua University 的学生的视图。

创建考上 Tsinghua University 的学生的视图，代码如下：

```
CREATE VIEW qinghua (id,name,mark,sch)
AS SELECT stu_mark.s_id, stu_mark.s_name, stu_mark.mark, sign.s_sign_sch
FROM stu_mark ,sign
WHERE     stu_mark.s_id=sign.s_id          AND     stu_mark.mark>=40     AND
sign.s_sign_sch='Tsinghua University';
```

执行结果如下：

```
mysql> CREATE VIEW qinghua (id,name,mark,sch)
    -> AS SELECT stu_mark.s_id, stu_mark.s_name, stu_mark.mark, sign.s_sign_sch
    -> FROM stu_mark ,sign
    ->     WHERE     stu_mark.s_id=sign.s_id     AND     stu_mark.mark>=40     AND
sign.s_sign_sch='Tsinghua University
Query OK, 0 rows affected (0.01 sec)

mysql> SELECT * FROM qinghua ;
+----+-----------+------+---------------------+
| id | name     | mark |        sch          |
+----+-----------+------+---------------------+
| 2 | XiaoLi   |   71 | Tsinghua University |
| 3 | XiaoTian |   70 | Tsinghua University |
+----+-----------+------+---------------------+
2 rows in set (0.00 sec)
```

视图 qinghua 只包含了成绩在 Tsinghua University 分数线之上的学生的信息，这些信息包括学号、姓名、成绩和报考学校。

步骤 06 XiaoTian 的成绩在录入的时候录入错误，多录了 50 分，对其录入成绩进行更正。

更新 XiaoTian 的成绩，代码如下：

```
UPDATE stu_mark SET mark = mark-50 WHERE stu_mark.s_name ='XiaoTian';
```

执行结果如下：

```
mysql> UPDATE stu_mark SET mark = mark-50 WHERE stu_mark.s_name ='XiaoTian';
```

```
Query OK, 1 row affected (0.16 sec)
Rows matched: 1  Changed: 1  Warnings: 0
```

XiaoTian 的录入成绩发生了错误，当更新 XiaoTian 的成绩后，视图中是否还有 XiaoTian
被 Tsinghua University 录取的信息呢？

步骤 07 查看更新过后视图和表的情况。

查看更新后的表和视图情况，代码如下：

```
SELECT * FROM stu_mark;
SELECT * FROM qinghua;
SELECT * FROM beida;
```

执行结果如下：

```
mysql> SELECT * FROM stu_mark;
+------+------------+-------+
| s_id | s_name     | mark  |
+------+------------+-------+
|    1 | XiaoWang   |    80 |
|    2 | XiaoLi     |    71 |
|    3 | XiaoTian   |    20 |
+------+------------+-------+
3 rows in set (0.00 sec)

mysql> SELECT * FROM qinghua;
+----+--------+------+---------------------------+
| id | name   | mark | sch                       |
+----+--------+------+---------------------------+
|  2 | XiaoLi |   71 | Tsinghua University       |
+----+--------+------+---------------------------+
1 row in set (0.16 sec)

mysql> SELECT * FROM beida;
+----+------------+-------+----------------------+
| id | name       | mark  | sch                  |
+----+------------+-------+----------------------+
|  1 | XiaoWang   |    80 | Peking University    |
+----+------------+-------+----------------------+
1 row in set (0.00 sec)
```

从结果来看视图 qinghua 中已经不存在 XiaoTian 的信息了，说明更新成绩基本表 stu_mark
后，视图 qinghua 的内容也相应地更新了。

步骤 08 查看视图的创建信息。

查看创建的视图，执行的结果如下：

```
mysql> SELECT * FROM information_schema.views\G
*** 1. row ***
    TABLE_CATALOG: def
     TABLE_SCHEMA: chapter11db
       TABLE_NAME: beida
  VIEW_DEFINITION:       select         `chapter11db`.`stu_mark`.`s_id`      AS
`id`,`chapter11db`.`stu_mark`.`s_name` AS `name`,`chapter11db`.`stu_mark`.
`mark` AS `mark`,`chapter11db`.`sign`.`s_sign_sch` AS `sch` from `chapter11db`.
`stu_mark` join `chapter11db`.`sign` where ((`chapter11db`.`stu_mark`.`s_id` =
`chapter11db`.`sign`.`s_id`) and (`chapter11db`.`stu_mark`.`mark` >= 41) and
(`chapter11db`.`sign`.`s_sign_sch` = 'Peking University'))
     CHECK_OPTION: NONE
     IS_UPDATABLE: YES
          DEFINER: root@localhost
    SECURITY_TYPE: DEFINER
CHARACTER_SET_CLIENT: utf8
COLLATION_CONNECTION: utf8_general_ci
*** 2. row ***
    TABLE_CATALOG: def
     TABLE_SCHEMA: chapter11db
       TABLE_NAME: qinghua
  VIEW_DEFINITION:       select         `chapter11db`.`stu_mark`.`s_id`      AS
`id`,`chapter11db`.`stu_mark`.`s_name` AS `name`,`chapter11db`.`stu_mark`.
`mark`    AS    `mark`,`chapter11db`.`sign`.`s_sign_sch`   AS    `sch`    from
`chapter11db`.`stu_mark` join `chapter11db`.`sign` where ((`chapter11db`.
`stu_mark`.`s_id` = `chapter11db`.`sign`.`s_id`) and (
   `chapter11db`.`stu_mark`.`mark` >= 40) and (`chapter11db`.`sign`.`s_sign_sch`
= 'Tsinghua University'))
     CHECK_OPTION: NONE
     IS_UPDATABLE: YES
          DEFINER: root@localhost
    SECURITY_TYPE: DEFINER
CHARACTER_SET_CLIENT: utf8
COLLATION_CONNECTION: utf8_general_ci
*** 3. row ***
    TABLE_CATALOG: def
     TABLE_SCHEMA: chapter11db
       TABLE_NAME: view_t
  VIEW_DEFINITION: select `chapter11db`.`t`.`quantity` AS `quantity` from
`chapter11db`.`t`
     CHECK_OPTION: NONE
     IS_UPDATABLE: YES
          DEFINER: root@localhost
    SECURITY_TYPE: DEFINER
CHARACTER_SET_CLIENT: utf8
```

```
COLLATION_CONNECTION: utf8_general_ci
*** 4. row ***
     TABLE_CATALOG: def
      TABLE_SCHEMA: chapter11db
       TABLE_NAME: view_t2
   VIEW_DEFINITION:         select        `chapter11db`.`t`.`quantity`        AS
`qty`,chapter11db`.`t`.`price`  AS  `price`,(`chap  ter11db`.`t`.`quantity`  *
`chapter11db`.`t`.`price`) AS `total` from `chapter11db`.`t`
      CHECK_OPTION: NONE
      IS_UPDATABLE: YES
           DEFINER: root@localhost
     SECURITY_TYPE: DEFINER
CHARACTER_SET_CLIENT: utf8
COLLATION_CONNECTION: utf8_general_ci
4 rows in set (0.06 sec)
```

这里包含了所有的视图的信息，里面有刚刚创建的 beida 和 qinghua 的视图信息，包括所属的数据库、创建的视图语句等。

步骤 09   删除创建的视图。

删除 beida、qinghua 视图，执行的过程如下：

```
mysql> DROP VIEW beida;
Query OK, 0 rows affected (0.00 sec)

mysql> DROP VIEW qinghua;
Query OK, 0 rows affected (0.00 sec)
```

语句执行完毕，qinghua 和 beida 的两个视图分别被成功删除。

11.8 专家解惑

疑问：MySQL 中视图和表的区别以及联系是什么？

1. 两者的区别

（1）视图是已经编译好的 SQL 语句，是基于 SQL 语句的结果集的可视化的表，而表不是。

（2）视图没有实际的物理记录，而表有。

（3）表是内容，视图是窗口。

（4）表占用物理空间而视图不占用物理空间，视图只是逻辑概念的存在，表可以及时对它进行修改，但视图只能用创建的语句来修改。

（5）视图是查看数据表的一种方法，可以查询数据表中某些字段构成的数据，只是一些 SQL

语句的集合。从安全的角度来说，视图可以防止用户接触数据表，因而用户不知道表结构。

（6）表属于全局模式中的表，是实表；视图属于局部模式的表，是虚表。

（7）视图的建立和删除只影响视图本身，不影响对应的基本表。

2. 两者的联系

视图（view）是在基本表之上建立的表，它的结构（即所定义的列）和内容（即所有记录）都来自基本表，它依据基本表存在而存在。一个视图可以对应一个基本表，也可以对应多个基本表。视图是基本表的抽象和在逻辑意义上建立的新关系。

11.9 经典习题

（1）如何在一个表上创建视图？

（2）如果在多个表上建立视图？

（3）如何更改视图？

（4）如何去查看视图的详细信息？

（5）如何更新视图的内容？

（6）如何理解视图和基本表之间的关系、用户操作的权限？

第 12 章
◄ MySQL触发器 ►

学习目标 Objective

MySQL 的触发器和存储过程一样，都是嵌入到 MySQL 的一段程序。触发器是由事件来触发某个操作，这些事件包括 INSERT、UPDATAE 和 DELETE 语句。如果定义了触发程序，当数据库执行这些语句的时候就会激发触发器执行相应的操作,触发程序是与表有关的命名数据库对象，当表上出现特定事件时，将激活该对象。本章通过实例来介绍触发器的含义、如何创建触发器、查看触发器、触发器的使用方法以及如何删除触发器。

内容导航 Navigation

- 了解什么是触发器
- 掌握创建触发器的方法
- 掌握查看触发器的方法
- 掌握触发器的使用技巧
- 掌握删除触发器的方法
- 熟练掌握综合案例中使用触发器的方法和技巧

12.1　创建触发器

触发器（trigger）是个特殊的存储过程，不同的是，执行存储过程要使用 CALL 语句来调用，而触发器的执行不需要使用 CALL 语句来调用，也不需要手工启动，只要当一个预定义的事件发生的时候，就会被 MySQL 自动调用。比如当对 fruits 表进行操作（INSERT、DELETE 或 UPDATE）时就会激活它执行。

触发器可以查询其他表，而且可以包含复杂的 SQL 语句。它们主要用于满足复杂的业务规则或要求。例如：可以根据客户当前的账户状态，控制是否允许插入新订单。本节将介绍如何创建触发器。

12.1.1　创建只有一个执行语句的触发器

创建一个触发器的语法如下：

```
CREATE TRIGGER trigger_name trigger_time trigger_event
ON tbl_name FOR EACH ROW trigger_stmt
```

其中 trigger_name 标识触发器名称，用户自行指定；trigger_time 标识触发时机，可以指定为 before 或 after；trigger_event 标识触发事件，包括 INSERT、UPDATE 和 DELETE；tbl_name 标识建立触发器的表名，即在哪张表上建立触发器；trigger_stmt 是触发器执行语句。

【例 12.1】创建一个单执行语句的触发器，代码如下：

```
CREATE TABLE account (acct_num INT, amount DECIMAL(10,2));
CREATE TRIGGER ins_sum BEFORE INSERT ON account
    FOR EACH ROW SET @sum = @sum + NEW.amount;
```

首先创建一个 account 表，表中有两个字段，分别为：acct_num 字段（定义为 int 类型），amount 字段（定义成浮点类型）；其次创建一个名为 ins_sum 的触发器，触发的条件是向数据表 account 插入数据之前，对新插入的 amount 字段值进行求和计算。

代码执行如下：

```
mysql> CREATE TABLE account (acct_num INT, amount DECIMAL(10,2));
Query OK, 0 rows affected (0.00 sec)

mysql> CREATE TRIGGER ins_sum BEFORE INSERT ON account
    -> FOR EACH ROW SET @sum = @sum + NEW.amount;
Query OK, 0 rows affected (0.00 sec)

mysql>SET @sum =0;
mysql> INSERT INTO account VALUES(1,1.00), (2,2.00);
Query OK, 2 rows affected (0.01 sec)
Records: 2  Duplicates: 0  Warnings: 0
mysql> SELECT @sum;
+------+
| @sum |
+------+
| 3.00 |
+------+
1 row in set (0.00 sec)
```

首先创建一个 account 表，在向表 account 插入数据之前，计算所有新插入的 account 表的 amount 值之和，触发器的名称为 ins_sum，条件是在向表插入数据之前触发。

12.1.2 创建有多个执行语句的触发器

创建多个执行语句的触发器的语法如下：

```
CREATE TRIGGER trigger_name trigger_time trigger_event
    ON tbl_name FOR EACH ROW
    BEGIN
     语句执行列表
    END
```

其中 trigger_name 标识触发器的名称，用户自行指定；trigger_time 标识触发时机，可以指定为 before 或 after；trigger_event 标识触发事件，包括 INSERT、UPDATE 和 DELETE；tbl_name 标识建立触发器的表名，即在哪张表上建立触发器；触发器程序可以使用 BEGIN 和 END 作为开始和结束，中间包含多条语句。

【例 12.2】创建一个包含多个执行语句的触发器，代码如下：

```
CREATE TABLE test1(a1 INT);
CREATE TABLE test2(a2 INT);
CREATE TABLE test3(a3 INT NOT NULL AUTO_INCREMENT PRIMARY KEY);
CREATE TABLE test4(
  a4 INT NOT NULL AUTO_INCREMENT PRIMARY KEY,
  b4 INT DEFAULT 0
);

DELIMITER //

CREATE TRIGGER testref BEFORE INSERT ON test1
  FOR EACH ROW BEGIN
    INSERT INTO test2 SET a2 = NEW.a1;
    DELETE FROM test3 WHERE a3 = NEW.a1;
    UPDATE test4 SET b4 = b4 + 1 WHERE a4 = NEW.a1;
  END
//

DELIMITER ;

INSERT INTO test3 (a3) VALUES
  (NULL), (NULL), (NULL), (NULL), (NULL),
  (NULL), (NULL), (NULL), (NULL), (NULL);

INSERT INTO test4 (a4) VALUES
  (0), (0), (0), (0), (0), (0), (0), (0), (0), (0);
```

上面的代码是创建了一个名为 testref 的触发器，这个触发器的触发条件是在向表 test1 插入数据前执行触发器的语句，具体执行的代码如下：

```
mysql> INSERT INTO test1 VALUES
    -> (1), (3), (1), (7), (1), (8), (4), (4);
Query OK, 8 rows affected (0.01 sec)
Records: 8  Duplicates: 0  Warnings: 0
```

那么4个表中的数据如下：

```
mysql> SELECT * FROM test1;
+------+
| a1   |
+------+
|    1 |
|    3 |
|    1 |
|    7 |
|    1 |
|    8 |
|    4 |
|    4 |
+------+
8 rows in set (0.00 sec)

mysql> SELECT * FROM test2;
+------+
| a2   |
+------+
|    1 |
|    3 |
|    1 |
|    7 |
|    1 |
|    8 |
|    4 |
|    4 |
+------+
8 rows in set (0.00 sec)

mysql> SELECT * FROM test3;
+----+
| a3 |
+----+
|  2 |
|  5 |
|  6 |
|  9 |
| 10 |
```

```
+----+
5 rows in set (0.00 sec)

mysql> SELECT * FROM test4;
+----+------+
| a4 | b4   |
+----+------+
|  1 |    3 |
|  2 |    0 |
|  3 |    1 |
|  4 |    2 |
|  5 |    0 |
|  6 |    0 |
|  7 |    1 |
|  8 |    1 |
|  9 |    0 |
| 10 |    0 |
+----+------+
10 rows in set (0.00 sec)
```

　　执行结果显示，在向表 test1 插入记录的时候，test2、test3、test4 都发生了变化。从这个例子看 INSERT 触发了触发器，向 test2 中插入了 test1 中的值，删除了 test3 中相同的内容，同时更新了 test4 中的 b4，即与插入的值相同的个数。

12.2　查看触发器

　　查看触发器是指查看数据库中已存在的触发器的定义、状态和语法信息等。可以通过命令来查看已经创建的触发器。本节将介绍两种查看触发器的方法，分别是：SHOW TRIGGERS 和在 triggers 表中查看触发器信息。

12.2.1　SHOW TRIGGERS 语句查看触发器信息

　　通过 SHOW TRIGGERS 查看触发器的语句如下：

```
SHOW TRIGGERS;
```

　　【例 12.3】通过 SHOW TRIGGERS 命令查看一个触发器，代码如下：

```
SHOW TRIGGERS;
```

　　创建一个简单的触发器，名称为 trig_update，每次向 account 表更新数据之后都会向名称为 myevent 的数据表中插入一条记录，数据表 myevent 定义如下：

```
CREATE TABLE myevent
(
id int(11) DEFAULT NULL,
evt_name char(20) DEFAULT NULL
) ;
```

创建触发器的执行代码如下：

```
mysql> CREATE TRIGGER trig_update AFTER UPDATE ON account
    -> FOR EACH ROW INSERT INTO myevent VALUES (1,'after update');
Query OK, 0 rows affected (0.00 sec)
```

使用 SHOW TRIGGERS 命令查看触发器：

```
mysql> SHOW TRIGGERS;
+-------------+--------+---------+------------------------------------------
----
    +--------+---------+----------+------------------------+-----------------------+-----
----
    -------------+--------------------+
| Trigger     | Event  | Table   | Statement
| Timing | Created | sql_mode | Definer          | character_set_client | collati
n_connection | Database Collation |
    +-------------+--------+---------+------------------------------------------
----
    +--------+---------+----------+------------------------+-----------------------+-----
----
    -------------+--------------------+
| ins_sum     | INSERT | account | SET @sum = @sum + NEW.amount
| BEFORE | NULL    |          | root@localhost | latin1            | latin1_
wedish_ci    | latin1_swedish_ci  |
| trig_update | UPDATE | account | INSERT INTO myevent VALUES (1,'after update')
| AFTER  | NULL    |          | root@localhost | latin1            | latin1_
wedish_ci    | latin1_swedish_ci  |
    +-------------+--------+---------+------------------------------------------
----
    +--------+---------+----------+------------------------+-----------------------+-----
----
    -------------+--------------------+
2 rows in set (0.00 sec)
```

可以看到，信息显示比较混乱。如果在 SHOW TRIGGERS 命令的后面添加上‘\G’，显示信息会比较有条理，执行情况如下：

```
mysql> SHOW TRIGGERS \G
*** 1. row ***
          Trigger: ins_sum
```

```
           Event: INSERT
           Table: account
       Statement: SET @sum = @sum + NEW.amount
          Timing: BEFORE
         Created: NULL
        sql_mode:
         Definer: root@localhost
character_set_client: latin1
collation_connection: latin1_swedish_ci
  Database Collation: latin1_swedish_ci
*** 2. row ***
         Trigger: trig_update
           Event: UPDATE
           Table: account
       Statement: INSERT INTO myevent VALUES (1,'after update')
          Timing: AFTER
         Created: NULL
        sql_mode:
         Definer: root@localhost
character_set_client: latin1
collation_connection: latin1_swedish_ci
  Database Collation: latin1_swedish_ci
2 rows in set (0.00 sec)
```

Trigger 表示触发器的名称，在这里两个触发器的名称分别为：ins_sum 和 trig_update；Event 表示激活触发器的事件，这里的两个触发事件为插入操作 INSERT 和更新操作 UPDATE；Table 表示激活触发器的操作对象表，这里都为 account 表；Timing 表示触发器触发的时间，分别为插入操作之前（BEFORE）和更新操作之后（AFTER）；Statement 表示触发器执行的操作，还有一些其他信息，比如 SQL 的模式、触发器的定义账户和字符集等，这里不再一一介绍。

> SHOW TRIGGERS 语句查看当前创建的所有触发器信息，在触发器较少的情况下，使用该语句会很方便。如果要查看特定触发器的信息，可以直接从 information_schema 数据库中的 triggers 表中查找。在下节内容中，将介绍这种方法。

12.2.2 在 triggers 表中查看触发器信息

在 MySQL 中所有触发器的定义都存在 INFORMATION_SCHEMA 数据库的 TRIGGERS 表格中，可以通过查询命令 SELECT 来查看，具体的语法如下：

```
SELECT * FROM INFORMATION_SCHEMA.TRIGGERS WHERE condition;
```

【例 12.4】通过 SELECT 命令查看触发器，代码如下：

```
SELECT * FROM INFORMATION_SCHEMA.TRIGGERS WHERE TRIGGER_NAME= 'trig_update'\G
```

上述的命令是通过 WHERE 来指定查看特定名称的触发器，下面是指定触发器名称的执行情况：

```
*** 1. row ***
        TRIGGER_CATALOG: def
         TRIGGER_SCHEMA: chapter12
           TRIGGER_NAME: trig_update
     EVENT_MANIPULATION: UPDATE
    EVENT_OBJECT_CATALOG: def
    EVENT_OBJECT_SCHEMA: chapter12
     EVENT_OBJECT_TABLE: account
           ACTION_ORDER: 0
       ACTION_CONDITION: NULL
       ACTION_STATEMENT: INSERT INTO myevent VALUES (1,'after update')
     ACTION_ORIENTATION: ROW
          ACTION_TIMING: AFTER
ACTION_REFERENCE_OLD_TABLE: NULL
ACTION_REFERENCE_NEW_TABLE: NULL
 ACTION_REFERENCE_OLD_ROW: OLD
 ACTION_REFERENCE_NEW_ROW: NEW
                CREATED: NULL
               SQL_MODE:
                DEFINER: root@localhost
   CHARACTER_SET_CLIENT: latin1
   COLLATION_CONNECTION: latin1_swedish_ci
     DATABASE_COLLATION: latin1_swedish_ci
1 row in set (0.03 sec)
```

从上面的执行结果可以得到：TRIGGER_SCHEMA 表示触发器所在的数据库；TRIGGER_NAME 后面是触发器的名称；EVENT_OBJECT_TABLE 表示在哪个数据表上触发；ACTION_STATEMENT 表示触发器触发的时候执行的具体操作；ACTION_ORIENTATION 是 ROW，表示在每条记录上都触发；ACTION_TIMING 表示触发的时刻是 AFTER，剩下的是和系统相关的信息。

也可以不指定触发器名称，这样将查看所有的触发器，命令如下：

```
SELECT * FROM INFORMATION_SCHEMA.TRIGGERS \G
```

这个命令会显示这个 TRIGGERS 表中所有的触发器信息。

12.3 触发器的使用

触发程序是与表有关的命名数据库对象，当表上出现特定事件时，将激活该对象。在某些触发程序的用法中，可用于检查插入到表中的值，或对更新涉及的值进行计算。

　　触发程序与表相关，当对表执行 INSERT、DELETE 或 UPDATE 语句时，将激活触发程序。可以将触发程序设置为在执行语句之前或之后激活。例如，可以在从表中删除每一行之前，或在更新每一行之后激活触发程序。

　　【例 12.5】创建一个在 account 表插入记录之后，更新 myevent 数据表的触发器，代码如下：

```
CREATE TRIGGER trig_insert AFTER INSERT ON account
FOR EACH ROW INSERT INTO myevent VALUES (2,'after insert');
```

　　上面的代码，创建了一个 trig_insert 的触发器，在向表 account 插入数据之后会向表 myevent 插入一组数据，代码执行如下：

```
mysql> CREATE TRIGGER trig_insert AFTER INSERT ON account
    -> FOR EACH ROW INSERT INTO myevent VALUES (2, 'after insert ');
Query OK, 0 rows affected (0.06 sec)

mysql>  INSERT INTO account VALUES (1,1.00), (2,2.00);
Query OK, 2 rows affected (0.02 sec)
Records: 2  Duplicates: 0  Warnings: 0

mysql> SELECT * FROM myevent;
+------+--------------+
| id   | name         |
+------+--------------+
|    2 | after insert |
|    2 | after insert |
+------+--------------+
2 rows in set (0.00 sec)
```

　　从执行的结果来看，是创建了一个名称为 trig_insert 的触发器，它是在向 account 插入记录之后进行触发，执行的操作是向表 myevent 插入一条记录。

12.4　删除触发器

　　使用 DROP TRIGGER 语句可以删除 MySQL 中已经定义的触发器，删除触发器语句基本语法格式如下：

```
DROP TRIGGER [schema_name.]trigger_name
```

　　其中，schema_name 表示数据库名称，是可选的。如果省略了 schema，将从当前数据库中舍弃触发程序；trigger_name 是要删除的触发器的名称。

【例 12.6】删除一个触发器，代码如下：

```
DROP TRIGGER test.ins;
```

上面的代码中 test 是触发器所在的数据库，ins 是一个触发器的名称。代码执行如下：

```
mysql> DROP TRIGGER test.ins;
Query OK, 0 rows affected (0.00 sec)
```

触发器 ins 删除成功。

12.5 综合案例——触发器的使用

本章介绍了 MySQL 数据库触发器的定义和作用、创建触发器、查看触发器、使用触发器和删除触发器等内容。创建触发器和使用触发器是本章的重点内容。在创建触发器的时候一定要弄清楚触发器的结构，在使用触发器的时候，要清楚触发器触发的时间（BEFORE 或 AFTER）和触发的条件（INSERT、DELETE 或 UPDATE）。在创建触发器后，要清楚怎么修改触发器。

1. 案例目的

掌握触发器的创建和调用方法。

下面是创建触发器的实例，每更新一次 persons 表的 num 字段后，都要更新 sales 表对应的 sum 字段。其中，persons 表结构如表 12.1 所示，sales 表结构如表 12.2 所示，persons 表内容如表 12.3 所示，按照操作过程完成执行。

表 12.1 persons 表结构

字段名	数据类型	主键	外键	非空	唯一	自增
name	varchar (40)	否	否	是	否	否
num	int(11)	否	否	是	否	否

表 12.2 sales 表结构

字段名	数据类型	主键	外键	非空	唯一	自增
name	varchar (40)	否	否	是	否	否
sum	int(11)	否	否	是	否	否

表 12.3 persons 表内容

name	num
xiaoming	20
xiaojun	69

2. 案例操作过程

步骤 01　创建一个业务统计表 persons。

创建一个业务统计表 persons，代码如下：

```
CREATE TABLE persons (name VARCHAR(40), num int);
```

步骤 02　创建一个销售额表 sales。

创建一个销售额表 sales，代码如下：

```
CREATE TABLE sales (name VARCHAR(40), sum int);
```

步骤 03　创建一个触发器。

创建一个触发器，在更新过 persons 表的 num 字段后，更新 sales 表的 sum 字段，代码如下：

```
CREATE TRIGGER num_sum AFTER INSERT ON persons
FOR EACH ROW INSERT INTO sales VALUES (NEW.name,7*NEW.num);
```

步骤 04　向 persons 表中插入记录。

插入新记录后，更新销售额表。

```
INSERT INTO persons VALUES ('xiaoxiao',20),( 'xiaohua',69);
```

执行的过程如下：

```
mysql> CREATE TABLE persons (name VARCHAR(40), num int);
Query OK, 0 rows affected (0.01 sec)

mysql> CREATE TABLE sales (name VARCHAR(40), num int);
Query OK, 0 rows affected (0.00 sec)

mysql> CREATE TRIGGER num_sum AFTER INSERT ON persons
    -> FOR EACH ROW INSERT INTO sales VALUES (NEW.name,7*NEW.num);
Query OK, 0 rows affected (0.00 sec)

mysql> INSERT INTO persons VALUES ('xiaoxiao',20),('xiaohua',69);
Query OK, 2 rows affected (0.00 sec)
Records: 2  Duplicates: 0  Warnings: 0

mysql> SELECT * FROM persons;
+----------+------+
| name     | num  |
+----------+------+
| xiaoxiao |   20 |
| xiaohua  |   69 |
```

```
+----------+------+
4 rows in set (0.00 sec)

mysql> SELECT *FROM sales;
+----------+--------+
| name     | num    |
+----------+--------+
| xiaoxiao | 140    |
| xiaohua  | 483    |
+----------+--------+
4 rows in set (0.00 sec)
```

从执行的结果来看，在 persons 表插入记录之后，num_sum 触发器计算插入到 persons 表中的数据，并将结果插入到 sales 表中相应的位置。

12.6 专家解惑

疑问 1：使用触发器时须特别注意。

在使用触发器的时候需要注意，对于相同的表，相同的事件只能创建一个触发器，比如对表 account 创建了一个 BEFORE INSERT 触发器，那么如果对表 account 再次创建一个 BEFORE INSERT 触发器，MySQL 将会报错，此时，只可以在表 account 上创建 AFTER INSERT 或者 BEFORE UPDATE 类型的触发器。灵活地运用触发器将为操作省去很多麻烦。

疑问 2：及时删除不再需要的触发器。

触发器定义之后，每次执行触发事件，都会激活触发器并执行触发器中的语句。如果需求发生变化，而触发器没有进行相应的改变或者删除，则触发器仍然会执行旧的语句，从而会影响新的数据的完整性。因此，要将不再使用的触发器及时删除。

12.7 经典习题

（1）创建 INSERT 事件的触发器。

（2）创建 UPDATE 事件的触发器。

（3）创建 DELETE 事件的触发器。

（4）查看触发器。

（5）删除触发器。

第 13 章

◀ MySQL用户管理 ▶

学习目标 Objective

MySQL 是一个多用户数据库，具有功能强大的访问控制系统，可以为不同用户指定允许的权限。MySQL 用户可以分为普通用户和 root 用户。root 用户是超级管理员，拥有所有权限，包括创建用户、删除用户和修改用户的密码等管理权限；普通用户只拥有被授予的各种权限。用户管理包括管理用户账户、权限等。本章将向读者介绍 MySQL 用户管理中的相关知识点，包括：权限表、账户管理和权限管理。

内容导航 Navigation

- 了解什么是权限表
- 掌握权限表的用法
- 掌握账户管理的方法
- 掌握权限管理的方法
- 掌握访问控制的用法
- 熟练掌握综合案例中新建用户的方法和技巧

13.1 权限表

MySQL 服务器通过权限表来控制用户对数据库的访问，权限表存放在 MySQL 数据库中，由 MySQL_install_db 脚本初始化。存储账户权限信息表主要有：user、db、host、tables_priv、columns_priv 和 procs_priv。本节将为读者介绍这些表的内容和作用。

13.1.1 user 表

user 表是 MySQL 中最重要的一个权限表，记录允许连接到服务器的账号信息，里面的权限是全局级的。例如：一个用户在 user 表中被授予了 DELETE 权限，则该用户可以删除 MySQL

服务器上所有数据库中的任何记录。MySQL 5.7 中 user 表有 42 个字段，如表 13.1 所示，这些字段可以分为 4 类，分别是用户列、权限列、安全列和资源控制列。本节将为读者介绍 user 表中各字段的含义。

表 13.1　user 表结构

字段名	数据类型	默认值
Host	char(60)	
User	char(16)	
Password	char(41)	
Select_priv	enum('N','Y')	N
Insert_priv	enum('N','Y')	N
Update_priv	enum('N','Y')	N
Delete_priv	enum('N','Y')	N
Create_priv	enum('N','Y')	N
Drop_priv	enum('N','Y')	N
Reload_priv	enum('N','Y')	N
Shutdown_priv	enum('N','Y')	N
Process_priv	enum('N','Y')	N
File_priv	enum('N','Y')	N
Grant_priv	enum('N','Y')	N
References_priv	enum('N','Y')	N
Index_priv	enum('N','Y')	N
Alter_priv	enum('N','Y')	N
Show_db_priv	enum('N','Y')	N
Super_priv	enum('N','Y')	N
Create_tmp_table_priv	enum('N','Y')	N
Lock_tables_priv	enum('N','Y')	N
Execute_priv	enum('N','Y')	N
Repl_slave_priv	enum('N','Y')	N
Repl_client_priv	enum('N','Y')	N
Create_view_priv	enum('N','Y')	N
Show_view_priv	enum('N','Y')	N
Create_routine_priv	enum('N','Y')	N
Alter_routine_priv	enum('N','Y')	N
Create_user_priv	enum('N','Y')	N
Event_priv	enum('N','Y')	N
Trigger_priv	enum('N','Y')	N
Create_tablespace_priv	enum('N','Y')	N
ssl_type	enum('','ANY','X509','SPECIFIED')	

（续表）

字段名	数据类型	默认值
ssl_cipher	blob	NULL
x509_issuer	blob	NULL
x509_subject	blob	NULL
max_questions	int(11) unsigned	0
max_updates	int(11) unsigned	0
max_connections	int(11) unsigned	0
max_user_connections	int(11) unsigned	0
plugin	char(64)	
authentication_string	text	NULL

1. 用户列

user 表的用户列包括 Host、User、Password，分别表示主机名、用户名和密码。其中 User 和 Host 为 User 表的联合主键。当用户与服务器之间建立连接时，输入的账户信息中的用户名称、主机名和密码必须匹配 User 表中对应的字段，只有 3 个值都匹配的时候，才允许连接建立。这 3 个字段的值就是创建账户时保存的账户信息。修改用户密码时，实际就是修改 user 表的 Password 字段的值。

2. 权限列

权限列的字段决定了用户的权限，描述了在全局范围内允许对数据和数据库进行的操作。包括查询权限、修改权限等普通权限，还包括了关闭服务器、超级权限和加载用户等高级权限。普通权限用于操作数据库；高级权限用于数据库管理。

user 表中对应的权限是针对所有用户数据库的。这些字段值的类型为 ENUM，可以取的值只能为 Y 和 N，Y 表示该用户有对应的权限；N 表示用户没有对应的权限。查看 user 表的结构可以看到，这些字段的值默认都是 N。如果要修改权限，可以使用 GRANT 语句或 UPDATE 语句更改 user 表的这些字段来修改用户对应的权限。

3. 安全列

安全列只有 6 个字段，其中两个是 ssl 相关的，两个是 x509 相关的，另外两个是授权插件相关的。ssl 用于加密；x509 标准可用于标识用户；Plugin 字段标识可以用于验证用户身份的插件，如果该字段为空，服务器使用内建授权验证机制验证用户身份。读者可以通过 SHOW VARIABLES LIKE 'have_openssl'语句来查询服务器是否支持 ssl 功能。

4. 资源控制列

资源控制列的字段用来限制用户使用的资源，包含 4 个字段，分别为：

（1）max_questions——用户每小时允许执行的查询操作次数。

（2）max_updates——用户每小时允许执行的更新操作次数。

（3）max_connections——用户每小时允许执行的连接操作次数。

（4）max_user_connections——用户允许同时建立的连接次数。

一个小时内用户查询或者连接数量超过资源控制限制，用户将被锁定，直到下一个小时才可以在此执行对应的操作。可以使用 GRANT 语句更新这些字段的值。

13.1.2 db 表和 host 表

db 表和 host 表是 MySQL 数据中非常重要的权限表。db 表中存储了用户对某个数据库的操作权限，决定用户能从哪个主机存取哪个数据库。host 表中存储了某个主机对数据库的操作权限，配合 db 权限表对给定主机上数据库级操作权限做更细致的控制。这个权限表不受 GRANT 和 REVOKE 语句的影响。db 表比较常用，host 表一般很少使用。db 表和 host 表结构相似，字段大致可以分为两类：用户列和权限列。db 表和 host 表的结构分别如表 13.2 和表 13.3 所示。

表 13.2　db 表结构

字段名	数据类型	默认值
Host	char(60)	
Db	char(64)	
User	char(16)	
Select_priv	enum('N','Y')	N
Insert_priv	enum('N','Y')	N
Update_priv	enum('N','Y')	N
Delete_priv	enum('N','Y')	N
Create_priv	enum('N','Y')	N
Drop_priv	enum('N','Y')	N
Grant_priv	enum('N','Y')	N
References_priv	enum('N','Y')	N
Index_priv	enum('N','Y')	N
Alter_priv	enum('N','Y')	N
Create_tmp_table_priv	enum('N','Y')	N
Lock_tables_priv	enum('N','Y')	N
Create_view_priv	enum('N','Y')	N
Show_view_priv	enum('N','Y')	N
Create_routine_priv	enum('N','Y')	N
Alter_routine_priv	enum('N','Y')	N
Execute_priv	enum('N','Y')	N
Event_priv	enum('N','Y')	N
Trigger_priv	enum('N','Y')	N

表 13.3　host 表结构

字段名	数据类型	默认值
Host	char(60)	
Db	char(64)	
Select_priv	enum('N','Y')	N
Insert_priv	enum('N','Y')	N
Update_priv	enum('N','Y')	N
Delete_priv	enum('N','Y')	N
Create_priv	enum('N','Y')	N
Drop_priv	enum('N','Y')	N
Grant_priv	enum('N','Y')	N
References_priv	enum('N','Y')	N
Index_priv	enum('N','Y')	N
Alter_priv	enum('N','Y')	N
Create_tmp_table_priv	enum('N','Y')	N
Lock_tables_priv	enum('N','Y')	N
Create_view_priv	enum('N','Y')	N
Show_view_priv	enum('N','Y')	N
Create_routine_priv	enum('N','Y')	N
Alter_routine_priv	enum('N','Y')	N
Execute_priv	enum('N','Y')	N
Trigger_priv	enum('N','Y')	N

1. 用户列

db 表用户列有 3 个字段，分别是 Host、User、Db，标识从某个主机连接某个用户对某个数据库的操作权限，这 3 个字段的组合构成了 db 表的主键。host 表不存储用户名称，用户列只有 2 个字段，分别是 Host 和 Db，表示从某个主机连接的用户对某个数据库的操作权限，其主键包括 Host 和 Db 两个字段。host 很少用到，一般情况下 db 表就可以满足权限控制需求了。

2. 权限列

db 表和 host 表的权限列大致相同，表中 create_routine_priv 和 alter_routine_priv 这两个字段表明用户是否有创建和修改存储过程的权限。

user 表中的权限是针对所有数据库的，如果希望用户只对某个数据库有操作权限，那么需要将 user 表中对应的权限设置为 N，然后在 db 表中设置对应数据库的操作权限。例如，有一个名称为 Zhangting 的用户分别从名称为 large.domain.com 和 small.domain.com 的两个主机连接到数据库，并需要操作 books 数据库。这时，可以将用户名称 Zhangting 添加到 db 表中，而 db 表中的 host 字段值为空，然后将两个主机地址分别作为两条记录的 host 字段值添加到 host 表中，并将两个表的数据库字段设置为相同的值 books。当有用户连接到 MySQL 服务器时，

db 表中没有用户登录的主机名称，则 MySQL 会从 host 表中查找相匹配的值，并根据查询的结果决定用户的操作是否被允许。

13.1.3　tables_priv 表和 columns_priv 表

tables_priv 表用来对表设置操作权限，columns_priv 表用来对表的某一列设置权限。tables_priv 表和 columns_priv 表的结构分别如表 13.4 和表 13.5 所示。

表 13.4　tables_priv 表结构

字段名	数据类型	默认值
Host	char(60)	
Db	char(64)	
User	char(16)	
Table_name	char(64)	
Grantor	char(77)	
Timestamp	timestamp	CURRENT_TIMESTAMP
Table_priv	set('Select','Insert','Update','Delete','Create','Drop','Grant','References','Index','Alter','Create View','Show view','Trigger'	
Column_priv	set('Select','Insert','Update','References')	

表 13.5　columns_priv 表结构

字段名	数据类型	默认值
Host	char(60)	
Db	char(64)	
User	char(16)	
Table_name	char(64)	
Column_name	char(64)	
Timestamp	timestamp	CURRENT_TIMESTAMP
Column_priv	set('Select','Insert','Update','References')	

tables_priv 表有 8 个字段，分别是 Host、Db、User、Table_name、Grantor、Timestamp、Table_priv 和 Column_priv，各个字段说明如下：

（1）Host、Db、User 和 Table_name 4 个字段分表示主机名、数据库名、用户名和表名。

（2）Grantor 表示修改该记录的用户。

（3）Timestamp 字段表示修改该记录的时间。

（4）Table_priv 表示对表的操作权限，包括 Select、Insert、Update、Delete、Create、Drop、Grant、References、Index 和 Alter 等。

（5）Column_priv 字段表示对表中的列的操作权限，包括 Select、Insert、Update 和 References。

columns_priv 表只有 7 个字段，分别是 Host、Db、User、Table_name、Column_name、Timestamp、Column_priv。其中，Column_name 用来指定对哪些数据列具有操作权限。

13.1.4　procs_priv 表

procs_priv 表可以对存储过程和存储函数设置操作权限。procs_priv 的表结构如表 13.6 所示。

表 13.6　procs_priv 表结构

字段名	数据类型	默认值
Host	char(60)	
Db	char(64)	
User	char(16)	
Routine_name	char(64)	
Routine_type	enum('FUNCTION','PROCEDURE')	NULL
Grantor	char(77)	
Proc_priv	set('Execute','Alter Routine','Grant')	
Timestamp	timestamp	CURRENT_TIMESTAMP

procs_priv 表包含 8 个字段，分别是 Host、Db、User、Routine_name、Routine_type、Grantor、Proc_priv 和 Timestamp，各个字段的说明如下：

（1）Host、Db 和 User 字段分别表示主机名、数据库名和用户名。Routine_name 表示存储过程或函数的名称。

（2）Routine_type 表示存储过程或函数的类型。Routine_type 字段有两个值，分别是 FUNCTION 和 PROCEDURE。FUNCTION 表示这是一个函数；PROCEDURE 表示这是一个存储过程。

（3）Grantor 是插入或修改该记录的用户。

（4）Proc_priv 表示拥有的权限，包括 Execute、Alter Routine、Grant 3 种。

（5）Timestamp 表示记录更新时间。

13.2　账户管理

MySQL 提供许多语句用来管理用户账号，这些语句可以用来管理包括登录和退出 MySQL 服务器、创建用户、删除用户、密码管理和权限管理等内容。MySQL 数据库的安全性，需要通过账户管理来保证。本节将介绍 MySQL 中如何对账户进行管理。

13.2.1 登录和退出 MySQL 服务器

读者已经知道登录 MySQL 时，使用 MySQL 命令并在后面指定登录主机以及用户名和密码。本小节将详细介绍 MySQL 命令的常用参数以及登录、退出 MySQL 服务器的方法。

通过 MySQL –help 命令可以查看 MySQL 命令帮助信息。MySQL 命令的常用参数如下：

（1）-h 主机名，可以使用该参数指定主机名或 ip，如果不指定，默认是 localhost。

（2）-u 用户名，可以使用该参数指定用户名。

（3）-p 密码，可以使用该参数指定登录密码。如果该参数后面有一段字段，则该段字符串将作为用户的密码直接登录。如果后面没有内容，则登录的时候会提示输入密码。注意：该参数后面的字符串和-p 之前不能有空格。

（4）-P 端口号，该参数后面接 MySQL 服务器的端口号，默认为 3306。

（5）数据库名，可以在命令的最后指定数据库名。

（6）-e 执行 SQL 语句。如果指定了该参数，将在登录后执行-e 后面的命令或 SQL 语句并退出。

【例 13.1】使用 root 用户登录到本地 MySQL 服务器的 test 库中，命令如下：

```
mysql -h localhost -u root -p test
```

命令执行如下：

```
C:\ > MySQL -h localhost -u root -p test
Enter password: **
Welcome to the MySQL monitor.  Commands end with ; or \g.
Your MySQL connection id is 5
Server version: 5.7.10 MySQL Community Server (GPL)

Copyright (c) 2000, 2015, Oracle and/or its affiliates. All rights reserved.

Oracle is a registered trademark of Oracle Corporation and/or its
affiliates. Other names may be trademarks of their respective
owners.

Type 'help;' or '\h' for help. Type '\c' to clear the current input statement.
MySQL>
```

执行命令时，会提示 Enter password:，如果没有设置密码，可以直接按 Enter 键。密码正确就可以直接登录到服务器下面的 test 数据库中了。

【例 13.2】使用 root 用户登录到本地 MySQL 服务器的 MySQL 数据库中，同时执行一条查询语句。命令如下：

```
MySQL -h localhost -u root -p MySQL -e "DESC person;"
```

命令执行如下：

```
C:\ > MySQL -h localhost -u root -p MySQL -e "DESC person;"
Enter password: **
+--------+------------------+------+-----+---------+----------------+
| Field  | Type             | Null | Key | Default | Extra          |
+--------+------------------+------+-----+---------+----------------+
| id     | int(10) unsigned | NO   | PRI | NULL    | auto_increment |
| name   | char(40)         | NO   |     |         |                |
| age    | int(11)          | NO   |     | 0       |                |
| info   | char(50)         | YES  |     | NULL    |                |
+--------+------------------+------+-----+---------+----------------+
```

按照提示输入密码，命令执行完成后查询出 person 表的结构，查询返回之后会自动退出 MySQL。

13.2.2　新建普通用户

创建新用户，必须有相应的权限来执行创建操作。在 MySQL 数据库中，有两种方式创建新用户：一种是使用 CREATE USER 或 GRANT 语句；另一种是直接操作 MySQL 授权表。最好的方法是使用 GRANT 语句，因为这样更精确，错误少。下面分别介绍创建普通用户的方法。

1. 使用 CREATE USER 语句创建新用户

执行 CREATE USER 或 GRANT 语句时，服务器会修改相应的用户授权表，添加或者修改用户及其权限。CREATE USER 语句的基本语法格式如下：

```
CREATE USER user_specification
    [, user_specification] ...

user_specification:
    user@host
    [
        IDENTIFIED BY [PASSWORD] 'password'
      | IDENTIFIED WITH auth_plugin [AS 'auth_string']
    ]
```

user 表示创建的用户的名称；host 表示允许登录的用户主机名称；IDENTIFIED BY 表示用来设置用户的密码；[PASSWORD]表示使用哈希值设置密码，该参数可选；'password'表示用户登录时使用的普通明文密码；IDENTIFIED WITH 语句为用户指定一个身份验证插件；auth_plugin 是插件的名称，插件的名称可以是一个带单引号的字符串，或者带引号的字符串；auth_string 是可选的字符串参数，该参数将传递给身份验证插件，由该插件解释该参数的意义。

CREATE USER 语句会添加一个新的 MySQL 账户。使用 CREATE USER 语句的用户，必须有全局的 CREATE USER 权限或 MySQL 数据库的 INSERT 权限。每添加一个用户，CREATE

USER 语句会在 MySQL.user 表中添加一条新记录，但是新创建的账户没有任何权限。如果添加的账户已经存在，CREATE USER 语句会返回一个错误。

【例 13.3】使用 CREATE USER 创建一个用户，用户名是 jeffrey，密码是 mypass，主机名是 localhost，命令如下：

```
CREATE USER 'jeffrey'@'localhost' IDENTIFIED BY 'mypass';
```

如果只指定用户名部分'jeffrey'，主机名部分则默认为'%'（即对所有的主机开放权限）。

user_specification 告诉 MySQL 服务器当用户登录时怎么验证用户的登录授权。如果指定用户登录不需要密码，可以省略 IDENTIFIED BY 部分：

```
CREATE USER 'jeffrey'@'localhost';
```

此种情况，MySQL 服务端使用内建的身份验证机制，用户登录时不能指定密码。

如果要创建指定密码的用户，需要 IDENTIFIED BY 指定明文密码值：

```
CREATE USER 'jeffrey'@'localhost' IDENTIFIED BY 'mypass';
```

此种情况，MySQL 服务端使用内建的身份验证机制，用户登录时必须指定密码。

为了避免指定明文密码，如果知道密码的散列值，可以通过 PASSWORD 关键字使用密码的哈希值设置密码。

密码的哈希值可以使用 password() 函数获取，如：

```
MySQL> SELECT password('mypass');
+-------------------------------------------------------------------+
| password('mypass')                                                |
+-------------------------------------------------------------------+
| *6C8989366EAF75BB670AD8EA7A7FC1176A95CEF4  |
+-------------------------------------------------------------------+
1 row in set (0.00 sec)
```

*6C8989366EAF75BB670AD8EA7A7FC1176A95CEF4 就是 mypass 的哈希值。接下来执行下面语句：

```
CREATE USER 'jeffrey'@'localhost'
IDENTIFIED BY PASSWORD '*6C8989366EAF75BB670AD8EA7A7FC1176A95CEF4';
```

用户 jeffrey 的密码将被设定为 mypass。

对于使用插件认证连接的用户，服务器调用指定名称的插件，客户端需要提供验证方法所需的凭据。如果创建用户时或者连接服务器时，服务器找不到对应的插件，将返回一个错误，IDENTIFIED WITH 语法格式如下：

```
CREATE USER 'jeffrey'@'localhost'
IDENTIFIED WITH my_auth_plugin;
```

IDENTIFIED WITH 只能在 MySQL 5.5.7 及以上版本中使用。IDENTIFIED BY 和 IDENTIFIED WITH 是互斥的，所以对于一个账户来说只能使用一个验证方法。CREATE USER 语句的操作会被记录到服务器日志文件或者操作历史文件中，如~/.MySQL_history。这意味着对这些文件有读取权限的人，都可以读取新添加用户的明文密码。

MySQL 的某些版本中会引入授权表的结构变化，添加新的特权或功能。每当更新 MySQL 到一个新的版本时，应该更新授权表，以确保它们有最新的结构，确认可以使用任何新功能。

2. 使用 GRANT 语句创建新用户

CREATE USER 语句可以用来创建账户，通过该语句可以在 user 表中添加一条新的记录，但是 CREATE USER 语句创建的新用户没有任何权限，还需要使用 GRANT 语句赋予用户权限。而 GRANT 语句不仅可以创建新用户，还可以在创建的同时对用户授权。GRANT 还可以指定账户的其他特点，如使用安全连接、限制使用服务器资源等。使用 GRANT 语句创建新用户时必须有 GRANT 权限。GRANT 语句是添加新用户并授权他们访问 MySQL 对象的首选方法，GRANT 语句的基本语法格式如下：

```
GRANT privileges ON db.table
TO user@host  [IDENTIFIED BY 'password'] [, user [IDENTIFIED BY 'password'] ]
[WITH GRANT OPTION];
```

其中，privileges 表示赋予用户的权限类型；db.table 表示用户的权限所作用的数据库中的表；IDENTIFIED BY 关键字用来设置密码；'password'表示用户密码；WITH GRANT OPTION 为可选参数，表示对新建立的用户赋予 GRANT 权限，即该用户可以对其他用户赋予权限。

【例 13.4】使用 GRANT 语句创建一个新的用户 testUser，密码为 testpwd，并授于用户对所有数据表的 SELECT 和 UPDATE 权限。GRANT 语句及其执行结果如下：

```
MySQL> GRANT SELECT,UPDATE  ON *.* TO 'testUser'@'localhost'
    -> IDENTIFIED BY 'testpwd';
Query OK, 0 rows affected (0.03 sec)
```

执行结果显示执行成功，使用 SELECT 语句查询用户 testUser 的权限：

```
MySQL>  SELECT  Host,User,Select_priv,Update_priv  FROM  MySQL.user  where
user='testUser';
+-----------+----------+-------------+-------------+
| Host      | User     | Select_priv | Update_priv |
+-----------+----------+-------------+-------------+
| localhost | testUser | Y           | Y           |
+-----------+----------+-------------+-------------+
1 row in set (0.00 sec)
```

查询结果显示用户 testUser 被创建成功，其 SELECT 和 UPDATE 权限字段值均为'Y'。

User 表中的 user 和 host 字段区分大小写，在查询的时候要指定正确的用户名称或者主机名。

3. 直接操作 MySQL 用户表

通过前面的介绍，不管是 CREATE USER 或者 GRANT，在创建新用户时，实际上都是在 user 表中添加一条新的记录。因此，可以使用 INSERT 语句向 user 表中直接插入一条记录来创建一个新的用户。使用 INSERT 语句，必须拥有对 MySQL.user 表的 INSERT 权限。使用 INSERT 语句创建新用户的基本语法格式如下：

```
INSERT INTO MySQL.user(Host, User, Password, [privilegelist])
VALUES('host', 'username', PASSWORD('password'), privilegevaluelist);
```

Host、User、Password 分别为 user 表中的主机、用户名称和密码字段；privilegelist 表示用户的权限，可以有多个权限；PASSWORD()函数为密码加密函数；privilegevaluelist 为对应的权限的值，只能取 'Y' 或者 'N'。

【例 13.5】使用 INSERT 创建一个新账户，其用户名称为 customer1，主机名称为 localhost，密码为 customer1，INSERT 语句如下：

```
INSERT INTO user (Host,User,Password)
VALUES('localhost','customer1',PASSWORD('customer1'));
```

语句执行结果如下：

```
MySQL> INSERT INTO user (Host,User,Password)
    -> VALUES('localhost','customer1',PASSWORD('customer1'));
ERROR 1364 (HY000): Field 'ssl_cipher' doesn't have a default value
```

语句执行失败，查看警告信息如下：

```
MySQL> SHOW WARNINGS;
+---------+------+-------------------------------------------------
---+
| Level   | Code | Message                                          |
+---------+------+-------------------------------------------------
---+
| Warning | 1364 | Field 'ssl_cipher' doesn't have a default value  |
| Warning | 1364 | Field 'x509_issuer' doesn't have a default value |
| Warning | 1364 | Field 'x509_subject' doesn't have a default value |
+---------+------+-------------------------------------------------
---+
```

因为 ssl_cipher、x509_issuer 和 x509_subject 3 个字段在 user 表定义中没有设置默认值，所以在这里提示错误信息。影响 INSERT 语句的执行，使用 SELECT 语句查看 user 表中的记录：

```
MySQL> SELECT host,user,password FROM user ;
+-----------+-----------+-------------------------------------------
--------------------+
| host      | user      | password                                  |
+-----------+-----------+-------------------------------------------
--------------------+
| localhost | root      | *0801D10217B06C5A9F32430C1A34E030D41A0257 |
| localhost | jeffrey   | *6C8989366EAF75BB670AD8EA7A7FC1176A95CEF4 |
| localhost | testUser  | *22CBF14EBDE8814586FF12332FA2B6023A7603BB |
+-----------+-----------+-------------------------------------------
--------------------+
3 rows in set (0.00 sec)
```

可以看到新用户 customerl 并没有添加到 user 表中，表示添加新用户失败。

13.2.3　删除普通用户

在 MySQL 数据库中，可以使用 DROP USER 语句删除用户，也可以直接通过 DELETE 语句从 MySQL.user 表中删除对应的记录来删除用户。

1. 使用 DROP USER 语句删除用户

DROP USER 语句语法如下：

```
DROP USER user [, user];
```

DROP USER 语句用于删除一个或多个 MySQL 账户。要使用 DROP USER，必须拥有 MySQL 数据库的全局 CREATE USER 权限或 DELETE 权限。使用与 GRANT 或 REVOKE 相同的格式为每个账户命名；例如，'jeffrey'@'localhost'账户名称的用户和主机部分与用户表记录的 User 和 Host 列值相对应。

使用 DROP USER，可以删除一个账户和其权限，操作如下：

```
DROP USER 'user'@'localhost';
DROP USER;
```

第 1 条语句可以删除 user 在本地登录权限；第 2 条语句可以删除来自所有授权表的账户权限记录。

【例 13.6】使用 DROP USER 删除账户'jeffrey'@'localhost'，DROP USER 语句如下：

```
DROP USER 'jeffrey'@'localhost';
```

执行过程如下：

```
MySQL> DROP USER 'jeffrey'@'localhost';
Query OK, 0 rows affected (0.00 sec)
```

可以看到语句执行成功，查看执行结果：

```
MySQL> SELECT host,user,password FROM user ;
+-----------+-----------+-------------------------------------------
---------------------+
| host      | user      | password
                       |
+-----------+-----------+-------------------------------------------
---------------------+
| localhost | root      | *0801D10217B06C5A9F32430C1A34E030D41A0257  |
| localhost | customer1 | *73DA97747611396FD898E4A7E42B1097B0780646  |
| localhost | testUser  | *22CBF14EBDE8814586FF12332FA2B6023A7603BB |
+-----------+-----------+-------------------------------------------
---------------------+
3 rows in set (0.00 sec)
```

user 表中已经没有名称为 jeffrey，主机名为 localhost 的账户，即'jeffrey'@'localhost'的用户账号已经被删除。

 DROP USER 不能自动关闭任何打开的用户对话。而且，如果用户有打开的对话，此时取消用户，命令则不会生效，直到用户对话被关闭后才能生效。一旦对话被关闭，用户也被取消，此用户再次试图登录时将会失败。

2. 使用 DELETE 语句删除用户

DELETE 语句基本语法格式如下：

```
DELETE FROM MySQL.user WHERE host='hostname' and user='username'
```

host 和 user 为 user 表中的两个字段，两个字段的组合确定所要删除的账户记录。

【例 13.7】使用 DELETE 删除用户'customer1'@'localhost'，DELETE 语句如下：

```
DELETE FROM MySQL.user WHERE host= 'localhost' and user='customer1';
```

执行结果如下：

```
MySQL> DELETE FROM MySQL.user WHERE host='localhost' and user='customer1';
Query OK, 1 row affected (0.00 sec)
```

可以看到语句执行成功，'customer1'@'localhost'的用户账号已经被删除。读者可以使用 SELECT 语句查询 user 表中的记录，确认删除操作是否成功。

13.2.4　root 用户修改自己的密码

root 用户的安全对于保证 MySQL 的安全非常重要，因为 root 用户拥有很高的权限。修改 root 用户密码的方式有多种，本小节将介绍几种常用的修改 root 用户密码的方法。

1. 使用 MySQLadmin 命令在命令行指定新密码

MySQLadmin 命令的基本语法格式如下：

```
mysqladmin -u username -h localhost -p password "newpwd"
```

username 为要修改密码的用户名称，在这里指定为 root 用户；参数-h 指需要修改的、对应哪个主机用户的密码，该参数可以不写，默认是 localhost；-p 表示输入当前密码；password 为关键字，后面双引号内的内容 "newpwd" 为新设置的密码。执行完上面的语句，root 用户的密码将被修改为 newpwd。

【例 13.8】使用 MySQLadmin 将 root 用户的密码修改为 "rootpwd"，在 Windows 的命令行窗口中执行命令如下：

```
mysqladmin -u root -p password "rootpwd"
Enter password:
```

按照要求输入 root 用户原来的密码，执行完毕后，新的密码将被设定。root 用户登录时将使用新的密码。

2. 修改 MySQL 数据库的 user 表

因为所有账户信息都保存在 user 表中，因此可以通过直接修改 user 表来改变 root 用户的密码。root 用户登录到 MySQL 服务器后，使用 UPDATE 语句修改 MySQL 数据库的 user 表的 password 字段，从而修改用户的密码。使用 UPDATA 语句修改 root 用户密码的语句如下：

```
UPDATE mysql.user set Password=PASSWORD("rootpwd") WHERE User="root" and
Host="localhost";
```

PASSWORD() 函数用来加密用户密码。执行 UPDATE 语句后，需要执行 FLUSH PRIVILEGES 语句重新加载用户权限。

【例 13.9】使用 UPDATE 语句将 root 用户的密码修改为 "rootpwd2"。

使用 root 用户登录到 MySQL 服务器后，执行如下语句：

```
MySQL> UPDATE mysql.user set Password=password("rootpwd2")
    -> WHERE User="root" and Host="localhost";
Query OK, 1 row affected (0.00 sec)
Rows matched: 1  Changed: 1  Warnings: 0
MySQL> FLUSH PRIVILEGES;
Query OK, 0 rows affected (0.11 sec)
```

执行完 UPDATE 语句后，root 的密码被修改成了 rootpwd2。使用 FLUSH PRIVILEGES 语句重新加载权限，就可以使用新的密码登录 root 用户了。

3. 使用 SET 语句修改 root 用户的密码

SET PASSWORD 语句可以用来重新设置其他用户的登录密码或者自己使用的账户的密码。使用 SET 语句修改自身密码的语法结构如下：

```
SET PASSWORD=PASSWORD("rootpwd");
```

新密码必须使用 PASSWORD()函数加密。

【例 13.10】使用 SET 语句将 root 用户的密码修改为"rootpwd3"。

使用 root 用户登录到 MySQL 服务器后，执行如下语句：

```
MySQL> SET PASSWORD=password("rootpwd3");
Query OK, 0 rows affected (0.00 sec)
```

SET 语句执行成功，root 用户的密码被成功设置为 rootpwd3。为了使更改生效，需要重新启动 MySQL 或者使用 FLUSH PRIVILEGES;语句刷新权限，重新加载权限表。

13.2.5　root 用户修改普通用户的密码

root 用户拥有很高的权限，不仅可以修改自己的密码，还可以修改其他用户的密码。root 用户登录 MySQL 服务器后，可以通过 SET 语句修改 MySQL.user 表，以及 GRANT 语句修改用户的密码。本小节将向读者介绍 root 用户修改普通用户密码的方法。

1. 使用 SET 语句修改普通用户的密码

使用 SET 语句修改普通用户密码的语法格式如下：

```
SET PASSWORD FOR 'user'@'host' = PASSWORD('somepassword');
```

只有 root 可以通过更新 MySQL 数据库的用户来更改其他用户的密码。如果使用普通用户修改，可省略 FOR 子句更改自己的密码：

```
SET PASSWORD = PASSWORD('somepassword');
```

【例 13.11】使用 SET 语句将 testUser 用户的密码修改为"newpwd"。

使用 root 用户登录到 MySQL 服务器后，执行如下语句：

```
MySQL> SET PASSWORD FOR 'testUser'@'localhost'=PASSWORD("newpwd");
Query OK, 0 rows affected (0.00 sec)
```

SET 语句执行成功，testUser 用户的密码被成功设置为 newpwd。

2. 使用 UPDATE 语句修改普通用户的密码

使用 root 用户登录到 MySQL 服务器后，可以使用 UPDATE 语句修改 MySQL 数据库的 user 表的 password 字段，从而修改普通用户的密码。使用 UPDATA 语句修改用户密码的语法如下：

```
UPDATE MySQL.user SET Password=PASSWORD("pwd")
WHERE User="username" AND Host="hostname";
```

PASSWORD()函数用来加密用户密码。执行 UPDATE 语句后，需要执行 FLUSH PRIVILEGES 语句重新加载用户权限。

【例 13.12】使用 UPDATE 语句将 testUser 用户的密码修改为"newpwd2"。

使用 root 用户登录到 MySQL 服务器后，执行如下语句：

```
MySQL> UPDATE MySQL.user SET Password=PASSWORD("newpwd2")
    -> WHERE User="testUser" AND Host="localhost";
Query OK, 1 row affected (0.00 sec)
Rows matched: 1 Changed: 1 Warnings: 0
MySQL> FLUSH PRIVILEGES;
Query OK, 0 rows affected (0.11 sec)
```

执行完 UPDATE 语句后，testUser 的密码被修改成了 newpwd2。使用 FLUSH PRIVILEGES 重新加载权限，就可以使用新的密码登录 testUser 用户了。

3. 使用 GRANT 语句修改普通用户密码

除了前面介绍的方法，还可以在全局级别使用 GRANT USAGE 语句(*.*)指定某个账户的密码而不影响账户当前的权限，使用 GRANT 语句修改密码，必须拥有 GRANT 权限。一般情况下最好使用该方法来指定或修改密码：

```
MySQL> GRANT USAGE ON *.* TO 'someuser'@'%' IDENTIFIED BY 'somepassword';
```

【例 13.13】使用 GRANT 语句将 testUser 用户的密码修改为"newpwd3"。

使用 root 用户登录到 MySQL 服务器后，执行如下语句：

```
MySQL> GRANT USAGE ON *.* TO 'testUser'@'localhost' IDENTIFIED BY 'newpwd3';
Query OK, 0 rows affected (0.00 sec)
```

执行完 GRANT 语句后，testUser 的密码被修改成了 newpwd3。可以使用新密码登录 MySQL 服务器。

如果使用 GRANT ... IDENTIFIED BY 语句或 MySQLadmin password 命令设置密码，它们均会加密密码。在这种情况下，不需要使用 PASSWORD()函数。

13.2.6　普通用户修改密码

普通用户登录 MySQL 服务器后，通过 SET 语句设置自己的密码。

SET 语句修改自己密码的基本语法如下：

```
SET PASSWORD = PASSWORD(''newpassword'');
```

其中，PASSWORD()函数对密码进行加密，"newpassword"是设置的新密码。

【例 13.14】testUser 用户使用 SET 语句将自身的密码修改为"newpwd4"：

使用 testUser 用户登录到 MySQL 服务器后，执行如下语句：

```
MySQL> SET PASSWORD = PASSWORD("newpwd4");
Query OK, 0 rows affected (0.00 sec)
```

SET 语句执行成功，testUser 用户的密码被成功设置为 newpwd4。可以使用新密码登录 MySQL 服务器。

13.2.7　root 用户密码丢失的解决办法

对于 root 用户密码丢失这种特殊情况，MySQL 实现了对应的处理机制。可以通过特殊方法登录到 MySQL 服务器，然后在 root 用户下重新设置密码。执行步骤如下：

1. 使用--skip-grant-tables 选项启动 MySQL 服务

以 skip-grant-tables 选项启动时，MySQL 服务器将不加载权限判断，任何用户都能访问数据库。在 Windows 操作系统中，可以使用 MySQLd 或 MySQLd-nt 来启动 MySQL 服务进程。如果 MySQL 的目录已经添加到环境变量中，可以直接使用 MySQLd、MySQLd-nt 命令启动 MySQL 服务。否则需要先在命令行下切换到 MySQL 的 bin 目录。

MySQLd 命令如下：

```
mysqld --skip-grant-tables
```

MySQLd-nt 命令如下：

```
mysqld-nt --skip-grant-tables
```

在 Linux 操作系统中，使用 MySQLd_safe 来启动 MySQL 服务。也可以使用 /etc/init.d/MySQL 命令来启动 MySQL 服务。

MySQLd-safe 命令如下：

```
mysqld_safe --skip-grant-tables user=mysql
```

/etc/init.d/MySQL 命令如下：

```
/etc/init.d/mysql start-mysqld --skip-grant-tables
```

启动 MySQL 服务后，就可以使用 root 用户登录了。

2. 使用 root 用户登录，重新设置密码

在这里使用的平台为 Windows 7，操作步骤如下：

步骤 01　使用 net stop MySQL 命令停止 MySQL 服务进程。

```
C:\ >net stop MySQL
MySQL 服务正在停止.
```

> MySQL 服务已成功停止。

步骤 02 在命令行输入 MySQLd --skip-grant-tables 选项启动 MySQL 服务。

```
C:\>mysqld --skip-grant-tables
```

命令运行之后，用户无法输入指令，此时如果在任务管理器中可以看到名称为 MySQLd 的进程，则表示可以使用 root 用户登录 MySQL 了。

步骤 03 打开另外一个命令行窗口，输入不加密码的登录命令。

```
C:\>mysql -u root
Welcome to the MySQL monitor.  Commands end with ; or \g.
Your MySQL connection id is 1
Server version: 5.7.10 MySQL Community Server (GPL)

Copyright (c) 2000, 2015, Oracle and/or its affiliates. All rights reserved.

Oracle is a registered trademark of Oracle Corporation and/or its
affiliates. Other names may be trademarks of their respective
owners.

Type 'help;' or '\h' for help. Type '\c' to clear the current input statement.
mysql>
```

登录成功以后，可以使用 UPDATE 语句或者使用 MySQLadmin 命令重新设置 root 密码，设置密码语句如下：

```
mysql> UPDATE mysql.user SET Password=PASSWORD('newpwd') WHERE User='root' and
Host='localhost';
```

设置 root 密码的方法参见本章第 13.2.4 小节 "root 用户修改自己的密码"。

3. 加载权限表

修改密码完成后，必须使用 FLUSH PRIVILEGES 语句加载权限表。加载权限表后，新的密码才会生效，同时 MySQL 服务器开始权限验证。输入语句如下：

```
mysql> FLUSH PRIVILEGES;
```

修改密码完成后，将输入 MySQLd --skip-grant-tables 命令的命令行窗口关闭，接下来就可以使用新设置的密码登录 MySQL 了。

13.3 权限管理

权限管理主要是对登录到 MySQL 的用户进行权限验证。所有用户的权限都存储在 MySQL

的权限表中，不合理的权限规划会给 MySQL 服务器带来安全隐患。数据库管理员要对所有用户的权限进行合理规划管理。MySQL 权限系统的主要功能是证实连接到一台给定主机的用户，并且赋予该用户在数据库上的 SELECT、INSERT、UPDATE 和 DELETE 权限。本节将为读者介绍 MySQL 权限管理的内容。

13.3.1　MySQL 的各种权限

账户权限信息被存储在 MySQL 数据库的 user、db、host、tables_priv、columns_priv 和 procs_priv 表中。在 MySQL 启动时，服务器将这些数据库表中权限信息的内容读入内存。

GRANT 和 REVOKE 语句所涉及的权限的名称如表 13.7 所示，还有在授权表中每个权限的表列名称和每个权限有关的操作对象等。

表 13.7　GRANT 和 REVOKE 语句中可以使用的权限

权限	user 表中对应的列	权限的范围
CREATE	Create_priv	数据库、表或索引
DROP	Drop_priv	数据库、表或视图
GRANT OPTION	Grant_priv	数据库、表或存储过程
REFERENCES	References_priv	数据库或表
EVENT	Event_priv	数据库
ALTER	Alter_priv	数据库
DELETE	Delete_priv	表
INDEX	Index_priv	表
INSERT	Insert_priv	表
SELECT	Select_priv	表或列
UPDATE	Update_priv	表或列
CREATE TEMPORARY TABLES	Create_tmp_table_priv	表
LOCK TABLES	Lock_tables_priv	表
TRIGGER	Trigger_priv	表
CREATE VIEW	Create_view_priv	视图
SHOW VIEW	Show_view_priv	视图
ALTER ROUTINE	Alter_routine_priv	存储过程和函数
CREATE ROUTINE	Create_routine_priv	存储过程和函数
EXECUTE	Execute_priv	存储过程和函数
FILE	File_priv	访问服务器上的文件
CREATE TABLESPACE	Create_tablespace_priv	服务器管理
CREATE USER	Create_user_priv	服务器管理

（续表）

权限	user 表中对应的列	权限的范围
PROCESS	Process_priv	存储过程和函数
RELOAD	Reload_priv	访问服务器上的文件

REPLICATION CLIENT	Repl_client_priv	服务器管理
REPLICATION SLAVE	Repl_slave_priv	服务器管理
SHOW DATABASES	Show_db_priv	服务器管理
SHUTDOWN	Shutdown_priv	服务器管理
SUPER	Super_priv	服务器管理

（1）CREATE 和 DROP 权限，可以创建新数据库和表，或删除（移掉）已有数据库和表。如果将 MySQL 数据库中的 DROP 权限授予某用户，用户可以删掉 MySQL 访问权限保存的数据库。

（2）SELECT、INSERT、UPDATE 和 DELETE 权限允许在一个数据库现有的表上实施操作。

（3）SELECT 权限只有在它们真正从一个表中检索行时才被用到。

（4）INDEX 权限允许创建或删除索引，INDEX 适用已有表。如果具有某个表的 CREATE 权限，可以在 CREATE TABLE 语句中包括索引定义。

（5）ALTER 权限，可以使用 ALTER TABLE 来更改表的结构和重新命名表。

（6）CREATE ROUTINE 权限来创建保存的程序（函数和程序），ALTER ROUTINE 权限用来更改和删除保存的程序，EXECUTE 权限用来执行保存的程序。

（7）GRANT 权限允许授权给其他用户。可用于数据库、表和保存的程序。

（8）FILE 权限给予用户使用 LOAD DATA INFILE 和 SELECT ... INTO OUTFILE 语句读或写服务器上的文件，任何被授予 FILE 权限的用户都能读或写 MySQL 服务器上的任何文件。（说明用户可以读任何数据库目录下的文件，因为服务器可以访问这些文件）。FILE 权限允许用户在 MySQL 服务器具有写权限的目录下创建新文件，但不能覆盖已有文件。

其余的权限用于管理性操作，它使用 MySQLadmin 程序或 SQL 语句实施。表 13.8 显示每个权限允许执行的 MySQLadmin 命令。

表 13.8　不同权限下可以使用的 MySQLadmin 命令

权限	权限拥有者允许执行的命令
RELOAD	flush-hosts,flush-logs,flush-privileges,flush-status,flush-tables,flush-threads,refresh,reload
SHUTDOWN	shutdown
PROCESS	processlist
SUPER	kill

（1）reload 命令告诉服务器将授权表重新读入内存；flush-privileges 是 reload 的同义词；refresh 命令清空所有表并关闭/打开记录文件；其他 flush-xxx 命令执行类似 refresh 的功能，但是范围更有限，并且在某些情况下可能更好用。例如，如果只是想清空记录文件，flush-logs 是比 refresh 更好的选择。

（2）shutdown 命令关掉服务器。只能从 MySQLadmin 发出命令。

（3）processlist 命令显示在服务器内执行的线程的信息（即其他账户相关的客户端执行的

语句）。kill 命令杀死服务器线程。用户总是能显示或杀死自己的线程，但是需要 PROCESS 权限来显示或杀死其他用户和 SUPER 权限启动的线程。

（4）kill 命令能用来终止其他用户或更改服务器的操作方式。

总的来说，只授予权限给需要他们的那些用户。

13.3.2 授权

授权就是为某个用户授予权限。合理的授权可以保证数据库的安全。MySQL 中可以使用 GRANT 语句为用户授予权限。

授予的权限可以分为多个层级：

1. 全局层级

全局权限适用于一个给定服务器中的所有数据库。这些权限存储在 MySQL.user 表中。GRANT ALL ON *.*和 REVOKE ALL ON *.*只授予和撤销全局权限。

2. 数据库层级

数据库权限适用于一个给定数据库中的所有目标。这些权限存储在 MySQL.db 和 MySQL.host 表中。GRANT ALL ON db_name.和 REVOKE ALL ON db_name.*只授予和撤销数据库权限。

3. 表层级

表权限适用于一个给定表中的所有列。这些权限存储在 MySQL.talbes_priv 表中。GRANT ALL ON db_name.tbl_name 和 REVOKE ALL ON db_name.tbl_name 只授予和撤销表权限。

4. 列层级

列权限适用于一个给定表中的单一列。这些权限存储在 MySQL.columns_priv 表中。当使用 REVOKE 时，必须指定与被授权列相同的列。

5. 子程序层级

CREATE ROUTINE、ALTER ROUTINE、EXECUTE 和 GRANT 权限适用于已存储的子程序。这些权限可以被授予为全局层级和数据库层级。而且，除了 CREATE ROUTINE 外，这些权限可以被授予子程序层级，并存储在 MySQL.procs_priv 表中。

在 MySQL 中，必须是拥有 GRANT 权限的用户才可以执行 GRANT 语句。

要使用 GRANT 或 REVOKE，必须拥有 GRANT OPTION 权限，并且必须用于正在授予或撤销的权限。GRANT 的语法如下：

```
GRANT priv_type [(columns)] [, priv_type [(columns)]] ...
ON [object_type] table1, table2,…, tablen
```

```
TO user [IDENTIFIED BY [PASSWORD] 'password']
[, user [IDENTIFIED BY [PASSWORD] 'password']] ...
   [WITH GRANT OPTION]

object_type = TABLE | FUNCTION | PROCEDURE
```

其中，priv_type 参数表示权限类型；columns 参数表示权限作用于哪些列上，不指定该参数，表示作用于整个表；table1,table2,...,tablen 表示授予权限的列所在的表；object_type 指定授权作用的对象类型包括 TABLE（表）、FUNCTION（函数）和 PROCEDURE（存储过程），当从旧版本的 MySQL 升级时，要使用 object_tpye 子句，必须升级授权表；user 参数表示用户账户，由用户名和主机名构成，形式是"'username'@'hostname'"；IDENTIFIED BY 参数用于设置密码。

WITH 关键字后可以跟一个或多个 GRANT OPTION。GRANT OPTION 的取值有 5 个，意义如下：

（1）GRANT OPTION：被授权的用户可以将这些权限赋予别的用户。

（2）MAX_QUERIES_PER_HOUR count：设置每个小时可以执行 count 次查询。

（3）MAX_UPDATES_PER_HOUR count：设置每小时可以执行 count 次更新。

（4）MAX_CONNECTIONS_PER_HOUR count：设置每小时可以建立 count 个连接。

（5）MAX_USER_CONNECTIONS count：设置单个用户可以同时建立 count 个连接。

【例 13.15】使用 GRANT 语句创建一个新的用户 grantUser，密码为"grantpwd"。用户 grantUser 对所有的数据有查询、插入权限，并授于 GRANT 权限。GRANT 语句及其执行结果如下：

```
MySQL> GRANT SELECT,INSERT ON *.* TO 'grantUser'@'localhost'
    -> IDENTIFIED BY 'grantpwd'
    -> WITH GRANT OPTION;
Query OK, 0 rows affected (0.03 sec)
```

结果显示执行成功，使用 SELECT 语句查询用户 testUser2 的权限：

```
MySQL> SELECT Host,User,Select_priv,Insert_priv, Grant_priv FROM mysql.user
where user='grantUser';
+-----------+-----------+-------------+-------------+------------+
| Host      | User      | Select_priv | Insert_priv | Grant_priv |
+-----------+-----------+-------------+-------------+------------+
| localhost | testUser2 | Y           | Y           | Y          |
+-----------+-----------+-------------+-------------+------------+
1 row in set (0.00 sec)
```

查询结果显示用户 test User 2 被创建成功，并被赋予 SELECT、INSERT 和 GRANT 权限，其相应字段值均为'Y'。

被授予 GRANT 权限的用户可以登录 MySQL 并创建其他用户账户，在这里为名称是

grantUser 的用户。读者可以使用 grantUser 登录，并按照【例 13.4】中的过程创建并授权其他账户。

13.3.3 收回权限

收回权限就是取消已经赋予用户的某些权限。收回用户不必要的权限可以在一定程度上保证系统的安全性。MySQL 中使用 REVOKE 语句取消用户的某些权限。使用 REVOKE 收回权限之后，用户账户的记录将从 db、host、tables_priv 和 columns_priv 表中删除，但是用户账号记录仍然在 user 表中保存（删除 user 表中的账户记录，使用 DROP USER 语句，在 13.2.3 节已经介绍）。

在将用户账户从 user 表删除之前，应该收回相应用户的所有权限，REVOKE 语句有两种语法格式，第一种语法是收回所有用户的所有权限，此语法用于取消对于已命名的用户的所有全局层级、数据库层级、表层级和列层级的权限，其语法如下：

```
REVOKE ALL PRIVILEGES, GRANT OPTION
FROM 'user'@'host' [, 'user'@'host' ...]
```

REVOKE 语句必须和 FROM 语句一起使用，FROM 语句指明需要收回权限的账户。

另一种为长格式的 REVOKE 语句，基本语法如下：

```
REVOKE priv_type [(columns)] [, priv_type [(columns)]] ...
ON table1, table2,…, tablen
FROM 'user'@'host'[, 'user'@ 'host' ...]
```

该语法收回指定的权限。其中，priv_type 参数表示权限类型；columns 参数表示权限作用于哪些列上，如果不指定该参数，表示作用于整个表；table1,table2,…,tablen 表示从哪个表中收回权限；'user'@'host'参数表示用户账户，由用户名和主机名构成。

要使用 REVOKE 语句，必须拥有 MySQL 数据库的全局 CREATE USER 权限或 UPDATE 权限。

【例 13.16】使用 REVOKE 语句取消用户 testUser 的更新权限。REVOKE 语句及其执行结果如下：

```
MySQL> REVOKE UPDATE ON *.* FROM 'testUser'@'localhost';
Query OK, 0 rows affected (0.00 sec)
```

执行结果显示执行成功，使用 SELECT 语句查询用户 test 的权限：

```
MySQL> SELECT Host,User,Select_priv,Update_priv,Grant_priv FROM MySQL.user
where user='testUser';
+-----------+------+-------------+-------------+------------+
| Host      | User | Select_priv | Update_priv | Grant_priv |
+-----------+------+-------------+-------------+------------+
| localhost | testuser | Y       | N           | Y          |
+-----------+------+-------------+-------------+------------+
```

```
1 row in set (0.00 sec)
```

查询结果显示用户 testUser 的 Update_priv 字段值为"N"，UPDATE 权限已经被收回。

 当从旧版本的 MySQL 升级时，如果要使用 EXECUTE、CREATE VIEW、SHOW VIEW、CREATE USER、CREATE ROUTINE 和 ALTER ROUTINE 权限，必须首先升级授权表。

13.3.4　查看权限

SHOW GRANTS 语句可以显示指定用户的权限信息，使用 SHOW GRANTS 查看账户信息的基本语法格式如下：

```
SHOW GRANTS FOR 'user'@ 'host' ;
```

其中，user 表示登录用户的名称，host 表示登录的主机名称或者 IP 地址。在使用该语句时，要确保指定的用户名和主机名都要用单引号括起来，并使用'@'符号，将两个名字分隔开。

【例 13.17】使用 SHOW GRANTS 语句查询用户 testUser 的权限信息。SHOW GRANTS 语句及其执行结果如下：

```
MySQL> SHOW GRANTS FOR 'testUser'@'localhost';
+----------------------------------------------------------------------+
| Grants for testUser@localhost                                        |
+----------------------------------------------------------------------+
| GRANT SELECT ON *.* TO 'testUser'@'localhost' IDENTIFIED BY PASSWORD
'*53835E70E1FC57BE1A455169C761A8778D307C81' WITH GRANT OPTION    |
+----------------------------------------------------------------------+
1 row in set (0.00 sec)
```

返回结果的第 1 行显示了 user 表中的账户信息；接下来的行以 GRANT SELECT ON 关键字开头，表示用户被授予了 SELECT 权限；*.*表示 SELECT 权限作用于所有数据库的所有数据表；IDENTIFIED BY PASSWORD 关键字后面为用户加密后的密码。

在这里，只是定义了个别的用户权限，GRANT 可以显示更加详细的权限信息，包括全局级的和非全局级的权限，如果表层级或者列层级的权限被授予用户的话，它们也能在结果中显示出来。

在前面创建用户时，查看新建的账户时使用 SELECT 语句，也可以通过 SELECT 语句查看 user 表中的各个权限字段以确定用户的权限信息，其基本语法格式如下：

```
SELECT privileges_list FROM user WHERE user='username', host= 'hostname';
```

其中，privileges_list 为想要查看的权限字段，可以为 Select_priv、Insert_priv 等。读者可以根据需要选择要查询的字段。

13.4 访问控制

正常情况下，并不希望每个用户都可以执行所有的数据库操作。当 MySQL 允许一个用户执行各种操作时，它将首先核实该用户向 MySQL 服务器发送的连接请求，然后确认用户的操作请求是否被允许。本小节将向读者介绍 MySQL 中的访问控制过程。MySQL 的访问控制分为两个阶段：连接核实阶段和请求核实阶段。

13.4.1 连接核实阶段

当连接 MySQL 服务器时，服务器基于用户的身份以及用户是否能通过正确的密码身份验证来接受或拒绝连接。即客户端用户连接请求中会提供用户名称、主机地址名和密码，MySQL 使用 user 表中的 3 个字段（Host、User 和 Password）执行身份检查，服务器只有在 user 表记录的 Host 和 User 字段匹配客户端主机名和用户名，并且提供正确的密码时才接受连接。如果连接核实没有通过，服务器完全拒绝访问；否则，服务器接受连接，然后进入阶段 2 等待用户请求。

13.4.2 请求核实阶段

建立连接之后，服务器进入访问控制的阶段 2。对在此连接上的每个请求，服务器检查用户要执行的操作，然后检查是否有足够的权限来执行它。这正是在授权表中的权限列发挥作用的地方。这些权限可以来自 user、db、host、tables_priv 或 columns_priv 表。

确认权限时，MySQL 首先检查 user 表，如果指定的权限没有在 user 表中被授权；MySQL 将检查 db 表，db 表是下一安全层级，其中的权限限定于数据库层级，在该层级的 SELECT 权限允许用户查看指定数据库的所有表中的数据；如果在该层级没有找到限定的权限，则 MySQL 继续检查 tables_priv 表以及 columns_priv 表，如果所有权限表都检查完毕，但还是没有找到允许的权限操作，MySQL 将返回错误信息，用户请求的操作不能执行，操作失败。

请求核实的过程如图 13.1 所示。

图 13.1　MySQL 请求核实过程

 MySQL 通过向下层级的顺序检查权限表（从 user 表到 columns_priv 表），但并不是所有的权限都要执行该过程。例如，一个用户登录到 MySQL 服务器之后只执行对 MySQL 的管理操作，此时，只涉及管理权限，因此 MySQL 只检查 user 表。另外，如果请求的权限操作不被允许，MySQL 也不会继续检查下一层级的表。

13.5　综合案例——综合管理用户权限

本章详细介绍了 MySQL 如何管理用户对服务器的访问控制和 root 用户如何对每一个账户授予权限。这些被授予的权限分为不同的层级，可以是全局层级、数据库层级、表层级或者是列层级等，读者可以灵活地将混合权限授予各个需要的用户。通过本章的内容，读者将学会如何创建账户，如何对账户授权、如何收回权限以及如何删除账户。下面的综合案例将帮助读者建立执行这些操作的能力。

1. 案例目的

掌握创建用户和授权的方法。

2. 案例操作过程

步骤01　打开 MySQL 客户端工具，输入登录命令，登录 MySQL。

```
C:\>mysql -u root -p
Enter password: **
```

输入正确密码，按回车键，出现欢迎信息表示登录成功。

步骤 02 选择 MySQL 数据库为当前数据库。

```
MySQL> use mysql;
Database changed
```

出现 Database changed 信息表明切换数据库成功。

步骤 03 创建新账户，用户名称为 newAdmin，密码为 pw1，允许其从本地主机访问 MySQL。

使用 GRANT 语句创建新账户，创建过程如下：

```
MySQL> GRANT SELECT, UPDATE(id, name, age)
    -> ON test_db.person_old
    -> TO 'newAdmin'@'localhost' IDENTIFIED BY 'pw1'
    -> WITH MAX_CONNECTIONS_PER_HOUR 30;
Query OK, 0 rows affected (0.06 sec)
```

提示消息可以看到，语句执行成功。

步骤 04 分别从 user 表中查看新账户的账户信息，从 tables_priv 和 columns_priv 表中查看权限信息。

用户账户创建完成之后，账户信息已经保存在 user 表，权限信息则分别保存在 tables_priv 和 columns_priv 中，查询 user 名称为 newAdmin 的账户信息，执行过程如下：

```
SELECT host, user, select_priv, update_priv FROM user WHERE user='newAdmin';

SELECT host, db, user, table_name, table_priv, column_priv
FROM tables_priv WHERE user='newAdmin';

SELECT host, db, user, table_name, column_name, column_priv
FROM columns_priv WHERE user='newAdmin';
```

3 条 SQL 语句的查询结果分别如下：

```
MySQL> SELECT host, user, select_priv, update_priv FROM user WHERE
user='newAdmin';
+-----------+----------+-------------+-------------+
| host      | user     | select_priv | update_priv |
+-----------+----------+-------------+-------------+
| localhost | newAdmin | N           | N           |
+-----------+----------+-------------+-------------+
1 row in set (0.00 sec)

MySQL> SELECT host, db, user, table_name, table_priv, column_priv
    -> FROM tables_priv WHERE user='newAdmin';
+-----------+------+------------------+------------+-------------+--------------+
```

```
| host      | db   | user     | table_name | table_priv | column_priv |
+-----------+------+----------+------------+------------+-------------+
| localhost | test | newAdmin | person     | Select     | Update      |
+-----------+------+----------+------------+------------+-------------+
1 row in set (0.00 sec)

MySQL> SELECT host, db, user, table_name, column_name, column_priv
    -> FROM columns_priv WHERE user='newAdmin';
+-----------+------+----------+------------+-------------+-------------+
| host      | db   | user     | table_name | column_name | column_priv |
+-----------+------+----------+------------+-------------+-------------+
| localhost | test | newAdmin | person     | id          | Update      |
| localhost | test | newAdmin | person     | name        | Update      |
| localhost | test | newAdmin | person     | age         | Update      |
+-----------+------+----------+------------+-------------+-------------+
3 rows in set (0.00 sec)
```

步骤 05　使用 SHOW GRANTS 语句查看 newAdmin 的权限信息。

查看 newAdmin 账户的权限信息，输入语句如下：

```
SHOW GRANTS FOR 'newAdmin'@'localhost';
```

执行结果如下：

```
+----------------------------------------------------------------------+
| Grants for newAdmin@localhost                                        |
+----------------------------------------------------------------------+
| GRANT USAGE ON *.* TO 'newAdmin'@'localhost' IDENTIFIED BY PASSWORD '*2B602296
A79E0A8784ACC5C88D92E46588CCA3C3' WITH MAX_CONNECTIONS_PER_HOUR 30    |
|   GRANT   SELECT,   UPDATE  (age,   id,   name)   ON   `test`.`person`   TO
'newAdmin'@'localhost'       |
+----------------------------------------------------------------------+
2 rows in set (0.00 sec)
```

步骤 06　使用 newAdmin 用户登录 MySQL。

退出当前登录，使用 EXIT 命令，语句如下：

```
MySQL> exit
Bye
```

使用 newAdmin 账户登录 MySQL，语句如下：

```
C:\>MySQL -u newAdmin -p
Enter password: ***
```

输入密码正确后，出现 "MySQL>" 提示符，登录成功。

步骤 07　使用 newAdmin 用户查看 test_db 数据库中 person_dd 表中的数据。

newAdmin 用户被授予 test 数据库中 person 表中 4 个字段上的查询权限，因此可以执行 SELECT 语句查看这几个字段的值，执行过程如下：

```
MySQL> SELECT * FROM test_db.person_dd LIMIT 5;
+----+--------+-----+------------+
| id | name   | age | info       |
+----+--------+-----+------------+
|  1 | Green  |  21 | Lawyer     |
|  2 | Suse   |  22 | dancer     |
|  3 | Mary   |  24 | Musician   |
|  4 | Willam |  20 | sports man |
|  5 | Laura  |  25 | NULL       |
+----+--------+-----+------------+
5 rows in set (0.00 sec)
```

可以看到，查询结果显示了表中的前 5 条记录。

步骤 08 使用 newAdmin 用户向 person_dd 表中插入一条新记录，查看语句执行结果。

插入新记录，输入语句如下：

```
INSERT INTO test_db.person_old(name, age,info) VALUES('gaga', 30);
```

执行结果如下：

```
ERROR 1142 (42000): INSERT command denied to user 'newAdmin'@'localhost' for
table 'person'
```

可以看到，语句不能执行，错误信息表明 newAdmin 用户不能对 person 表进行插入操作。因此，用户不可以执行没有被授权的操作语句。

步骤 09 退出当前登录，使用 root 用户重新登录，收回 newAdmin 账户的权限。

输入退出命令：

```
exit
```

重新以 root 用户登录 MySQL，并选择 MySQL 数据库为当前数据库。
输入语句收回 newAdmin 账户的权限，执行过程如下：

```
REVOKE SELECT, UPDATE ON test.person FROM 'newAdmin'@'localhost';
```

执行结果如下：

```
MySQL> REVOKE SELECT, UPDATE ON test.person FROM 'newAdmin'@'localhost';
Query OK, 0 rows affected (0.00 sec)
```

步骤 10 删除 newAdmin 的账户信息。

删除指定账户，可以使用 DROP USER 语句，输入如下：

```
DROP USER 'newAdmin'@'localhost';
```

语句执行成功之后，tables_priv 和 columns_priv 中相关的记录将被删除。

13.6　专家解惑

疑问 1：已经将一个账户的信息从数据库中完全删除，为什么该用户还能登录数据库？

出现这种情况的原因可能有多种，最有可能的是在 user 数据表中存在匿名账户。在 user 表中匿名账户的 User 字段值为空字符串，这会允许任何人连接到数据库，检测是否存在匿名登录用户的方法是，输入以下语句：

```
SELECT * FROM user WHERE User='';
```

如果有记录返回，则说明存在匿名用户，需要删除该记录，以保证数据库的访问安全，删除语句为：

```
DELETE FROM user WHERE user='';
```

这样一来，该账户肯定不能登录 MySQL 服务器了。

疑问 2：应该使用哪种方法创建用户？

本章介绍了创建用户的几种方法：GRANT 语句、CREATE USER 语句和直接操作 user 表。一般情况，最好使用 GRANT 或者 CREATE USER 语句，而不要直接将用户信息插入 user 表，因为 user 表中存储了全局级别的权限以及其他的账户信息，如果意外破坏了 user 表中的记录，则可能会对 MySQL 服务器造成很大影响。

13.7　经典习题

创建数据库 Team，定义数据表 player，语句如下：

```
CREATE DATABASE Team;
user Team;
CREATE TABLE player
{
playid     INT PRIMARY KEY,
playname   VARCHAR(30) NOT NULL,
teamnum    INT NOT NULL UNIQUE,
info       VARCHAR(50)
};
```

执行以下操作：

（1）创建一个新账户，用户名为 account1，该用户通过本地主机连接数据库，密码为 oldpwd1。授权该用户对 Team 数据库中 player 表的 SELECT 和 INSERT 权限，并且授权该用户对 player 表的 info 字段的 UPDATE 权限。

（2）创建 SQL 语句，更改 account1 用户的密码为 newpwd2。

（3）创建 SQL 语句，使用 FLUSH PRIVILEGES 重新加载权限表。

（4）创建 SQL 语句，查看授权给 account1 用户的权限。

（5）创建 SQL 语句，收回 account1 用户的权限。

（6）创建 SQL 语句，将 account1 用户的账号信息从系统中删除。

第 14 章

◀ 数据备份与恢复 ▶

学习目标|Objective

尽管采取了一些管理措施来保证数据库的安全,但是不确定的意外情况总是有可能造成数据的损失,例如意外的停电、管理员不小心的操作失误都可能会造成数据的丢失。保证数据安全的最重要的一个措施是确保对数据进行定期备份。如果数据库中的数据丢失或者出现错误,可以使用备份的数据进行恢复,这样就尽可能地降低了意外原因导致的损失。MySQL 提供了多种方法对数据进行备份和恢复。本章将介绍数据备份、数据恢复、数据迁移和数据导入导出的相关知识。

内容导航|Navigation

- 了解什么是数据备份
- 掌握各种数据备份的方法
- 掌握各种数据恢复的方法
- 掌握数据库迁移的方法
- 掌握表的导入和导出方法
- 熟练掌握综合案例中数据备份与恢复的方法和技巧

14.1 数据备份

数据备份是数据库管理员非常重要的工作之一。系统意外崩溃或者硬件的损坏都可能导致数据库的丢失,因此 MySQL 管理员应该定期地备份数据库,使得在意外情况发生时,尽可能减少损失。本节将介绍数据备份的 3 种方法。

14.1.1 使用 MySQLdump 命令备份

MySQLdump 是 MySQL 提供的一个非常有用的数据库备份工具。MySQLdump 命令执行时,可以将数据库备份成一个文本文件,该文件中实际上包含了多个 CREATE 和 INSERT 语句，使用这些语句可以重新创建表和插入数据。

MySQLdump 备份数据库语句的基本语法格式如下：

```
mysqldump -u user -h host -p password dbname[tbname, [tbname...]]> filename.sql
```

user 表示用户名称；host 表示登录用户的主机名称；password 为登录密码；dbname 为需要备份的数据库名称；tbname 为 dbname 数据库中需要备份的数据表，可以指定多个需要备份的表；右箭头符号 ">" 告诉 MySQLdump 将备份数据表的定义和数据写入备份文件；filename.sql 为备份文件的名称。

1. 使用 MySQLdump 备份单个数据库中的所有表

【例 14.1】使用 MySQLdump 命令备份数据库中的所有表。

为了更好理解 MySQLdump 工具如何工作，本章给出一个完整的数据库例子。首先登录 MySQL，按下面数据库结构创建 booksDB 数据库和各个表，并插入数据记录。数据库和表定义如下：

```
CREATE DATABASE booksDB;
use booksDB;

CREATE TABLE books
(
bk_id INT NOT NULL PRIMARY KEY,
bk_title VARCHAR(50) NOT NULL,
copyright YEAR NOT NULL
);
INSERT INTO books
VALUES (11078, 'Learning MySQL', 2010),
(11033, 'Study Html', 2011),
(11035, 'How to use php', 2003),
(11072, 'Teach yourself javascript', 2005),
(11028, 'Learning C++', 2005),
(11069, 'MySQL professional', 2009),
(11026, 'Guide to MySQL 5.7', 2008),
(11041, 'Inside VC++', 2011);

CREATE TABLE authors
(
auth_id INT NOT NULL PRIMARY KEY,
auth_name VARCHAR(20),
auth_gender CHAR(1)
);
INSERT INTO authors
VALUES (1001, 'WriterX' ,'f'),
```

```
(1002, 'WriterA' ,'f'),
(1003, 'WriterB' ,'m'),
(1004, 'WriterC' ,'f'),
(1011, 'WriterD' ,'f'),
(1012, 'WriterE' ,'m'),
(1013, 'WriterF' ,'m'),
(1014, 'WriterG' ,'f'),
(1015, 'WriterH' ,'f');

CREATE TABLE authorbook
(
auth_id INT NOT NULL,
bk_id INT NOT NULL,
PRIMARY KEY (auth_id, bk_id),
FOREIGN KEY (auth_id) REFERENCES authors (auth_id),
FOREIGN KEY (bk_id) REFERENCES books (bk_id)
);

INSERT INTO authorbook
VALUES (1001, 11033), (1002, 11035), (1003, 11072), (1004, 11028),
(1011, 11078), (1012, 11026), (1012, 11041), (1014, 11069);
```

完成数据插入后打开操作系统命令行输入窗口，输入备份命令如下：

```
C:\ >mysqldump -u root -p booksdb > C:/backup/booksdb_20160301.sql
Enter password: **
```

输入密码之后，MySQL 便对数据库进行了备份，在 C:\backup 文件夹下面查看刚才备份过的文件，使用文本查看器打开文件可以看到其部分文件内容大致如下：

```
-- MySQL dump 10.13  Distrib 5.7.10, for Win32 (x86)
--
-- Host: localhost    Database: booksDB
-- ------------------------------------------------------------
-- Server version    5.7.10

/*!40101 SET @OLD_CHARACTER_SET_CLIENT=@@CHARACTER_SET_CLIENT */;
/*!40101 SET @OLD_CHARACTER_SET_RESULTS=@@CHARACTER_SET_RESULTS */;
/*!40101 SET @OLD_COLLATION_CONNECTION=@@COLLATION_CONNECTION */;
/*!40101 SET NAMES utf8 */;
/*!40103 SET @OLD_TIME_ZONE=@@TIME_ZONE */;
/*!40103 SET TIME_ZONE='+00:00' */;
/*!40014 SET @OLD_UNIQUE_CHECKS=@@UNIQUE_CHECKS, UNIQUE_CHECKS=0 */;
/*!40014 SET @OLD_FOREIGN_KEY_CHECKS=@@FOREIGN_KEY_CHECKS, FOREIGN_KEY_
CHECKS=0 */;
/*!40101 SET @OLD_SQL_MODE=@@SQL_MODE, SQL_MODE=
'NO_AUTO_VALUE_ON_ZERO' */;
```

```
/*!40111 SET @OLD_SQL_NOTES=@@SQL_NOTES, SQL_NOTES=0 */;


--
-- Table structure for table `authorbook`
--

DROP TABLE IF EXISTS `authorbook`;
/*!40101 SET @saved_cs_client     = @@character_set_client */;
/*!40101 SET character_set_client = utf8 */;
CREATE TABLE `authorbook` (
  `auth_id` int(11) NOT NULL,
  `bk_id` int(11) NOT NULL,
  PRIMARY KEY (`auth_id`,`bk_id`),
  KEY `bk_id` (`bk_id`),
  CONSTRAINT `authorbook_ibfk_1` FOREIGN KEY (`auth_id`)
  REFERENCES `authors` (`auth_id`),
  CONSTRAINT `authorbook_ibfk_2` FOREIGN KEY (`bk_id`)
REFERENCES `books` (`bk_id`)
) ENGINE=InnoDB DEFAULT CHARSET=utf8;
/*!40101 SET character_set_client = @saved_cs_client */;


--
-- Dumping data for table `authorbook`
--

LOCK TABLES `authorbook` WRITE;
/*!40000 ALTER TABLE `authorbook` DISABLE KEYS */;
INSERT                INTO                `authorbook`                VALUES
(1012,11026),(1004,11028),(1001,11033),(1002,11035),(1012,
11041),(1014,11069),(1003,11072),(1011,11078);
/*!40000 ALTER TABLE `authorbook` ENABLE KEYS */;
UNLOCK TABLES;
…
…省略部分内容
…
/*!40103 SET TIME_ZONE=@OLD_TIME_ZONE */;

/*!40101 SET SQL_MODE=@OLD_SQL_MODE */;
/*!40014 SET FOREIGN_KEY_CHECKS=@OLD_FOREIGN_KEY_CHECKS */;
/*!40014 SET UNIQUE_CHECKS=@OLD_UNIQUE_CHECKS */;
/*!40101 SET CHARACTER_SET_CLIENT=@OLD_CHARACTER_SET_CLIENT */;
/*!40101 SET CHARACTER_SET_RESULTS=@OLD_CHARACTER_SET_RESULTS */;
/*!40101 SET COLLATION_CONNECTION=@OLD_COLLATION_CONNECTION */;
/*!40111 SET SQL_NOTES=@OLD_SQL_NOTES */;
-- Dump completed on 2011-08-18 10:44:08
```

可以看到，备份文件包含了一些信息，文件开头首先表明了备份文件使用的 MySQLdump 工具的版本号；然后是备份账户的名称和主机信息，以及备份的数据库的名称，最后是 MySQL 服务器的版本号，在这里为 5.7.10。

备份文件接下来的部分是一些 SET 语句，这些语句将一些系统变量值赋给用户定义变量，以确保被恢复的数据库的系统变量和原来备份时的变量相同，例如：

```
/*!40101 SET @OLD_CHARACTER_SET_CLIENT=@@CHARACTER_SET_CLIENT */;
```

该 SET 语句将当前系统变量 character_set_client 的值赋给用户定义变量@old_character_set_client。其他变量与此类似。

备份文件的最后几行 MySQL 使用 SET 语句恢复服务器系统变量原来的值，例如：

```
/*!40101 SET CHARACTER_SET_CLIENT=@OLD_CHARACTER_SET_CLIENT */;
```

该语句将用户定义的变量@old_character_set_client 中保存的值赋给实际的系统变量 character_set_client。

备份文件中的"--"字符开头的行为注释语句；以"/*!"开头、"*/"结尾的语句为可执行的 MySQL 注释，这些语句可以被 MySQL 执行，但在其他数据库管理系统将被作为注释忽略，这可以提高数据库的可移植性。

另外注意到，备份文件开始的一些语句以数字开头，这些数字代表了 MySQL 版本号，该数字告诉我们，这些语句只有在指定的 MySQL 版本或者比该版本高的情况下才能执行。例如 40101，表明这些语句只有在 MySQL 版本号为 4.01.01 或者更高的条件下才可以被执行。

2. 使用 MySQLdump 备份数据库中的某个表

在前面 MySQLdump 语法中介绍过，MySQLdump 还可以备份数据库中的某个表，其语法格式为：

```
mysqldump -u user -h host -p dbname [tbname, [tbname...]] > filename.sql
```

tbname 表示数据库中的表名，多个表名之间用空格隔开。

备份表和备份数据库中所有表的语句中不同的地方在于，要在数据库名称 dbname 之后指定需要备份的表名称。

【例 14.2】备份 booksDB 数据库中的 books 表，输入语句如下：

```
mysqldump -u root -p booksDB books > C:/backup/books_20160301.sql
```

该语句创建名称为 books_20160301.sql 的备份文件，文件中包含了前面介绍的 SET 语句等内容，不同的是，该文件只包含 books 表的 CREATE 和 INSERT 语句。

3. 使用 MySQLdump 备份多个数据库

如果要使用 MySQLdump 备份多个数据库，需要使用--databases 参数。备份多个数据库的语句格式如下：

```
mysqldump -u user -h host -p --databases [dbname, [dbname...]] > filename.sql
```

使用--databases 参数之后，必须指定至少一个数据库的名称，多个数据库名称之间用空格隔开。

【例 14.3】使用 MySQLdump 备份 booksDB 和 test 数据库，输入语句如下：

```
mysqldump -u root -p --databases  booksDB test> C:\backup\books_testDB_
20160301.sql
```

该语句创建名称为 books_testDB_20160301.sql 的备份文件，文件中包含了创建两个数据库 booksDB 和 test_db 所必须的所有语句。

另外，使用--all-databases 参数可以备份系统中所有的数据库，语句如下：

```
mysqldump -u user -h host -p --all-databases > filename.sql
```

使用参数--all-databases 时，不需要指定数据库名称。

【例 14.4】使用 MySQLdump 备份服务器中的所有数据库，输入语句如下：

```
mysqldump -u root -p --all-databases > C:/backup/alldbinMySQL.sql
```

该语句创建名称为 alldbinMySQL.sql 的备份文件，文件中包含了对系统中所有数据库的备份信息。

 如果在服务器上进行备份，并且表均为 MyISAM 表，应考虑使用 MySQLhotcopy，因为可以更快地进行备份和恢复。

MySQLdump 还有一些其他选项可以用来制定备份过程，例如--opt 选项，该选项将打开--quick 、--add-locks、--extended-insert 等多个选项。使用--opt 选项可以提供最快速的数据库转储。

MySQLdump 其他常用选项如下：

- --add-drop-database: 在每个 CREATE DATABASE 语句前添加 DROP DATABASE 语句。
- --add-drop-tables: 在每个 CREATE TABLE 语句前添加 DROP TABLE 语句。
- --add-locking: 用 LOCK TABLES 和 UNLOCK TABLES 语句引用每个表转储。重载转储文件时插入得更快。
- --all--database，-A: 转储所有数据库中的所有表。与使用--database 选项相同，在命令行中命名所有数据库。
- --comments[=0|1]: 如果设置为 0，禁止转储文件中的其他信息，例如程序版本、服务器版本和主机。--skip-comments 与--comments=0 的结果相同。默认值为 1，即包括额外信息。
- --compact: 产生少量输出。该选项禁用注释并启用--skip-add-drop-tables 、

--no-set-names、--skip-disable-keys 和--skip-add-locking 选项。

- --compatible=name: 产生与其他数据库系统或旧的 MySQL 服务器更兼容的输出。值可以为 ansi、MySQL323、MySQL40、postgresql、oracle、mssql、db2、maxdb、no_key_options、no_tables_options 或者 no_field_options。

- --complete-insert，-c: 使用包括列名的完整的 INSERT 语句。

- ---debug[=debug_options]，-# [debug_options]: 写调试日志。

- --delete，-D 导入文本文件前清空表。

- --default-character-set=charset: 使用 charsetas 默认字符集。如果没有指定，MySQLdump 使用 utf8。

- --delete-master-logs: 在主复制服务器上，完成转储操作后删除二进制日志。该选项自动启用-master-data。

- --extended-insert，-e: 使用包括几个 VALUES 列表的多行 INSERT 语法。这样使转储文件更小，重载文件时可以加速插入。

- --flush-logs，-F: 开始转储前刷新 MySQL 服务器日志文件。该选项要求 RELOAD 权限。

- --force，-f: 在表转储过程中，即使出现 SQL 错误也继续。

- --lock-all-tables，-x: 对所有数据库中的所有表加锁。在整体转储过程中通过全局锁定来实现。该选项自动关闭--single-transaction 和--lock-tables。

- --lock-tables，-l: 开始转储前锁定所有表。用 READ LOCAL 锁定表以允许并行插入 MyISAM 表。对于事务表（例如 InnoDB 和 BDB），--single-transaction 是一个更好的选项，因为它根本不需要锁定表。

- --no-create-db，-n: 该选项禁用 CREATE DATABASE /*!32312 IF NOT EXISTS*/ db_name 语句，如果给出--database 或--all--database 选项，则包含到输出中。

- --no-create-info，-t: 只导出数据，而不添加 CREATE TABLE 语句。

- --no-data，-d: 不写表的任何行信息，只转储表的结构。

- --opt: 该选项是速记，等同于指定--add-drop-tables--add-locking，--create-option，--disable-keys--extended-insert、--lock-tables-quick 和--set-charset。它可以快速进行转储操作并产生一个能很快装入 MySQL 服务器的转储文件。该选项默认开启，但可以用 --skip-opt 禁用。要想禁用使用-opt 启用的选项，可以使用--skip 形式，例如 --skip-add-drop-tables 或--skip-quick。

- --password[=password]，-p[password]: 当连接服务器时使用的密码。如果使用短选项形式（-p），选项和密码之间不能有空格。如果在命令行中--password 或-p 选项后面没有密码值，则提示输入一个密码。

- --port=port_num，-P port_num: 用于连接的 TCP/IP 端口号。

- --protocol={TCP | SOCKET | PIPE | MEMORY}: 使用的连接协议。

- --replace，-r --replace 和--ignore: 控制替换或复制唯一键值已有记录的输入记录的处理。如果指定--replace，新行替换有相同的唯一键值的已有行；如果指定--ignore，复制已有的唯一键值的输入行被跳过。如果不指定这两个选项，当发现一个复制键值时会出现一个错误，并且忽视文本文件的剩余部分。

- --silent，-s：沉默模式。只有出现错误时才输出。
- --socket=path，-S path：当连接 localhost 时使用的套接字文件（为默认主机）。
- --user=user_name，-u user_name：当连接服务器时 MySQL 使用的用户名。
- --verbose，-v：冗长模式。打印出程序操作的详细信息。
- --version，-V：显示版本信息并退出。
- --xml，-X：产生 XML 输出。

MySQLdump 提供许多选项，包括用于调试和压缩的，在这里只是列举最有用的。运行帮助命令 MySQLdump --help，可以获得特定版本的完整选项列表。

> 如果运行 MySQLdump 没有--quick 或--opt 选项，MySQLdump 在转储结果前将整个结果集装入内存。如果转储大数据库可能会出现问题，该选项默认启用，但可以用--skip-opt 禁用。如果使用最新版本的 MySQLdump 程序备份数据，并用于恢复到比较旧版本的 MySQL 服务器中，则不要使用--opt 或-e 选项。

14.1.2　直接复制整个数据库目录

因为 MySQL 表保存为文件方式，所以可以直接复制 MySQL 数据库的存储目录及文件进行备份。MySQL 的数据库目录位置不一定相同，在 Windows 平台下，MySQL 5.7 存放数据库的目录通常默认为 "C:\Documents and Settings\All Users\Application Data\MySQL\MySQL Server 5.7\data" 或者其他用户自定义目录；在 Linux 平台下，数据库目录位置通常为 /var/lib/MySQL/，不同 Linux 版本下目录会有不同，读者应在自己使用的平台下查找该目录。

这是一种简单、快速、有效的备份方式。要想保持备份的一致性，备份前需要对相关表执行 LOCK TABLES 操作，然后对表执行 FLUSH TABLES。这样当复制数据库目录中的文件时，允许其他客户继续查询表。需要 FLUSH TABLES 语句来确保开始备份前将所有激活的索引页写入硬盘。当然，也可以停止 MySQL 服务再进行备份操作。

这种方法虽然简单，但并不是最好的方法。因为这种方法对 InnoDB 存储引擎的表不适用。使用这种方法备份的数据最好恢复到相同版本的服务器中，不同的版本可能不兼容。

> 在 MySQL 版本号中，第一个数字表示主版本号，主版本号相同的 MySQL 数据库文件格式相同。

14.1.3　使用 MySQLhotcopy 工具快速备份

MySQLhotcopy 是一个 Perl 脚本，最初由 Tim Bunce 编写并提供。它使用 LOCK TABLES、FLUSH TABLES 和 cp 或 scp 来快速备份数据库。它是备份数据库或单个表的最快的途径，但它只能运行在数据库目录所在的机器上，并且只能备份 MyISAM 类型的表。MySQLhotcopy 在 Unix 系统中运行。

MySQLhotcopy 命令语法格式如下：

```
mysqlhotcopy db_name_1, ... db_name_n /path/to/new_directory
```

db_name_1,…,db_name_n 分别为需要备份的数据库的名称；/path/to/new_directory 指定备份文件目录。

【例 14.5】使用 MySQLhotcopy 备份 test 数据库到/usr/backup 目录下，输入语句如下：

```
mysqlhotcopy -u root -p test /usr/backup
```

要想执行 MySQLhotcopy，必须可以访问备份的表文件，具有哪些表的 SELECT 权限、RELOAD 权限（以便能够执行 FLUSH TABLES）和 LOCK TABLES 权限。

MySQLhotcopy 只是将表所在的目录复制到另一个位置，只能用于备份 MyISAM 和 ARCHIVE 表。备份 InnoDB 类型的数据表时会出现错误信息。由于它复制本地格式的文件，故也不能移植到其他硬件或操作系统下。

14.2 数据恢复

管理人员操作的失误、计算机故障以及其他意外情况，都会导致数据的丢失和破坏。当数据丢失或意外破坏时，可以通过恢复已经备份的数据尽量减少数据丢失和破坏造成的损失。本节将介绍数据恢复的方法。

14.2.1 使用 MySQL 命令恢复

对于已经备份的包含 CREATE、INSERT 语句的文本文件，可以使用 MySQL 命令导入到数据库中。本小节将介绍 MySQL 命令导入 SQL 文件的方法。

备份的 sql 文件中包含 CREATE、INSERT 语句（有时也会有 DROP 语句）。MySQL 命令可以直接执行文件中的这些语句。其语法如下：

```
mysql -u user -p [dbname] < filename.sql
```

user 是执行 backup.sql 中语句的用户名；-p 表示输入用户密码；dbname 是数据库名。如果 filename.sql 文件为 MySQLdump 工具创建的包含创建数据库语句的文件，执行的时候不需要指定数据库名。

【例 14.6】使用 MySQL 命令将 C:\backup\booksdb_20160301.sql 文件中的备份导入到数据库中，输入语句如下：

```
mysql -u root -p booksDB < C:/backup/booksdb_20160301.sql
```

执行该语句前，必须先在 MySQL 服务器中创建 booksDB 数据库，如果不存在恢复过程将会出错。命令执行成功之后 booksdb_20160301.sql 文件中的语句就会在指定的数据库中恢复以前的表。

如果已经登录 MySQL 服务器，还可以使用 source 命令导入 SQL 文件。source 语句语法如下：

```
source filename
```

【例 14.7】使用 root 用户登录到服务器，然后使用 source 导入本地的备份文件 booksdb_20160301.sql，输入语句如下：

```
--选择要恢复到的数据库
mysql> use booksDB;
Database changed

--使用 source 命令导入备份文件
mysql> source C:\backup\booksDB_20160301.sql
```

命令执行后，会列出备份文件 booksDB_20160301.sql 中每一条语句的执行结果。source 命令执行成功后，booksDB_20160301.sql 中的语句会全部导入到现有数据库中。

执行 source 命令前，必须使用 use 语句选择数据库。不然，恢复过程中会出现"ERROR 1046 (3D000): No database selected" 的错误。

14.2.2　直接复制到数据库目录

如果数据库通过复制数据库文件备份，可以直接复制备份的文件到 MySQL 数据目录下实现恢复。通过这种方式恢复时，必须保存备份数据的数据库和待恢复的数据库服务器的主版本号相同。而且这种方式只对 MyISAM 引擎的表有效，对于 InnoDB 引擎的表不可用。

执行恢复以前关闭 MySQL 服务，将备份的文件或目录覆盖 MySQL 的 data 目录，启动 MySQL 服务。对于 Linux/Unix 操作系统来说，复制完文件需要将文件的用户和组更改为 MySQL 运行的用户和组，通常用户是 MySQL，组也是 MySQL。

14.2.3　MySQLhotcopy 快速恢复

MySQLhotcopy 备份后的文件也可以用来恢复数据库，在 MySQL 服务器停止运行时，将备份的数据库文件复制到 MySQL 存放数据的位置（MySQL 的 data 文件夹），重新启动 MySQL 服务即可。如果以根用户执行该操作，必须指定数据库文件的所有者，输入语句如下：

```
chown -R mysql.mysql /var/lib/mysql/dbname
```

【例 14.8】从 MySQLhotcopy 复制的备份恢复数据库，输入语句如下：

```
cp -R /usr/backup/test usr/local/mysql/data
```

执行完该语句，重启服务器，MySQL 将恢复到备份状态。

> 如果需要恢复的数据库已经存在，则在使用 DROP 语句删除已经存在的数据库之后，恢复才能成功。另外 MySQL 不同版本之间必须兼容，恢复之后的数据才可以使用。

14.3 数据库迁移

数据库迁移就是把数据从一个系统移动到另一个系统上。数据迁移有以下原因：

（1）需要安装新的数据库服务器。

（2）MySQL 版本更新。

（3）数据库管理系统的变更（如从 Microsoft SQL Server 迁移到 MySQL）。

本小节将讲解数据库迁移的方法。

14.3.1 相同版本的 MySQL 数据库之间的迁移

相同版本的 MySQL 数据库之间的迁移就是在主版本号相同的 MySQL 数据库之间进行数据库移动。迁移过程其实就是在源数据库备份和目标数据库恢复过程的组合。

在讲解数据库备份和恢复时，已经知道最简单的方式是通过复制数据库文件目录，但是此种方法只适用于 MyISAM 引擎的表。而对于 InnoDB 表，不能用直接复制文件的方式备份数据库，因此最常用和最安全的方式是使用 MySQLdump 命令导出数据，然后在目标数据库服务器使用 MySQL 命令导入。

【例 14.9】将 www.abc.com 主机上的 MySQL 数据库全部迁移到 www.bcd.com 主机上。在 www.abc.com 主机上执行的命令如下：

```
mysqldump -h www.bac.com -uroot -ppassword dbname |
mysql -h www.bcd.com -uroot -ppassword
```

MySQLdump 导入的数据直接通过管道符 "｜" 传给 MySQL 命令导入的主机 www.bcd.com 数据库中，dbname 为需要迁移的数据库名称，如果要迁移全部的数据库，可使用参数--all-databases。

14.3.2 不同版本的 MySQL 数据库之间的迁移

因为数据库升级等原因，需要将较旧版本的 MySQL 数据库中的数据迁移到较新版本的数据库中。MySQL 服务器升级时，需要先停止服务，然后卸载旧版本，并安装新版的 MySQL，这种更新方法很简单，如果想保留旧版本中的用户访问控制信息，则需要备份 MySQL 中的 MySQL 数据库，在新版本 MySQL 安装完成之后，重新读入 MySQL 备份文件中的信息。

旧版本与新版本的 MySQL 可能使用不同的默认字符集，例如 MySQL 4.x 中大多使用 latin1 作为默认字符集，而 MySQL 5.x 的默认字符集为 utf8。如果数据库中有中文数据的，迁移过程中需要对默认字符集进行修改，不然可能无法正常显示结果。

新版本会对旧版本有一定兼容性。从旧版本的 MySQL 向新版本的 MySQL 迁移时，对于 MyISAM 引擎的表，可以直接复制数据库文件，也可以使用 MySQLhotcopy 工具、MySQLdump 工具。对于 InnoDB 引擎的表，一般只能使用 MySQLdump 将数据导出。然后使用 MySQL 命令导入到目标服务器上。从新版本向旧版本 MySQL 迁移数据时要特别小心，最好使用 MySQLdump 命令导出，然后导入目标数据库中。

14.3.3　不同数据库之间的迁移

不同类型的数据库之间的迁移，是指把 MySQL 的数据库转移到其他类型的数据库，例如从 MySQL 迁移到 ORACLE，从 ORACLE 迁移到 MySQL，从 MySQL 迁移到 SQL Server 等。

迁移之前，需要了解不同数据库的架构，比较它们之间的差异。不同数据库中定义相同类型的数据的关键字可能会不同。例如，MySQL 中日期字段分为 DATE 和 TIME 两种，而 ORACLE 日期字段只有 DATE。另外，数据库厂商并没有完全按照 SQL 标准来设计数据库系统，导致不同的数据库系统的 SQL 语句有差别。例如，MySQL 几乎完全支持标准 SQL 语言，而 Microsoft SQL Server 使用的是 T-SQL 语言，T-SQL 中有一些非标准的 SQL 语句，因此在迁移时必须对这些语句进行语句映射处理。

数据库迁移可以使用一些工具，例如在 Windows 系统下，可以使用 MyODBC 实现 MySQL 和 SQL Server 之间的迁移。MySQL 官方提供的工具 MySQL Migration Toolkit 也可以在不同数据库间进行数据迁移。

14.4　表的导出和导入

有时会需要将 MySQL 数据库中的数据导出到外部存储文件中，MySQL 数据库中的数据可以导出成 sql 文本文件、xml 文件或者 html 文件。同样这些导出文件也可以导入到 MySQL 数据库中。本小节将介绍数据导出和导入的常用方法。

14.4.1　使用 SELECTI…INTO OUTFILE 导出文本文件

MySQL 数据库导出数据时，允许使用包含导出定义的 SELECT 语句进行数据的导出操作。该文件被创建到服务器主机上，因此必须拥有文件写入权限（FILE 权限），才能使用此语法。"SELECT...INTO OUTFILE 'filename'" 形式的 SELECT 语句可以把被选择的行写入一个文件中，filename 不能是一个已经存在的文件。SELECT...INTO OUTFILE 语句基本格式如下：

```
SELECT columnlist  FROM table WHERE condition  INTO OUTFILE 'filename'
[OPTIONS]

--OPTIONS 选项
    FIELDS  TERMINATED BY 'value'
FIELDS  [OPTIONALLY] ENCLOSED BY 'value'
FIELDS  ESCAPED BY 'value'
LINES  STARTING BY 'value'
LINES  TERMINATED BY 'value'
```

可以看到 SELECT columnlist FROM table WHERE condition 为一个查询语句，查询结果返回满足指定条件的一条或多条记录；INTO OUTFILE 语句的作用就是把前面 SELECT 语句查询出来的结果导出到名称为"filename"的外部文件中。[OPTIONS]为可选参数选项，OPTIONS 部分的语法包括 FIELDS 和 LINES 子句，其可能的取值有：

- FIELDS TERMINATED BY 'value'：设置字段之间的分隔字符，可以为单个或多个字符，默认情况下为制表符 '\t' 。
- FIELDS [OPTIONALLY] ENCLOSED BY 'value'：设置字段的包围字符，只能为单个字符，如果使用了 OPTIONALLY 则只有 CHAR 和 VERCHAR 等字符数据字段被包括。
- FIELDS ESCAPED BY 'value'：设置如何写入或读取特殊字符，只能为单个字符，即设置转义字符，默认值为 '\' 。
- LINES STARTING BY 'value'：设置每行数据开头的字符，可以为单个或多个字符，默认情况下不使用任何字符。
- LINES TERMINATED BY 'value'：设置每行数据结尾的字符，可以为单个或多个字符，默认值为 '\n' 。

FIELDS 和 LINES 两个子句都是自选的，但是如果两个都被指定了，FIELDS 必须位于 LINES 的前面。

SELECT...INTO OUTFILE 语句可以非常快速地把一个表转储到服务器上。如果想要在服务器主机之外的部分客户主机上创建结果文件，不能使用 SELECT...INTO OUTFILE。在这种情况下，应该在客户主机上使用比如"MySQL –e "SELECT ..." > file_name"的命令，来生成文件。

SELECT...INTO OUTFILE 是 LOAD DATA INFILE 的补语。用于语句的 OPTIONS 部分的语法包括部分 FIELDS 和 LINES 子句，这些子句与 LOAD DATA INFILE 语句同时使用。

【例 14.10】使用 SELECT...INTO OUTFILE 将 test 数据库中的 person 表中的记录导出到文本文件，输入命令如下：

```
SELECT *  FROM test.person INTO OUTFILE "C:\person0.txt";
```

由于指定了 INTO OUTFILE 子句，SELECT 将查询出来的 3 个字段的值保存到 C:\person0.txt 文件中，打开文件内容如下：

```
1    Green   21  Lawyer
2    Suse    22  dancer
3    Mary    24  Musician
4    Willam  20  sports man
5    Laura   25  \N
6    Evans   27  secretary
7    Dale    22  cook
8    Edison  28  singer
9    Harry   21  magician
10   Harriet 19  pianist
```

可以看到默认情况下，MySQL 使用制表符“\t”分隔不同的字段，字段没有被其他字符括起来。另外，在 Windows 平台下，使用记事本打开该文件，显示的格式与这里并不相同，这是因为 Windows 系统下回车换行符为“\r\n”，默认换行符为“\n”，因此会在 person.txt 中可能看到类似黑色方块的字符，所有的记录也会在同一行显示。

另外，注意到第 5 行中有一个字段值为“\N”，这表示该字段的值为 NULL。默认情况下，如果遇到 NULL 值，将会返回“\N”代表空值，反斜线“\”表示转义字符，如果使用 ESCAPED BY 选项，则 N 前面为指定的转义字符。

【例 14.11】使用 SELECT...INTO OUTFILE 将 test 数据库中的 person 表中的记录导出到文本文件，使用 FIELDS 选项和 LINES 选项，要求字段之间使用逗号“,”间隔，所有字段值用双引号括起来，定义转义字符为单引号“\'”，执行的命令如下：

```
SELECT * FROM test.person INTO OUTFILE "C:\person1.txt"
FIELDS
TERMINATED BY ','
ENCLOSED BY '\"'
ESCAPED BY '\''
LINES
TERMINATED BY '\r\n';
```

该语句将把 person 表中所有记录导入到 C 盘目录下的 person1.txt 文本文件中。

FIELDS TERMINATED BY ','表示字段之间用逗号分隔；ENCLOSED BY '\"'表示每个字段用双引号括起来；ESCAPED BY '\"'表示将系统默认的转义字符替换为单引号；LINES TERMINATED BY '\r\n'表示每行以回车换行符结尾，保证每一条记录占一行。

执行成功后，在目录 C:\下生成一个 person1.txt 文件，打开文件内容如下：

```
"1","Green","21","Lawyer"
"2","Suse","22","dancer"
"3","Mary","24","Musician"
"4","Willam","20","sports man"
```

```
"5","Laura","25",'N'
"6","Evans","27","secretary"
"7","Dale","22","cook"
"8","Edison","28","singer"
"9","Harry","21","magician"
"10","Harriet","19","pianist"
```

可以看到，所有的字段值都被双引号包括；第 5 条记录中空值的表示形式为"N"，即使用单引号替换了反斜线转义字符。

【例 14.12】使用 SELECT...INTO OUTFILE 将 test 数据库中的 person 表中的记录导出到文本文件，使用 LINES 选项，要求每行记录以字符串">"开始，以"<end>"字符串结尾，执行的命令如下：

```
SELECT * FROM test.person INTO OUTFILE "C:\person2.txt"
LINES
STARTING BY '> '
TERMINATED BY '<end>';
```

执行成功后，在目录 C:\下生成一个 person2.txt 文件，打开文件内容如下：

```
> 1 Green   21  Lawyer <end>> 2 Suse    22  dancer <end>> 3 Mary    24
Musician <end>> 4  Willam 20  sports man <end>> 5 Laura   25  \N <end>> 6
Evans   27  secretary <end>> 7 Dale    22  cook <end>> 8  Edison  28
singer <end>> 9 Harry   21  magician <end>> 10 Harriet 19  pianist <end>
```

可以看到，虽然将所有的字段值导出到文本文件中，但是所有的记录没有分行区分，出现这种情况是因为 TERMINATED BY 选项替换了系统默认的"\n"换行符，如果希望换行显示，则需要修改导出语句，输入下面语句：

```
SELECT * FROM test.person INTO OUTFILE "C:\person2.txt"
LINES
STARTING BY '> '
TERMINATED BY '<end>\r\n';
```

执行完语句之后，换行显示每条记录，结果如下：

```
> 1  Green   21  Lawyer <end>
> 2  Suse    22  dancer <end>
> 3  Mary    24  Musician <end>
> 4  Willam  20  sports man <end>
> 5  Laura   25  \N <end>
> 6  Evans   27  secretary <end>
> 7  Dale    22  cook <end>
> 8  Edison  28  singer <end>
> 9  Harry   21  magician <end>
> 10 Harriet 19  pianist <end>
```

14.4.2 使用 MySQLdump 命令导出文本文件

除了使用 SELECT… INTO OUTFILE 语句导出文本文件之外，还可以使用 MySQLdump 命令。本章开始介绍了使用 MySQLdump 备份数据库，该工具不仅可以将数据导出为包含 CREATE、INSERT 的 SQL 文件，也可以导出为纯文本文件。

MySQLdump 创建一个包含创建表的 CREATE TABLE 语句的 tablename.sql 文件和一个包含其数据的 tablename.txt 文件。MySQLdump 导出文本文件的基本语法格式如下：

```
mysqldump -T path -u root -p dbname [tables] [OPTIONS]

--OPTIONS 选项
--fields-terminated-by=value
--fields-enclosed-by=value
--fields-optionally-enclosed-by=value
--fields-escaped-by=value
--lines-terminated-by=value
```

只有指定了-T 参数才可以导出纯文本文件；path 表示导出数据的目录；tables 为指定要导出的表名称，如果不指定，将导出数据库 dbname 中所有的表；[OPTIONS]为可选参数选项，这些选项需要结合-T 选项使用。使用 OPTIONS 常见的取值有：

- --fields-terminated-by=value: 设置字段之间的分隔字符，可以为单个或多个字符，默认情况下为制表符 "\t"。
- --fields-enclosed-by=value: 设置字段的包围字符。
- --fields-optionally-enclosed-by=value: 设置字段的包围字符，只能为单个字符，只能包括 CHAR 和 VERCHAR 等字符数据字段。
- --fields-escaped-by=value: 控制如何写入或读取特殊字符，只能为单个字符，即设置转义字符，默认值为反斜线 "\"。
- --lines-terminated-by=value: 设置每行数据结尾的字符，可以为单个或多个字符，默认值为 "\n"。

 与 SELECT…INTO OUTFILE 语句中的 OPTIONS 各个参数设置不同，这里 OPTIONS 各个选项等号后面的 value 值不要用引号括起来。

【例 14.13】使用 MySQLdump 将 test 数据库中的 person 表中的记录导出到文本文件，执行的命令如下：

```
mysqldump -T C:\test person -u root-p
```

语句执行成功，系统 C 盘目录下面将会有两个文件，分别为 person.sql 和 person.txt。person.sql 包含创建 person 表的 CREATE 语句，其内容如下：

```
/*!40103 SET TIME_ZONE='+00:00' */;
```

```
/*!40101 SET @OLD_SQL_MODE=@@SQL_MODE, SQL_MODE='' */;
/*!40111 SET @OLD_SQL_NOTES=@@SQL_NOTES, SQL_NOTES=0 */;


--
-- Table structure for table `person`
--


DROP TABLE IF EXISTS `person`;
/*!40101 SET @saved_cs_client = @@character_set_client */;
/*!40101 SET character_set_client = utf8 */;
CREATE TABLE `person` (
  `id` int(10) unsigned NOT NULL AUTO_INCREMENT,
  `name` char(40) NOT NULL DEFAULT '',
  `age` int(11) NOT NULL DEFAULT '0',
  `info` char(50) DEFAULT NULL,
  PRIMARY KEY (`id`)
) ENGINE=InnoDB AUTO_INCREMENT=11 DEFAULT CHARSET=utf8;
/*!40101 SET character_set_client = @saved_cs_client */;

/*!40103 SET TIME_ZONE=@OLD_TIME_ZONE */;

/*!40101 SET SQL_MODE=@OLD_SQL_MODE */;
/*!40101 SET CHARACTER_SET_CLIENT=@OLD_CHARACTER_SET_CLIENT */;
/*!40101 SET CHARACTER_SET_RESULTS=@OLD_CHARACTER_SET_RESULTS */;
/*!40101 SET COLLATION_CONNECTION=@OLD_COLLATION_CONNECTION */;
/*!40111 SET SQL_NOTES=@OLD_SQL_NOTES */;

-- Dump completed on 2011-08-19 15:02:16
```

备份文件中的信息如 14.1.1 节介绍。

person.txt 包含数据包中的数据，其内容如下：

```
1    Green      21    Lawyer
2    Suse       22    dancer
3    Mary       24    Musician
4    Willam     20    sports man
5    Laura      25    \N
6    Evans      27    secretary
7    Dale       22    cook
8    Edison     28    singer
9    Harry      21    magician
10   Harriet    19    pianist
```

【例 14.14】使用 MySQLdump 命令将 test 数据库中的 person 表中的记录导出到文本文件，使用 FIELDS 选项，要求字段之间使用逗号 "," 间隔，所有字符类型字段值用双引号括起来，定义转义字符为问号 "?"，每行记录以回车换行符 "\r\n" 结尾，执行的命令如下：

```
C:\>mysqldump -T C:\backup test person -u root -p --fields-terminated-by=,
--fields-optionally-enclosed-by=\" --fields-escaped-by=? --lines-terminated-by=\r\n
```

上面语句要在一行中输入，语句执行成功，系统 C:\backup 目录下面将会有两个文件，分别为 person.sql 和 person.txt。person.sql 包含创建 person 表的 CREATE 语句，其内容与前面例子中的相同，person.txt 文件的内容与上一个例子不同，显示如下：

```
1,"Green",21,"Lawyer"
2,"Suse",22,"dancer"
3,"Mary",24,"Musician"
4,"Willam",20,"sports man"
5,"Laura",25,?N
6,"Evans",27,"secretary"
7,"Dale",22,"cook"
8,"Edison",28,"singer"
9,"Harry",21,"magician"
10,"Harriet",19,"pianist"
```

可以看到，只有字符类型的值被双引号括了起来，而数值类型的值没有；第 5 行记录中的 NULL 值表示为 "?N"，使用问号 "?" 替代了系统默认的反斜线转义字符 "\"。

14.4.3 使用 MySQL 命令导出文本文件

MySQL 是一个功能丰富的工具命令，使用 MySQL 还可以在命令行模式下执行 SQL 指令，将查询结果导入到文本文件中。相比 MySQLdump，MySQL 工具导出的结果可读性更强。

如果 MySQL 服务器是单独的机器，用户是在一个 client 上进行操作，用户要把数据结果导入到 client 机器上。可以使用 MySQL -e 语句。

使用 MySQL 导出数据文本文件语句的基本格式如下：

```
mysql -u root -p --execute= "SELECT 语句" dbname > filename.txt
```

该命令使用--execute 选项，表示执行该选项后面的语句并退出，后面的语句必须用双引号括起来，dbname 为要导出的数据库名称；导出的文件中不同列之间使用制表符分隔，第 1 行包含了各个字段的名称。

【例 14.15】使用 MySQL 语句，导出 test 数据库中 person 表中的记录到文本文件，输入语句如下：

```
mysql -u root -p --execute="SELECT * FROM person;" test > C:\person3.txt
```

语句执行完毕之后，系统 C 盘目录下面将会有名称为 person3.txt 的文本文件，其内容如下：

```
id    name      age      info
1     Green     21       Lawyer
2     Suse      22       dancer
3     Mary      24       Musician
```

```
4        Willam       20        sports man
5        Laura        25        NULL
6        Evans        27        secretary
7        Dale         22        cook
8        Edison       28        singer
9        Harry        21        magician
10       Harriet      19        pianist
```

可以看到，person3.txt 文件中包含了每个字段的名称和各条记录，该显示格式与 MySQL 命令行下 SELECT 查询结果显示相同。

使用 MySQL 命令还可以指定查询结果的显示格式，如果某行记录字段很多，可能一行不能完全显示，可以使用--vartical 参数，将每条记录分为多行显示。

【例 14.16】使用 MySQL 命令导出 test 数据库中 person 表中的记录到文本文件，使用--vertical 参数显示结果，输入语句如下：

```
mysql -u root -p --vertical --execute="SELECT * FROM person;" test >
C:\person4.txt
```

语句执行之后，C:\person4.txt 文件中的内容如下：

```
*** 1. row ***
  id: 1
name: Green
 age: 21
info: Lawyer
*** 2. row ***
  id: 2
name: Suse
 age: 22
info: dancer
*** 3. row ***
  id: 3
name: Mary
 age: 24
info: Musician
*** 4. row ***
  id: 4
name: Willam
 age: 20
info: sports man
*** 5. row ***
  id: 5
name: Laura
 age: 25
info: NULL
```

```
*** 6. row ***
  id: 6
name: Evans
 age: 27
info: secretary
*** 7. row ***
  id: 7
name: Dale
 age: 22
info: cook
*** 8. row ***
  id: 8
name: Edison
 age: 28
info: singer
*** 9. row ***
  id: 9
name: Harry
 age: 21
info: magician
*** 10. row ***
  id: 10
name: Harriet
 age: 19
info: pianist
```

可以看到，SELECT 的查询结果导出到文本文件之后，显示格式发生了变化，如果 person 表中记录内容很长，这样显示将会更加容易阅读。

MySQL 可以将查询结果导出到 html 文件中，使用--html 选项即可。

【例 14.17】使用 MySQL 命令导出 test 数据库中 person 表中的记录到 html 文件，输入语句如下：

```
mysql -u root -p --html --execute="SELECT * FROM person;" test > C:\person5.html
```

语句执行成功，将在 C 盘创建文件 person5.html，该文件在浏览器中显示如图 14.1 所示。

图 14.1　使用 MySQL 导出数据到 html 文件

如果要将表数据导出到 xml 文件中，可使用 --xml 选项。

【例 14.18】使用 MySQL 命令导出 test 数据库中 person 表中的记录到 xml 文件，输入语句如下：

```
mysql -u root -p --xml --execute="SELECT * FROM person;" test > C:\person6.xml
```

语句执行成功，将在 C 盘创建文件 person6.xml，该文件在浏览器中显示如图 14.2 所示。

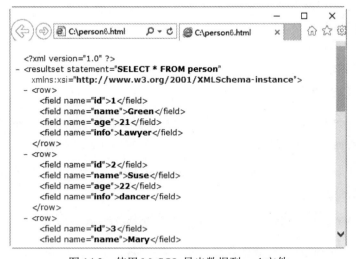

图 14.2　使用 MySQL 导出数据到 xml 文件

14.4.4　使用 LOAD DATA INFILE 方式导入文本文件

MySQL 允许将数据导出到外部文件，也可以从外部文件导入数据。MySQL 提供了一些导入数据的工具，这些工具有 LOAD DATA 语句、source 命令和 MySQL 命令。LOAD DATA

INFILE 语句用于高速地从一个文本文件中读取行，并装入一个表中。文件名称必须为文字字符串。本节将介绍 LOAD DATA 语句的用法。

LOAD DATA 语句的基本格式如下：

```
LOAD DATA  INFILE 'filename.txt' INTO TABLE tablename [OPTIONS] [IGNORE number
LINES]

-- OPTIONS 选项
    FIELDS  TERMINATED BY 'value'
FIELDS [OPTIONALLY] ENCLOSED BY 'value'
FIELDS  ESCAPED BY 'value'
LINES  STARTING BY 'value'
LINES  TERMINATED BY 'value'
```

可以看到 LOAD DATA 语句中，关键字 INFILE 后面的 filename 文件为导入数据的来源；tablename 表示待导入的数据表名称；[OPTIONS]为可选参数选项，OPTIONS 部分的语法包括 FIELDS 和 LINES 子句，其可能的取值有：

- FIELDS TERMINATED BY 'value'：设置字段之间的分隔字符，可以为单个或多个字符，默认情况下为制表符 "\t"。
- FIELDS [OPTIONALLY] ENCLOSED BY 'value'：设置字段的包围字符，只能为单个字符。如果使用了 OPTIONALLY，则只有 CHAR 和 VERCHAR 等字符数据字段被包括。
- FIELDS ESCAPED BY 'value'：控制如何写入或读取特殊字符，只能为单个字符，即设置转义字符，默认值为 "\"。
- LINES STARTING BY 'value'：设置每行数据开头的字符，可以为单个或多个字符，默认情况下不使用任何字符。
- LINES TERMINATED BY 'value'：设置每行数据结尾的字符，可以为单个或多个字符，默认值为 "\n"。

IGNORE number LINES 选项表示忽略文件开始处的行数，number 表示忽略的行数。执行 LOAD DATA 语句需要 FILE 权限。

【例 14.19】使用 LOAD DATA 命令将 C:\person0.txt 文件中的数据导入到 test 数据库中的 person 表，输入语句如下：

```
LOAD DATA  INFILE 'C:\person0.txt' INTO TABLE test.person;
```

恢复之前，将 person 表中的数据全部删除，登录 MySQL，使用 DELETE 语句，语句如下：

```
mysql> USE test;
Database changed;
mysql> DELETE FROM person;
Query OK, 10 rows affected (0.00 sec)
```

从 person0.txt 文件中恢复数据，语句如下：

```
mysql> LOAD DATA  INFILE 'C:\person0.txt' INTO TABLE test.person;
Query OK, 10 rows affected (0.00 sec)
Records: 10  Deleted: 0  Skipped: 0  Warnings: 0

mysql> SELECT * FROM person;
+----+---------+-----+------------+
| id | name    | age | info       |
+----+---------+-----+------------+
|  1 | Green   |  21 | Lawyer     |
|  2 | Suse    |  22 | dancer     |
|  3 | Mary    |  24 | Musician   |
|  4 | Willam  |  20 | sports man |
|  5 | Laura   |  25 | NULL       |
|  6 | Evans   |  27 | secretary  |
|  7 | Dale    |  22 | cook       |
|  8 | Edison  |  28 | singer     |
|  9 | Harry   |  21 | magician   |
| 10 | Harriet |  19 | pianist    |
+----+---------+-----+------------+
10 rows in set (0.00 sec)
```

可以看到，语句执行成功之后，原来的数据重新恢复到了 person 表中。

【例 14.20】使用 LOAD DATA 命令将 C:\person1.txt 文件中的数据导入到 test 数据库中的 person 表，使用 FIELDS 选项和 LINES 选项，要求字段之间使用逗号 "," 间隔，所有字段值用双引号括起来，定义转义字符为单引号 "\'"，每行记录以回车换行符 "\r\n" 结尾，输入语句如下：

```
LOAD DATA INFILE 'C:\person1.txt' INTO TABLE test.person
FIELDS
TERMINATED BY ','
ENCLOSED BY '\"'
ESCAPED BY '\''
LINES
TERMINATED BY '\r\n';
```

恢复之前，将 person 表中的数据全部删除，使用 DELETE 语句，执行过程如下：

```
mysql> DELETE FROM person;
Query OK, 10 rows affected (0.00 sec)
```

从 person1.txt 文件中恢复数据，执行过程如下：

```
mysql> LOAD DATA  INFILE 'C:\person1.txt' INTO TABLE test.person
    -> FIELDS
    -> TERMINATED BY ','
    -> ENCLOSED BY '\"'
```

```
   -> ESCAPED BY '\''
   -> LINES
   -> TERMINATED BY '\r\n';
Query OK, 10 rows affected (0.00 sec)
Records: 10  Deleted: 0  Skipped: 0  Warnings: 0
```

语句执行成功，使用 SELECT 语句查看 person 表中的记录，结果与前一个例子相同。

14.4.5　使用 MySQLimport 命令导入文本文件

使用 MySQLimport 可以导入文本文件，并且不需要登录 MySQL 客户端。MySQLimport 命令提供许多与 LOAD DATA INFILE 语句相同的功能，大多数选项直接对应 LOAD DATA INFILE 子句。使用 MySQLimport 语句需要指定所需的选项、导入的数据库名称以及导入的数据文件的路径和名称。MySQLimport 命令的基本语法格式如下：

```
mysqlimport -u root -p dbname filename.txt [OPTIONS]

--OPTIONS 选项
--fields-terminated-by=value
--fields-enclosed-by=value
--fields-optionally-enclosed-by=value
--fields-escaped-by=value
--lines-terminated-by=value
--ignore-lines=n
```

dbname 为导入的表所在的数据库名称。注意，MySQLimport 命令不指定导入数据库的表名称，数据表的名称由导入文件名称确定，即文件名作为表名，导入数据之前该表必须存在。[OPTIONS]为可选参数选项，其常见的取值有：

- --fields-terminated-by= 'value'：设置字段之间的分隔字符，可以为单个或多个字符，默认情况下为制表符 "\t"。
- --fields-enclosed-by= 'value'：设置字段的包围字符。
- --fields-optionally-enclosed-by= 'value'：设置字段的包围字符，只能为单个字符，包括 CHAR 和 VERCHAR 等字符数据字段。
- --fields-escaped-by= 'value'：控制如何写入或读取特殊字符，只能为单个字符，即设置转义字符，默认值为反斜线 "\"。
- --lines-terminated-by= 'value'：设置每行数据结尾的字符，可以为单个或多个字符，默认值为 "\n"。
- --ignore-lines=n：忽视数据文件的前 n 行。

【例 14.21】使用 MySQLimport 命令将 C:\backup 目录下的 person.txt 文件内容导入到 test 数据库中，字段之间使用逗号 ","间隔，字符类型字段值用双引号括起来，将转义字符定义为问号 "?"，每行记录以回车换行符 "\r\n" 结尾，执行的命令如下：

```
C:\ >mysqlimport -u root -p test C:\backup/person.txt --fields-terminated-by=,
--fields-optionally-enclosed-by=\" --fields-escaped-by=? --lines-terminated
-by=\r\n
```

上面语句要在一行中输入，语句执行成功，将把 person.txt 中的数据导入到数据库。

除了前面介绍的几个选项之外，MySQLimport 支持许多选项，常见的选项有：

- --columns=column_list, -c column_list: 该选项采用逗号分隔的列名作为其值。列名的顺序指示如何匹配数据文件列和表列。
- --compress, -C: 压缩在客户端和服务器之间发送的所有信息（如果二者均支持压缩）。
- -d，--delete: 导入文本文件前清空表。
- --force，-f: 忽视错误。例如，如果某个文本文件的表不存在，继续处理其他文件。不使用--force，如果表不存在，则 MySQLimport 退出。
- --host=host_name，-h host_name: 将数据导入给定主机上的 MySQL 服务器。默认主机是 localhost。
- --ignore，-i: 参见--replace 选项的描述。
- --ignore-lines=n: 忽视数据文件的前 n 行。
- --local，-L: 从本地客户端读入输入文件。
- --lock-tables，-l: 处理文本文件前锁定所有表以便写入。这样可以确保所有表在服务器上保持同步。
- --password[=password]，-p[password]: 当连接服务器时使用的密码。如果使用短选项形式（-p），选项和密码之间不能有空格。如果在命令行中--password 或-p 选项后面没有密码值，则提示输入一个密码。
- --port=port_num，-P port_num: 用于连接的 TCP/IP 端口号。
- --protocol={TCP | SOCKET | PIPE | MEMORY}: 使用的连接协议。
- --replace，-r --replace 和--ignore 选项控制复制唯一键值已有记录的输入记录的处理。如果指定--replace，新行替换有相同的唯一键值的已有行；如果指定--ignore，复制已有的唯一键值的输入行被跳过；如果不指定这两个选项，当发现一个复制键值时会出现一个错误，并且忽视文本文件的剩余部分。
- --silent，-s: 沉默模式。只有出现错误时才输出信息。
- --user=user_name，-u user_name: 当连接服务器时 MySQL 使用的用户名。
- --verbose，-v: 冗长模式。打印出程序操作的详细信息。
- --version，-V: 显示版本信息并退出。

14.5 综合案例——数据的备份与恢复

备份有助于保护数据库，通过备份可以完整保存 MySQL 中各个数据库的特定状态。在系统出现故障、数据丢失或者不合理操作对数据库造成灾难时，可以通过备份恢复数据库中的数据。作为 MySQL 的管理人员，应该定期地备份所有活动的数据库，以免发生数据丢失。因此，无论怎样强调数据库的备份工作都不过分。本章综合案例将向读者提供数据库备份与恢复的方法与过程。

1. 案例目的

按照操作过程完成对 test 数据库的备份和恢复。

步骤 01 使用 MySQLdump 命令将 suppliers 表备份到文件 C:\bktestdir\suppliers_bk.sql。

步骤 02 使用 MySQL 命令恢复 suppliers 表到 test 数据库中。

步骤 03 使用 SELECT... INTO OUTFILE 语句导出 suppliers 表中的记录，导出文件位于目录 C:\bktestdir 下，名称为 suppliers_out.txt。

步骤 04 使用 LOAD DATA INFILE 语句导入 suppliers_out.txt 数据到 suppliers 表。

步骤 05 使用 MySQLdump 命令将 suppliers 表中的记录导出到文件 C:\bktestdir\suppliers_html.html。

2. 案例操作过程

步骤 01 使用 MySQLdump 命令将 suppliers 表备份到文件 C:\bktestdir\suppliers_bk.sql。

首先创建系统目录，在系统 C 盘下面新建文件夹 bktestdir，然后打开命令行窗口，输入语句如下：

```
C:\ >mysqldump -u root -p test suppliers > C:\bktestdir\suppliers_bk.sql
Enter password: **
```

语句执行完毕，打开目录 C:\bktestdir，可以看到已经创建好的备份文件 suppliers_bk.sql，内容如下：

```
-- MySQL dump 10.13  Distrib 5.7.10, for Win32 (x86)
--
-- Host: localhost    Database: test
-- ------------------------------------------------------
-- Server version   5.7.10

/*!40101 SET @OLD_CHARACTER_SET_CLIENT=@@CHARACTER_SET_CLIENT */;
/*!40101 SET @OLD_CHARACTER_SET_RESULTS=@@CHARACTER_SET_RESULTS */;
/*!40101 SET @OLD_COLLATION_CONNECTION=@@COLLATION_CONNECTION */;
/*!40101 SET NAMES utf8 */;
/*!40103 SET @OLD_TIME_ZONE=@@TIME_ZONE */;
/*!40103 SET TIME_ZONE='+00:00' */;
/*!40014 SET @OLD_UNIQUE_CHECKS=@@UNIQUE_CHECKS, UNIQUE_CHECKS=0 */;
/*!40014 SET @OLD_FOREIGN_KEY_CHECKS=@@FOREIGN_KEY_CHECKS, FOREIGN_KEY_
CHECKS=0 */;
/*!40101 SET @OLD_SQL_MODE=@@SQL_MODE, SQL_MODE='NO_AUTO_VALUE_ON_ZERO'*/;
```

```
/*!40111 SET @OLD_SQL_NOTES=@@SQL_NOTES, SQL_NOTES=0 */;


--
-- Table structure for table `suppliers`
--

DROP TABLE IF EXISTS `suppliers`;
/*!40101 SET @saved_cs_client = @@character_set_client */;
/*!40101 SET character_set_client = utf8 */;
CREATE TABLE `suppliers` (
  `s_id` int(11) NOT NULL AUTO_INCREMENT,
  `s_name` char(50) NOT NULL,
  `s_city` char(50) DEFAULT NULL,
  `s_zip` char(10) DEFAULT NULL,
  `s_call` char(50) NOT NULL,
  PRIMARY KEY (`s_id`)
) ENGINE=InnoDB AUTO_INCREMENT=108 DEFAULT CHARSET=utf8;
/*!40101 SET character_set_client = @saved_cs_client */;


--
-- Dumping data for table `suppliers`
--

LOCK TABLES `suppliers` WRITE;
/*!40000 ALTER TABLE `suppliers` DISABLE KEYS */;
INSERT INTO `suppliers` VALUES (101,'FastFruit Inc.','Tianjin','463400',
'48075'),(102,'LT Supplies',' Chongqing','100023','44333'),(103,'ACME',
'Shanghai','100024','90046'),(104,'FNK Inc.','Zhongshan','212021','11111'),
(105,'Good Set','Taiyuang','230009','22222'),(106,'Just Eat Ours','Beijing',
'010','45678'),(107,'DK Inc.','Qingdao',  '230009','33332');
/*!40000 ALTER TABLE `suppliers` ENABLE KEYS */;
UNLOCK TABLES;
/*!40103 SET TIME_ZONE=@OLD_TIME_ZONE */;


/*!40101 SET SQL_MODE=@OLD_SQL_MODE */;
/*!40014 SET FOREIGN_KEY_CHECKS=@OLD_FOREIGN_KEY_CHECKS */;
/*!40014 SET UNIQUE_CHECKS=@OLD_UNIQUE_CHECKS */;
/*!40101 SET CHARACTER_SET_CLIENT=@OLD_CHARACTER_SET_CLIENT */;
/*!40101 SET CHARACTER_SET_RESULTS=@OLD_CHARACTER_SET_RESULTS */;
/*!40101 SET COLLATION_CONNECTION=@OLD_COLLATION_CONNECTION */;
/*!40111 SET SQL_NOTES=@OLD_SQL_NOTES */;

-- Dump completed on 2011-08-20 15:07:44
```

步骤 02　使用 MySQL 命令将备份文件 suppliers_bk.sql 中的数据恢复到 suppliers 表。

为了验证恢复之后数据的正确性，删除 suppliers 表中的所有记录，登录 MySQL，输入语句：

```
mysql> USE test;
Database changed
mysql> DELETE FROM suppliers;
Query OK, 7 rows affected (0.00 sec)
```

此时，suppliers 表中不再有任何数据记录，在 MySQL 命令行输入恢复语句如下：

```
mysql> source C:\bktestdir\suppliers_bk.sql;
```

语句执行过程中会出现多行提示信息，执行成功之后使用 SELECT 语句查询 suppliers 表，内容如下：

```
mysql> SELECT * FROM suppliers;
+------+---------------+-------------+---------+--------+
| s_id | s_name        | s_city      | s_zip   | s_call |
+------+---------------+-------------+---------+--------+
|  101 | FastFruit Inc.| Tianjin     |  463400 | 48075  |
|  102 | LT Supplies   | Chongqing   |  100023 | 44333  |
|  103 | ACME          | Shanghai    |  100024 | 90046  |
|  104 | FNK Inc.      | Zhongshan   |  212021 | 11111  |
|  105 | Good Set      | Taiyuang    |  230009 | 22222  |
|  106 | Just Eat Ours | Beijing     |     010 | 45678  |
|  107 | DK Inc.       | Qingdao     |  230009 | 33332  |
+------+---------------+-------------+---------+--------+
7 rows in set (0.00 sec)
```

由查询结果可以看到，恢复操作成功。

步骤 03 使用 SELECT... INTO OUTFILE 语句导出 suppliers 表中的记录，导出文件位于目录 C:\bktestdir 下，名称为 suppliers_out.txt。

执行过程如下：

```
mysql>         SELECT       *      FROM       test.suppliers       INTO       OUTFILE
"C:\bktestdir\suppliers_out.txt"
    -> FIELDS
    -> TERMINATED BY ','
    -> ENCLOSED BY '\"'
    -> LINES
    -> STARTING BY '<'
    -> TERMINATED BY '>\r\n';
Query OK, 7 rows affected (0.00 sec)
```

TERMINATED BY ','指定不同字段之间使用逗号分隔开；ENCLOSED BY '\"'指定字段值使用双引号包括；STARTING BY '< '指定每行记录以左箭头符号开始；TERMINATED BY '>\r\n';指定每行记录以右箭头符号和回车换行符结束。语句执行完毕，打开目录 C:\bktestdir，可以看到已经创建好的导出文件 suppliers_out.txt，内容如下：

```
<"101","FastFruit Inc.","Tianjin","463400","48075">
<"102","LT Supplies","Chongqing","100023","44333">
```

```
<"103","ACME","Shanghai","100024","90046">
<"104","FNK Inc.","Zhongshan","212021","11111">
<"105","Good Set","Taiyuan","230009","22222">
<"106","Just Eat Ours","Beijing","010","45678">
<"107","DK Inc.","Qingdao","230009","33332">
```

步骤 04　使用 LOAD DATA INFILE 语句导入 suppliers_out.txt 数据到 suppliers 表。

首先使用 DELETE 语句删除 suppliers 表中的所有记录，然后输入导入语句：

```
mysql> LOAD DATA INFILE 'C:\bktestdir\suppliers_out.txt' INTO TABLE
test.suppliers
    -> FIELDS
    -> TERMINATED BY ','
    -> ENCLOSED BY '\"'
    -> LINES
    -> STARTING BY '<'
    -> TERMINATED BY '>\r\n';
Query OK, 7 rows affected (0.00 sec)
Records: 7  Deleted: 0  Skipped: 0  Warnings: 0
```

语句执行之后，suppliers_out.txt 文件中的数据将导入 suppliers 表中，由于导出 txt 文件时指定了一些特殊字符，因此恢复语句中也要指定这些字符，已确保恢复后数据的完整性和正确性。

步骤 05　使用 MySQL 命令将 suppliers 表中的记录导出到文件 C:\bktestdir\suppliers_html.html。

导出表数据到 html 文件，使用 MySQL 命令时需要指定--html 选项，在 Windows 命令行窗口输入导出语句如下：

```
mysql -u root -p --html --execute="SELECT * FROM suppliers;" test >
C:\bktestdir\suppliers_html.html
```

语句执行完毕，打开目录 C:\bktestdir，可以看到已经创建好的导出文件 suppliers_html.html，读者可以使用浏览器打开该文件，在浏览器中显示格式和内容如表 14.1 所示。

表 14.1　浏览器中显示导出文件的内容

s_id	s_name	s_city	s_zip	s_call
101	FastFruit Inc.	Tianjin	463400	48075
102	LT Supplies	Chongqing	100023	44333
103	ACME	Shanghai	100024	90046
104	FNK Inc.	Zhongshan	212021	11111
105	Good Set	Taiyuan	230009	22222
106	Just Eat Ours	Beijing	010	45678
107	DK Inc.	Qingdao	230009	33332

14.6 专家解惑

疑问1：MySQLdump 备份的文件只能在 MySQL 中使用吗？

MySQLdump 备份的文本文件实际是数据库的一个副本，使用该文件不仅可以在 MySQL 中恢复数据库，而且通过对该文件的简单修改，可以使用该文件在 SQL Server 或者 Sybase 等其他数据库中恢复数据库。这在某种程度上实现了数据库之间的迁移。

疑问2：如何选择备份工具？

直接复制数据文件是最为直接、快速的备份方法，但缺点是基本上不能实现增量备份。备份时必须确保没有使用这些表。如果在复制一个表的同时服务器正在修改它，则复制无效。备份文件时，最好关闭服务器，然后重新启动服务器。为了保证数据的一致性，需要在备份文件前，执行以下 SQL 语句：

```
FLUSH TABLES WITH READ LOCK;
```

也就是把内存中的数据都刷新到磁盘中，同时锁定数据表，以保证复制过程中不会有新的数据写入。这种方法备份出来的数据恢复也很简单，直接复制回原来的数据库目录下即可。

MySQLhotcopy 是一个 PERL 程序，它使用 LOCK TABLES、FLUSH TABLES 和 cp 或 scp 来快速备份数据库。它是备份数据库或单个表的最快的途径，但它只能运行在数据库文件所在的机器上，并且 MySQLhotcopy 只能用于备份 MyISAM 表。MySQLhotcopy 适合于小型数据库的备份，数据量不大，可以使用 MySQLhotcopy 程序每天进行一次完全备份。

MySQLdump 将数据表导成 SQL 脚本文件，在不同的 MySQL 版本之间升级时相对比较合适，这也是最常用的备份方法。MySQLdump 比直接复制要慢些。

疑问3：使用 MySQLdump 备份整个数据库成功，把表和数据库都删除了，但使用备份文件却不能恢复数据库？

出现这种情况，是因为备份的时候没有指定--databases 参数。默认情况下，如果只指定数据库名称，MySQLdump 备份的是数据库中所有的表，而不包括数据库的创建语句，例如：

```
mysqldump -u root -p booksDB > c:\backup\booksDB_20160101.sql
```

该语句只备份了 booksDB 数据库下所有的表，读者打开该文件，可以看到文件中不包含创建 booksDB 数据库的 CREATE DATABASE 语句，因此如果把 booksDB 也删除了，使用该 SQL 文件不能恢复以前的表，恢复时会出现 ERROR 1046 (3D000): No database selected 的错误信息。必须在 MySQL 命令行下创建 booksDB 数据库，并使用 use 语句选择 booksDB 之后才可以恢复。而下面的语句，数据库删除之后，可以正常恢复备份时的状态。

```
mysqldump -u root -p --databases booksDB > C:\backup\books_DB_20160101.sql
```

该语句不仅备份了所有数据库下的表结构，而且包括创建数据库的语句。

14.7　经典习题

（1）同时备份 test 数据库中的 fruits 和 suppliers 表，然后删除两个表中的内容并恢复。

（2）将 test 数据库中不同的数据表中的数据，导出到 xml 文件或者 html 文件，并查看文件内容。

（3）使用 MySQL 命令导出 fruits 表中的记录，并将查询结果以垂直方式显示导出文件。

第 15 章
◀ MySQL日志 ▶

 学习目标 | Objective

MySQL 日志记录了 MySQL 数据库日常操作和错误信息。MySQL 有不同类型的日志文件（各自存储了不同类型的日志），从日志当中可以查询到 MySQL 数据库的运行情况、用户操作、错误信息等，可以为 MySQL 管理和优化提供必要的信息。对于 MySQL 的管理工作而言，这些日志文件是不可缺少的。本章将介绍 MySQL 各种日志的作用以及日志的管理。

内容导航 | Navigation

- 了解什么是 MySQL 日志
- 掌握二进制日志的用法
- 掌握错误日志的用法
- 掌握查询通用日志的方法
- 掌握慢查询日志的方法
- 熟练掌握综合案例中日志的操作方法和技巧

15.1 日志简介

MySQL 日志主要分为 4 类，使用这些日志文件，可以查看 MySQL 内部发生的事情。这 4 类日志分别是：

- 错误日志：记录 MySQL 服务的启动、运行或停止 MySQL 服务时出现的问题。
- 查询日志：记录建立的客户端连接和执行的语句。
- 二进制日志：记录所有更改数据的语句，可以用于数据复制。
- 慢查询日志：记录所有执行时间超过 long_query_time 的所有查询或不使用索引的查询。

默认情况下，所有日志创建于 MySQL 数据目录中。通过刷新日志，可以强制 MySQL 关闭和重新打开日志文件（或者在某些情况下切换到一个新的日志）。当执行一个 FLUSH LOGS 语句或执行 MySQLadmin flush-logs 或 MySQLadmin refresh 时，将刷新日志。

如果正使用 MySQL 复制功能，在复制服务器上可以维护更多日志文件，这种日志称为接替日志。

启动日志功能会降低 MySQL 数据库的性能。例如，在查询非常频繁的 MySQL 数据库系统中，如果开启了通用查询日志和慢查询日志，MySQL 数据库会花费很多时间记录日志。同时，日志会占用大量的磁盘空间。

15.2　二进制日志

二进制日志主要记录 MySQL 数据库的变化。二进制日志以一种有效的格式，并且是事务安全的方式包含更新日志中可用的所有信息。二进制日志包含了所有更新了数据或者已经潜在更新了数据（例如，没有匹配任何行的一个 DELETE）的语句。语句以"事件"的形式保存，描述数据更改。

二进制日志还包含关于每个更新数据库的语句的执行时间信息。它不包含没有修改任何数据的语句。如果想要记录所有语句（例如，为了识别有问题的查询），需要使用一般查询日志。使用二进制日志的主要目的是最大可能地恢复数据库，因为二进制日志包含备份后进行的所有更新。本节将介绍二进制日志相关的内容。

15.2.1　启动和设置二进制日志

默认情况下，二进制日志是关闭的，可以通过修改 MySQL 的配置文件来启动和设置二进制日志。

my.ini 中[MySQLd]组下面有几个设置是关于二进制日志的：

```
log-bin [=path/ [filename] ]
expire_logs_days = 10
max_binlog_size = 100M
```

log-bin 定义开启二进制日志；path 表明日志文件所在的目录路径；filename 指定了日志文件的名称，如文件的全名为 filename.000001，filename.000002 等，除了上述文件之外，还有一个名称为 filename.index 的文件，文件内容为所有日志的清单，可以使用记事本打开该文件。

expire_logs_days 定义了 MySQL 清除过期日志的时间，即二进制日志自动删除的天数。默认值为 0，表示"没有自动删除"。当 MySQL 启动或刷新二进制日志时可能删除该文件。

max_binlog_size 定义了单个文件的大小限制，如果二进制日志写入的内容大小超出给定值，日志就会发生滚动（关闭当前文件，重新打开一个新的日志文件）。不能将该变量设置为大于 1GB 或小于 4096B。默认值是 1GB。

如果正在使用大的事务，二进制日志文件大小还可能会超过 max_binlog_size 定义的大小。

在 my.ini 配置文件中的[MySQLd]组下，添加以下几个参数与参数值：

```
[mysqld]
log-bin
expire_logs_days = 10
max_binlog_size = 100M
```

添加完毕之后，关闭并重新启动 MySQL 服务进程，即可打开二进制日志，然后可以通过 SHOW VARIABLES 语句来查询日志设置。

【例 15.1】使用 SHOW VARIABLES 语句查询日志设置，执行的语句及结果如下：

```
mysql> SHOW VARIABLES LIKE 'log_%' ;
+----------------------------+----------------------------------------------+
| Variable_name              | Value                                        |
+----------------------------+----------------------------------------------+
| log_bin                    | ON                                           |
| log_bin_trust_function_creators | OFF                                     |
| log_error                  | C:\Documents and Settings\All Users.WINDOWS  |
\ApplicationQL\mysql Server 5.7\Data\Kevin.err                               |
| log_output                 | FILE                                         |
| log_queries_not_using_indexes | OFF                                       |
| log_slave_updates          | OFF                                          |
| log_slow_queries           | OFF                                          |
| log_warnings               | 1                                            |
+----------------------------+----------------------------------------------+
8 rows in set (0.00 sec)
```

通过上面的查询结果可以看出，log_bin 变量的值为 ON，表明二进制日志已经打开。MySQL 重新启动之后，读者可以在自己机器上的 MySQL 数据文件夹下面看到新生成的后缀为.000001 和.index 的两个文件，文件名称为默认主机名称。例如，在笔者的机器上的文件名称为 Kevin-bin.000001 和 Kevin-bin.index。

如果想改变日志文件的目录和名称，可以对 my.ini 中的 log-bin 参数修改如下：

```
[mysqld]
log-bin="D:/mysql/log/binlog"
```

关闭并重新启动 MySQL 服务之后，新的二进制日志文件将出现在 D:\MySQL\log 文件夹下面，名称为 binlog.000001 和 binlog.index。读者可以根据情况灵活设置。

 数据库文件最好不要与日志文件放在同一个磁盘上，这样，当数据库文件所在的磁盘发生故障时，可以使用日志文件恢复数据。

15.2.2 查看二进制日志

MySQL 二进制日志存储了所有的变更信息，MySQL 二进制日志是经常用到的。当 MySQL 创建二进制日志文件时，首先创建一个以"filename"为名称，以".index"为后缀的文件；再

创建一个以 "filename" 为名称，以 ".000001" 为后缀的文件。当 MySQL 服务重新启动一次，以 ".000001" 为后缀的文件会增加一个，并且后缀名加 1 递增；如果日志长度超过了 max_binlog_size 的上限（默认是 1GB）也会创建一个新的日志文件。

show binary logs 语句可以查看当前的二进制日志文件个数及其文件名。MySQL 二进制日志并不能直接查看，如果要查看日志内容，可以通过 MySQLbinlog 命令查看。

【例 15.2】使用 SHOW BINARY LOGS 查看二进制日志文件个数及文件名，执行命令及结果如下：

```
mysql> SHOW BINARY LOGS;
+--------------------+-------------+
| Log_name           | File_size   |
+--------------------+-------------+
| binlog.000001      |      107    |
+--------------------+-------------+
1 row in set (0.00 sec)
```

可以看到，当前只有一个二进制日志文件。日志文件的个数与 MySQL 服务启动的次数相同。每启动一次 MySQL 服务，将会产生一个新的日志文件。

【例 15.3】使用 MySQLbinlog 查看二进制日志，执行命令及结果如下：

```
C:\> mysqlbinlog D:/mysql/log/binlog.000001
/*!40019 SET @@session.max_insert_delayed_threads=0*/;
/*!50003 SET @OLD_COMPLETION_TYPE=@@COMPLETION_TYPE,COMPLETION_TYPE=0*/;
DELIMITER /*!*/;
# at 4
#160130 15:27:48 server id 1  end_log_pos 107   Start: binlog v 4, server v
5.7.10-log created 160330
# Warning: this binlog is either in use or was not closed properly.
ROLLBACK/*!*/;
BINLOG '
9JBcTg8BAAAAZwAAAGsAAAABAAQANS41LjEzLWxvZwAAAAAAAAAAAAAAAAAAAAAAAAAA
AAAAAAAAA
AAAAAAAAAAAAAAAAAAD0kFxOEzgNAAgAEgAEBAQEEgAAVAAEGggAAAAICAgCAA==
'/*!*/;
# at 107
#160330 15:34:17 server id 1  end_log_pos 175    Query       thread_id=2
exec_time=0
error_code=0
SET TIMESTAMP=1314689657/*!*/;
SET @@session.pseudo_thread_id=2/*!*/;
SET     @@session.foreign_key_checks=1,      @@session.sql_auto_is_null=0,
@@session.unique_checks=1,
@@session
```

```
SET @@session.sql_mode=0/*!*/;
SET @@session.auto_increment_increment=1, @@session.auto_increment_
offset=1/*!*/;
/*!\C gb2312 *//*!*/;
SET @@session.character_set_client=24,@@session.collation_connection=24,
@@session.collation_server=24/
SET @@session.lc_time_names=0/*!*/;
SET @@session.collation_database=DEFAULT/*!*/;
BEGIN
/*!*/;
# at 175
#160330 15:34:17 server id 1   end_log_pos 289      Query      thread_id=2
exec_time=0
error_code=0
use test/*!*/;
SET TIMESTAMP=1314689657/*!*/;
UPDATE fruits set f_price = 5.00  WHERE f_id = 'a1'
/*!*/;
# at 289
#160330 15:34:17 server id 1  end_log_pos 316   Xid = 14
COMMIT/*!*/;
DELIMITER ;
# End of log file
ROLLBACK /* added by mysqlbinlog */;
/*!50003 SET COMPLETION_TYPE=@OLD_COMPLETION_TYPE*/;
```

这是一个简单的日志文件，日志中记录了一些用户的操作。从文件内容中可以看到，用户对 fruits 表进行了更新操作，语句为："UPDATE fruits set f_price = 5.00   WHERE f_id = 'a1';"。

15.2.3　删除二进制日志

MySQL 的二进制文件可以配置自动删除，同时 MySQL 也提供了安全的手动删除二进制文件的方法：RESET MASTER 删除所有的二进制日志文件；PURGE MASTER LOGS 只删除部分二进制日志文件。本小节将介绍这两种二进制日志删除的方法。

1. 使用 RESET MASTER 语句删除所有二进制日志文件

RESET MASTER 语法如下：

```
RESET MASTER;
```

执行完该语句后，所有二进制日志将被删除，MySQL 会重新创建二进制日志，新的日志文件扩展名将重新从 000001 开始编号。

2. 使用 PURGE MASTER LOGS 语句删除指定日志文件

PURGE MASTER LOGS 语法如下：

```
PURGE {MASTER | BINARY} LOGS TO 'log_name'
PURGE {MASTER | BINARY} LOGS BEFORE 'date'
```

第 1 种方法指定文件名，执行该命令将删除文件名编号比指定文件名编号小的所有日志文件。第 2 种方法指定日期，执行该命令将删除指定日期以前的所有日志文件。

【例 15.4】使用 PURGE MASTER LOGS 删除创建时间比 binlog.000003 早的所有日志文件。

首先，为了演示语句操作过程，准备多个日志文件，读者可以对 MySQL 服务进行多次重新启动。例如这里有 10 个日志文件，如下：

```
mysql> SHOW binary logs;
+-----------------+-----------+
| Log_name        | File_size |
+-----------------+-----------+
| binlog.000001   |    335    |
| binlog.000002   |    126    |
| binlog.000003   |    126    |
| binlog.000004   |    126    |
| binlog.000005   |    126    |
| binlog.000006   |    126    |
| binlog.000007   |    126    |
| binlog.000008   |    126    |
| binlog.000009   |    126    |
| binlog.000010   |    107    |
+-----------------+-----------+
10 rows in set (0.00 sec)
```

执行删除命令如下：

```
mysql> PURGE MASTER LOGS TO "binlog.000003";
Query OK, 0 rows affected (0.07 sec)
```

执行完成后，使用 SHOW binary logs 语句查看二进制日志：

```
mysql> SHOW binary logs;
+-----------------+-------------+
| Log_name        | File_size   |
+-----------------+-------------+
| binlog.000003   |    126      |
| binlog.000004   |    126      |
| binlog.000005   |    126      |
| binlog.000006   |    126      |
| binlog.000007   |    126      |
```

```
| binlog.000008 |        126 |
| binlog.000009 |        126 |
| binlog.000010 |        107 |
+-----------------+-------------+
8 rows in set (0.00 sec)
```

可以看到，binlog.000001、binlog.000002 两个日志文件被删除了。

【例 15.5】使用 PURGE MASTER LOGS 删除 2016 年 1 月 30 日前创建的所有日志文件，执行命令及结果如下：

```
mysql> PURGE MASTER LOGS BEFORE '20160130';
Query OK, 0 rows affected (0.05 sec)
```

语句执行之后，2016 年 1 月 30 日之前创建的日志文件都将被删除，但 2016 年 1 月 30 日的日志会被保留（读者可根据自己机器中创建日志的时间修改命令参数）。使用 MySQLbinlog 可以查看指定日志的创建时间，如前面的【例 15.3】所示，部分日志内容如下：

```
C:\> mysqlbinlog D:\mysql\log\mysql-bin.000001
/*!40019 SET @@session.max_insert_delayed_threads=0*/;
/*!50003 SET @OLD_COMPLETION_TYPE=@@COMPLETION_TYPE,COMPLETION_TYPE=0*/;
DELIMITER /*!*/;
# at 4
#160130 15:27:48 server id 1  end_log_pos 107   Start: binlog v 4, server v
5.7.10-log created 160330
# Warning: this binlog is either in use or was not closed properly.
ROLLBACK/*!*/;
BINLOG '
```

其中 160130 为日志创建的时间，即 2016 年 1 月 30 日。

15.2.4 使用二进制日志恢复数据库

如果 MySQL 服务器启用了二进制日志，在数据库出现意外丢失数据时，可以使用 MySQLbinlog 工具从指定的时间点开始（例如，最后一次备份）直到现在，或另一个指定的时间点的日志中恢复数据。

要想从二进制日志恢复数据，需要知道当前二进制日志文件的路径和文件名。一般可以从配置文件（即 my.cnf 或者 my.ini，文件名取决于 MySQL 服务器的操作系统）中找到路径。

MySQLbinlog 恢复数据的语法如下：

```
mysqlbinlog [option] filename |mysql -uuser -ppass
```

option 是一些可选的选项，filename 是日志文件名。比较重要的两对 option 参数是 --start-date、--stop-date 和--start-position、--stop-position。--start-date、--stop-date 可以指定恢复数据库的起始时间点和结束时间点。--start-position、--stop-position 可以指定恢复数据的开始

位置和结束位置。

【例 15.6】使用 MySQLbinlog 恢复 MySQL 数据库到 2016 年 1 月 30 日 15:27:48 时的状态，执行命令及结果如下：

```
mysqlbinlog              --stop-date="2016-01-30              15:27:48"
D:\mysql\log\binlog\binlog.000008 | mysql -uuser -ppass
```

该命令执行成功后，会根据 binlog.000008 日志文件恢复 2016 年 01 月 30 日 15:27:48 以前的所有操作。这种方法对于意外操作非常有效，比如因操作不当误删了数据表。

15.2.5 暂时停止二进制日志功能

如果在 MySQL 的配置文件中配置启动了二进制日志，MySQL 会一直记录二进制日志。修改配置文件，可以停止二进制日志，但是需要重启 MySQL 数据库。MySQL 提供了暂时停止二进制日志的功能。通过 SET SQL_LOG_BIN 语句可以使用 MySQL 暂停或者启动二进制日志。

SET SQL_LOG_BIN 的语法如下：

```
SET sql_log_bin = {0|1}
```

执行如下语句将暂停记录二进制日志：

```
SET sql_log_bin = 0;
```

执行如下语句将恢复记录二进制日志：

```
SET sql_log_bin = 1;
```

15.3 错误日志

错误日志文件包含了当 MySQLd 启动和停止时，以及服务器在运行过程中发生任何严重错误时的相关信息。在 MySQL 中，错误日志也是非常有用的，MySQL 会将启动和停止数据库信息以及一些错误信息记录到错误日志文件中。

15.3.1 启动和设置错误日志

在默认情况下，错误日志会记录到数据库的数据目录下。如果没有在配置文件中指定文件名，则文件名默认为 hostname.err。例如，MySQL 所在的服务器主机名为 MySQL-db，记录错误信息的文件名为 MySQL-db.err。如果执行了 FLUSH LOGS，错误日志文件会重新加载。

错误日志的启动和停止以及指定日志文件名，都可以通过修改 my.ini（或者 my.cnf）来配置。错误日志的配置项是 log-error。在[MySQLd]下配置 log-error，则启动错误日志。如果需要指定文件名，则配置项如下：

```
[mysqld]
log-error=[path / [file_name] ]
```

path 为日志文件所在的目录路径，file_name 为日志文件名。修改配置项后，需要重启 MySQL 服务以生效。

15.3.2　查看错误日志

通过错误日志可以监视系统的运行状态，便于及时发现故障、修复故障。MySQL 错误日志是以文本文件形式存储的，可以使用文本编辑器直接查看 MySQL 错误日志。

如果不知道日志文件的存储路径，可以使用 SHOW VARIABLES 语句查询错误日志的存储路径。SHOW VARIABLES 语句如下：

```
SHOW VARIABLES LIKE 'log_error';
```

【例 15.7】使用记事本查看 MySQL 错误日志。

首先，通过 SHOW VARIABLES 语句查询错误日志的存储路径和文件名：

```
mysql> SHOW VARIABLES LIKE 'log_error';
+-----------------+----------------------------------------------------+
| Variable_name   | Value                                              |
+-----------------+----------------------------------------------------+
| log_error       | C:\Documents and Settings\All Users.WINDOWS\Application
Data\M5\Data\Kevin.err |
+-----------------+----------------------------------------------------+
1 row in set (0.00 sec)
```

可以看到错误的文件是 Kevin.err，位于 MySQL 默认的数据目录下，使用记事本打开该文件，可以看到 MySQL 的错误日志：

```
160330 16:45:14 [Note] Plugin 'FEDERATED' is disabled.
160330 16:45:14 InnoDB: The InnoDB memory heap is disabled
160330 16:45:14 InnoDB: Mutexes and rw_locks use Windows interlocked functions
160330 16:45:14 InnoDB: Compressed tables use zlib 1.2.3
160330 16:45:15 InnoDB: Initializing buffer pool, size = 46.0M
160330 16:45:15 InnoDB: Completed initialization of buffer pool
160330 16:45:15 InnoDB: highest supported file format is Barracuda.
160330 16:45:15 InnoDB: Waiting for the background threads to start
160330 16:45:16 InnoDB: 1.1.7 started; log sequence number 1679264
160330 16:45:16 [Note] Event Scheduler: Loaded 0 events
160330 16:45:16 [Note] C:\Program Files\MySQL\MySQL Server 5.7\bin\MySQLd:
ready for connections.
  Version: '5.7.10-log' socket: '' port: 3306 MySQL Community Server (GPL)
```

以上是错误日志文件的一部分，这里面记载了系统的一些错误。

15.3.3　删除错误日志

MySQL 的错误日志是以文本文件的形式存储在文件系统中的，可以直接删除。

对于 MySQL 5.5.7 以前的版本，flush logs 可以将错误日志文件重命名为 filename.err_old，并创建新的日志文件。但是从 MySQL 5.5.7 开始，flush logs 只是重新打开日志文件，并不做日志备份和创建的操作。如果日志文件不存在，MySQL 启动或者执行 flush logs 时会创建新的日志文件。

在运行状态下删除错误日志文件后，MySQL 并不会自动创建日志文件。flush logs 在重新加载日志的时候，如果文件不存在，则会自动创建。所以在删除错误日志之后，如果需要重建日志文件，需要在服务器端执行以下命令：

```
mysqladmin -u root -p flush-logs
```

或者在客户端登录 MySQL 数据库，执行 flush logs 语句：

```
mysql> flush logs;
Query OK, 0 rows affected (0.23 sec)
```

15.4　通用查询日志

通用查询日志记录 MySQL 的所有用户操作，包括启动和关闭服务、执行查询和更新语句等。本小节将为读者介绍通用查询日志的启动、查看、删除等内容。

15.4.1　启动和设置通用查询日志

MySQL 服务器默认情况下并没有开启通用查询日志。如果需要通用查询日志，可以通过修改 my.ini（或 my.cnf）配置文件来开启。在 my.ini（或 my.cnf）的[MySQLd]组下加入 log 选项，形式如下：

```
[mysqld]
log[=path / [filename]]
```

path 为日志文件所在目录路径，file_name 为日志文件名。如果不指定目录和文件名，通用查询日志将默认存储在 MySQL 数据目录中的 hostname.log 文件中。hostname 是 MySQL 数据库的主机名。这里在[MySQLd]下面增加选项 log，后面不指定参数值。格式如下：

```
[mysqld]
log
```

15.4.2　查看通用查询日志

通用查询日志中记录了用户的所有操作。通过查看通用查询日志，可以了解用户对 MySQL 进行的操作。通用查询日志是以文本文件的形式存储在文件系统中的，可以使用文本编辑器直接打开通用日志文件进行查看，Windows 下可以使用记事本，Linux 下可以使用 vim、gedit 等。

【例 15.8】使用记事本查看 MySQL 通用查询日志。

使用记事本打开 D:\MySQL-5.7.10-win32\data\目录下的 my-PC.log，可以看到如下内容：

```
C:\Program Files\MySQL\MySQL Server 5.7\bin\mysqld, Version: 5.7.10-log (MySQL
Community Server
(GPL)). started with:
TCP Port: 3306, Named Pipe: (null)
Time                 Id Command    Argument
160330 17:24:32       1 Connect        root@localhost on
    1 Query     select @@version_comment limit 1
160330 17:24:36       1 Query         SELECT DATABASE()
    1 Init DB      test
160330 17:24:53       1 Query         SELECT * FROM fruits
160330 17:24:55       1 Quit
```

上面是笔者打开的通用查询日志的一部分，可以看到 MySQL 启动信息和用户 root 连接服务器与执行查询语句的记录。读者的文件内容可能与这里不同。

15.4.3　删除通用查询日志

通用查询日志是以文本文件的形式存储在文件系统中的。通用查询日志记录用户的所有操作，因此在用户查询、更新频繁的情况下，通用查询日志会增长得很快。数据库管理员可以定期删除比较早的通用日志，以节省磁盘空间。本小节将介绍通用日志的删除方法。

可以用直接删除日志文件的方式删除通用查询日志。要重新建立新的日志文件，可使用语句 MySQLadmin -flush logs。

【例 15.9】直接删除 MySQL 通用查询日志。执行步骤如下：

步骤 01　查看 my.ini（或者 my.cnf）通用查询日志的文件目录，在 my.ini 中通用查询日志配置如下。

```
[mysqld]
log
```

可以看到，配置文件中没有指定日志文件名和存储目录，通用查询日志文件存储在 MySQL 默认数据目录中。

步骤 02　在数据目录中找到日志文件所在目录 C:\Documents and Settings\All Users.WINDOWS\

Application Data\MySQL\MySQL Server 5.7\data\，删除该后缀为.err 的文件。

步骤 03 通过 MySQLadmin –flush logs 命令建立新的日志文件，执行命令如下。

```
C:\> mysqladmin -u root -p flush-logs
```

步骤 04 执行完该命令，可以看到，C:\Documents and Settings\All Users.WINDOWS\Application Data\MySQL\MySQL Server 5.7\data\目录中已经建立了新的日志文件 Kevin.log。

15.5　慢查询日志

慢查询日志是记录查询时长超过指定时间的日志。慢查询日志主要用来记录执行时间较长的查询语句。通过慢查询日志，可以找出执行时间较长、执行效率较低的语句，然后进行优化。本小节将讲解慢查询日志相关的内容。

15.5.1　启动和设置慢查询日志

MySQL 中慢查询日志默认是关闭的，可以通过配置文件 my.ini 或者 my.cnf 中的 log-slow-queries 选项打开，也可以在 MySQL 服务启动的时候使用--log-slow-queries[=file_name] 启动慢查询日志。启动慢查询日志时，需要在 my.ini 或者 my.cnf 文件中配置 long_query_time 选项指定记录阈值，如果某条查询语句的查询时间超过了这个值，这个查询过程将被记录到慢查询日志文件中。

在 my.ini 或者 my.cnf 开启慢查询日志的配置如下：

```
[mysqld]
log-slow-queries[=path / [filename] ]
long_query_time=n
```

path 为日志文件所在目录路径，filename 为日志文件名。如果不指定目录和文件名称，默认存储在数据目录中，文件为 hostname-slow.log，hostname 是 MySQL 服务器的主机名。参数 n 是时间值，单位是秒。如果没有设置 long_query_time 选项，默认时间为 10 秒。

15.5.2　查看慢查询日志

MySQL 的慢查询日志是以文本形式存储的，可以直接使用文本编辑器查看。在慢查询日志中，记录着执行时间较长的查询语句，用户可以从慢查询日志中获取执行效率较低的查询语句，为查询优化提供重要的依据。

【例 15.10】查看慢查询日志。使用文本编辑器打开数据目录下的 Kevin-slow.log 文件，文件部分如下：

```
C:\Program Files\MySQL\MySQL Server 5.7\bin\mysqld, Version: 5.7.10-log (MySQL
```

```
Community Server
  (GPL)). started with:
  TCP Port: 3306, Named Pipe: (null)
  Time Id Command Argument
  # Time: 160330 17:50:35
  # User@Host: root[root] @ localhost [127.0.0.1]
  # Query_time: 136.500000  Lock_time: 0.000000 Rows_sent: 1  Rows_examined: 0
SET timestamp=1314697835;
SELECT BENCHMARK(100000000, PASSWORD('newpwd'));
```

可以看到，这里记录了一条慢查询日志。执行该条查询语句的账户是 root@localhost，查询时间是 136.500000 秒，查询语句是"SELECT BENCHMARK(100000000, PASSWORD('newpwd'));"，该语句的查询时间大大超过了默认值 10 秒钟，因此被记录在慢查询日志文件中。

> 借助慢查询日志分析工具，可以更加方便地分析慢查询语句。比较著名的慢查询工具 MySQL Dump Slow、MySQL SLA、MySQL Log Filter、MyProfi。关于这些慢查询分析工具的用法，可以参考相关软件的帮助文档。

15.5.3 删除慢查询日志

和通用查询日志一样，慢查询日志也可以直接删除。删除后在不重启服务器的情况下，需要执行 MySQLadmin -u root-p flush-logs 重新生成日志文件，或者在客户端登录到服务器执行 flush logs 语句重建日志文件。

15.6 综合案例——MySQL 日志的综合管理

本章详细介绍了 MySQL 日志的管理。MySQL 日志包括：二进制日志、错误日志、通用查询日志和慢查询日志等类型。通过本章学习，读者将学会如何启动、查看和删除各类日志，以及如何使用二进制日志恢复数据库。下面的综合案例将帮助读者建立执行这些操作的能力。

1. 案例目的

掌握各种日志的设置、查看、删除的方法；掌握使用二进制日志恢复数据的方法。

2. 案例操作过程

步骤 01 设置启动二进制日志，并指定二进制日志文件名为 binlog.000001。

打开 my.ini（或者 my.cnf），在[MySQLd]组下添加如下内容：

```
[mysqld]
```

```
log-bin=binlog.log
```

执行如下命令，重新启动 MySQL 服务。

```
net stop mysql
net start mysql
```

执行完上面的命令，MySQL 服务重新启动，打开 MySQL 数据目录，可以看到日志文件 binlog.000001。二进制日志配置成功。

步骤 02　将二进制日志文件存储路径改为 D:\log。

打开 my.ini（或者 my.cnf），在[MySQLd]组下修改如下内容：

```
[mysqld]
log-bin=D:\log\binlog.log
```

重新启动 MySQL 服务之前，先创建 D:\log 文件夹，然后输入启动命令：

```
net stop mysql
net start mysql
```

执行完上面的命令，MySQL 服务重新启动，可以看到在 D:\log 目录下创建了两个文件：binlog.000001、binlog.index。修改二进制日志文件存储路径成功。

步骤 03　查看 flush logs 对二进制日志的影响。

方法一：执行如下命令：

```
mysqladmin -u root -p flush-logs
```

执行完该命令后，可以看到二进制日志文件增加了一个。

方法二：登录 MySQL 服务器，执行如下语句：

```
mysql>FLUSH LOGS;
```

执行完该语句后，可以看到二进制日志文件增加了一个。

步骤 04　查看二进制日志。

执行下面的命令打开并查看 MySQL 二进制日志：

```
C:\>mysqlbinlog D:\log\binlog.000001
/*!40019 SET @@session.max_insert_delayed_threads=0*/;
/*!50003 SET @OLD_COMPLETION_TYPE=@@COMPLETION_TYPE,COMPLETION_TYPE=0*/;
DELIMITER /*!*/;
# at 4
#110822 17:20:09 server id 1  end_log_pos 107  Start: binlog v 4, server v
5.7.10-log created 110822
 17:20:09 at startu
```

```
p
ROLLBACK/*!*/;
BINLOG '
SR9STg8BAAAAZwAAAGsAAAAAAAQANS41LjE1LWxvZwAAAAAAAAAAAAAAAAAAAAAA
AAAAAAAAAA
AAAAAAAAAAAAAAAAAAAAAAJH1JOEzgNAAgAEgAEBAQEEgAAVAAEGggAAAAICAgCAA==
'/*!*/;
# at 107
#110822 17:37:13 server id 1  end_log_pos 147   Rotate to binlog.000002  pos:
4
DELIMITER ;
# End of log file
ROLLBACK /* added by mysqlbinlog */;
/*!50003 SET COMPLETION_TYPE=@OLD_COMPLETION_TYPE*/;
```

步骤 05 　使用二进制日志恢复数据。

　　首先，登录 MySQL，向 test 数据库 worker 表中插入两条记录，输入语句如下：

```
MySQL>USE test
Database changed
MySQL>CREATE  TABLE  member(id  INT  AUTO_INCREMENT  PRIMARY  KEY,      name
VARCHAR(50));
Query OK, 0 rows affected (0.03 sec)
```

　　向表中插入两条记录：

```
MySQL> INSERT INTO member VALUES(NULL, 'Playboy1');
Query OK, 1 row affected (0.03 sec)
MySQL> INSERT INTO member VALUES(NULL, 'Playboy2');
Query OK, 1 row affected (0.03 sec)
```

　　然后使用 MySQLbinlog 查看二进制日志，在 D:\log\ binlog.000001 找到下面几行：

```
# at 107
#160330 21:13:17 server  id  1    end_log_pos 243     Query      thread_id=1
exec_time=0
error_code=0

use test/*!*/;
…
省略部分内容
…
CREATE TABLE member(id INT AUTO_INCREMENT PRIMARY KEY,  name VARCHAR(50))
/*!*/;
# at 243
#160330 21:13:26 server  id  1    end_log_pos 311     Query      thread_id=1
exec_time=0
```

```
…
省略部分内容
…
INSERT INTO member VALUES(NULL, 'Playboy1')
/*!*/;
# at 472
#160330 21:13:29 server id 1   end_log_pos 540     Query       thread_id=1
exec_time=0     error_
…
省略部分内容
…
INSERT INTO member VALUES(NULL, 'Playboy2')
/*!*/;
# at 674
#160330 21:13:29 server id 1  end_log_pos 701   Xid = 6
COMMIT/*!*/;
DELIMITER ;
# End of log file
ROLLBACK /* added by mysqlbinlog */;
```

可以看到，二进制日志文件中记录了 member 表的创建和插入记录的信息。

160330 21:13:17 执 行 了 " CREATE TABLE member(id INT AUTO_INCREMENT PRIMARY KEY, name VARCHAR(50)); "语句; 160330 21:13:26 执行了"INSERT INTO member VALUES(NULL, 'Playboy1'); " 语 句 ; 160330 21:13:29 执 行 了 " INSERT INTO member VALUES(NULL, 'Playboy2'); "语句。日志中的这些语句正好用来恢复对数据库的操作。

接下来，暂停 MySQL 的二进制日志功能，并删除 member 表，输入语句如下：

```
mysql> SET SQL_LOG_BIN=0;
Query OK, 0 rows affected (0.00 sec)
mysql> DROP TABLE member;
Query OK, 0 rows affected (0.00 sec)
```

执行完该命令后，查询 member 表：

```
mysql> SELECT * FROM member;
ERROR 1146 (42S02): Table 'test.member' doesn't exist
```

可以看到，member 表已经被删除。

最后，使用 MySQLbinlog 工具恢复 member 表以及表中的记录，输入语句如下：

```
mysql> SET SQL_LOG_BIN=1;
Query OK, 0 rows affected (0.00 sec)
```

在 Windows 命令行下输入如下恢复语句：

```
C:\ mysqlbinlog D:\log\binlog.0000001 | mysql-u root-p
Enter password: **
```

密码输入正确之后，member 数据表将被恢复到 test 数据库中，登录 MySQL 可以再次查看 member 表：

```
mysql> SELECT * FROM member;
+----+----------+
| id | name     |
+----+----------+
| 1  | Playboy1 |
| 2  | Playboy2 |
+----+----------+
2 rows in set (0.00 sec)
```

由上面代码可知，恢复操作成功。

步骤 06 删除二进制日志。

删除日志文件，执行如下语句：

```
mysql> RESET MASTER;
Query OK, 0 rows affected (0.05 sec)
```

执行成功后，查看 D:\log 目录，日志文件虽然还存在，但文件内容已经发生了变化，所有前面的 member 表的创建和插入操作语句已经没有了。

> 如果日志目录下面有多个日志文件，例如 binlog.000002、binlog.000003 等，则执行 RESET MASTER 命令之后，除了 binlog.000001 文件之外，其他所有文件都将被删除。

步骤 07 暂停和重新启动二进制日志。

暂停二进制日志，执行的语句及结果如下：

```
mysql> SET sql_log_bin = 0;
Query OK, 0 rows affected (0.00 sec)
```

执行完成后，MySQL 服务器暂停记录二进制日志。

重新启动二进制日志：

```
mysql> SET sql_log_bin =1;
Query OK, 0 rows affected (0.00 sec)
```

执行完成后，MySQL 服务器重新开始记录二进制日志。

步骤 08 设置启动错误日志。

在 my.ini 中[MySQLd]组下添加如下配置项：

```
log-error
```

重新启动 MySQL 服务，可以看到 MySQL 数据目录里出现了名字为 Kevin.err 的日志文件。Kevin 是笔者实验机器的主机名。

步骤 09　设置错误日志的文件为 D:\log\error_log.err。

在 my.ini 中[MySQLd]组下修改 log-error 配置项，修改成如下形式：

```
log-error=D:\log\error_log.err
```

重新启动 MySQL 服务，可以看到 D:\log\目录下出现日志文件 error_log.err。错误日志配置成功。

步骤 10　查看错误日志。

用记事本打开错误日志文件 D:\log\error_log.err，可以看到错误日志的文件内容：

```
110823 21:41:45 [Note] Plugin 'FEDERATED' is disabled.
110823 21:41:45 InnoDB: The InnoDB memory heap is disabled
110823 21:41:45 InnoDB: Mutexes and rw_locks use Windows interlocked functions
110823 21:41:45 InnoDB: Compressed tables use zlib 1.2.3
110823 21:41:45 InnoDB: Initializing buffer pool, size = 47.0M
110823 21:41:45 InnoDB: Completed initialization of buffer pool
110823 21:41:45 InnoDB: highest supported file format is Barracuda.
110823 21:41:46 InnoDB: Waiting for the background threads to start
110823 21:41:47 InnoDB: 1.1.8 started; log sequence number 308459211
110823 21:41:47 [Note] Event Scheduler: Loaded 0 events
110823 21:41:47 [Note] C:\Program Files\MySQL\MySQL Server 5.7\bin\mysqld:
ready for connections.
 Version: '5.5.15-log'  socket: ''  port: 3306  MySQL Community Server (GPL)
```

步骤 11　设置启动通用查询日志，并且设置通用查询日志文件为 D:\log\general_query.log。

在 my.ini 中[MySQLd]组下添加如下配置项：

```
log =D:\log\general_query.log
```

重新启动MySQL 服务器，可以看到 D:\log\目录下生成了日志文件 general_query.log。设置通用查询日志成功。

步骤 12　查看通用查询日志。

用记事本打开错误日志文件 D:\log\general_query.log，可以看到通用查询日志的文件内容：

```
C:\Program Files\MySQL\MySQL Server 5.7\bin\mysqld, Version: 5.7.10-log (MySQL
Community Server
 (GPL)). started with:
TCP Port: 3306, Named Pipe: (null)
Time                 Id Command    Argument
160330 21:38:44       1 Connect     root@localhost on
  1 Query      select @@version_comment limit 1
```

```
160330 21:38:47          1 Query          SELECT DATABASE()
    1 Init          DB test
160330 21:38:55          1 Query          SELECT * FROM fruits
```

步骤 13 设置启动慢查询日志，设置慢查询日志的文件路径为 D:\log\slow_query.log，并设置记录查询时间超过 3 秒的语句。

在 my.ini 中[MySQLd]组下添加如下配置项：

```
[mysqld]
log-slow-queries=D:\log\slow_query.log
long_query_time=3
```

重新启动 MySQL 服务，可以看到 D:\log\目录下出现日志文件 slow_query.log。慢查询日志配置成功。

步骤 14 查看慢查询日志。

用记事本打开 D:\log\slow_query.log 日志文件，可以看到如下内容：

```
C:\Program Files\MySQL\MySQL Server 5.7\bin\mysqld, Version: 5.7.10-log (MySQL
Community Server
  (GPL)). started with:
TCP Port: 3306, Named Pipe: (null)
Time Id Command Argument
```

即此时慢查询日志中内容为空，还没有添加日志记录。

15.7 专家解惑

疑问 1：平时应该打开哪些日志？

日志既会影响 MySQL 的性能，又会占用大量磁盘空间。因此，如果不必要，应尽可能少地开启日志。根据不同的使用环境，可以考虑开启不同的日志。例如，在开发环境中优化查询效率低的语句，可以开启慢查询日志；如果需要记录用户的所有查询操作，可以开启通用查询日志；如果需要记录数据的变更，可以开启二进制日志；错误日志是默认开启的。

疑问 2：如何使用二进制日志？

二进制日志主要用来记录数据变更。如果需要记录数据库的变化，可以开启二进制日志。基于二进制日志的特性，不仅可以用来进行数据恢复，还可用于数据复制。在数据库定期备份的情况下，如果出现数据丢失，可以先用备份恢复大部分数据，然后使用二进制日志恢复最近备份后变更的数据。在双机热备情况下，可以使用 MySQL 的二进制日志记录数据的变更，然后将变更部分复制到备份服务器上。

疑问 3：如何使用慢查询日志？

慢查询日志主要用来记录查询时间较长的日志。在开发环境下，可以开启慢查询日志来记录查询时间较长的查询语句，然后对这些语句进行优化。通过配置 long_query_time 的值，可以灵活地掌握不同程度的慢查询语句。

15.8 经典习题

（1）练习开启和设置二进制日志、查看、暂停和恢复二进制日志等操作。

（2）练习使用二进制日志恢复数据。

（3）练习使用 3 种方法删除二进制日志。

（4）练习设置错误日志、查看错误日志、删除错误日志。

（5）练习开启和设置通用查询日志、查看通用查询日志、删除通用查询日志。

（6）练习开启和设置慢查询日志、查看慢查询日志、删除慢查询日志。

第 16 章
◀ 性能优化 ▶

学习目标|Objective

MySQL 性能优化就是通过合理安排资源，调整系统参数使 MySQL 运行更快、更节省资源。MySQL 性能优化包括查询速度优化、数据库结构优化、MySQL 服务器优化等。本章将为读者讲解以下几个内容：性能优化的介绍、查询优化、数据库结构优化、MySQL 服务器优化。

内容导航|Navigation

- 了解什么是优化
- 掌握优化查询的方法
- 掌握优化数据库结构的方法
- 掌握优化 MySQL 服务器的方法
- 熟练掌握综合案例中性能优化的方法和技巧

16.1 优化简介

优化 MySQL 数据库是数据库管理员和数据库开发人员的必备技能。MySQL 优化，一方面是找出系统的瓶颈，提高 MySQL 数据库整体的性能；另一方面需要合理的结构设计和参数调整，以提高用户操作响应的速度；同时还要尽可能节省系统资源，以便系统可以提供更大负荷的服务。本节将为读者介绍优化的基本知识。

MySQL 数据库优化是多方面的，原则是减少系统的瓶颈，减少资源的占用，增加系统的反应速度。例如，通过优化文件系统，提高磁盘 I\O 的读写速度；通过优化操作系统调度策略，提高 MySQL 在高负荷情况下的负载能力；优化表结构、索引、查询语句等使查询响应更快。

在 MySQL 中，可以使用 SHOW STATUS 语句查询一些 MySQL 数据库的性能参数。SHOW STATUS 语句语法如下：

```
SHOW STATUS LIKE 'value';
```

其中，value 是要查询的参数值，一些常用的性能参数如下：

- Connections：连接 MySQL 服务器的次数。
- Uptime：MySQL 服务器的上线时间。
- Slow_queries：慢查询的次数。
- Com_select：查询操作的次数。
- Com_insert：插入操作的次数。
- Com_update：更新操作的次数。
- Com_delete：删除操作的次数。

如果查询 MySQL 服务器的连接次数，可以执行如下语句：

```
SHOW STATUS LIKE 'Connections';
```

如果查询 MySQL 服务器的慢查询次数，可以执行如下语句：

```
SHOW STATUS LIKE 'Slow_queries';
```

查询其他参数的方法和两个参数的查询方法相同。慢查询次数参数可以结合慢查询日志，找出慢查询语句，然后针对慢查询语句进行表结构优化或者查询语句优化。

16.2　优化查询

查询是数据库中最频繁的操作，提高查询速度可以有效地提高 MySQL 数据库的性能。本节将为读者介绍优化查询的方法。

16.2.1　分析查询语句

通过对查询语句的分析，可以了解查询语句的执行情况，找出查询语句执行的瓶颈，从而优化查询语句。MySQL 中提供了 EXPLAIN 语句和 DESCRIBE 语句，用来分析查询语句。本小节将为读者介绍使用 EXPLAIN 语句和 DESCRIBE 语句分析查询语句的方法。

EXPLAIN 语句的基本语法如下：

```
EXPLAIN [EXTENDED] SELECT select_options
```

使用 EXTENED 关键字，EXPLAIN 语句将产生附加信息。select_options 是 SELECT 语句的查询选项，包括 FROM WHERE 子句等。

执行该语句，可以分析 EXPLAIN 后面的 SELECT 语句的执行情况，并且能够分析出所查询的表的一些特征。

【例 16.1】使用 EXPLAIN 语句来分析 1 个查询语句，执行如下语句：

```
mysql> EXPLAIN SELECT * FROM fruits;
+----+-------------+--------+------+---------------+------+---------+------+------+-------+
| id | select_type | table  | type | possible_keys | key  | key_len | ref  | rows | Extra |
+----+-------------+--------+------+---------------+------+---------+------+------+-------+
|  1 | SIMPLE      | fruits | ALL  | NULL          | NULL | NULL    | NULL |   16 |       |
+----+-------------+--------+------+---------------+------+---------+------+------+-------+
1 row in set (0.00 sec)
```

下面对查询结果进行解释。

- id: SELECT 识别符。这是 SELECT 的查询序列号。
- select_type: 表示 SELECT 语句的类型。它可以是以下几种取值:
  - SIMPLE 表示简单查询，其中不包括连接查询和子查询;
  - PRIMARY 表示主查询，或者是最外层的查询语句;
  - UNION 表示连接查询的第 2 个或后面的查询语句;
  - DEPENDENT UNION，连接查询中的第 2 个或后面的 SELECT 语句，取决于外面的查询;
  - UNION RESULT，连接查询的结果;
  - SUBQUERY，子查询中的第 1 个 SELECT 语句;
  - DEPENDENT SUBQUERY，子查询中的第 1 个 SELECT，取决于外面的查询;
  - DERIVED，导出表的 SELECT（FROM 子句的子查询）。
- table: 表示查询的表。
- type: 表示表的连接类型。下面按照从最佳类型到最差类型的顺序给出各种连接类型:
  - system

该表是仅有一行的系统表。这是 const 连接类型的一个特例。

  - const

数据表最多只有一个匹配行，它将在查询开始时被读取，并在余下的查询优化中作为常量对待。const 表查询速度很快，因为它们只读取一次。const 用于使用常数值比较 PRIMARY KEY 或 UNIQUE 索引的所有部分的场合。

在下面的查询中，tbl_name 可用于 const 表:

```
SELECT * from tbl_name WHERE primary_key=1;
SELECT * from tbl_name
WHERE primary_key_part1=1AND primary_key_part2=2;
```

  - eq_ref

对于每个来自前面的表的行组合，从该表中读取一行。当一个索引的所有部分都在查询中使用并且索引是 UNIQUE 或 PRIMARY KEY 时，即可使用这种类型。

eq_ref 可以用于使用 "=" 操作符比较带索引的列。比较值可以为常量或一个在该表前面所读取的表的列的表达式。

在下面的例子中，MySQL 可以使用 eq_ref 连接来处理 ref_tables：

```
SELECT * FROM ref_table,other_table
WHERE ref_table.key_column=other_table.column;
SELECT * FROM ref_table,other_table
WHERE ref_table.key_column_part1=other_table.column
AND ref_table.key_column_part2=1;
```

> ref

对于来自前面 z 的表的任意行组合，将从该表中读取所有匹配的行。这种类型用于索引既不是 UNIQUE 也不是 PRIMARY KEY 的情况，或者查询中使用了索引列的左子集，即索引中左边的部分列组合。ref 可以用于使用=或<=>操作符的带索引的列。

在下面的例子中，MySQL 可以使用 ref 连接来处理 ref_tables：

```
SELECT * FROM ref_table WHERE key_column=expr;

SELECT * FROM ref_table,other_table
WHERE ref_table.key_column=other_table.column;

SELECT * FROM ref_table,other_table
WHERE ref_table.key_column_part1=other_table.column
AND ref_table.key_column_part2=1;
```

> ref_or_null

该连接类型如同 ref，但是添加了 MySQL 可以专门搜索包含 NULL 值的行。在解决子查询中经常使用该连接类型的优化。

在下面的例子中，MySQL 可以使用 ref_or_null 连接来处理 ref_tables：

```
SELECT * FROM ref_table
WHERE key_column=expr OR key_column IS NULL;
```

> index_merge

该连接类型表示使用了索引合并优化方法。在这种情况下，key 列包含了使用的索引的清单，key_len 包含了使用的索引的最长的关键元素。

> unique_subquery

该类型替换了下面形式的 IN 子查询的 ref：

```
value IN (SELECT primary_key FROM single_table WHERE some_expr)
```

unique_subquery 是一个索引查找函数，可以完全替换子查询，效率更高。

> ➢ index_subquery

该连接类型类似于 unique_subquery，可以替换 IN 子查询，但只适合下列形式的子查询中的非唯一索引：

```
value IN (SELECT key_column FROM single_table WHERE some_expr)
```

> ➢ range

只检索给定范围的行，使用一个索引来选择行。key 列显示使用了哪个索引。key_len 包含所使用索引的最长关键元素。

当使用=、<>、>、>=、<、<=、IS NULL、<=>、BETWEEN 或者 IN 操作符，用常量比较关键字列时，类型为 range。

下面介绍几种检索指定行情况：

```
SELECT * FROM tbl_name
WHERE key_column = 10;

SELECT * FROM tbl_name
WHERE key_column BETWEEN 10 and 20;
SELECT * FROM tbl_name
WHERE key_column IN (10,20,30);

SELECT * FROM tbl_name
WHERE key_part1= 10 AND key_part2 IN (10,20,30);
```

> ➢ index

该连接类型与 ALL 相同，除了只扫描索引树。这通常比 ALL 快，因为索引文件通常比数据文件小。

> ➢ ALL

对于前面的表的任意行组合，进行完整的表扫描。如果表是第一个没标记 const 的表，这样不好，并且在其他情况下很差。通常可以增加更多的索引来避免使用 ALL 连接。

- possible_keys：指出 MySQL 能使用哪个索引在该表中找到行。如果该列是 NULL，则没有相关的索引。在这种情况下，可以通过检查 WHERE 子句看它是否引用某些列或适合索引的列来提高查询性能。如果是这样，可以创建适合的索引来提高查询的性能。
- key：表示查询实际使用到的索引，如果没有选择索引，该列的值是 NULL。要想强制 MySQL 使用或忽视 possible_keys 列中的索引，在查询中使用 FORCE INDEX、USE INDEX 或者 IGNORE INDEX。参见 SELECT 语法。
- key_len：表示 MySQL 选择的索引字段按字节计算的长度，如果键是 NULL，则长度为 NULL。注意通过 key_len 值可以确定 MySQL 将实际使用一个多列索引中的几个字段。
- ref：表示使用哪个列或常数与索引一起来查询记录。

- rows: 显示 MySQL 在表中进行查询时必须检查的行数。
- Extra: 表示 MySQL 在处理查询时的详细信息。

DESCRIBE 语句的使用方法与 EXPLAIN 语句是一样的，并且分析结果也是一样的。DESCRIBE 语句的语法形式如下：

```
DESCRIBE SELECT select_options
```

DESCRIBE 可以缩写成 DESC。

16.2.2　索引对查询速度的影响

MySQL 中提高性能的一个最有效的方式就是对数据表设计合理的索引。索引提供了高效访问数据的方法，并且加快查询的速度，因此，索引对查询的速度有着至关重要的影响。使用索引可以快速地定位表中的某条记录，从而提高数据库查询的速度，提高数据库的性能。本小节将为读者介绍索引对查询速度的影响。

如果查询时没有使用索引，查询语句将扫描表中的所有记录。在数据量大的情况下，这样查询的速度会很慢。如果使用索引进行查询，查询语句可以根据索引快速定位到待查询记录，从而减少查询的记录数，达到提高查询速度的目的。

【例 16.2】下面是查询语句中不使用索引和使用索引的对比。首先，分析未使用索引时的查询情况，EXPLAIN 语句执行如下：

```
mysql> EXPLAIN SELECT * FROM fruits WHERE f_name='apple';
+----+-------------+--------+------+---------------+------+---------+------+------+-------------+
| id | select_type | table  | type | possible_keys | key  | key_len | ref  | rows | Extra       |
+----+-------------+--------+------+---------------+------+---------+------+------+-------------+
| 1  | SIMPLE      | fruits | ALL  | NULL          | NULL | NULL    | NULL | 15   | Using where |
+----+-------------+--------+------+---------------+------+---------+------+------+-------------+
1 row in set (0.00 sec)
```

可以看到，rows 列的值是 15，说明 "SELECT * FROM fruits WHERE f_name='apple';" 这个查询语句扫描了表中的 15 条记录。

然后，在 fruits 表的 f_name 字段上加上索引。执行添加索引的语句及结果如下：

```
mysql> CREATE INDEX index_name ON fruits(f_name);
Query OK, 0 rows affected (0. 04 sec)
Records: 0  Duplicates: 0  Warnings: 0
```

现在，再分析上面的查询语句。执行的 EXPLAIN 语句及结果如下：

```
mysql> EXPLAIN SELECT * FROM fruits WHERE f_name='apple';
```

```
   +----+-------------+-------+------+---------------+------------+---------+-----
-----+------+-------------+
   | id | select_type | table | type | possible_keys | key        | key_len | ref
| rows | Extra       |
   +----+-------------+-------+------+---------------+------------+---------+-----
-----+------+-------------+
   |  1 | SIMPLE      | fruits | ref | index_name    | index_name|255       | const |    1
| Using where |
   +----+-------------+-------+------+---------------+------------+---------+-----
-----+------+-------------+
   1 row in set (0.00 sec)
```

结果显示，rows 列的值为 1。这表示这个查询语句只扫描了表中的一条记录，其查询速度
自然比扫描 15 条记录快。而且 possible_keys 和 key 的值都是 index_name，这说明查询时使用
了 index_name 索引。

16.2.3 使用索引查询

索引可以提高查询的速度。但并不是使用带有索引的字段查询时，索引都会起作用。本小
节将向读者介绍索引的使用。

使用索引有几种特殊情况，在这些情况下，有可能使用带有索引的字段查询时，索引并没
有起作用，下面重点介绍这几种特殊情况。

1. 使用 LIKE 关键字的查询语句

在使用 LIKE 关键字进行查询的查询语句中，如果匹配字符串的第一个字符为"%"，索
引不会起作用。只有"%"不在第一个位置，索引才会起作用。下面将举例说明。

【例 16.3】查询语句中使用 LIKE 关键字，并且匹配的字符串中含有"%"字符，EXPLAIN
语句执行如下：

```
mysql> EXPLAIN SELECT * FROM fruits WHERE f_name like '%x';
   +----+-------------+-------+------+---------------+------+---------+------+--
-------+-------+-------------+
   | id | select_type | table  | type | possible_keys | key  | key_len | ref
| rows | Extra       |
   +----+-------------+-------+------+---------------+------+---------+------+--
-------+-------+-------------+
   |  1 | SIMPLE      | fruits | ALL  | NULL          | NULL | NULL    | NULL| 16  | Using
where |
   +----+-------------+-------+------+---------------+------+---------+------+--
-------+-------+-------------+
   1 row in set (0.00 sec)

mysql> EXPLAIN SELECT * FROM fruits WHERE f_name like 'x%';
```

```
   +----+-------------+--------+-------+----------------+------------+------
---+-----------------+------------------+
   | id | select_type | table  | type  | possible_keys  | key        | key_len | ref
| rows | Extra       |
   +----+-------------+--------+-------+----------------+------------+------
---+-----------------+------------------+
   | 1  | SIMPLE      | fruits | range | index_name     | index_name | 150     | NULL | 4  |
Using where  |
   +----+-------------+--------+-------+----------------+------------+------
---+-----------------+------------------+
   1 row in set (0.00 sec)
```

已知 f_name 字段上有索引 index_name。第 1 个查询语句执行后，rows 列的值为 16，表示这次查询过程中扫描了表中所有的 16 条记录；第 2 个查询语句执行后，rows 列的值为 4，表示这次查询过程扫描了 4 条记录。第 1 个查询语句索引没有起作用，因为第 1 个查询语句的 LIKE 关键字后的字符串以 "%" 开头，而第 2 个查询语句使用了索引 index_name。

2. 使用多列索引的查询语句

MySQL 可以为多个字段创建索引。一个索引可以包括 16 个字段。对于多列索引，只有查询条件中使用了这些字段中第 1 个字段时，索引才会被使用。

【例 16.4】本例在表 fruits 中 f_id、f_price 字段创建多列索引，验证多列索引的使用情况。

```
mysql> CREATE INDEX index_id_price ON fruits(f_id, f_price);
Query OK, 0 rows affected (0.39 sec)
Records: 0  Duplicates: 0  Warnings: 0
mysql> EXPLAIN SELECT * FROM fruits WHERE f_id='12';
   +----+-------------+--------+-------+----------------------+---------+---------+
---------+---------+-------+------+-------+
   | id | select_type | table  | type  | possible_keys        | key     | key_len
| ref  | rows | Extra |
   +----+-------------+--------+-------+----------------------+---------+---------+
---------+---------+-------+------+-------+
   | 1  | SIMPLE      | fruits | const | PRIMARY,index_id_price | PRIMARY | 20      |
const | 1    |       |
   +----+-------------+--------+-------+----------------------+---------+---------+
---------+---------+-------+------+-------+
   1 row in set (0.00 sec)

mysql> EXPLAIN SELECT * FROM fruits WHERE f_price=5.2;
   +----+-------------+--------+-------+----------------+------+---------+------+------+
---+-------+--------------+
   | id | select_type | table  | type  | possible_keys  | key  | key_len | ref  | rows
| Extra |
   +----+-------------+--------+-------+----------------+------+---------+------+------+
```

```
---+-----+------------+
 | 1 | SIMPLE | fruits | ALL | NULL    | NULL | NULL | NULL | 16 | Using where|
 +----+------------+--------+------+----------------+--------+----------+---
----+-----+------------+
1 row in set (0.00 sec)
```

从第 1 条语句查询结果可以看出，"f_id='l2'"的记录有 1 条。第 1 条语句共扫描了 1 条记录，并且使用了索引 index_id_price。从第 2 条语句查询结果可以看出，rows 列的值是 16，说明查询语句共扫描了 16 条记录，并且 key 列值为 NULL，说明"SELECT * FROM fruits WHERE f_price=5.2;"语句并没有使用索引。因为 f_price 字段是多列索引的第 2 个字段，只有查询条件中使用了 f_id 字段才会使 index_id_price 索引起作用。

3. 使用 OR 关键字的查询语句

查询语句的查询条件中只有 OR 关键字，且 OR 前后的两个条件中的列都是索引时，查询中才使用索引。否则，查询将不使用索引。

【例 16.5】查询语句使用 OR 关键字的情况：

```
mysql> EXPLAIN SELECT * FROM fruits WHERE f_name='apple' or s_id=101 \G
*** 1. row ***
         id: 1
  select_type: SIMPLE
       table: fruits
        type: ALL
possible_keys: index_name
         key: NULL
     key_len: NULL
         ref: NULL
        rows: 16
       Extra: Using where
1 row in set (0.00 sec)

mysql> EXPLAIN SELECT * FROM fruits WHERE f_name='apple' or f_id='l2' \G
*** 1. row ***
         id: 1
  select_type: SIMPLE
       table: fruits
        type: index_merge
possible_keys: PRIMARY,index_name,index_id_price
         key: index_name,PRIMARY
     key_len: 510,20
         ref: NULL
        rows: 2
       Extra: Using union(index_name,PRIMARY); Using where
```

```
1 row in set (0.00 sec)
```

因为 s_id 字段上没有索引，第 1 条查询语句没有使用索引，总共查询了 16 条记录；第 2 条查询语句使用了 f_name 和 f_id 这两个索引，因为 id 字段和 name 字段上都有索引，查询的记录数为 2 条。

16.2.4　优化子查询

MySQL 从 4.1 版本开始支持子查询，使用子查询可以进行 SELECT 语句的嵌套查询，即一个 SELECT 查询的结果作为另一个 SELECT 语句的条件。子查询可以一次性完成很多逻辑上需要多个步骤才能完成的 SQL 操作。子查询虽然可以使查询语句很灵活，但执行效率不高。执行子查询时，MySQL 需要为内层查询语句的查询结果建立一个临时表。然后外层查询语句从临时表中查询记录。查询完毕后，再撤销这些临时表。因此，子查询的速度会受到一定的影响。如果查询的数据量比较大，这种影响就会随之增大。

在 MySQL 中，可以使用连接（JOIN）查询来替代子查询。连接查询不需要建立临时表，其速度比子查询要快，如果查询中使用索引的话，性能会更好。连接之所以更有效率，是因为 MySQL 不需要在内存中创建临时表来完成查询工作。

16.3　优化数据库结构

一个好的数据库设计方案对于数据库的性能常常会起到事半功倍的效果。合理的数据库结构不仅可以使数据库占用更小的磁盘空间，而且能够使查询速度更快。数据库结构的设计，需要考虑数据冗余、查询和更新的速度、字段的数据类型是否合理等多方面的内容。本节将为读者介绍优化数据库结构的方法。

16.3.1　将字段很多的表分解成多个表

对于字段较多的表，如果有些字段的使用频率很低，可以将这些字段分离出来形成新表。因为当一个表的数据量很大时，会由于使用频率低的字段的存在而变慢。本小节将为读者介绍这种优化表的方法。

【例 16.6】假设会员表存储会员登录认证信息，该表中有很多字段，如 id、姓名、密码、地址、电话、个人描述字段。其中地址、电话、个人描述等字段并不常用。可以将这些不常用字段分解出另外一个表。将这个表取名叫 members_detail。表中有 member_id、address、telephone、description 等字段。其中，member_id 是会员编号，address 字段存储地址信息，telephone 字段存储电话信息，description 字段存储会员个人描述信息。这样就把会员表分成两个表，分别为 members 表和 members_detail 表。

创建这两个表的 SQL 语句如下：

```
CREATE TABLE members (
 Id int(11) NOT NULL AUTO_INCREMENT,
 username varchar(255) DEFAULT NULL ,
 password varchar(255) DEFAULT NULL ,
 last_login_time datetime DEFAULT NULL ,
 last_login_ip varchar(255) DEFAULT NULL ,
 PRIMARY KEY (Id)
) ;
CREATE TABLE members_detail (
 member_id int(11) NOT NULL DEFAULT 0,
 address varchar(255) DEFAULT NULL ,
 telephone varchar(16) DEFAULT NULL ,
 description text
) ;
```

这两个表的结构如下：

```
mysql> desc members;
+-----------------+--------------+------+-----+---------+----------------+
| Field           | Type         | Null | Key | Default | Extra          |
+-----------------+--------------+------+-----+---------+----------------+
| Id              | int(11)      | NO   | PRI | NULL    | auto_increment |
| username        | varchar(255) | YES  |     | NULL    |                |
| password        | varchar(255) | YES  |     | NULL    |                |
| last_login_time | datetime     | YES  |     | NULL    |                |
| last_login_ip   | varchar(255) | YES  |     | NULL    |                |
+-----------------+--------------+------+-----+---------+----------------+
5 rows in set (0.00 sec)

mysql> DESC members_detail;
+------------+--------------+------+-----+---------+-------+
| Field      | Type         | Null | Key | Default | Extra |
+------------+--------------+------+-----+---------+-------+
| member_id  | int(11)      | NO   | PRI | 0       |       |
| address    | varchar(255) | YES  |     | NULL    |       |
| telephone  | varchar(16)  | YES  |     | NULL    |       |
| description| text         | YES  |     | NULL    |       |
+------------+--------------+------+-----+---------+-------+
4 rows in set (0.00 sec)
```

如果需要查询会员的详细信息，可以用会员的 id 来查询。如果需要将会员的基本信息和详细信息同时显示，可以将 members 表和 members_detail 表进行联合查询，查询语句如下：

```
SELECT * FROM members LEFT JOIN members_detail ON members.id=members_detail.
member_id;
```

通过这种分解，可以提高表的查询效率。对于字段很多且有些字段使用不频繁的表，可以通过这种分解的方式来优化数据库的性能。

16.3.2　增加中间表

对于需要经常联合查询的表，可以建立中间表以提高查询效率。通过建立中间表，把需要经常联合查询的数据插入到中间表中，然后将原来的联合查询改为对中间表的查询，以此来提高查询效率。本小节将为读者介绍增加中间表优化查询的方法。

首先，分析经常联合查询表中的字段。然后，使用这些字段建立一个中间表，并将原来联合查询的表的数据插入到中间表中。最后，可以使用中间表来进行查询了。

【例 16.7】会员信息表和会员组信息表的 SQL 语句如下：

```
CREATE TABLE vip(
  Id int(11) NOT NULL AUTO_INCREMENT,
  username varchar(255) DEFAULT NULL,
  password varchar(255) DEFAULT NULL,
  groupId INT(11) DEFAULT 0,
  PRIMARY KEY (Id)
) ;
CREATE TABLE vip_group (
  Id int(11) NOT NULL AUTO_INCREMENT,
  name varchar(255) DEFAULT NULL,
  remark varchar(255) DEFAULT NULL,
  PRIMARY KEY (Id)
) ;
```

查询会员信息表和会员组信息表。

```
mysql> DESC vip;
+----------+--------------+--------+-----+---------+--------------------
-+
| Field    | Type         | Null | Key | Default | Extra              |
+----------+--------------+--------+-----+---------+--------------------
---+
| Id       | int(11)      | NO   | PRI | NULL    | auto_increment     |
| username | varchar(255) | YES  |     | NULL    |                    |
| password | varchar(255) | YES  |     | NULL    |                    |
| groupId  | int(11)      | YES  |     | 0       |                    |
+----------+--------------+--------+-------+---------+--------------------
----+
```

```
4 rows in set (0.01 sec)

mysql> DESC vip_group;
+--------+--------------+------+-----+---------+----------------+
| Field  | Type         | Null | Key | Default | Extra          |
+--------+--------------+------+-----+---------+----------------+
| Id     | int(11)      | NO   | PRI | NULL    | auto_increment |
| name   | varchar(255) | YES  |     | NULL    |                |
| remark | varchar(255) | YES  |     | NULL    |                |
+--------+--------------+------+-----+---------+----------------+
3 rows in set (0.01 sec)
```

　　已知现在有一个模块需要经常查询带有会员组名称、会员组备注（remark）、会员用户名信息的会员信息。根据这种情况可以创建一个 temp_vip 表。temp_vip 表中存储用户名（user_name），会员组名称（group_name）和会员组备注（group_remark）信息。创建表的语句如下：

```
CREATE TABLE temp_vip (
  Id int(11) NOT NULL AUTO_INCREMENT,
  user_name varchar(255) DEFAULT NULL,
  group_name varchar(255) DEFAULT NULL,
  group_remark varchar(255) DEFAULT NULL,
  PRIMARY KEY (Id)
);
```

　　接下来，从会员信息表和会员组表中查询相关信息存储到临时表中：

```
mysql> INSERT INTO temp_vip(user_name, group_name, group_remark)
    -> SELECT v.username,g.name,g.remark
    -> FROM vip as v ,vip_group as g
    -> WHERE v.groupId =g.Id;
Query OK, 0 rows affected (0.95 sec)
Records: 0  Duplicates: 0  Warnings: 0
```

　　以后，可以直接从 temp_vip 表中查询会员名、会员组名称和会员组备注，而不用每次都进行联合查询。这样可以提高数据库的查询速度。

16.3.3　增加冗余字段

　　设计数据库表时应尽量遵循范式理论的规约，尽可能减少冗余字段，让数据库设计看起来精致、优雅。但是，合理地加入冗余字段可以提高查询速度。本小节将为读者介绍通过增加冗余字段来优化查询速度的方法。

　　表的规范化程度越高，表与表之间的关系就越多，需要连接查询的情况也就越多。例如，员工的信息存储在 staff 表中，部门信息存储在 department 表中。通过 staff 表中的 department_id 字段与 department 表建立关联关系。如果要查询一个员工所在部门的名称，必须从 staff 表中查找员工所在部门的编号（department_id），然后根据这个编号去 department 表查找部门的名称。如果经常需要进行这个操作，连接查询会浪费很多时间。可以在 staff 表中增加一个冗余字段 department_name，该字段用来存储员工所在部门的名称，这样就不用每次都进行连接操作了。

> 冗余字段会导致一些问题。比如，冗余字段的值在一个表中被修改了，就要想办法在其他表中更新该字段。否则就会使原本一致的数据变得不一致。分解表、增加中间表和增加冗余字段都浪费了一定的磁盘空间。从数据库性能来看，为了提高查询速度而增加少量的冗余大部分时候是可以接受的。是否通过增加冗余来提高数据库性能，这要根据实际需求综合分析。

16.3.4　优化插入记录的速度

插入记录时，影响插入速度的主要是索引、唯一性校验、一次插入记录条数等。根据这些情况，可以分别进行优化。本小节将为读者介绍优化插入记录速度的几种方法。

对于 MyISAM 引擎的表，常见的优化方法如下：

1. 禁用索引

对于非空表，插入记录时，MySQL 会根据表的索引对插入的记录建立索引。如果插入大量数据，建立索引会降低插入记录的速度。为了解决这种情况，可以在插入记录之前禁用索引，数据插入完毕后再开启索引。禁用索引的语句如下：

```
ALTER TABLE table_name DISABLE KEYS;
```

其中 table_name 是禁用索引的表的表名。

重新开启索引的语句如下：

```
ALTER TABLE table_name ENABLE KEYS;
```

对于空表批量导入数据，则不需要进行此操作，因为 MyISAM 引擎的表是在导入数据之后才建立索引的。

2. 禁用唯一性检查

插入数据时，MySQL 会对插入的记录进行唯一性校验。这种唯一性校验也会降低插入记录的速度。为了降低这种情况对查询速度的影响，可以在插入记录之前禁用唯一性检查，等到记录插入完毕后再开启。禁用唯一性检查的语句如下：

```
SET UNIQUE_CHECKS=0;
```

开启唯一性检查的语句如下：

```
SET UNIQUE_CHECKS=1;
```

3. 使用批量插入

插入多条记录时，可以使用一条 INSERT 语句插入一条记录；也可以使用一条 INSERT 语句插入多条记录。使用一条 INSERT 语句插入一条记录的情形如下：

```
INSERT INTO fruits VALUES('x1', '101', 'mongo2', '5.7');
INSERT INTO fruits VALUES('x2', '101', 'mongo3', '5.7')
INSERT INTO fruits VALUES('x3', '101', 'mongo4', '5.7')
```

使用一条 INSERT 语句插入多条记录的情形如下：

```
INSERT INTO fruits VALUES
('x1', '101', 'mongo2', '5.7'),
('x2', '101', 'mongo3', '5.7'),
('x3', '101', 'mongo4', '5.7');
```

第 2 种情形的插入速度要比第 1 种情形快。

4. 使用 LOAD DATA INFILE 批量导入

当需要批量导入数据时，如果能用 LOAD DATA INFILE 语句，就尽量使用。因为 LOAD DATA INFILE 语句导入数据的速度比 INSERT 语句快。

对于 InnoDB 引擎的表，常见的优化方法如下：

1. 禁用唯一性检查

插入数据之前执行 set unique_checks=0 来禁止对唯一索引的检查，数据导入完成之后再运行 set unique_checks=1。这个和 MyISAM 引擎的使用方法一样。

2. 禁用外键检查

插入数据之前执行禁止对外键的检查，数据插入完成之后再恢复对外键的检查。禁用外键检查的语句如下：

```
SET foreign_key_checks=0;
```

恢复对外键的检查语句如下：

```
SET foreign_key_checks=1;
```

3. 禁止自动提交

插入数据之前禁止事务的自动提交，数据导入完成之后，执行恢复自动提交操作。禁止自动提交的语句如下：

```
set autocommit=0;
```

恢复自动提交的语句如下：

```
set autocommit=1;
```

16.3.5　分析表、检查表和优化表

MySQL 提供了分析表、检查表和优化表的语句。分析表主要是分析关键字的分布；检查表主要是检查表是否存在错误；优化表主要是消除删除或者更新造成的空间浪费。本小节将为读者介绍分析表、检查表和优化表的方法。

1. 分析表

MySQL 中提供了 ANALYZE TABLE 语句分析表。ANALYZE TABLE 语句的基本语法如下：

```
ANALYZE [LOCAL | NO_WRITE_TO_BINLOG] TABLE tbl_name[,tbl_name]…
```

LOCAL 关键字是 NO_WRITE_TO_BINLOG 关键字的别名，二者都是执行过程不写入二进制日志，tbl_name 为分析的表的表名，可以有一个或多个。

使用 ANALYZE TABLE 分析表的过程中，数据库系统会自动对表加一个只读锁。在分析期间，只能读取表中的记录，不能更新和插入记录。ANALYZE TABLE 语句能够分析 InnoDB、BDB 和 MyISAM 类型的表。

【例 16.8】使用 ANALYZE TABLE 来分析 message 表，执行的语句及结果如下：

```
mysql> ANALYZE TABLE message;
+--------------+---------+----------+-------------+
| Table        | Op      | Msg_type | Msg_text    |
+--------------+---------+----------+-------------+
| message      | analyze | status   | OK          |
+--------------+---------+----------+-------------+
1 row in set (0.18 sec)
```

上面结果显示的信息说明如下：

- Table：表示分析的表的名称。
- Op：表示执行的操作。analyze 表示进行分析操作。
- Msg_type：表示信息类型，其值通常是状态（status）、信息（info）、注意（note）、警告（warning）和错误（error）之一。
- Msg_text：显示信息。

2. 检查表

MySQL 中可以使用 CHECK TABLE 语句来检查表。CHECK TABLE 语句能够检查 InnoDB 和 MyISAM 类型的表是否存在错误。对于 MyISAM 类型的表，CHECK TABLE 语句还会更新关键字统计数据。而且，CHECK TABLE 也可以检查视图是否有错误，比如在视图定义中被引用的表已不存在。该语句的基本语法如下：

```
CHECK TABLE tbl_name [, tbl_name] ... [option] ...
option = {QUICK | FAST | MEDIUM | EXTENDED | CHANGED}
```

其中，tbl_name 是表名；option 参数有 5 个取值，分别是 QUICK、FAST、MEDIUM、EXTENDED 和 CHANGED。各个选项的意义分别是：

- QUICK：不扫描行，不检查错误的连接。
- FAST：只检查没有被正确关闭的表。
- CHANGED：只检查上次检查后被更改的表和没有被正确关闭的表。
- MEDIUM：扫描行，以验证被删除的连接是有效的。也可以计算各行的关键字校验和，并使用计算出的校验和验证这一点。
- EXTENDED：对每行的所有关键字进行一个全面的关键字查找。这可以确保表是 100% 一致的，但是花的时间较长。

option 只对 MyISAM 类型的表有效，对 InnoDB 类型的表无效。CHECK TABLE 语句在执行过程中也会给表加上只读锁。

3. 优化表

MySQL 中使用 OPTIMIZE TABLE 语句来优化表。该语句对 InnoDB 和 MyISAM 类型的表都有效。但是，OPTILMIZE TABLE 语句只能优化表中的 VARCHAR、BLOB 或 TEXT 类型的字段。OPTILMIZE TABLE 语句的基本语法如下：

```
OPTIMIZE [LOCAL | NO_WRITE_TO_BINLOG] TABLE tbl_name [, tbl_name] ...
```

LOCAL | NO_WRITE_TO_BINLOG 关键字的意义和分析表相同，都是指定不写入二进制日志；tbl_name 是表名。

通过 OPTIMIZE TABLE 语句可以消除删除和更新造成的文件碎片。OPTIMIZE TABLE 语句在执行过程中也会给表加上只读锁。

> 一个表使用了 TEXT 或者 BLOB 这样的数据类型，如果已经删除了表的一大部分，或者已经对含有可变长度行的表（含有 VARCHAR，BLOB 或 TEXT 列的表）进行了很多更新，则应使用 OPTIMIZE TABLE 来重新利用未使用的空间，并整理数据文件的碎片。在多数的设置中，根本不需要运行 OPTIMIZE TABLE。即使对可变长度的行进行了大量的更新，也不需要经常运行，每周一次或每月一次即可，并且只需要对特定的表运行。

16.4　优化 MySQL 服务器

优化 MySQL 服务器主要从两个方面来优化，一方面是对硬件进行优化；另一方面是对 MySQL 服务的参数进行优化。这部分的内容需要较全面的知识，一般只有专业的数据库管理员才能进行这一类的优化。对于可以定制参数的操作系统，也可以针对 MySQL 进行操作系统优化。本节将为读者介绍优化 MySQL 服务器的方法。

16.4.1　优化服务器硬件

服务器的硬件性能直接决定着 MySQL 数据库的性能。硬件的性能瓶颈，直接决定 MySQL 数据库的运行速度和效率。针对性能瓶颈，提高硬件配置，可以提高 MySQL 数据库的查询、更新的速度。本小节将为读者介绍以下优化服务器硬件的方法。

（1）配置较大的内存。足够大的内存，是提高 MySQL 数据库性能的方法之一。内存的速度比磁盘 I/O 快得多，可以通过增加系统的缓冲区容量，使数据在内存停留的时间更长，以减少磁盘 I/O。

（2）配置高速磁盘系统，以减少读盘的等待时间，提高响应速度。

（3）合理分布磁盘 I/O，把磁盘 I/O 分散在多个设备上，以减少资源竞争，提高并行操作能力。

（4）配置多处理器，MySQL 是多线程的数据库，多处理器可同时执行多个线程。

16.4.2　优化 MySQL 的参数

通过优化 MySQL 的参数可以提高资源利用率，从而达到提高 MySQL 服务器性能的目的。本小节将为读者介绍这些配置参数。

MySQL 服务的配置参数都在 my.cnf 或者 my.ini 文件的[MySQLd]组中。下面对几个对性能影响比较大的参数进行详细介绍。

- key_buffer_size：表示索引缓冲区的大小。索引缓冲区所有的线程共享。增加索引缓冲区可以得到更好处理的索引（对所有读和多重写）。当然，这个值也不是越大越好，它的大小取决于内存的大小。如果这个值太大，导致操作系统频繁换页，也会降低系统性能。

- table_cache：表示同时打开的表的个数。这个值越大，能够同时打开的表的个数越多。这个值不是越大越好，因为同时打开的表太多会影响操作系统的性能。

- query_cache_size：表示查询缓冲区的大小。该参数需要和 query_cache_type 配合使用。当 query_cache_type 值是 0 时，所有的查询都不使用查询缓冲区。但是 query_cache_type=0 并不会导致 MySQL 释放 query_cache_size 所配置的缓冲区内存。当 query_cache_type=1 时，所有的查询都将使用查询缓冲区，除非在查询语句中指定 SQL_NO_CACHE，如 SELECT SQL_NO_CACHE * FROM tbl_name。当 query_cache_type=2 时，只有在查询语句中使用 SQL_CACHE 关键字，查询才会使用查询缓冲区。使用查询缓冲区可以提高查询的速度，这种方式只适用于修改操作少且经常执行相同的查询操作的情况。

- sort_buffer_size：表示排序缓存区的大小。这个值越大，进行排序的速度越快。

- read_buffer_size：表示每个线程连续扫描时为扫描的每个表分配的缓冲区的大小（字节）。当线程从表中连续读取记录时需要用到这个缓冲区。SET SESSION read_buffer_size=n 可以临时设置该参数的值。

- read_rnd_buffer_size：表示为每个线程保留的缓冲区的大小，与 read_buffer_size 相似。但主要用于存储按特定顺序读取出来的记录。也可以用 SET SESSION read_rnd_buffer_size=n 来临时设置该参数的值。如果频繁进行多次连续扫描，可以增加该值。

- innodb_buffer_pool_size：表示 InnoDB 类型的表和索引的最大缓存。这个值越大，查询的速度就会越快。但是这个值太大会影响操作系统的性能。

- max_connections：表示数据库的最大连接数。这个连接数不是越大越好，因为这些连接会浪费内存的资源。过多的连接可能会导致 MySQL 服务器僵死。

- innodb_flush_log_at_trx_commit：表示何时将缓冲区的数据写入日志文件，并且将日志文件写入磁盘中。该参数对于 innoDB 引擎非常重要。该参数有 3 个值，分别为 0、1 和 2。值为 0 时表示每隔 1 秒将数据写入日志文件并将日志文件写入磁盘；值为 1 时表示每次提交事务时将数据写入日志文件并将日志文件写入磁盘；值为 2 时表示每次提交事务时将数据写入日志文件，每隔 1 秒将日志文件写入磁盘。该参数的默认值为 1。默认值 1 安全性最高，但是每次事务提交或事务外的指令都需要把日志写入（flush）硬盘，是比较费时的；0 值更快一点，但安全方面比较差；2 值日志仍然会每秒写入到硬盘，所以即使出现故障，一般也不会丢失超过 1~2 秒的更新。

- back_log：表示在 MySQL 暂时停止回答新请求之前的短时间内，多少个请求可以被存在堆栈中。换句话说，该值表示对到来的 TCP/IP 连接的侦听队列的大小。只有期望在一个短时间内有很多连接，才需要增加该参数的值。操作系统在这个队列大小上也有限制。设定 back_log 高于操作系统的限制将是无效的。

- interactive_timeout：表示服务器在关闭连接前等待行动的秒数。

- sort_buffer_size：表示每个需要进行排序的线程分配的缓冲区的大小。增加这个参数的值可以提高 ORDER BY 或 GROUP BY 操作的速度。默认数值是 2 097 144（2MB）。

- thread_cache_size：表示可以复用的线程的数量。如果有很多新的线程，为了提高性能可以增大该参数的值。

- wait_timeout：表示服务器在关闭一个连接时等待行动的秒数。默认数值是 28 800。

合理地配置这些参数可以提高 MySQL 服务器的性能。除上述参数以外，还有 innodb_log_buffer_size、innodb_log_file_size 等参数。配置完参数以后，需要重新启动 MySQL 服务才会生效。

16.5 综合案例——全面优化 MySQL 服务器

本章详细介绍了 MySQL 性能优化的各个方面，主要包括查询语句优化、数据结构优化和 MySQL 服务器优化。查询语句优化的主要方法有分析查询语句、使用索引优化查询、优化子查询等。数据结构优化的主要方法有分解表、增加中间表、增加冗余字段等。优化 MySQL 服务器主要包括优化服务器硬件、优化 MySQL 服务的参数。本章的综合案例将帮助读者加深理解 MySQL 优化的方法，以及建立执行这些优化操作的能力。

1. 案例目的

掌握 MySQL 查询语句优化、数据结构优化、MySQL 服务器优化等性能优化的方法。

2. 案例操作过程

步骤 01 . . . .

（1）使用 EXPLAIN 分析查询语句 "SELECT * FROM fruits WHERE f_name='banana';"，执行的语句及执行结果如下：

```
mysql> EXPLAIN SELECT * FROM fruits WHERE f_name='banana';
+----+-------------+--------+------+---------------+-------+---------+-------+------+-------
-+
| id | select_type | table  | type | possible_keys | key   | key_len | ref   |
rows | Extra       |
+----+-------------+--------+------+---------------+-------+---------+-------+------+-------
-+
|  1 | SIMPLE      | fruits | ref  | title         | title | 7       | const | 1    | Using
where |
+----+-------------+--------+------+---------------+-------+---------+-------+------+-------
-+
1 row in set (0.07 sec)
```

由上面的分析结果可以看到，该语句使用了名称为 "title" 的索引，只扫描了 1 条记录。

（2）使用 EXPLAIN 分析查询语句 "SELECT * FROM fruits WHERE f_name like '%na'"，执行的语句及执行结果如下：

```
mysql> EXPLAIN SELECT * FROM fruits WHERE f_name like '%na';
+----+-------------+--------+------+---------------+------+---------+------+--
----+----------+-------------+
| id | select_type | table  | type | possible_keys | key  | key_len | ref  |
rows | Extra    |
+----+-------------+--------+------+---------------+------+---------+------+--
----+----------+-------------+
|  1 | SIMPLE      | fruits | ALL  | NULL          | NULL | NULL    | NULL | 16
     | Using
where |
+----+-------------+--------+------+---------------+------+---------+------+--
----+----------+-------------+
1 row in set (0.00 sec)
```

从上面的分析结果可以看出，该查询语句没有使用索引，扫描了表中 16 条记录。

（3）使用 EXPLAIN 分析查询语句 "SELECT * FROM fruits WHERE f_name like 'ba%';"
执行的语句及执行结果如下：

```
mysql> EXPLAIN SELECT * FROM fruits WHERE f_narne like ' ba%';
  +----+-------------+--------+-------+---------------+------------+----
---------+--------+------+-------------+
  | id | select_type | table  | type  | possible_keys | key        | key_len | ref
| rows | Extra       |
  +----+-------------+--------+-------+---------------+------------+----
---------+--------+------+-------------+
  | 1  | SIMPLE      | fruits | range | index_name    | index_name | 510     | NULL |
1 | Using where |
  +----+-------------+--------+-------+---------------+------------+----
---------+--------+------+-------------+
  1 row in set (0.00 sec)
```

可以看到，使用索引只扫描了表中 1 条记录。

步骤 02 · · · · · · · · · · · ·

（1）使用 ANALYZE TABLE 语句分析 message 表，执行的语句及结果如下：

```
mysql> ANALYZE TABLE message;
+--------------+---------+----------+----------+
| Table        | Op      | Msg_type | Msg_text |
+--------------+---------+----------+----------+
| message      | analyze | status   | OK       |
+--------------+---------+----------+----------+
1 row in set (0.40 sec)
```

可以看出，message 表的分析状态是"OK"，没有错误状态和警告状态。

（2）使用 CHECK TABLE 语句检查表 message，执行的语句及结果如下：

```
mysql> CHECK TABLE message;
+--------------+---------+----------+----------+
| Table        | Op      | Msg_type | Msg_text |
+--------------+---------+----------+----------+
| message      | check   | status   | OK       |
+--------------+---------+----------+----------+
1 row in set (23.43 sec)
```

可以看出，message 表的检查状态是"OK"，没有错误状态和警告状态。

（3）使用 OPTIMIZE TABLE 语句优化表 message，执行的语句及结果如下：

```
mysql> OPTIMIZE TABLE message;
+--------------+---------+----------+----------+
| Table        | Op      | Msg_type | Msg_text |
```

```
+--------------+----------+------------+------------+
| message | optimize | status  | OK   |
+--------------+----------+------------+------------+
1 row in set (0.47 sec)
```

可以看出，message 表的优化的状态是"OK"，没有错误状态和警告状态。

16.6　专家解惑

疑问 1：是不是索引建立得越多越好？

合理的索引可以提高查询的速度，但不是索引越多越好。在执行插入语句的时候，MySQL 要为新插入的记录建立索引。所以过多的索引会导致插入操作变慢。原则上是只有查询用的字段才建立索引。

疑问 2：为什么查询语句中的索引没有起作用？

在一些情况下，查询语句中使用了带有索引的字段。但索引并没有起作用。例如，在 WHERE 条件的 LIKE 关键字匹配的字符串以"%"开头，这种情况下索引不会起作用。又如，WHERE 条件中使用 OR 关键字连接查询条件，如果有 1 个字段没有使用索引，那么其他的索引也不会起作用。如果使用多列索引，但没有使用多列索引中的第 1 个字段，那么多列索引也不会起作用。

疑问 3：如何使用查询缓冲区？

查询缓冲区可以提高查询的速度，但是这种方式只适合查询语句比较多、更新语句比较少的情况。默认情况下查询缓冲区的大小为 0，也就是不可用。可以修改 query_cache_size 以调整查询缓冲区大小；修改 query_cache_type 以调整查询缓冲区的类型。在 my.ini 中修改 query_cache_size 和 query_cache_type 的值如下所示：

```
[mysqld]
query_cache_size=512M
query_cache_type=1
```

query_cache_type=1 表示开启查询缓冲区。只有在查询语句中包含 SQL_NO_CACHE 关键字时，才不会使用查询缓冲区。可以使用 FLUSH QUERY CACHE 语句来刷新缓冲区，清理查询缓冲区中的碎片。

16.7 经典习题

（1）练习查询连接 MySQL 服务器的次数，Uptime：MySQL 服务器的上线时间，慢查询的次数，查询操作的次数，插入操作的次数，更新操作的次数，删除操作的次数等 MySQL 数据库的性能参数。

（2）练习优化子查询。

（3）练习分析查询语句中是否使用了索引，以及索引对查询的影响。

（4）练习将很大的表分解成多个表，并观察分解表对性能的影响。

（5）练习使用中间表优化查询。

（6）练习分析表、检查表、优化表。

（7）练习优化 MySQL 服务器的配置参数。

第 17 章

◀MySQL Replication▶

学习目标|Objective

MySQL Replication 是 MySQL 的一个非常重要的功能，主要用于主服务器和从服务期之间的数据复制操作。本章主要学习 MySQL Replication 的基本概念、Windows 环境下的复制操作、Linux 环境下的复制操作、如何查看 Slave 的复制进度、日常管理和维护、切换主从服务器的方法等等。

内容导航|Navigation

- 了解什么是 MySQL Replication
- 掌握 Windows 环境下的复制操作
- 掌握 Linux 环境下 MySQL 的复制操作
- 掌握 Slave 的复制进度
- 掌握日常管理和维护
- 掌握切换主从服务器的方法

17.1 MySQL Replication 概述

MySQL 从 3.25.15 版本开始提供数据库复制（replication）功能。MySQL 复制是指从一个 MySQL 主服务器（master）将数据复制到另一台或多台 MySQL 从服务器（slaves）的过程，将主数据库的 DDL 和 DML 操作通过二进制日志传到复制服务器上，然后在从服务器上对这些日志重新执行，从而使得主从服务器的数据保持同步。

在 MySQL 中，复制操作是异步进行的，slaves 服务器不需要持续地保持连接接收 master 服务器的数据。

MySQL 支持一台主服务器同时向多台从服务器进行复制操作，从服务器同时可以作为其他从服务器的主服务器，如果 MySQL 主服务器访问量比较大，可以通过复制数据，然后在从服务器上进行查询操作，从而降低主服务器的访问压力，同时从服务器作为主服务器的备份，可以避免主服务器因为故障数据丢失的问题。

MySQL 数据库复制操作大致可以分成三个步骤：

步骤 01 主服务器将数据的改变记录到二进制日志(binary log)中。

步骤 02 从服务器将主服务器的 binary log events 复制到它的中继日志(relay log)中。

步骤 03 从服务器重做中继日志中的事件，将数据的改变与从服务器保持同步。

首先，主服务器会记录二进制日志，每个事务更新数据完成之前，主服务器将这些操作的信息记录在二进制日志里面，在事件写入二进制日志完成后，主服务器通知存储引擎提交事务。

slave 上面的 I/O 进程连接上 Master，并发出日志请求，Master 接收到来自 Slave 的 I/O 进程的请求后，通过负责复制的 I/O 进程根据请求信息读取与制定日志指定位置之后的日志信息，返回给 Slave 的 I/O 进程。返回信息中除了日志所包含的信息之外，还包括本次返回的信息已经到 Master 端的 bin-log 文件的名称以及 bin-log 的位置。

Slave 的 I/O 进程接收到信息后，将接收到的日志内容依次添加到 Slave 端的 relay-log 文件的最末端，并将读取到 Master 端的 bin-log 的文件名和位置记录到 master-info 文件中。

Slave 的 SQL 进程检测到 relay-log 中新增加了内容后，会马上解析 relay-log 的内容成为在 Master 端真实执行时候的那些可执行的内容，并在自身执行。

MySQL 复制环境90%以上都是一个 Master 带一个或者多个 Slave 的架构模式。如果 master 和 slave 的压力不是太大的话，异步复制的延时一般都很少。尤其是 slave 端的复制方式改成两个进程处理之后，更是减小了 slave 端的延时。

对于数据实时性要求不是特别严格的应用，只需要通过廉价的电脑服务器来扩展 slave 的数量，将读压力分散到多台 slave 的机器上面，即可解决数据库端的读压力瓶颈。这在很大程度上解决了目前很多中小型网站的数据库压力瓶颈问题，甚至有些大型网站也在使用类似方案解决数据库瓶颈。

17.2 Windows 环境下的 MySQL 主从复制

下面主要通过实验讲解 MySQL Replication 在 Windows 环境下如何配置主从复制的功能。

17.2.1 复制前的准备工作

在 Windows 环境下，如果想实现主从复制功能，需要准备操作环境。本书的操作环境如表 17.1 所示。

表 17.1　MySQL 主从复制所需的环境

角色	IP	操作系统	MySQL 版本
Master	192.168.0.208	Windows 7	MySQL-installer-community-5.7.10.1.msi
Slave	192.168.0.206	Windows 7	MySQL-installer-community-5.7.10.1.msi

读者在做实验的过程中，如果没有多的计算机做实验，可以使用 VMware 虚拟机实现。

17.2.2　Windows 环境下实现主从复制

准备好两台安装 MySQL 5.7 的计算机后，即可实现两台 MySQL 服务器主从复制备份操作。具体操作步骤如下。

步骤 01 在 Windows 操作系统下安装好两台主机的 MySQL 服务器，配置好两台主机的 IP 地址，实现两台计算机可以网络连通。

步骤 02 配置 Master 的相关信息，在 Master 主机上开启 binlog 日志，首先，看下 datadir 的具体的路径。

```
mysql> show variables like '%datadir%';
+---------------+-------------------------------------------------+
| Variable_name | Value                                           |
+---------------+-------------------------------------------------+
| datadir       | C:\Documents and Settings\...\MySQL Server 5.7\data\ |
+---------------+-------------------------------------------------+
1 row in set (0.00 sec)
```

步骤 03 此时需要打开在 C:\Documents and Settings\All Users\Application Data\MySQL\MySQL Server 5.7 目录下面的配置文件 my.ini，添加如下代码，开启 binlog 功能。

```
[mysqld]
log_bin="D:/MySQLlog/binlog"
expire_logs_days = 10
max_binlog_size = 100M
```

此时我们需要在 D 盘下面创建 MySQLlog 文件夹，binlog 日志记录在该文件夹里面，该配置中其他的参数的含义如下所示。

- - expire_logs_days 表示二进制日志文件删除的天数。
- - max_binlog_size 表示二进制日志文件最大的大小。

步骤 04 登录 MySQL 之后，可以执行 show variables like '%log_bin%'命令来测试下 log_bin 是否成功开启，命令语句执行如下。

```
mysql> show variables like '%log_bin%';
+---------------------------------+---------------------------+
| Variable_name                   | Value                     |
+---------------------------------+---------------------------+
| log_bin                         | ON                        |
| log_bin_basename                | D:\MySQLlog\binlog        |
| log_bin_index                   | D:\MySQLlog\binlog.index  |
| log_bin_trust_function_creators | OFF                       |
| log_bin_use_v1_row_events       | OFF                       |
| sql_log_bin                     | ON                        |
+---------------------------------+---------------------------+
6 rows in set (0.00 sec)
```

如果 log_bin 参数的值为 ON 的话，那么表示二进制日志文件已经成功开启；如果为 OFF 的话，那么表示二进制日志文件开启失败。

步骤 05 在 master 上配置复制所需要的账户，这里创建一个 repl 的用户，%表示任何远程地址的 repl 用户都可以连接 master 主机，语句执行如下所示。

```
mysql> grant replication slave on *.* to repl@'%' identified by '123';
Query OK, 0 rows affected (0.06 sec)

mysql> flush privileges;
Query OK, 0 rows affected (0.09 sec)
```

步骤 06 在 my.ini 配置文件中配置 Master 主机的相关信息，如下所示。

```
[mysqld]
log_bin="D:/MySQLlog/binlog"
expire_logs_days = 10
max_binlog_size = 100M

server-id = 1
binlog-do-db = test
binlog-ignore-db = mysql
```

这些配置语句的含义如下：

- - server-id 表示服务器标识 id 号，master 和 slave 主机的 server-id 不能一样。
- - binlog-do-db 表示需要复制的数据库，这里以 test 数据库为例。
- - binlog-ignore-db 表示不需要复制的数据库。

步骤 07 重启 Master 主机的 MySQL 服务，然后输入 show master status 命令查询 Master 主机的信息。

```
mysql> show master status \G;
*** 1. row ***
```

```
         File: binlog.000003
     Position: 120
  Binlog_Do_DB: test
Binlog_Ignore_DB: mysql
Executed_Gtid_Set:
1 row in set (0.00 sec)
```

步骤 08 将 Master 主机的数据备份出来，然后导入到 Slave 主机中去，具体执行语句如下。

```
C:\Program Files\MySQL\MySQL Server 5.7\bin>mysqldump -u root -p -h localhost
test >c:\a.txt
Enter password:
```

将 c:/a.txt 复制到 slave 主机上面去，然后执行以下操作：

```
C:\Program Files\MySQL\MySQL Server 5.7\bin>mysqldump -u root -p root -h
localhost
test <c:\a.txt
Warning: Using a password on the command line interface can be insecure.
-- MySQL dump 10.13  Distrib 5.7.10, for Win32 (x86)
--
-- Host: localhost    Database: test
-- ------------------------------------------------------
-- Server version       5.7.10-log

/*!40101 SET @OLD_CHARACTER_SET_CLIENT=@@CHARACTER_SET_CLIENT */;
/*!40101 SET @OLD_CHARACTER_SET_RESULTS=@@CHARACTER_SET_RESULTS */;
/*!40101 SET @OLD_COLLATION_CONNECTION=@@COLLATION_CONNECTION */;
/*!40101 SET NAMES utf8 */;
/*!40103 SET @OLD_TIME_ZONE=@@TIME_ZONE */;
/*!40103 SET TIME_ZONE='+00:00' */;
/*!40014 SET @OLD_UNIQUE_CHECKS=@@UNIQUE_CHECKS, UNIQUE_CHECKS=0 */;
/*!40014          SET          @OLD_FOREIGN_KEY_CHECKS=@@FOREIGN_KEY_CHECKS,
FOREIGN_KEY_CHECKS=0
*/;
/*!40101 SET @OLD_SQL_MODE=@@SQL_MODE, SQL_MODE='NO_AUTO_VALUE_ON_ZERO' */;
/*!40111 SET @OLD_SQL_NOTES=@@SQL_NOTES, SQL_NOTES=0 */;
/*!40103 SET TIME_ZONE=@OLD_TIME_ZONE */;

/*!40101 SET SQL_MODE=@OLD_SQL_MODE */;
/*!40014 SET FOREIGN_KEY_CHECKS=@OLD_FOREIGN_KEY_CHECKS */;
/*!40014 SET UNIQUE_CHECKS=@OLD_UNIQUE_CHECKS */;
/*!40101 SET CHARACTER_SET_CLIENT=@OLD_CHARACTER_SET_CLIENT */;
/*!40101 SET CHARACTER_SET_RESULTS=@OLD_CHARACTER_SET_RESULTS */;
/*!40101 SET COLLATION_CONNECTION=@OLD_COLLATION_CONNECTION */;
/*!40111 SET SQL_NOTES=@OLD_SQL_NOTES */;
```

```
-- Dump completed on 2013-04-03 17:25:17
```

步骤 09 配置 Slave 主机（192.168.0.206）在 C:\Documents and Settings\All Users\Application Data\MySQL\MySQL Server 5.7 目录下面的配置文件 my.ini，具体配置信息如下所示。

```
[mysql]
default-character-set=utf8
log_bin="D:/MySQLlog/binlog"
expire_logs_days=10
max_binlog_size = 100M


[mysqld]
server-id = 2
```

配置 slave 主机 my.ini 文件时候，需要将 server-id = 2 写到[MySQLd]后面，另外如果配置文件中还有 log_bin 的配置，可以将它注释掉，如下所示。

```
# Binary Logging.
# log-bin
# log_bin = "D:/MySQLlog/mysql-bin.log"
```

步骤 10 重启 Slave 主机（192.168.0.206），在 Slave 主机（192.168.0.206）的 MySQL 中执行如下命令，关闭 slave 服务。

```
mysql> stop slave;
Query OK, 0 rows affected (0.05 sec)
```

步骤 11 设置 Slave 从机实现复制相关的信息，命令执行如下。

```
mysql> change master to
    -> master_host='192.168.0.208',
    -> master_user='repl',
    -> master_password='123',
    -> master_log_file='binglog.000003',
    -> master_log_pos=120;
Query OK, 0 rows affected, 2 warnings (0.34 sec)
```

各个参数所代表的具体含义如下。

- -master_host 表示实现复制的主机的 IP 地址。
- -master_user 表示实现复制的登录远程主机的用户。
- -master_password 表示实现复制的登录远程主机的密码。
- -master_log_file 表示实现复制的 binlog 日志文件。
- -master_log_pos 表示实现复制的 binlog 日志文件的偏移量。

步骤 12 继续执行操作，显示 slave 从机的状况，如下所示。

```
mysql> start slave;
Query OK, 0 rows affected (0.11 sec)

mysql> show slave status \G;
*** 1. row ***
              Slave_IO_State:
                 Master_Host: 192.168.0.208
                 Master_User: repl
                 Master_Port: 3306
               Connect_Retry: 60
             Master_Log_File: binglog.000003
         Read_Master_Log_Pos: 120
              Relay_Log_File: 2015-20160220JX-relay-bin.000001
               Relay_Log_Pos: 4
       Relay_Master_Log_File: binglog.000003
            Slave_IO_Running: No
           Slave_SQL_Running: Yes
             Replicate_Do_DB:
         Replicate_Ignore_DB:
          Replicate_Do_Table:
      Replicate_Ignore_Table:
     Replicate_Wild_Do_Table:
 Replicate_Wild_Ignore_Table:
                  Last_Errno: 0
                  Last_Error:
                Skip_Counter: 0
         Exec_Master_Log_Pos: 120
             Relay_Log_Space: 120
             Until_Condition: None
              Until_Log_File:
               Until_Log_Pos: 0
           Master_SSL_Allowed: No
           Master_SSL_CA_File:
           Master_SSL_CA_Path:
             Master_SSL_Cert:
           Master_SSL_Cipher:
              Master_SSL_Key:
       Seconds_Behind_Master: NULL
Master_SSL_Verify_Server_Cert: No
               Last_IO_Errno: 1236
               Last_IO_Error: Got fatal error 1236 from master when reading data
from binary log: 'Could not find first log file name in binary log index file'

              Last_SQL_Errno: 0
              Last_SQL_Error:
```

```
     Replicate_Ignore_Server_Ids:
            Master_Server_Id: 1
                  Master_UUID: a6bd1fa8-8d6b-11e2-97b4-001f3ca9bc3a
            Master_Info_File: C:\Documents and Settings\All Users\Application
D
ata\MySQL\MySQL Server 5.7\data\master.info
                    SQL_Delay: 0
          SQL_Remaining_Delay: NULL
      Slave_SQL_Running_State: Slave has read all relay log; waiting for the sla
ve I/O thread to update it
            Master_Retry_Count: 86400
                  Master_Bind:
      Last_IO_Error_Timestamp: 160403 17:53:15
      Last_SQL_Error_Timestamp:
                Master_SSL_Crl:
            Master_SSL_Crlpath:
            Retrieved_Gtid_Set:
            Executed_Gtid_Set:
                Auto_Position: 0
1 row in set (0.00 sec)
```

在上述执行 show slave status \G 命令中很显然存在一些问题，问题如下所示。

```
Last_IO_Error: Got fatal error 1236 from master when reading dat a
from binary log: 'Could not find first log file name in binary log index file'
```

下面的步骤是解决该问题的方法，具体操作步骤如下。

步骤 ⑬ 重启 Master（192.168.0.208）主机，执行 show master status \G 命令，记下 File 和 Position 的值，后面 Slave 主机会用到。命令执行如下：

```
mysql> show master status \G;
*** 1. row ***
            File: binlog.000004
        Position: 120
    Binlog_Do_DB: test
 Binlog_Ignore_DB: mysql
Executed_Gtid_Set:
1 row in set (0.00 sec)
```

步骤 ⑭ 在 Slave（192.168.0.206）主机上重新设置信息，命令执行如下所示。

```
mysql> stop slave;
Query OK, 0 rows affected (0.01 sec)

mysql> change master to
    -> master_log_file='binlog.000004',
    -> master_log_pos = 120;
```

```
Query OK, 0 rows affected (0.16 sec)

mysql> start slave;
Query OK, 0 rows affected (0.05 sec)

mysql> show slave status\G;
*** 1. row ***
               Slave_IO_State: Waiting for master to send event
                  Master_Host: 192.168.0.208
                  Master_User: repl
                  Master_Port: 3306
                Connect_Retry: 60
              Master_Log_File: binlog.000004
          Read_Master_Log_Pos: 120
               Relay_Log_File: 2015-20160220JX-relay-bin.000002
                Relay_Log_Pos: 280
        Relay_Master_Log_File: binlog.000004
             Slave_IO_Running: Yes
            Slave_SQL_Running: Yes
              Replicate_Do_DB:
          Replicate_Ignore_DB:
           Replicate_Do_Table:
       Replicate_Ignore_Table:
      Replicate_Wild_Do_Table:
  Replicate_Wild_Ignore_Table:
                   Last_Errno: 0
                   Last_Error:
                 Skip_Counter: 0
          Exec_Master_Log_Pos: 120
              Relay_Log_Space: 463
              Until_Condition: None
               Until_Log_File:
                Until_Log_Pos: 0
           Master_SSL_Allowed: No
           Master_SSL_CA_File:
           Master_SSL_CA_Path:
              Master_SSL_Cert:
            Master_SSL_Cipher:
               Master_SSL_Key:
        Seconds_Behind_Master: 0
Master_SSL_Verify_Server_Cert: No
                Last_IO_Errno: 0
                Last_IO_Error:
               Last_SQL_Errno: 0
               Last_SQL_Error:
```

```
          Replicate_Ignore_Server_Ids:
                    Master_Server_Id: 1
                       Master_UUID: a6bd1fa8-8d6b-11e2-97b4-001f3ca9bc3a
                   Master_Info_File: C:\Documents and Settings\All Users\Application
D
  ata\MySQL\MySQL Server 5.7\data\master.info
                         SQL_Delay: 0
              SQL_Remaining_Delay: NULL
          Slave_SQL_Running_State: Slave has read all relay log; waiting for the sla
  ve I/O thread to update it
               Master_Retry_Count: 86400
                       Master_Bind:
          Last_IO_Error_Timestamp:
         Last_SQL_Error_Timestamp:
                    Master_SSL_Crl:
                Master_SSL_Crlpath:
                Retrieved_Gtid_Set:
                 Executed_Gtid_Set:
                    Auto_Position: 0
  1 row in set (0.00 sec)
```

由此可见，问题完全解决，接下来可以进行 Window 环境下主从复制的测试。

17.2.3　Windows 环境下主从复制测试

在 Windows 环境中测试主从复制操作。具体操作步骤如下。

步骤 01 在 Master 主机的 MySQL 环境下，执行如下命令。

```
mysql> use test;
Database changed
mysql> create table rep_test(
    ->   data integer
    -> );
Query OK, 0 rows affected (0.02 sec)

mysql> insert into rep_test values(2);
Query OK, 1 row affected (0.06 sec)
```

步骤 02 在 Slave 主机的 MySQL 环境下，查看主机刚才添加的表和数据是否成功同步到从机
上上，命令执行如下所示。

```
mysql> use test;
Database changed
mysql> show tables;
+-----------------+
```

```
| Tables_in_test |
+----------------+
| t2             |
+----------------+
1 row in set (0.00 sec)

mysql> use test;
Database changed
mysql> show tables;
+----------------+
| Tables_in_test |
+----------------+
| rep_test       |
| t2             |
+----------------+
2 rows in set (0.00 sec)

mysql> select *from rep_test;
+------+
| data |
+------+
|    2 |
+------+
1 row in set (0.02 sec)
```

　　测试表明数据已经成功地同步到 Slave 主机上了，实验中只是用到主从同步，在实际生产环境中 MySQL 架构可能会用到一主多从的架构，这里不再叙述。

17.3　Linux 环境下的 MySQL 复制

　　在现实的生产环境中单机实现的主从复制比较少，通常会使用一主多从的架构体系，本节中为了读者朋友更好地实现本机主从复制，需要在 Linux 环境下面通过 MySQLd_multi 实现单机的主从复制。本节使用的是 Fedora 操作系统。

17.3.1　下载并安装 MySQL 5.7

　　很多熟悉 MySQL 的用户都喜欢使用源码包来进行安装，因为在安装源码的过程中可以非常方便地进行性能的优化，下面就源码安装过程中涉及的优化项进行简单的介绍。

步骤 01　先 下 载 MySQL-5.7.10.tar.gz 源文件。读者可以在下载页面 http://dev.mysql.com/downloads/mysql/ 中选择【Source Code】平台，然后选择下载

MySQL-5.7.10.tar.gz 源码，如图 17.1 所示。

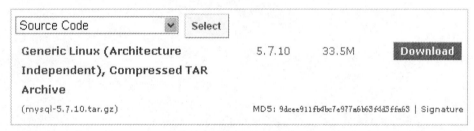

图 17.1　MySQL 源码下载

步骤 02　下载完 MySQL-5.7.10.tar.gz 后，创建 MySQL 安装程序的目录和数据文件的目录。命令执行如下。

```
[root@localhost ~]# mkdir -p /usr/local/mysql
[root@localhost ~]# mkdir -p /usr/local/mysql/data
[root@localhost ~]# groupadd mysql
[root@localhost ~]# useradd -r -g mysql mysql
```

步骤 03　解压缩 MySQL 源代码，这里使用的是 cmake2.8.4 来编译 MySQL 源代码。命令执行如下。

```
[root@localhost ~]# groupadd mysql
[root@localhost ~]# useradd -r -g mysql mysql
[root@localhost ~]# tar -zxvf mysql-5.7.10.tar.gz
[root@localhost ~]# cd mysql-5.7.10
[root@localhost mysql-5.7.10]# cmake .
[root@localhost mysql-5.7.10]# make && make install
```

步骤 04　创建 MySQL 安装程序的目录和数据文件的目录。命令执行如下。

```
[root@localhost ~]# mkdir -p /usr/local/mysql
[root@localhost ~]# mkdir -p /usr/local/mysql/data
[root@localhost ~]# chown -R mysql.mysql /usr/local/mysql
```

步骤 05　安装 MySQL 5.7 的源码。命令执行如下。

```
[root@localhost ~]# cd /usr/local/mysql/scripts
[root@localhost        scripts]#        ./mysql_install_db        --user=mysql
--basedir=/usr/local/mysql --datadir=/usr/local/mysql/data
[root@localhost ~]# cd /usr/local/mysql/support-files
[root@localhost support-files]# cp mysql.server /etc/rc.d/init.d/mysql
[root@localhost support-files]# cp my-default.cnf /etc/my.cnf
[root@localhost ~]# chkconfig --add mysql
[root@localhost ~]# chkconfig mysql on
```

步骤 06　启动 MySQL 5.7 服务。命令执行如下。

```
[root@localhost ~]# service mysql start
```

```
Starting MySQL...                                                    [OK]
```

步骤 07　在 Fedora 操作系统中登录 MySQL 5.7，默认用户 root，密码为空，命令执行如下所示。

```
[root@localhost ~]# mysql
Welcome to the mysql monitor.  Commands end with ; or \g.
Your MySQL connection id is 1
Server version: 5.7.10 Source distribution

Copyright (c) 2000, 2015, Oracle and/or its affiliates. All rights reserved.

Oracle is a registered trademark of Oracle Corporation and/or its
affiliates. Other names may be trademarks of their respective
owners.

Type 'help;' or '\h' for help. Type '\c' to clear the current input statement.

mysql>
```

17.3.2　单机主从复制前的准备工作

MySQL 服务器可以采用主从机制进行备份，如果一对一进行备份对于生成环境而言比较浪费资源，主服务器把数据变化记录到主日志，然后从服务器通过 I/O 线程读取主服务器的日志，并将它写入到从服务器的中继日志中，接着 SQL 线程读取中继日志，并且在从服务器上重放，从而实现 MySQL 复制，具体如图 17.2 所示。

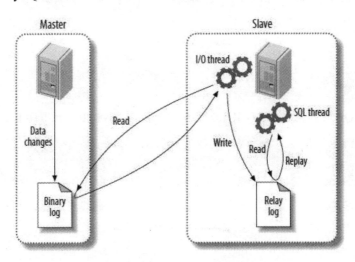

图 17.2　MySQL 复制

MySQL 具有可以运行多个实例的功能，这个功能是通过 MySQLd_multi 实现的。当一台机器上需要运行多个 MySQL 服务器时，MySQLd_multi 是管理多个 MySQLd 的服务进程，这

465

些服务进程程序用不同的 unix socket 或是监听不同的端口，通过命令，可以启动、关闭和报告所管理的服务器的状态。

下面介绍在一台服务器上使用 MySQLd_multi 管理多个 MySQL 服务进程。具体操作步骤如下。

步骤 01 初始化多实例数据库，首先要停止掉 MySQL 服务器。命令执行如下。

```
[root@localhost ~]# service mysql stop
Shutting down MySQL.                              [  OK  ]
```

 此时可以采用 netstat 命令查看 3306 关闭了没有，如果没有查询出结果，那么说明 MySQL 服务器已经成功关闭掉了。

步骤 02 把常用到的工具添加到/usr/bin 目录，命令执行如下。

```
[root@localhost~]#ln              -s          /usr/local/mysql/bin/mysqld_multi
/usr/bin/mysqld_multi
[root@localhost~]#ln -s /usr/local/mysql/scripts/mysql_install_db
/usr/bin/mysql_install_db
```

步骤 03 初始化三个数据目录并安装 3 个 MySQL 服务，命令执行如下。

```
[root@localhost ~]# cd /usr/local/mysql/
[root@localhost mysql]# mkdir -p /usr/local/var/mysql1
[root@localhost mysql]# mkdir -p /usr/local/var/mysql2
[root@localhost mysql]# mkdir -p /usr/local/var/mysql3
[root@localhost mysql]# ./scripts/mysql_install_db --datadir=/usr/local/
var/mysql1 --user=mysql
[root@localhost mysql]# ./scripts/mysql_install_db --datadir=/usr/local/var/
mysql2 --user=mysql
[root@localhost mysql]# ./scripts/mysql_install_db --datadir=/usr/local/var/
mysql3 --user=mysql
```

步骤 04 从 MySQL 的源码中把 MySQLd_multi.server 复制到/etc/init.d/目录下，命令执行如下。

```
[root@localhost ~]# cd /usr/local/mysql/support-files/
[root@localhost       support-files]#       cp       ./mysqld_multi.server
/etc/init.d/mysql_multi.server
```

步骤 05 配置数据库文件。直接配置/etc/my.cnf，修改相应的属性，如下所示。

```
# The MySQL server
[mysqld_multi]
mysqld        = /usr/local/mysql/bin/mysqld_safe
mysqladmin = /usr/local/mysql/bin/mysqladmin
user          = root
```

```
[mysqld1]
port     = 3306

[mysqld2]
port     = 3307
socket      = /temp/mysql2.sock
datadir     = /usr/local/var/mysql2

[mysqld3]
port     = 3308
socket      = /temp/mysql3.sock
datadir     = /usr/local/var/mysql3

[mysqld]
```

步骤 06　查看数据库的状态。命令执行如下。

```
[root@localhost ~]# mysqld_multi --defaults-extra-file=/etc/my.cnf report
Reporting MySQL servers
MySQL server from group: mysqld1 is not running
MySQL server from group: mysqld2 is not running
MySQL server from group: mysqld3 is not running
```

此时，发现 MySQL 服务器的状态，不能够打开所需的文件，程序发生错误。

步骤 07　使用 MySQLd_multi 启动 MySQL 服务器，命令执行如下。

```
[root@localhost mysql1]# mysqld_multi --defaults-extra-file=/etc/my.cnf stop
[root@localhost mysql1]# mysqld_multi --defaults-extra-file=/etc/my.cnf start
[root@localhost mysql1]# mysqld_multi --defaults-extra-file=/etc/my.cnf
report
Reporting MySQL servers
MySQL server from group: mysqld1 is running
MySQL server from group: mysqld2 is running
MySQL server from group: mysqld3 is running
```

步骤 08　下面测试下 MySQL 服务器的状态，命令执行如下。

```
[root@localhost ~]# netstat -an|grep 330
```

此时发现端口同时开启 3306,3307,3308 端口，进程里面可以发现同时开启了两个
MySQL_safe 进程。

步骤 09　下面登录查看下 MySQL 数据库，命令执行如下。

```
[root@localhost data]# MySQL -u root -p -P 3306
[root@localhost data]# MySQL -u root -p -P 3307
[root@localhost data]# MySQL -u root -p -P 3308
```

此时可以顺利登录到数据库，也可以通过 ps 命令，发现后台产生了 3 个 MySQLd 进程的实例。

步骤10 直接登录 MySQL 服务器，执行 show variable 命令发现三个 MySQL 服务器的 pid_file，socket 参数都一样，命令执行如下。

```
mysql> show variables like 'socket';
+---------------+-----------------+
| Variable_name | Value           |
+---------------+-----------------+
| socket        | /tmp/mysql.sock |
+---------------+-----------------+
1 row in set (0.00 sec)

mysql> show variables like 'pid%';
+---------------+-------------------------------+
| Variable_name | Value                         |
+---------------+-------------------------------+
| pid_file      | /usr/local/var/mysql1/mysql1.pid |
+---------------+-------------------------------+
1 row in set (0.00 sec)
```

此时，可以通过登录 MySQL 服务器自带参数，解决以上的问题。命令执行如下所示。

```
[root@localhost ~]# mysql -u root -S /tmp/mysql2.sock
Welcome to the mysql monitor.  Commands end with ; or \g.
Your mysql connection id is 1
Server version: 5.7.10 mysql Community Server (GPL)

Type 'help;' or '\h' for help. Type '\c' to clear the current input statement.

mysql> show databases;
+--------------------+
| Database           |
+--------------------+
| information_schema |
| mysql              |
| test               |
+--------------------+
3 rows in set (0.04 sec)

mysql> show variables like 'pid%';
+---------------+-------------------------------+
| Variable_name | Value                         |
+---------------+-------------------------------+
| pid_file      | /usr/local/var/mysql2/mysql2.pid |
+---------------+-------------------------------+
1 row in set (0.00 sec)
```

测试结果可知，问题已经解决了，接下来启动 3 个数据库，可以直接使用了。

```
[root@localhost ~]# mysqld_multi --defaults-extra-file=/etc/my.cnf stop 1-3
[root@localhost ~]# mysqld_multi --defaults-extra-file=/etc/my.cnf star 1-3
```

17.3.3　MySQLd_multi 实现单机主从复制

MySQL 的复制至少需要两个 MySQL 服务，这些 MySQL 服务可以分布在不同的服务器上，也可以在一台服务器上启动多个服务。

MySQL 的复制（Replication）是一个异步的复制过程，从 Master 复制到 Slave。在 Master 和 Slave 实现整个复制过程由三个线程完成，其中两个线程（SQL 线程和 I/O 线程）在 Slave 端，另一个线程（I/O 线程）在 Master 端。要实现复制过程，Master 必须打开 Binary Log 功能，复制过程其实就是 Slave 从 Master 端获取 bin 日志，然后在自己服务器上完全顺序执行日志中所记录的各种操作。

在 Fedora 操作系统中使用 MySQLd_multi 单机实现主从复制的具体配置如表 17.2 所示。

表 17.2　MySQLd_multi 单机实现主从复制的具体配置环境

角色	IP	操作系统	MySQL 版本	端口
Master	192.168.0.208	Fedora14	MySQL-5.7.10.tar.gz	3306
Slave	192.168.0.208	Fedora14	MySQL-5.7.10.tar.gz	3307
Slave	192.168.0.208	Fedora14	MySQL-5.7.10.tar.gz	3308

下面是采用 MySQLd_multi 实现单机 MySQL 服务器主从复制。具体操作步骤如下。

步骤 01　使用 MySQLd_multi 开启上一节已经设定好的三个 MySQL 服务，命令执行如下。

```
[root@localhost ~]# mysqld_multi --defaults-extra-file=/etc/my.cnf start 1-3
[root@localhost ~]# netstat -an|grep 330
tcp    0    0 0.0.0.0:3306          0.0.0.0:*              LISTEN
tcp    0    0 0.0.0.0:3307          0.0.0.0:*              LISTEN
tcp    0    0 0.0.0.0:3308          0.0.0.0:*              LISTEN
```

步骤 02　登录 Master 主服务器，设置一个复制使用的账户，并授予 REPLICATION SLAVE 权限。这里创建一个复制用户 rep1。

```
[root@localhost ~]# mysql -u root -p -P 3306
Enter password:

mysql> grant replication slave on *.* to 'repl'@'localhost' identified by '123';
Query OK, 0 rows affected (0.04 sec)

mysql> grant replication slave on *.* to 'repl'@'%' identified by '123';
Query OK, 0 rows affected (0.04 sec)
```

步骤 03　修改 Master 主数据库服务器的配置文件 my.cnf，开启 BINLOG，并设置 server-id 的值。需要重启服务器之后才生效。

```
[root@localhost ~]#vi /etc/my.cnf
[mysqld1]
port     = 3306
log-bin = /usr/local/var/mysql1/mysql-bin
server-id = 1

[root@localhost ~]# mysqld_multi --defaults-extra-file=/etc/my.cnf stop 1-3
[root@localhost ~]# mysqld_multi --defaults-extra-file=/etc/my.cnf start 1-3
```

步骤 04 在 Master 主服务器上，设置锁定有效，这个操作为了确保没有数据库操作，以便获得一致性的快照。

```
[root@localhost ~]# mysql -u root -P 3306 -S /tmp/mysql.sock
Welcome to the MySQL monitor.  Commands end with ; or \g.
Your MySQL connection id is 2
Server version: 5.7.10-log Source distribution

Copyright (c) 2000, 2015, Oracle and/or its affiliates. All rights reserved.

Oracle is a registered trademark of Oracle Corporation and/or its
affiliates. Other names may be trademarks of their respective
owners.

Type 'help;' or '\h' for help. Type '\c' to clear the current input statement.

mysql> flush tables with read lock;
Query OK, 0 rows affected (0.01 sec)
```

步骤 05 用 show master status 命令查看日志情况，查询得到主服务器上当前的二进制日志名和偏移量值。这个操作的目的是为了从数据库启动以后，从这个点开始进行数据的恢复。

```
mysql> show master status \G;
*** 1. row ***
         File: mysql-bin.000001
      Position: 120
    Binlog_Do_DB:
 Binlog_Ignore_DB:
Executed_Gtid_Set:
1 row in set (0.00 sec)
```

步骤 06 主数据库服务此时可以做一个备份，可以在服务器停止的情况下直接使用系统复制命令。

```
[root@localhost mysql1]#tar -cvf data.tar data
```

步骤 07　主数据库备份完成后，主数据库恢复写操作，命令执行如下。

```
mysql> unlock tables;
Query OK, 0 rows affected (0.00 sec)
```

 提 示　Master 主服务器的配置已经成功，如果 my.cnf 的 MySQLd 选项设置 server-id 参数，如果从服务器没有设置 server-id，那么启动从服务器会发生错误如下。

```
mysql> start slave;
ERROR 1200 (HY000): The server is not configured as slave; fix in config file
or with CHANGE MASTER TO
```

步骤 08　接下来继续编辑/etc/my.cnf 文件，具体配置项如下。

```
# The MySQL server
[mysqld_multi]
mysqld        = /usr/local/mysql/bin/mysqld_safe
mysqladmin = /usr/local/mysql/bin/mysqladmin
user        = root


[mysqld1]
port    = 3306
log-bin    = /usr/local/var/mysql1/mysql-bin
server-id    = 1

[mysqld2]
port    = 3307
socket        = /temp/mysql2.sock
datadir        = /usr/local/var/mysql2
log-bin        = /usr/local/var/mysql2/mysql-bin
server-id    = 2

[mysqld3]
port    = 3308
socket        = /temp/mysql3.sock
datadir        = /usr/local/var/mysql3
log-bin        = /usr/local/var/mysql3/mysql-bin
server-id    = 3


[mysqld]
```

步骤 09　重启 Master 主服务器，命令执行如下。

```
[root@localhost ~]# mysqld_multi --defaults-extra-file=/etc/my.cnf stop 1-3
[root@localhost ~]# mysqld_multi --defaults-extra-file=/etc/my.cnf start 1-3
[root@localhost ~]# mysqld_multi --defaults-extra-file=/etc/my.cnf report
Reporting MySQL servers
```

```
MySQL server from group: mysqld1 is running
MySQL server from group: mysqld2 is running
MySQL server from group: mysqld3 is running
[root@localhost ~]#
```

步骤 10 对从数据库服务器做相应设置，此时需要制定复制使用的用户，主数据的 IP 地址，端口以及开始复制的日志文件和位置等，具体设置如下。

```
[root@localhost ~]# mysql -uroot -p -P 3307 -S /temp/mysql2.sock
Enter password:
Welcome to the MySQL monitor.  Commands end with ; or \g.
Your MySQL connection id is 1
Server version: 5.7.10-log Source distribution

Copyright (c) 2000, 2015, Oracle and/or its affiliates. All rights reserved.

Oracle is a registered trademark of Oracle Corporation and/or its
affiliates. Other names may be trademarks of their respective
owners.

Type 'help;' or '\h' for help. Type '\c' to clear the current input statement.

mysql> show variables like '%log_bin%';
+---------------------------------+----------------------------------------+
| Variable_name                   | Value                                  |
+---------------------------------+----------------------------------------+
| log_bin                         | ON                                     |
| log_bin_basename                | /usr/local/var/mysql2/mysql-bin        |
| log_bin_index                   | /usr/local/var/mysql2/mysql-bin.index  |
| log_bin_trust_function_creators | OFF                                    |
| log_bin_use_v1_row_events       | OFF                                    |
| sql_log_bin                     | ON                                     |
+---------------------------------+----------------------------------------+
6 rows in set (0.01 sec)

mysql> stop slave;
Query OK, 0 rows affected, 1 warning (0.00 sec)

mysql> change master to
    -> master_host='127.0.0.1',
    -> master_user='repl',
    -> master_password='123',
    -> master_log_file='mysql-bin.000001',
    -> master_log_pos=120;
Query OK, 0 rows affected, 2 warnings (0.10 sec)
```

步骤 (11)　在从服务器上执行 show slave status\G 命令查询从服务器的状态，命令执行如下。

```
mysql> start slave;
Query OK, 0 rows affected (0.12 sec)



mysql> show slave status \G;
*** 1. row ***
              Slave_IO_State: Waiting for master to send event
                 Master_Host: 127.0.0.1
                 Master_User: repl
                 Master_Port: 3306
               Connect_Retry: 60
             Master_Log_File: mysql-bin.000002
         Read_Master_Log_Pos: 120
              Relay_Log_File: localhost-relay-bin.000003
               Relay_Log_Pos: 283
       Relay_Master_Log_File: mysql-bin.000002
            Slave_IO_Running: Yes
           Slave_SQL_Running: Yes
             Replicate_Do_DB:
         Replicate_Ignore_DB:
          Replicate_Do_Table:
      Replicate_Ignore_Table:
     Replicate_Wild_Do_Table:
 Replicate_Wild_Ignore_Table:
                  Last_Errno: 0
                  Last_Error:
                Skip_Counter: 0
         Exec_Master_Log_Pos: 120
             Relay_Log_Space: 623
             Until_Condition: None
              Until_Log_File:
               Until_Log_Pos: 0
          Master_SSL_Allowed: No
          Master_SSL_CA_File:
          Master_SSL_CA_Path:
             Master_SSL_Cert:
           Master_SSL_Cipher:
              Master_SSL_Key:
       Seconds_Behind_Master: 0
Master_SSL_Verify_Server_Cert: No
               Last_IO_Errno: 0
               Last_IO_Error:
              Last_SQL_Errno: 0
```

```
                 Last_SQL_Error:
     Replicate_Ignore_Server_Ids:
              Master_Server_Id: 1
                   Master_UUID: 5c2dfa9a-8327-11e2-94c2-000c296d88f8
              Master_Info_File: /usr/local/var/mysql2/master.info
                     SQL_Delay: 0
           SQL_Remaining_Delay: NULL
       Slave_SQL_Running_State: Slave has read all relay log; waiting for the slave
I/O thread to update it
            Master_Retry_Count: 86400
                   Master_Bind:
       Last_IO_Error_Timestamp:
      Last_SQL_Error_Timestamp:
                Master_SSL_Crl:
            Master_SSL_Crlpath:
            Retrieved_Gtid_Set:
             Executed_Gtid_Set:
                 Auto_Position: 0
1 row in set (0.00 sec)
```

步骤 12 此时发现从服务器已经成功设置，此时也可以执行 show processlist \G 命令查询从服务器的进程状态，命令执行如下。

```
mysql> show processlist \G;
*** 1. row ***
     Id: 7
   User: root
   Host: localhost
     db: NULL
Command: Query
   Time: 0
  State: init
   Info: show processlist
*** 2. row ***
     Id: 10
   User: repl
   Host: localhost:45056
     db: NULL
Command: Binlog Dump
   Time: 202
  State: Master has sent all binlog to slave; waiting for binlog to be updated
   Info: NULL
2 rows in set (0.00 sec)
```

结果表明 slave 已经连接上 master，开始接受并执行日志。

步骤 ⑬ 此时可以测试复制服务的正确性，在 Master 主数据库上执行一个更新操作，观察是否在从服务器上同步，下面在主数据库的 test 库上创建一个测试表，然后插入数据，命令执行如下。

```
[root@localhost ~]# mysql -uroot -p -P 3306 -S /tmp/mysql.sock
Enter password:
Welcome to the MySQL monitor.  Commands end with ; or \g.
Your MySQL connection id is 11
Server version: 5.7.10-log Source distribution

Copyright (c) 2000, 2013, Oracle and/or its affiliates. All rights reserved.

Oracle is a registered trademark of Oracle Corporation and/or its
affiliates. Other names may be trademarks of their respective
owners.

Type 'help;' or '\h' for help. Type '\c' to clear the current input statement.

mysql> use test;
Database changed
mysql> show tables;
Empty set (0.00 sec)

mysql> create table repl_test(id int);
Query OK, 0 rows affected (0.18 sec)

mysql> insert into repl_test values(1),(2);
Query OK, 2 rows affected (0.06 sec)
Records: 2  Duplicates: 0  Warnings: 0
```

步骤 ⑭ 在从服务器上检测新的表是否被创建，数据是否同步，执行命令如下。

```
[root@localhost ~]# mysql -uroot -P 3307 -S /temp/mysql2.sock
Welcome to the MySQL monitor.  Commands end with ; or \g.
Your MySQL connection id is 6
Server version: 5.7.10-log Source distribution

Copyright (c) 2000, 2015, Oracle and/or its affiliates. All rights reserved.

Oracle is a registered trademark of Oracle Corporation and/or its
affiliates. Other names may be trademarks of their respective
owners.

Type 'help;' or '\h' for help. Type '\c' to clear the current input statement.

mysql> use test;
```

```
Database changed
mysql> show tables;
+----------------+
| Tables_in_test |
+----------------+
| repl_test      |
+----------------+
1 row in set (0.00 sec)

mysql> select * from repl_test;
+------+
| id   |
+------+
|    1 |
|    2 |
+------+
2 rows in set (0.01 sec)

mysql>
```

从结果可以看出，端口为 3306 Master 主机上的数据已经可以正确地同步到端口为 3307 的 Slave 主机的数据库上，复制服务配置成功完成。另外一个端口为 3308 的从机的配置跟端口为 3307 的一样操作，这里不再重复叙述。

17.3.4 不同服务器之间实现主从复制

在大多数情况下，采用不同的 MySQL 主从复制比较常见，不同 IP 地址的服务器上的 MySQL 服务器实现一对一复制跟上一节比较相似，具体的配置步骤如下。

步骤01 确保主从服务器上安装了相同版本的数据库，设定主服务器的 IP 是 192.168.1.100，从服务器的 IP 是 192.168.1.101。

步骤02 登录主服务器，设置一个复制使用的账户，并授予 REPLICATION SLAVE 权限。这里创建一个复制用户 rep1。

```
mysql> grant replication slave on *.* to 'rep1'@'192.168.1.101' identified by
'123';
Query OK, 0 rows affected (0.00 sec)
```

步骤03 修改主数据库服务器的配置文件 my.cnf，开启 BINLOG，并设置 server-id 的值。需要重启服务器之后才生效。

my.cnf 中修改配置项如下：

```
[mysqld]
log-bin = /usr/local/var/mysql1/mysql-bin
server-id = 1
```

步骤 04　在主服务器上，设置锁定有效，这个操作为了确保没有数据库操作，以便获得一致性的快照。

```
mysql> flush tables with read lock;
Query OK, 0 rows affected (0.00 sec)
```

步骤 05　查询主服务器上当前的二进制日志名和偏移值。这个操作的目的是为了在从数据库启动以后，从这个点进行数据库的恢复。

```
mysql> show master status;
+------------------+----------+--------------+------------------+
| File             | Position | Binlog_Do_DB | Binlog_Ignore_DB |
+------------------+----------+--------------+------------------+
| mysql-bin.000029 |      109 |              |                  |
+------------------+----------+--------------+------------------+
1 row in set (0.00 sec)
```

步骤 06　主数据库停止更新操作，需要生成数据库的备份，可以通过 MySQLdump 导出数据或者使用 ibbackup 工具进行数据库的备份，如果主数据库停止，那么可以直接使用 cp 命令将数据文件复制到从数据库服务器上。

　　主数据库备份完成后，主数据库恢复写操作，命令执行如下。

```
mysql> unlock tables;
Query OK, 0 rows affected (0.00 sec)
```

步骤 07　修改从数据库的配置文件 my.cnf，增加 server-id 参数。Server-id 的值是唯一的，不能和主数据库的配置相同，如果有多个从数据库，每个从数据库都必须有自己唯一的 server-id 值。

```
my.cnf
[mysqld]
Server-id = 2
```

步骤 08　在从服务器上，使用--skip-slave-start 选项启动从数据库，这样不会立即启动从数据服务上的复制进程，方便我们对从数据库的服务进行进一步的配置。

```
[root@localhost ~]# mysqld_safe --skip-slave-start &
```

步骤 09　对从数据库服务器做相应的设置，指定复制使用的用户，主数据库服务器的 IP、端口以及开始执行复制的日志文件和位置，命令执行如下。

```
mysql> stop slave;
Query OK, 0 rows affected, 1 warning (0.00 sec)

mysql> change master to
    -> master_host='192.168.1.100',
    -> master_user='rep1',
```

```
      -> master_password='123',
      -> master_log_file='mysql-bin.000029',
      -> master_log_pos=109;
Query OK, 0 rows affected (0.00 sec)
```

步骤⑩ 在从服务器上，启动 slave 线程。

```
mysql> start slave;
Query OK, 0 rows affected (0.00 sec)
```

步骤⑪ 在从服务器上执行 show slave status\G 命令查询从服务器的状态。

```
mysql> show slave status\G;
```

此时也可以执行 show processlist \G 命令查询从服务器的进程状态。

```
mysql> show processlist \G;
```

接下来可以测试复制服务的正确性，在主数据库上执行一个更新操作，观察是否在从数据库上同步。具体方法与上一节相似，这里不再重复讲述。

17.3.5 MySQL 主要复制启动选项

MySQL 安装配置的时候，已经介绍了几个启动时的常用参数，其中包括 MASTER_HOST、MASTER_PORT 、 MASTER_USER 、 MASTER_PASSWORD 、 MASTER_LOG_FILE 和 MASTER_LOG_POS。这几个参数需要在从服务器上配置，下面介绍几个常用的启动选项，如 log-slave-updates、master-connect-retry、read-only 和 slave-skip-errors 等。

（1）log-slave-updates

log-slave-updates 参数主要用来配置从服务器的更新是否写入二进制日志，该选项默认是不打开的，如果这个从服务器同时也作为其他服务器的主服务器，搭建一个链式的复制，那么就需要开启这个选项，这样他的从服务器才能获取它的二进制日志进行同步操作。

（2）master-connect-retry

master-connect-retry 参数是用来设置在和主服务器连接丢失的时候，重试的时间间隔，默认是 60 秒。

（3）read-only

read-only 是用来限制普通用户对从数据库的更新操作，以确保从数据库的安全性，不过如果是超级用户依然可以对从数据库进行更新操作。如果主数据库创建了一个普通用户，在默认情况下，该用户是可以更新从数据库中的数据的，如果使用 read-only 选项启动从数据库以后，该用户对从数据库的更新会提示错误。

使用 read-only 选项启动语法如下。

```
[root@localhost ~]#mysqld_safe -read-only&
```

（4）slave-skip-errors

在复制的过程中，从服务器可能会执行 BINLOG 中的错误的 SQL 语句，此时如果不忽略错误，从服务器将会停止复制进程，等待用户处理错误。这种错误如果不能及时发现，将会对应用或者备份产生影响。slave-skip-errors 的作用就是用来定义复制过程中从服务器可以自动跳过的错误号，设置该参数后，MySQL 会自动跳过所配置的一系列错误，直接执行后面的 SQL 语句，该参数可以定义多个错误号，如果设置成 all，则表示跳过所有的错误，具体语法如下。

```
vi /etc/my.cnf
slave-skip-errors=1007,1051,1062
```

如果从数据库主要是作为主数据库的备份，那么就不应该使用这个启动参数，设置不当，很可能造成主从数据库的数据不同步。如果从数据库仅仅是为了分担主数据库的查询压力，并且对数据的完整性要求不是很严格，那么这个选项可以减轻数据库管理员维护从数据库的工作量。

17.3.6　指定复制的数据库或者表

MySQL 数据库可以指定需要复制到从数据库上的数据库或者表，有时候用户只需要将主数据库中的某些关键表复制到从服务器上，或者只需要将某些提供查询的表复制到主数据库上，经常可以使用 replicate-do-db、replicate-do-table、replicate-ignore-db、replicate-ignore-table 或 replicate-while-do-table 用来指定复制的数据或者表。

1. replicate-do- table 和 replicate-ignore-table 的用法

步骤 01　启动主从数据库，首先在主数据库 test 库中创建两个表，rep_t1 和 rep_t2 表。

```
[root@localhost ~]# mysqld_multi --defaults-extra-file=/etc/my.cnf start 1-3
[root@localhost ~]# mysql -uroot -p -P 3306 -S /tmp/mysql.sock
Enter password:
Welcome to the MySQL monitor.  Commands end with ; or \g.
Your MySQL connection id is 11
Server version: 5.7.10-log Source distribution

Copyright (c) 2000, 2013, Oracle and/or its affiliates. All rights reserved.

Oracle is a registered trademark of Oracle Corporation and/or its
affiliates. Other names may be trademarks of their respective
owners.

Type 'help;' or '\h' for help. Type '\c' to clear the current input statement.

mysql> show databases;
+--------------------+
| Database           |
```

```
+--------------------+
| information_schema |
| cc                 |
| mysql              |
| test               |
| tt                 |
+--------------------+
5 rows in set (0.11 sec)

mysql> show tables;
+----------------+
| Tables_in_test |
+----------------+
| rep_t1         |
| rep_t2         |
+----------------+
2 rows in set (0.00 sec)

mysql> select * from rep_t1;
+------+
| data |
+------+
|    1 |
|    2 |
|    3 |
+------+
3 rows in set (0.05 sec)

mysql> select * from rep_t2;
Empty set (0.04 sec)
```

步骤 **02** 关闭数据库服务器，编辑从数据库配置参数 replicate-do-table=test.rep_t1 指定 test 数据库中的 rep_t1 表被复制，replicate-ignore-table=test.rep_t2 指定 test 库中的 rep_t2 表不会被复制数据。

```
[root@localhost ~]# mysqld_multi --defaults-extra-file=/etc/my.cnf stop 1-3

Vi /etc/my.cnf
[mysqld2]
...
port    = 3307
socket      = /temp/mysql2.sock
server-id = 2
replicate-do-table=test.rep_t1
replicate-ignore-table=test.rep_t2
```

步骤 03　启动从服务器线程，命令执行如下。

```
mysql> start slave;
Query OK, 0 rows affected, 1 warning (0.00 sec)

mysql> show slave status\G;
*** 1. row ***
            Slave_IO_State: Waiting for master to send event
               Master_Host: 127.0.0.1
               Master_User: rep1
               Master_Port: 3306
             Connect_Retry: 60
           Master_Log_File: mysql-bin.000013
       Read_Master_Log_Pos: 98
            Relay_Log_File: mysql2-relay-bin.000035
             Relay_Log_Pos: 235
     Relay_Master_Log_File: mysql-bin.000013
          Slave_IO_Running: Yes
         Slave_SQL_Running: Yes
           Replicate_Do_DB:
       Replicate_Ignore_DB:
        Replicate_Do_Table: test.rep_t1,test.rep_t1
    Replicate_Ignore_Table: test.rep_t2,test.rep_t2
   Replicate_Wild_Do_Table:
Replicate_Wild_Ignore_Table:
                Last_Errno: 0
                Last_Error:
              Skip_Counter: 0
       Exec_Master_Log_Pos: 98
           Relay_Log_Space: 235
           Until_Condition: None
            Until_Log_File:
             Until_Log_Pos: 0
         Master_SSL_Allowed: No
         Master_SSL_CA_File:
         Master_SSL_CA_Path:
            Master_SSL_Cert:
          Master_SSL_Cipher:
             Master_SSL_Key:
      Seconds_Behind_Master: 0
1 row in set (0.00 sec)
```

步骤 04　主从服务器都成功启动后，下面开始更新主数据库 test 中的 rep_t1 表和 rep_t2 表，修改主数据库中的数据如下。

```
mysql> insert into rep_t1 values(888);
```

```
Query OK, 1 row affected (0.00 sec)

mysql> insert into rep_t2 values(888);
Query OK, 1 row affected (0.01 sec)
```

步骤 05 登录从数据库，查询 test 库中的表 rep_t1 和 rep_t2 的数据更新的情况，具体查询语句如下。

```
[root@localhost ~]# mysql -u root -P 3307 -S /temp/mysql2.sock
Enter password:
Welcome to the MySQL monitor. Commands end with ; or \g.
Your MySQL connection id is 11
Server version: 5.7.10-log Source distribution

Copyright (c) 2000, 2015, Oracle and/or its affiliates. All rights reserved.

Oracle is a registered trademark of Oracle Corporation and/or its
affiliates. Other names may be trademarks of their respective
owners.

Type 'help;' or '\h' for help. Type '\c' to clear the current input statement.

mysql> use test;
Database changed
mysql> show tables;
+-----------------+
| Tables_in_test |
+-----------------+
| rep_t1          |
| rep_t2          |
+-----------------+
2 rows in set (0.00 sec)

mysql> select * from rep_t1;
+------+
| data |
+------+
|    1 |
|    2 |
|    3 |
|  888 |
+------+
4 rows in set (0.00 sec)

mysql> select * from rep_t2;
Empty set (0.00 sec)
```

从测试的结果可以看到，主表中的 rep_t1 的数据已经复制到从服务器上了，而 rep_t2 中的数据没有被复制。

2. replicate-do-db 和 replicate-ignore-db 的用法

步骤 01 启动主从数据库服务器，查询主数据库中主要有哪些数据库，命令执行如下。

```
[root@localhost ~]# mysqld_multi --defaults-extra-file=/etc/my.cnf start 1-3

[root@localhost ~]# mysql -uroot -P 3306 -S /tmp/mysql.sock
Enter password:
Welcome to the MySQL monitor.  Commands end with ; or \g.
Your MySQL connection id is 11
Server version: 5.7.10-log Source distribution

Copyright (c) 2000, 2015, Oracle and/or its affiliates. All rights reserved.

Oracle is a registered trademark of Oracle Corporation and/or its
affiliates. Other names may be trademarks of their respective
owners.

Type 'help;' or '\h' for help. Type '\c' to clear the current input statement.


mysql> show databases;
+--------------------+
| Database           |
+--------------------+
| information_schema |
| cc                 |
| mysql              |
| test               |
| tt                 |
+--------------------+
5 rows in set (0.00 sec)

mysql>
```

步骤 02 使用 MySQLdump 工具将主数据库中的所有信息导出到 all.sql 脚本文件中。

```
[root@localhost ~]# mysqldump -u root -P 3306 -S /tmp/mysql.sock --all-databases
>all.sql
```

步骤 03 登录从数据库，导入 all.sql 中的数据，保持从服务器与主数据库数据一致。

```
[root@localhost ~]# mysql -u root -P 3307 -S /temp/mysql12.sock
Enter password:
```

```
Welcome to the MySQL monitor.  Commands end with ; or \g.
Your MySQL connection id is 11
Server version: 5.7.10-log Source distribution

Copyright (c) 2000, 2015, Oracle and/or its affiliates. All rights reserved.

Oracle is a registered trademark of Oracle Corporation and/or its
affiliates. Other names may be trademarks of their respective
owners.

Type 'help;' or '\h' for help. Type '\c' to clear the current input statement.

mysql> show databases;
+--------------------+
| Database           |
+--------------------+
| information_schema |
| mysql              |
| test               |
+--------------------+
3 rows in set (0.00 sec)

mysql> source ./all.sql
Query OK, 0 rows affected (0.05 sec)
Query OK, 0 rows affected (0.00 sec)
...

mysql> show databases;
+--------------------+
| Database           |
+--------------------+
| information_schema |
| cc                 |
| mysql              |
| test               |
| tt                 |
+--------------------+
5 rows in set (0.00 sec)
```

步骤 04 关闭从数据库，然后编辑数据库的配置文件，replicate-do-db 表示从服务器可以复制
的数据库的名字，如果有多个数据库，那么可以重复写多个 replicate-do-db 配置，
replicate-ignore-db 表示从服务器复制过程中忽略复制该配置设置的数据库名称。

```
[root@localhost ~]# mysqld_multi --defaults-extra-file=/etc/my.cnf stop 1-3

vi /etc/my.cnf
```

```
[mysqld2]
....
port     = 3307
socket       = /tmp/mysql2.sock
server-id = 2
#replicate-do-table=test.rep_t1
#replicate-ignore-table=test.rep_t2
replicate-do-db=test
replicate-do-db=cc
replicate-ignore-db=tt
```

步骤 05　启动主从数据库，然后在主数据库 cc 库中增加表 cc_t1 表，在 tt 库中增加表 tt_t1 表。

```
[root@localhost ~]# mysqld_multi --defaults-extra-file=/etc/my.cnf start 1-3

mysql> use cc;
Database changed

mysql> create table cc_t1(data int);
Query OK, 0 rows affected (0.01 sec)

mysql> use tt;
Database changed
mysql> create table tt_t1(data int);
Query OK, 0 rows affected (0.01 sec)
```

步骤 06　登录从数据库，查询数据库 cc 库和 tt 库相应的数据是否更新。

```
[root@localhost ~]# mysql -uroot -P 3307 -S /tmp/mysql2.sock
Enter password:
Welcome to the MySQL monitor.  Commands end with ; or \g.
Your MySQL connection id is 11
Server version: 5.7.10-log Source distribution

Copyright (c) 2000, 2015, Oracle and/or its affiliates. All rights reserved.

Oracle is a registered trademark of Oracle Corporation and/or its
affiliates. Other names may be trademarks of their respective
owners.

Type 'help;' or '\h' for help. Type '\c' to clear the current input statement.

mysql> show databases;
+--------------------+
| Database           |
+--------------------+
| information_schema |
```

```
| cc              |
| mysql           |
| test            |
| tt              |
+-----------------+
5 rows in set (0.00 sec)

mysql> use cc;
Database changed
mysql> show tables;
+--------------+
| Tables_in_cc |
+--------------+
| cc1          |
| cc_t1        |
+--------------+
2 rows in set (0.00 sec)

mysql> use tt;
Database changed
mysql> show tables;
Empty set (0.00 sec)
```

17.4 查看 Slave 的复制进度

很多情况下，用户都想知道从服务器复制的进度，从而判断从服务器上复制数据的完整性，同时判断是否需要手工来做主从的同步工作。事实上，用户可以通过 SHOW PROCESSLIST 列表中的 Slave_SQL_Running 线程的 Time 值得到，它记录了从服务器当前执行的 SQL 时间戳与系统时间之间的差距，下面通过例子测试一下这个时间的准确性。

步骤 01 在主服务器上插入一个包含当前时间戳的记录，命令执行如下。

```
mysql> alter table rep_t3 add column createtime datetime;
Query OK, 0 rows affected (0.10 sec)
Records: 0  Duplicates: 0  Warnings: 0

mysql> insert into rep_t3 values(1,now());
Query OK, 1 row affected (0.00 sec)

mysql> select * from rep_t3;
+------+---------------------+
| data | createtime          |
```

```
+------+---------------------+
|   1  | 2016-02-25 15:10:51 |
+------+---------------------+
1 row in set (0.01 sec)
```

步骤 02　从服务器的 I/O 线程停止下来，使得从数据库服务器暂时不写中继日志，停止时执行的 SQL 就是最后执行的 SQL，命令执行如下。

```
mysql> stop slave;
Query OK, 0 rows affected (0.00 sec)

mysql> select * from rep_t3;
+------+---------------------+
| data | createtime          |
+------+---------------------+
|   1  | 2016-02-25 15:10:51 |
+------+---------------------+
1 row in set (0.00 sec)

mysql> select now();
+---------------------+
| now()               |
+---------------------+
| 2016-07-25 15:13:42 |
+---------------------+
1 row in set (0.00 sec)
```

步骤 03　从数据库服务器上执行 show processlist 查看 SQL 线程的时间，这个时间说明了主服务器最后执行的更新操作大概是主服务器 46 秒前的更新操作，命令执行如下。

```
mysql> stop slave io_thread;
Query OK, 0 rows affected (0.00 sec)

mysql> show processlist \G;
*** 1. row ***
     Id: 6
   User: root
   Host: localhost
     db: test
Command: Query
   Time: 0
  State: NULL
   Info: show processlist
*** 2. row ***
     Id: 8
   User: system user
```

```
       Host:
         db: NULL
    Command: Connect
       Time: 46
      State: Has read all relay log; waiting for the slave I/O thread to update it
       Info: NULL
2 rows in set (0.00 sec)
```

17.5 日常管理和维护

数据复制环境配置完成后，数据库管理员需要进行日常的监控和管理维护工作，以便能够及时发现问题和解决问题，以此来保证主从数据库能够正常工作。有时候因为主服务器的更新过于频繁，造成了从服务器更新速度较慢，当然问题是多种多样，有可能是网络搭建的结构不好或者硬件的性能较差，从而使得主从服务器之间的差距越来越大，最终对某些应用产生了影响，在这种情况下，用户需要定期进行主从服务器的数据同步操作。

17.5.1 了解服务器的状态

一般使用 show slave status 命令来检查从服务器，如下例所示。

```
mysql> show slave status\G;
*** 1. row ***
            Slave_IO_State: Waiting for master to send event
               Master_Host: 127.0.0.1
               Master_User: rep1
               Master_Port: 3306
             Connect_Retry: 60
           Master_Log_File: mysql-bin.000013
       Read_Master_Log_Pos: 98
            Relay_Log_File: mysql12-relay-bin.000035
             Relay_Log_Pos: 235
     Relay_Master_Log_File: mysql-bin.000013
          Slave_IO_Running: Yes
         Slave_SQL_Running: Yes
           Replicate_Do_DB:
       Replicate_Ignore_DB:
        Replicate_Do_Table: test.rep_t1,test.rep_t1
    Replicate_Ignore_Table: test.rep_t2,test.rep_t2
      Replicate_Wild_Do_Table:
Replicate_Wild_Ignore_Table:
                 Last_Errno: 0
                 Last_Error:
```

```
            Skip_Counter: 0
    Exec_Master_Log_Pos: 98
        Relay_Log_Space: 235
        Until_Condition: None
         Until_Log_File:
          Until_Log_Pos: 0
      Master_SSL_Allowed: No
      Master_SSL_CA_File:
      Master_SSL_CA_Path:
         Master_SSL_Cert:
       Master_SSL_Cipher:
          Master_SSL_Key:
   Seconds_Behind_Master: 0
1 row in set (0.00 sec)
```

在查看从服务器信息中，首先要查看"Slave_IO_Running"和"Slave_SQL_Running"这两个进程状态是否是"yes"，Slave_IO_Running 表明，是否此进程能够由从服务器到主服务器上正确地读取 BINLOG 日志，并写入到从服务器的中继日志中。Slave_SQL_Running 则表明，能否读取并执行中继日志中的 BINGOG 信息。

17.5.2　服务器复制出错的原因

在某些情况下，会出现从服务器更新失败，此时，首先需要确定是否是主从服务器的表不同造成的。如果是表结构不同导致的，则修改从服务器上的表与主服务器上的表一致，然后重新执行 START SLAVE 命令。服务器复制出错的常见问题如下。

问题一：出现"log event entry exceeded max_allowed_pack"错误。

如果在应用中出现使用大的 BLOG 列或者长字符串，那么在从服务器上回复时，可能会出现"log event entry exceeded max_allowed_pack"的错误，这是因为含有大文本的记录无法通过网络进行传输而导致错误，解决方法是在主从服务器上添加 max_allowed_packet 参数，该参数默认设置是 1MB，如下。

```
mysql> SHOW VARIABLES LIKE 'MAX_ALLOWED_PACKET';
+--------------------+---------+
| Variable_name      | Value   |
+--------------------+---------+
| max_allowed_packet | 1048576 |
+--------------------+---------+
1 row in set (0.00 sec)

mysql> SET @@global.max_allowed_packet=16777216;
Query OK, 0 rows affected (0.00 sec)
```

同时在 my.cnf 里，设置 max_allowed_packet=16MB，数据库重新启动之后该参数将有效。

问题二：多主复制时的自增长变量冲突问题。

大多数情况下使用一台主服务器对一台或者多台从服务器，但是在某些情况下，可能会存在多个服务器配置为复制主服务器，使用 auto_increment 时应采取特殊步骤以防止键值冲突，否则插入行时多个主服务器会试图使用相同的 auto_increment 值。

服务器变量 auto_increment_increment 和 auto_increment_offset 可以协调多主服务器复制和 auto_increment 列。

在多主服务器复制到从服务器过程中，迟早会发生主键冲突，为了解决这种情况，可以将不同的主服务器的这两个参数重新设置，可以在 A 数据库服务器上设置 auto_increment_increment=1，auto_increment_offset=1，此时 B 数据库服务器上设置 auto_increment_increment=1，auto_increment_offset=0。

下面的例子演示修改这两个参数后的效果，具体操作步骤如下。

步骤 01 创建表 auto_t，系统默认的 auto_increment_increment 和 auto_increment_offset 参数都是 1，增加数据默认的也是增加幅度为 1，命令执行如下。

```
mysql> create table auto_t( data int primary key auto_increment )engine=myisam
default charset=gbk;
Query OK, 0 rows affected (0.05 sec)

mysql> show variables like 'auto_inc%';
+--------------------------+-------+
| Variable_name            | Value |
+--------------------------+-------+
| auto_increment_increment | 1     |
| auto_increment_offset    | 1     |
+--------------------------+-------+
2 rows in set (0.00 sec)

mysql> insert into auto_t values(null),(null),(null);
Query OK, 3 rows affected (0.01 sec)
Records: 3  Duplicates: 0  Warnings: 0

mysql> select * from auto_t;
+------+
| data |
+------+
|    1 |
|    2 |
|    3 |
+------+
3 rows in set (0.00 sec)
```

步骤 02 重新设置参数 auto_increment_increment 的值为 10，然后插入数据，命令执行如下。

```
mysql> set @@auto_increment_increment=10;
Query OK, 0 rows affected (0.00 sec)

mysql> show variables like 'auto_inc%';
+--------------------------+-------+
| Variable_name            | Value |
+--------------------------+-------+
| auto_increment_increment | 10    |
| auto_increment_offset    | 1     |
+--------------------------+-------+
2 rows in set (0.00 sec)

mysql> insert into auto_t values(null),(null),(null);
Query OK, 3 rows affected (0.00 sec)
Records: 3  Duplicates: 0  Warnings: 0

mysql> select * from auto_t;
+------+
| data |
+------+
|    1 |
|    2 |
|    3 |
|   11 |
|   21 |
|   31 |
+------+
6 rows in set (0.00 sec)
```

从测试效果看，每次递增值是 10，下面看参数 auto_increment_offset 的用法。

步骤 03 重新设置参数 auto_increment_offset 的值为 5，再插入数据，命令执行如下。

```
mysql> set @@auto_increment_offset=5;
Query OK, 0 rows affected (0.00 sec)

mysql> insert into auto_t values(null),(null),(null);
Query OK, 3 rows affected (0.00 sec)
Records: 3  Duplicates: 0  Warnings: 0

mysql> select * from auto_t;
+------+
| data |
+------+
|    1 |
```

```
|    2 |
|    3 |
|   11 |
|   21 |
|   31 |
|   35 |
|   45 |
|   55 |
+------+
9 rows in set (0.00 sec)
```

从插入的记录可以看出，auto_increment_increment 参数是每次增加的量，而参数 auto_increment_offset 参数设置的是每次增加后的偏移量，也就是每次按照 10 累加后，还需要增加 5 个偏移量。

17.6 切换主从服务器

在实际工作环境中，有时候遇到这样的问题，有一个这样的工作环境，一个主数据库服务器 A，两个从数据库服务器 B、C 同时指向主数据库服务器，当主数据库服务器 A 发生故障时，需要将其中的一个从数据库 B 服务器切换成主数据库，同时修改数据库 C 服务器的配置，使其指向新的主数据库 B。

下面介绍一下切换主从服务器的具体操作步骤。

步骤 01 首先要确保所有的从数据库都已经执行了 relay log 中的全部更新，看从数据库的状态是否是 Has read all relay log，是否更新都已经执行完成。

```
mysql> stop slave IO_THREAD;
Query OK, 0 rows affected (0.00 sec)

mysql> SHOW PROCESSLIST \G;
*** 1. row ***
     Id: 2
   User: system user
   Host:
     db: NULL
Command: Connect
   Time: 39
  State: Has read all relay log; waiting for the slave I/O thread to update it
   Info: NULL
*** 2. row ***
     Id: 3
   User: root
```

```
    Host: localhost
      db: NULL
 Command: Query
    Time: 0
   State: NULL
    Info: SHOW PROCESSLIST
2 rows in set (0.00 sec)
```

步骤 02　在从数据库 B 上停止 slave 服务，然后执行 reset master 重置成主数据库。

```
mysql> stop slave;
Query OK, 0 rows affected (0.00 sec)

mysql> reset master;
ERROR 1186 (HY000): Binlog closed, cannot RESET MASTER
```

此时发现报错 Binlog 没有设置，不能够执行 reset master 命令，下面关闭数据库服务，然后修改/etc/my.cnf，在[MySQL2]后面的配置选项添加 log-bin 选项，修改如下所示。

```
[mysqld2]
…
log-bin = /usr/local/var/mysql2/mysql-bin
```

配置完成后，重启数据库服务，登录数据库 B，然后执行如下命令开启主数据库功能。

```
mysql> stop slave;
Query OK, 0 rows affected (0.00 sec)

mysql> reset master;
Query OK, 0 rows affected (0.04 sec)
```

此时从数据库 B 已经成功设置切换成为主数据库，下面接着设置从数据库。

步骤 03　在从数据库 B 上添加具有 replication 权限的用户 rep1，查询主数据库状态，命令执行如下。

```
mysql> grant replication slave on *.* to 'rep1'@'localhost' identified by '123';
Query OK, 0 rows affected (0.00 sec)

mysql> show master status;
+------------------+----------+--------------+------------------+
| File             | Position | Binlog_Do_DB | Binlog_Ignore_DB |
+------------------+----------+--------------+------------------+
| mysql-bin.000001 |    229   |              |                  |
+------------------+----------+--------------+------------------+
1 row in set (0.00 sec)
```

步骤 04　在从数据库 C 上配置复制的参数，具体配置如下。

```
mysql> change master to
    -> master_host='127.0.0.1',
    -> master_user='rep1',
    -> master_password='123',
    -> master_port=3307,
    -> master_log_file='mysql-bin.000002',
    -> master_log_pos=98;
Query OK, 0 rows affected (0.01 sec)

mysql> start slave;
Query OK, 0 rows affected (0.01 sec)
```

步骤 05 在从数据库 C 上执行 show slave status 命令查看从数据库服务是否成功启动。

```
mysql> show slave status \G;
*** 1. row ***
            Slave_IO_State: Waiting for master to send event
               Master_Host: 127.0.0.1
               Master_User: rep1
               Master_Port: 3307
             Connect_Retry: 60
           Master_Log_File: mysql-bin.000002
       Read_Master_Log_Pos: 98
            Relay_Log_File: mysql3-relay-bin.000002
             Relay_Log_Pos: 235
     Relay_Master_Log_File: mysql-bin.000002
          Slave_IO_Running: Yes
         Slave_SQL_Running: Yes
           Replicate_Do_DB:
       Replicate_Ignore_DB:
        Replicate_Do_Table:
    Replicate_Ignore_Table:
   Replicate_Wild_Do_Table:
Replicate_Wild_Ignore_Table:
                Last_Errno: 0
                Last_Error:
              Skip_Counter: 0
       Exec_Master_Log_Pos: 98
           Relay_Log_Space: 235
           Until_Condition: None
            Until_Log_File:
             Until_Log_Pos: 0
        Master_SSL_Allowed: No
        Master_SSL_CA_File:
        Master_SSL_CA_Path:
           Master_SSL_Cert:
```

494

```
        Master_SSL_Cipher:
           Master_SSL_Key:
     Seconds_Behind_Master: 0
1 row in set (0.00 sec)
```

步骤 06　在主数据库 B 和从数据库 C 上面测试数据库是否成功设置复制功能，首先查看主数据库 B 中 test 库中的表的情况，命令执行如下。

```
mysql> use test;
Database changed
mysql> show tables;
+----------------+
| Tables_in_test |
+----------------+
| rep_t1         |
| rep_t2         |
+----------------+
2 rows in set (0.00 sec)
```

查询从数据库 C 中 test 库里表的情况，命令执行如下。

```
mysql> use test;
Database changed
mysql> show tables;
Empty set (0.01 sec)
```

步骤 07　在主数据库 B 中增加表 rep_t3，命令执行如下。

```
mysql> create table rep_t3(data int);
Query OK, 0 rows affected (0.01 sec)
```

步骤 08　在从数据库 C 中查询，看表是否成功复制到从数据库，命令执行如下。

```
mysql> show tables;
+----------------+
| Tables_in_test |
+----------------+
| rep_t3         |
+----------------+
1 row in set (0.00 sec)
```

至此，主从数据库成功地发生切换，最后，如果主数据库 A 可以修复，可以考虑采用以上方法将 A 数据库配置成为 B 数据库的从数据库。

17.7 专家解惑

疑问 1：Windows 环境下无法开启 binlog，怎么办？

有些读者反映 MySQL 5.7 数据库执行 show variables like 'log_bin';语句后不管怎么设置查询的值一直是 OFF 状态。假设用户安装好后的路径是在 D:/Program Files/MySQL/MySQL Server 5.7 下面，我们将 my-default.ini 文件改成 my.ini 文件后，不管怎么改，环境变量都不能生效。此时，读者朋友们可以执行 show variables like 'datadir';命令，安装好之后真正生效的 my.ini 文件不在 D:/Program Files/MySQL/MySQL Server 5.7 下面，show variables like 'datadir'; 命令展现的才是真正的配置文件的路径。

疑问 2：如果主机和从机 server-id 一样，如何解决？

通常情况下，Master 主机和 Slave 从机的 server-id 是不会一样的，如果一样的话，往往会发生 Last_IO_Error:Fatal error: The slave I/O thread stops because master and slave have equal MySQL server ids;出现这种情况，用户可以使用如下命令来查看服务器的 server-id，然后手动的进行修改。如下所示。

```
mysql> show variables like 'server_id';
+----------------+-------+
| Variable_name  | Value |
+----------------+-------+
| server_id      | 1     |
+----------------+-------+
1 row in set (0.00 sec)

mysql> set global server_id = 2;
Query OK, 0 rows affected (0.16 sec)
```

修改完成后，执行 slave start 命令，查询 slave 从机的状态，查看问题是否解决。

疑问 3：在 Slave 从机执行 change master 命令的时候报错？

当用户在 Slave 从机 MySQL 环境执行 change master 命令的时候，发生如下的错误。

```
mysql>  change   master   to   master_host='IP',   master_user='USER',
master_password='PASSWD',
master_log_file='mysql-bin.000001',master_log_pos=106;
   ERROR 1198 (HY000): This operation cannot be performed with a running slave;
run STOP SLAVE first
```

从错误提示可以看出，原因是因为 slave 已经关闭了，此时需要执行 start slave 命令开启 Slave 功能。

疑问 4：从机状态显示 Last_IO_Error 错误代码为 2013 的原因？

有时候读者有可能遇到这样的情况，在执行 show slave status \G;命令中 Slave_IO_Running 和 Slave_SQL_Running 的值都是 YES，但是 Last_IO_Error 发生 2013 的错误代码。

发生这种问题的主要原因是网络问题，首先读者需要检查下 Master 主机创建的是不是有授予远程连接的权限。这里举个例子，命令执行如下所示。

```
mysql> grant replication slave on *.* to 'repl'@'%' identified by '123';
Query OK, 0 rows affected (0.55 sec)
```

这里的%表示任何远程的 repl 用户都可以访问 master 主机，另外还需要查看是否有防火墙设置和网络的其他故障。

疑问 5：MySQL 复制不同步的原因？

MySQL Replication（复制）是采用 binlog 进行网络传输，所以网络延迟是产生 MySQL 主从不同步的主要原因，通常会给我们的程序进行读写分离带来一定的困惑。

为了避免这种情况，在配置服务器配置文件的时候推荐使用 InnoDB 存储引擎的表，在主机上可以开始 sync_binlog。

如果 Master 主机上的 max_allowed_packet 比较大，但是从机上没有配置该值的话，该参数默认的值为 1MB，此时很有可能导致同步失败，建议主从两台机器上都设为 5MB 比较合适。

17.8　经典习题

（1）在 Windows 环境下面开启 MySQL 的二进制日志。
（2）在 Windows 环境下面实现主从复制。
（3）在 Windows 环境下面实现主从复制的测试。
（4）在 Fedora14 操作系统下安装好 MySQL-5.7.10 服务器程序。
（5）在 Fedora14 操作系统下实现单机主从复制配置。
（6）在 Fedora14 操作系统下实现单机主从复制测试。
（7）在不同的 Fedora 操作系统下实现多机的主从复制配置。
（8）在 Windows 环境下面实现一主多从的数据库架构配置。
（9）在 Linux 环境下面实现一主多从的数据库架构配置。

第 18 章
◄MySQL Workbench 的使用 ►

学习目标┃Objective

MySQL 数据库的管理工具很多，MySQL Workbench 无疑是其中非常好的管理工具之一，MySQL Workbench 提供了图形化界面下的数据库基本的管理，数据库建立物理模型，以及通过物理模型转换成执行的 SQL 脚本。另外，MySQL Workbench 提供了对 MySQL 数据库性能的监控、用户的管理，以及备份和恢复数据库数据。

本章中通过使用 MySQL Workbench 管理 MySQL 工具，来对数据库的一些基本操作进行阐述，希望对读者朋友有一定的帮助。

内容导航┃Navigation

- 了解什么是 MySQL Workbench
- 掌握 SQL Development 的基本操作
- 掌握 Data Modeling 的基本操作
- 掌握 Server Administration 的基本操作

18.1 MySQL Workbench 简介

MySQL Workbench 是 MySQL 图形界面管理工具，跟其他数据库图形界面管理工具一样，该工具可以对数据库进行创建数据库表、增加数据库表、删除数据库和修改数据库等操作。

18.1.1 MySQL Workbench 的概述

MySQL Workbench 是一款专门为用户提供了用于创建、修改、执行和优化 SQL 的可视化工具，开发人员可以很轻松地管理数据。并且该工具提供给开发者一整套可视化的用于创建、编辑和管理 SQL 查询和管理数据库连接的操作。在可视化 SQL 编辑工作模式下，用户创建表、删除表、修改表信息等只需要使用简单的可编辑列表就能完成。

MySQL Workbench 在数据库管理这块也提供了可视化的操作，如管理用户、授予和收回用户权限，并且在数据库管理中，可以查看到数据库的状态，其中包括数据库中开启多少个客户端、数据库缓存的大小以及管理数据库日志等信息。

　　MySQL Workbench 在数据库管理中导入、导出数据库信息这方面提供了比较方便的操作，可以参考本章节的 18.4.2 小节的详细介绍。

　　另外，MySQL Workbench 是著名的数据库设计工具 DBDesigner4 的继承者，可以使用该工具设计和创建新的数据库物理模型。该工具可以说是下一代数据库可视化设计管理工具的佼佼者，目前 MySQL Workbench 提供了开源和商业化两个版本，同时支持 Windows 和 Linux 系统。

18.1.2　MySQL Workbench 的优势

　　目前流行的 MySQL GUI Tools 有很多，常见的有 MySQL Query Brower、MySQL Administrator 和 MySQL System Tray Monitor 等工具，MySQL Workbench 跟大部分 MySQL 管理工具一样，提供了 MySQL 语法校验，可视化操作下创建数据、表和视图等数据库对象。

　　除此之外，MySQL Workbench 管理工具在 MySQL 管理方面也独树一帜，提供了对数据库服务的启动/停止的管理，以及查看用户连接次数和数据库健康状况。

　　用户通常认为 MySQL Workbench 是一个 MySQL 数据库 ER 模型设计的工具，可以说是专门为 MySQL 数据库提供的数据库设计工具，用户使用 MySQL Workbench 可以很容易地设计、编辑数据库 ER 模型。这一功能可以说是 MySQL Workbench 的一大亮点。

18.1.3　MySQL Workbench 的安装

　　了解 MySQL Workbench 的功能后，下面需要在 MySQL 的官方网站下载 Workbench 软件，下载地址是：http://www.MySQL.com/downloads/workbench/ ，如图 18.1 所示。

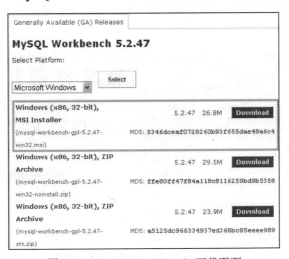

图 18.1　MySQL Workbench 下载页面

　　这里下载 MySQL-workbench-gpl-5.2.47-win32.msi，值得注意的是，只有登录该网站之后才能下载，下载完成之后就可以安装该软件。

第一次安装 MySQL Workbench 时，需要保证安装环境，包括.NET Framework 4 Client Profile，如果没有上述安装环境，将会提示以下错误信息。

```
The operation system is not adequate for running mysql Workbench 5.2 CE.
You need.Net 4.0 Client Profile install.
```

可 以 在 http://www.microsoft.com/zh-cn/download/details.aspx?id=24872 下 载 .NET Framework 4 Client Profile，如图 18.2 所示。

图 18.2　下载.NET Framework 4 Client Profile 页面

下载完成后，即可直接双击安装程序，开始安装.NET Framework 4 Client Profile 程序，按照提示一直单击【下一步】按钮，即可完成安装过程。

接下来我们开始安装 MySQL-workbench-gpl-5.2.47-win32.msi 程序，安装过程比较简单，按提示单击【下一步】按钮即可，安装完成之后，打开 MySQL Workbench 工作空间，如图 18.3 所示。

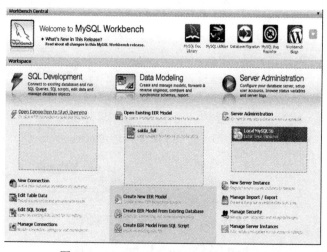

图 18.3　MySQL Workbench 的工作空间

MySQL Workbench 的工作空间有 3 个工作模式，分别是 SQL Development、Data Modeling 和 Server Administration。MySQL Workbench 软件可以进行数据库 SQL 编辑、错误提示、可视化数据库设计，此外还有非常强大的后台管理功能和性能分析工具。

18.2　SQL Development 的基本操作

在 MySQL Workbench 工作空间的 SQL Development 工作模式下，可以创建一个新的数据库连接，编辑并运行 SQL 语句，跟其他数据库管理软件一样，可以在图形化界面中管理数据库表的基本信息，本章节中将学习通过 MySQL Workbench 在图形化界面中如何创建并管理数据库信息。

18.2.1　创建数据库连接

MySQL Workbench 工作空间下对数据库数据进行管理之前，需要先创建数据库连接，具体操作步骤如下。

步骤 01　在 MySQL Workbench 工作空间中，单击【New Connection】按钮，如图 18.4 所示。

图 18.4　MySQL Workbench 的工作空间

步骤 02　在打开对话框的【Connection Name】（连接名称）中输入数据库连接的名称，接着需要输入 MySQL 服务器 IP 地址、用户名和密码，如图 18.5 所示。

图 18.5 【Setup New Connection】对话框

步骤 03 单击【OK】按钮，连接 MySQL 数据后的界面如图 18.6 所示。左侧展示的是 test 库中的 Tables、Views 以及 Routines。Query 1 窗口用来执行 SQL 语句的窗口，右侧的 SQL Additions 窗口是用来帮助用户写 SQL 语句的提示窗口。

图 18.6 MySQL Workbench 连接数据库

18.2.2 创建新的数据库

成功创建数据库连接后，在左侧的 SCHEMAS 下面可以看到 test 数据库。用户可以创建新的数据库，具体操作步骤如下。

步骤 01 单击工具栏上面的创建数据库的小图标，如图 18.7 所示。

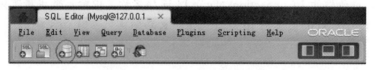

图 18.7 单击创建数据库的小图标

步骤 02 弹出如图 18.8 所示的界面，此时需要输入新的数据库名字，在这里输入的是 crm，然后单击【Apply】（确认）按钮。

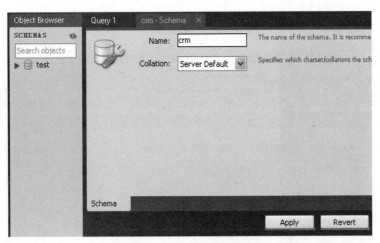

图 18.8　输入新的数据库名

步骤 03　弹出一个新的界面，即可看到创建数据库的语句，然后单击【Apply】（确认）按钮，如图 18.9 所示。

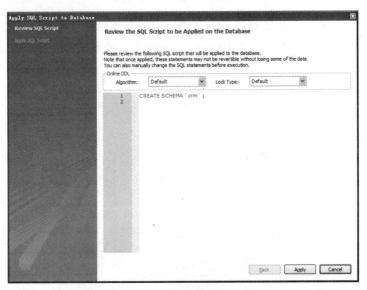

图 18.9　创建新的数据库语句

步骤 04　弹出一个新的界面，然后单击【Finish】（完成）按钮，完成创建数据库的操作，如图 18.10 所示。

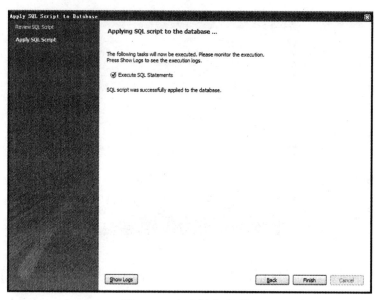

图 18.10   完成创建对话框

步骤 05 在 SCHEMES 下面即可看到 crm 数据库。如果想删除该数据库，可以选择后右击，并在弹出的快捷菜单中选择【Drop Schema】菜单命令，即可删除 crm，如图 18.11 所示。

图 18.11   查看和删除新数据库

18.2.3   创建和删除新的数据表

成功创建 crm 数据库后，即可创建和删除数据表。具体操作步骤如下。

步骤 01 在左侧的 SCHEMAS 列表中展开 crm 节点，选择【Tables】选项，右击并在弹出的快捷菜单中选择【Create Table】菜单命令，如图 18.12 所示。

图 18.12　选择【Create Table】菜单命令

步骤 02 在弹出的 products–Table 窗口中可以添加表的信息，比如表的名称和表中各列的相关信息，如图 18.13 所示。

图 18.13　products - Table 窗口

在创建表的时候，默认的数据存储引擎是 InnoDB，Comments 表示描述信息，增加该表各字段信息可以鼠标直接单击 Column Name 下面的列表，直接输入表列的名称和数据类型，比如需要创建主键 id，直接选择后面的 PK(Primary Key)和 AI(Auto Increment)复选框即可。

步骤 03 设置完数据表的基本信息后，单击【Apply】(确认)按钮。弹出一个确定的对话框，该对话框上有自动生成的 SQL 语句，如图 18.14 所示。

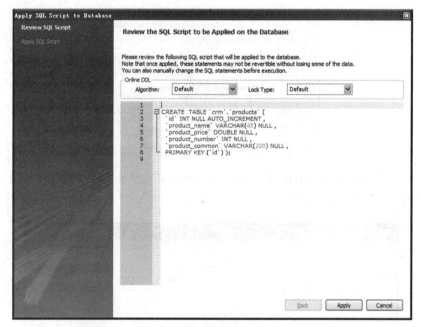

图 18.14　确认数据表对话框

步骤 04　确定无误后单击【Apply】（确认）按钮，然后在弹出的对话框中单击【Finish】（完成）按钮，即可完成创建数据表的操作，如图 18.15 所示。

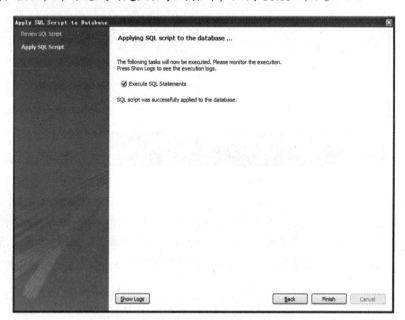

图 18.15　完成创建数据表对话框

步骤 05　创建完表 products 之后，会在 Tables 节点下面展现出来，如图 18.16 所示。

图 18.16　创建的新数据表

步骤 06 如果想删除表，可以右击需要删除的表，并在弹出的快捷菜单中选择【Drop Table】菜单命令，即可删除 products 数据表，如图 18.17 所示。

图 18.17　删除数据表

18.2.4　添加、修改表记录

用户可以通过执行添加表记录的 SQL 来添加数据，也可以在 Query1 的窗口执行 SQL 语句，这种方法效率不高，下面介绍的是 MySQL Workbench 在图形界面下对数据库表的维护，这种操作方式是非常方便的，具体操作步骤如下。

步骤 01 右击节点 Tables 下面的 products 表，在弹出的快捷菜单中选择【Edit Table Data】菜单命令，如图 18.18 所示。

图 18.18　选择【Edit Table Data】菜单命令

步骤 02　用户即可在右侧弹出的窗口中编辑数据表中的数据，如图 18.19 所示。编辑完成后，单击【Apply】（确认）按钮即可。

图 18.19　在 products 表中添加记录

跟其他 MySQL 管理程序一样，用户可以在添加记录的时候添加多条记录，然后单击【Apply】（确认）按钮，会直接将多条记录同时写入到数据库中。

18.2.5　查询表记录

添加了若干条记录到数据库的 products 表中，下面即可查询数据库的数据。具体操作步骤如下。

步骤 01　右击节点 Tables 下面的 products 表，在弹出的快捷菜单中选择【Select Rows – Limit 1000】菜单命令，如图 18.20 所示。

图 18.20　选择需要查询的数据表

步骤 02　在右侧打开的窗口中即可查询数据表中的数据，如图 18.21 所示。

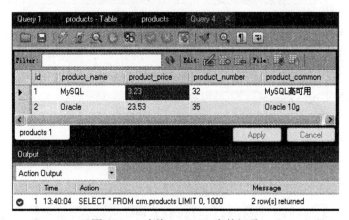

图 18.21　查询 products 表的记录

18.2.6　修改表结构

根据工作的实际需求，用户可以修改表的结构。具体的操作步骤如下。

步骤 01　右击节点 Tables 下面的 products 表，在弹出的快捷菜单中选择【Alter Table】菜单命令，如图 18.22 所示。

图 18.22　选择需要修改的数据表

步骤 **02** 在右侧打开的窗口中即可修改数据表中的结构，如图 18.23 所示。在修改某列数据类型时候，比如需要将 VARCHAR(45)改成 VARCHAR(200)，可以直接在下面的对话框中修改成 VARCHAR(200)。

图 18.23 修改 products 表的结构

18.3 Data Modeling 的基本操作

MySQL Workbench 为 MySQL 提供了 ER 图设计和数据库物理建模，用户可以建立 ER 图，可以使用它生成数据库对象。本章节中通过一个例子来学习如何在 MySQL Workbench 中建立物理模型，然后导出 SQL 语句。

18.3.1 建立 ER 模型

以购物系统为例，建立数据的物理模型，购物系统中包括以下几个物理模型，用户、商品和订单等。用户和订单之间是 1 个用户对映 1 个订单，是 1:1 的关系，而订单和商品之间的关系是一对多（1:n）的关系。具体的操作步骤如下。

步骤 **01** 在 MySQL Workbench 的 Data Modeling 工作模式下，单击【Create New EER Model】按钮，如图 18.24 所示。

图 18.24　单击【Create New EER Model】按钮

步骤 02 打开【Model Overview】窗口，在该窗口下首先需要创建新的 SCHEMA，如图 18.25 所示。单击【新增】按钮➕，此时会产生一个新的 SCHEMA，然后输入 SCHEMA 的名字 shopping，输入完成后，单击【关闭】按钮✖，最后单击【Add Diagram】按钮。

图 18.25　创建一个新的模型

步骤 03 打开 EER Diagram 窗口，单击创建表按钮▦，在②的地方改成前面所添加的 shopping，如图 18.26 所示。

图 18.26　开始添加数据库物理模型

步骤04　接下来单击窗口空白的地方，此时会创建一个 Table1，如图 18.27 所示。

图 18.27　创建 Table1

步骤05　双击 Table1 之后会出现编辑 Table1 的窗口，如图 18.28 所示。窗口下方出现【shopping_user – Table】选项，在该页面中修改 Table Name 为 shopping_user，然后添加了主键 user_id，以及添加各个列的相关信息。添加列之后，可以选择数据类型和约束。

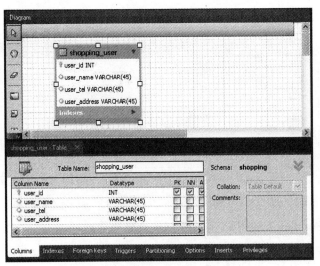

图 18.28　编辑 Table1

步骤 06　使用相同的方法创建两个表 shopping_order 和 shopping_products, 然后给表添加各个列的相关信息, 如图 18.29 所示。

图 18.29　创建表 shopping_order 和 shopping_products

步骤 07　单击 1:1 按钮, 然后分别单击 shopping_user 表和 shopping_order 表, 使两个表建立 1:1 的关系, 如图 18.30 所示。

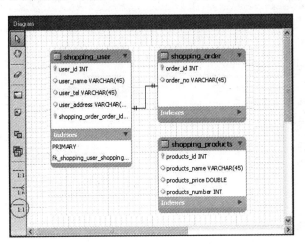

图 18.30　建立 1:1 关系

步骤 08　修改刚刚建立的一个外键的名字, 此时双击表 "shopping_user", 然后修改表中列的信息，如图 18.31 所示。

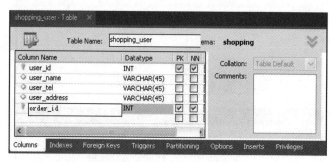

图 18.31　修改外键的名称

步骤 09　切换到【Foreign Keys】选项，可以很清楚地看到 shopping_user 表的外键直接引用的是 order 表。用户表和订单表是 1:1 的关系，已经设计完成，如图 18.32 所示。

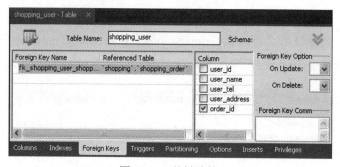

图 18.32　外键连接

步骤 10　单击 1:n 按钮，然后分别单击 shopping_order 表和 shopping_products 表，此时会建立两表之间 1:n 的关系，如图 18.33 所示。

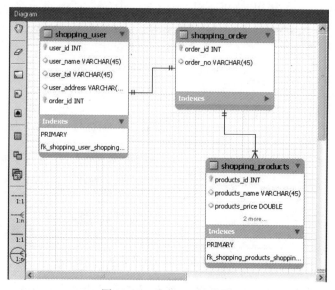

图 18.33　建立 1:n 的关系

步骤⑪　双击"shopping_products"表会显示如图 18.34 所示的界面，用户可以修改该表的列的相关信息，此时已经建立了一个 shopping_order_order_id 的外键。

图 18.34　建立外键

18.3.2　导入 ER 模型

上一小节中讲述了如何创建 ER 图模型，下面学习如何将 ER 图模型直接转换成 SQL 脚本，具体操作步骤如下。

步骤①　将创建的物理模型保存起来，单击【File】菜单，选择【Export】选项，之后选择【Forward Engineer SQL CREATE Script…】选项，如图 18.35 所示。

图 18.35　选择【Forward Engineer SQL CREATE Script…】选项

步骤 **02** 在打开的对话框中输入导出 SQL 的地址，也可以单击【Browse】按钮后选择导出的路径，如图 18.36 所示。单击【Next】按钮，即可依次按照提示完成导出脚本。至此，完成导出 SQL 脚本。

图 18.36　导出路径

步骤 **03** 在 SQL Development 工作模式下可以导入脚本，单击【导入文件】按钮 ，如图 18.37 所示。然后根据提示打开上一步保存的 SQL 脚本文件即可。

图 18.37　导入 SQL 脚本

步骤 **04** 单击【执行】按钮 ，即可开始自动执行脚本，如图 18.38 所示。

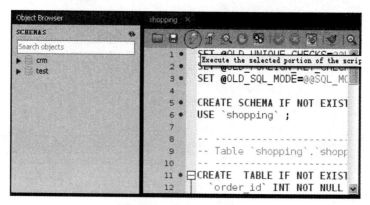

图 18.38　执行 SQL 脚本

步骤 05　执行脚本后，单击左侧窗口的【刷新】按钮 ，此时会出现 shopping 数据库，如图 18.39 所示。

图 18.39　执行 SQL 脚本的结果

18.4　Server Administration 的基本操作

MySQL Workbench 工作空间的 Server Administration 工作模式下数据库管理提供了数据库状态监控、服务器开关、数据库日志管理、用户授权管理，以及备份和恢复数据库信息。

18.4.1　管理 MySQL 用户

MySQL Workbench 数据库管理提供了对 MySQL 用户的管理，用户可以在图形界面很方便地管理数据用户。具体操作步骤如下。

步骤 01　在 MySQL Workbench 的 Server Administration 工作模式下，单击【Manage Server Instances】按钮，如图 18.40 所示。

图 18.40　单击【Manage Server Instances】按钮

步骤 02　在弹出的窗口中单击左下角的【New】按钮，在 Instance Profile Name 选项中输入

Server Instance 的名字，然后在 Connection 中选择我们已经连接的数据库实例，如图 18.41 所示。

图 18.41　输入 Server Instance 的名字和选择实例

步骤 03　单击【Close】按钮，之后在 Server Adminitration 下面就会出现可用的 Server Instance，如图 18.42 所示。

图 18.42　创建新的 Server Instance

步骤 04　双击 Server Administration 下面新出现的 Localhost_MySQL，此时会出现数据库管理的界面，如图 18.43 所示。

图 18.43　数据库管理界面

步骤 **05**　单击界面左侧的【Users and Privileges】选项，然后单击右侧界面下方的【Add Account】按钮，接着开始添加 test 用户，如图 18.44 所示。输入用户名和密码，其中 Limit Connectivity to Hosts Matching 表示限制连接 MySQL 服务器的远程地址，%表示不受限制。

图 18.44　数据库用户添加界面

步骤 **06**　下面开始对 test 用户进行授权操作。单击【Administrative Roles】选项，选择需要的角色和权限，单击【Apply】按钮之后，test 用户创建成功，如图 18.45 所示。

图 18.45　数据库用户授权界面

18.4.2　备份 MySQL 数据库

MySQL Workbench 工作空间的 Server Administration 提供了管理数据库的备份和恢复的功能。具体操作步骤如下。

步骤01　在 MySQL Workbench 的 Server Administration 工作模式下，单击【Manage Import/Export】按钮，如图 18.46 所示。

图 18.46　单击【Manage Import/Export】按钮

步骤02　在弹出的窗口中，选择左侧的【DATA EXPORT / RESTORE】选项，该选项下面有两个选项，其中【Data Export】选项表示数据库导出，【Data Import/Restore】选项表示数据库恢复选项，如图 18.47 所示。

图 18.47 备份 MySQL 数据库

步骤03 在开始备份之前,用户还需要设置 MySQL Workbench 中备份 MySQL 的 MySQLdump 的路径,MySQL Workbench 默认的 MySQLdump 版本是 5.5,如果需要备份更高版本的数据库的话,可能会发生错误,下面先设置下 MySQLdump 的版本。选择【Edit】|【Preferences】菜单命令,如图 18.48 所示。

图 18.48 选择【Preferences】菜单命令

步骤04 在弹出的对话框中选择【Administrator】选项,然后设置 MySQLdump 和 MySQL 的路径,如图 18.49 所示。

图 18.49 设置 MySQLdump 和 MySQL 的路径

步骤05 单击【OK】按钮,返回到数据库备份的页面,选择需要备份的数据库,在 Options 选项中,可以选择【Export to Dump Project Folder】选项,此时备份数据库数据会将数据备份到系统默认的路径中,如图 18.50 所示。

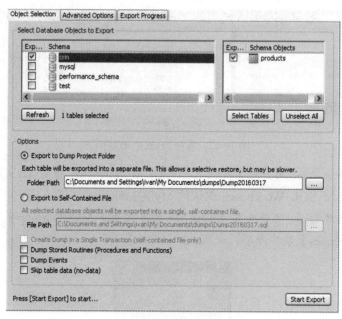

图 18.50　数据库备份

步骤 06　单击【Start Export】按钮，即可开始备份并显示备份的进度，如图 18.51 所示。

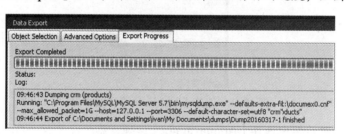

图 18.51　开始备份数据库

步骤 07　将数据库数据备份到 C:\Documents and Settings\ivan\My Documents\dumps\Dump20160317-1 目录中，如果一天备份多次，那么文件夹日期后面会加上相应的序号。打开备份文件夹后，发现备份生成的文件都是以"数据库名_表名"的格式来命名脚本文件的，如图 18.52 所示。

名称 ▲	大小	类型
crm_products.sql	3 KB	DbVisualizer ...
mysql_columns_priv.sql	3 KB	DbVisualizer ...
mysql_db.sql	4 KB	DbVisualizer ...
mysql_event.sql	4 KB	DbVisualizer ...
mysql_func.sql	3 KB	DbVisualizer ...
mysql_help_category.sql	4 KB	DbVisualizer ...
mysql_help_keyword.sql	10 KB	DbVisualizer ...
mysql_help_relation.sql	12 KB	DbVisualizer ...
mysql_help_topic.sql	492 KB	DbVisualizer ...
mysql_innodb_index_stats.sql	3 KB	DbVisualizer ...
mysql_innodb_table_stats.sql	3 KB	DbVisualizer ...

图 18.52　备份的数据库脚本文件

18.4.3　恢复 MySQL 数据库

数据库备份完成后，如果需要，可以进行恢复数据库的操作。具体操作步骤如下。

步骤 01　单击【Data Import /Restore】选项，右侧窗口中如果选择【Import from Dump Project Folder】单选按钮，该选项表示恢复之前备份的某个文件夹的所有脚本；如果选择【Import from Self-Contained File】单选按钮，则该选项要求只恢复其中的某个备份的脚本，如图 18.53 所示。

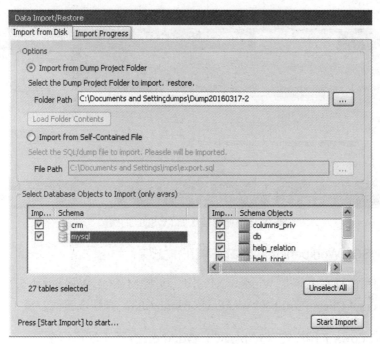

图 18.53　数据库脚本恢复

步骤 02　本实例选择【Import from Dump Project Folder】选项，然后选择需要恢复的数据库和表，单击【Start Import】按钮。系统将自动进行恢复操作，如图 18.54 所示。

图 18.54　数据库恢复的进度条

18.5 专家解惑

疑问 1：数据库恢复的时候没反应怎么办？

如果不能够正常恢复的话，可以选择【Edit】|【Preferences】菜单命令。选择【Administrator】选项，可以使用默认的 MySQL 的路径（保留空白的 Workbench 将会使用默认的版本）。设置如图 18.55 所示。

图 18.55　使用默认的 MySQL 的路径

疑问 2：MySQL Workbench 5.2 CE 不能正常安装？

某些用户使用的操作系统是 Window XP SP1，安装 MySQL Workbench 5.2 CE 之前需要安装.NET Framework 4 Client Profile 和 Window XP with SP3，详细步骤请参考 18.1.3 节内容。

疑问 3：Windows 7 用户安装好 MySQL Workbench 后不能运行？

某些 Windows7 的用户，不能够正常运行 MySQL Workbench 程序，此时需要安装两个插件，安装.netframework4 和 vcredist_x86.exe 即可。

18.6 经典习题

（1）在 SQL Development 模式下面建立一个数据库连接。

（2）在 SQL Development 模式下面创建一个名字是 crm 的 SCHEMA。

（3）在 SQL Development 模式下面创建一个 products 表，然后修改表结构。

（4）向 products 表中添加若干条数据记录。

（5）在 SQL Development 模式下面修改之前添加的数据。

（6）在 Data Modeling 模式下面建立一个新的账户并授予 DBA 权限。

（7）在 Data Modeling 模式下面导出刚刚插入的 products 表的数据。

（8）删除 products 表的数据，然后恢复刚刚备份的数据。

（9）在 MySQL Workbench 的 Data Modeling 模式下面创建一个新的 EER 模型。

（10）在 MySQL Workbench 的 Data Modeling 模式下面将创建的 EER 模型导入到 SQL 脚本。

第 19 章
◀MySQL Cluster ▶

学习目标 Objective

MySQL Cluster 技术在分布式系统中为 MySQL 提供了冗余特性，增强了安全性，可以大大提高系统的可靠性和数据的有效性。MySQL Cluster 需要一组计算机，每台计算机可以理解为一个节点，这些节点的功能各不相同，MySQL Cluster 按照功能来分，可以分为三种节点：管理节点、数据节点和 SQL 节点。集群中的某台计算机可以是某一个节点，也可以是两种或者三种节点的集合，这些节点组合在一起，为应用提供具有高可靠性、高性能的 Cluster 数据管理。

内容导航 Navigation

- 了解什么是 MySQL Cluster
- 掌握 Linux 下 MySQL Cluster 的安装和配置
- 掌握 MySQL Cluster 的管理方法
- 掌握 MySQL Cluster 的维护方法
- Windows 下的集群配置方法

19.1 MySQL Cluster 概述

目前企业数据量越来越大，所以对 MySQL 的要求进一步提高。以前的大部分高可用方案通常存在一定的缺陷，例如 MySQL Replication 方案，Master 是否存活检测需要一定的时间，如果主从切换也需要一定的时间，因此高可用很大程度上依赖于监控软件和自动化管理工具。随着 MySQL Cluster 的不断发展，终于在性能和高可用上得到了很大的提高。

19.1.1 MySQL Cluster 基本概念

MySQL Cluster 简单地讲是一种 MySQL 集群的技术，是由一组计算机构成的，每台计算机可以存放一个或者多个节点，其中包括 MySQL 服务器、DNB Cluster 的数据节点、其他管理节点，以及专门的数据访问程序，这些节点组合在一起，就可以为应用提供高性能、高可用性和可缩放性的 Cluster 数据管理。

　　MySQL Cluster 的访问过程大致是这样的，应用通常使用一定的负载均衡算法将对数据的访问分散到不同的 SQL 节点，SQL 节点对数据节点进行数据访问并从数据节点返回数据结果，管理节点仅仅只是对 SQL 节点和数据节点进行配置管理，MySQL Cluster 的系统架构如图 19.1 所示。

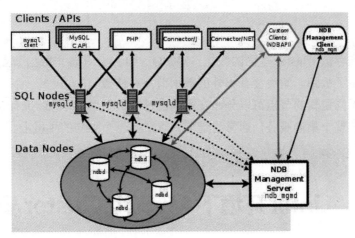

图 19.1　MySQL Cluster 架构

19.1.2　理解 MySQL Cluster 节点

　　MySQL Cluster 按照节点类型可以分为 3 种类型的节点，分别是管理节点、SQL 节点、数据节点，所有的这些节点构成了一个完整的 MySQL 集群体系。事实上，数据保存在 NDB 存储服务器的存储引擎中，表结构则保存在 MySQL 服务器中，应用程序通过 MySQL 服务器访问数据，而集群管理服务器则通过管理工具 ndb_mgmd 来管理 NDB 存储服务器。

　　下面先了解一下 MySQL Cluster 中 3 种不同类型的节点。

1. 管理节点

　　管理节点主要用来对其他节点进行管理。通常通过配置 config.ini 文件来配置集群中有多少需要维护的副本，配置每个数据节点上为数据和索引分配多少内存、IP 地址，以及在每个数据节点上保存数据的磁盘路径。

　　管理节点通常管理 Cluster 配置文件和 Cluster 日志。Cluster 中的每个节点从管理服务器检索配置信息，并请求确定管理服务器所在位置的方式。如果节点内出现新的事件时，节点将这类事件的信息传输到管理服务器，将这类信息写入到 Cluster 日志中。

　　一般在 MySQL Cluster 体系中至少需要一个管理节点，另外值得注意的是，因为数据节点和 SQL 节点在启动之前需要读取 Cluster 的配置信息，所以通常管理节点是最先启动的。

2. SQL 节点

SQL 节点简单地讲就是 MySQLd 服务器，应用不能直接访问数据节点，只能通过 SQL 节点访问数据节点来返回数据。任何一个 SQL 节点都是连接到所有的存储节点的，所以当任何一个存储节点发生故障的时候，SQL 节点都可以把请求转移到另一个存储节点执行。通常来说，SQL 节点越多越好，SQL 节点越多，分配到每个 SQL 节点的负载就越小，系统的整体性能就越好。

3. 数据节点

数据节点用来存放 Cluster 里面的数据，MySQL Cluster 在各个数据节点之间复制数据，任何一个节点发生了故障，始终会有另外的数据节点存储数据。

通常这 3 种不同逻辑的节点可以分布在不同的计算机上面，集群最少有 3 台计算机，为了保证能够正常维护整个集群服务，通常将管理节点放在一个独立的主机上。

19.2 Linux 环境下 MySQL Cluster 安装和配置

首先准备 3 台普通的 PC 机器，并全部安装好 Fedora 操作系统，本节以 MySQL Cluster 7.4.11 测试环境来介绍 MySQL Cluster 的配置方法，节点的配置信息如表 19.1 所示。

表 19.1　节点配置说明

节　点	对应的 IP 地址和端口
管理节点（1 个）	192.168.0.100
SQL 节点（2 个）	192.168.0.101:3331
	192.168.0.102:3331
数据节点（2 个）	192.168.0.101
	192.168.0.102

下面做安装 MySQL Cluster 7.4.11 之前所需要的准备工作。需要将这 3 台普通 PC 机器的网络 IP 地址配置起来，具体操作步骤如下。

步骤 01　系统默认的网卡端口是 eth0，这里使用的是 eth2，首先编辑 eth2 的配置文件，设置 IP 地址、子网掩码和网关的配置信息。

```
[root@localhost ~]# cd /etc/sysconfig/network-scripts/
[root@localhost network-scripts]# vi ifcfg-eth2
# Advanced Micro Devices [AMD] 79c970 [PCnet32 LANCE]
DEVICE=eth2
BOOTPROTO=static
HWADDR=00:0c:29:be:34:3a
```

```
ONBOOT=yes
DHCP_HOSTNAME=localhost.localdomain
NM_CONTROLLED=no
TYPE=Ethernet
USERCTL=yes
PEERDNS=yes
IPV6INIT=no
IPADDR=192.168.0.100
NETMASK=255.255.255.0
GATEWAY=192.168.0.1
```

步骤 02　使用 ifconfig 命令查看 eth2 端口 IP 地址是否成功设置，然后重新启动网络。

```
[root@localhost network-scripts]# ifconfig eth2
eth2      Link encap:Ethernet  HWaddr 00:0C:29:AD:4D:72
          inet addr:192.168.0.100  Bcast:192.168.0.255  Mask:255.255.255.0
          inet6 addr: fe80::20c:29ff:fead:4d72/64 Scope:Link
          UP BROADCAST RUNNING MULTICAST  MTU:1500  Metric:1
          RX packets:115380 errors:0 dropped:0 overruns:0 frame:0
          TX packets:574 errors:0 dropped:0 overruns:0 carrier:0
          collisions:0 txqueuelen:1000
          RX bytes:14511212 (13.8 MiB)  TX bytes:94140 (91.9 KiB)
          Interrupt:18 Base address:0x1080

[root@localhost network-scripts]# service network restart
Shutting down interface eth2:  Device eth2 has MAC address 00:0C:29:AD:4D:72,
instead of configured address 00:0C:29:BE:34:3A. Ignoring.
                                                        [FAILED]
Shutting down loopback interface:                       [  OK  ]
Bringing up loopback interface:                         [  OK  ]
Bringing up interface eth2:                             [  OK  ]
```

步骤 03　使用 chkconfig 命令设置网卡进入系统时启动。想要每次开机就可以自动获取 IP 地
　　　　　址，此时需要开启服务，使用 chkconfig 命令是让网络服务在系统启动级别是 2345
　　　　　时默认启动。

```
[root@localhost network-scripts]# chkconfig --level 2345 network on
[root@localhost network-scripts]# service network start
Bringing up loopback interface:                         [  OK  ]
Bringing up interface eth2:                             [  OK  ]
RTNETLINK answers: File exists
RTNETLINK answers: File exists
RTNETLINK answers: File exists
RTNETLINK answers: File exists
RTNETLINK answers: File exists
RTNETLINK answers: File exists
```

```
RTNETLINK answers: File exists
RTNETLINK answers: File exists
RTNETLINK answers: File exists
[root@localhost network-scripts]# clear
```

使用 service network start 或者 service network restart 命令，提示出错，主要原因是 Fedora 除了有个 network 网卡信息外，还有一个 NetManager 来管理，可以将 NetworkManager 关闭掉。

步骤 04 将 NetworkManager 服务关闭掉，然后重启网络服务。

```
[root@localhost network-scripts]# chkconfig --level 0123456 NetworkManager off
[root@localhost network-scripts]# service NetworkManager stop
Stopping NetworkManager daemon:                          [  OK  ]
[root@localhost network-scripts]# service network stop
Shutting down loopback interface:                        [  OK  ]
[root@localhost network-scripts]# service network start
Bringing up loopback interface:                          [  OK  ]
Bringing up interface eth2:                              [  OK  ]
```

下面接着采用相同的方法配置 IP 地址为 192.168.0.101 和 IP 地址为 192.168.0.102 的网络地址，配置完成后，我们使用 PING 命令检测网络是否可以成功连接。

```
[root@localhost ~]# ifconfig
eth2      Link encap:Ethernet  HWaddr 00:0C:29:AD:4D:72
          inet addr:192.168.0.100  Bcast:192.168.0.255  Mask:255.255.255.0
          inet6 addr: fe80::20c:29ff:fead:4d72/64 Scope:Link
          UP BROADCAST RUNNING MULTICAST  MTU:1500  Metric:1
          RX packets:348908 errors:0 dropped:0 overruns:0 frame:0
          TX packets:39045 errors:0 dropped:0 overruns:0 carrier:0
          collisions:0 txqueuelen:1000
          RX bytes:339740810 (324.0 MiB)  TX bytes:2179906 (2.0 MiB)
          Interrupt:18 Base address:0x1080

lo        Link encap:Local Loopback
          inet addr:127.0.0.1  Mask:255.0.0.0
          inet6 addr: ::1/128 Scope:Host
          UP LOOPBACK RUNNING  MTU:16436  Metric:1
          RX packets:1225 errors:0 dropped:0 overruns:0 frame:0
          TX packets:1225 errors:0 dropped:0 overruns:0 carrier:0
          collisions:0 txqueuelen:0
          RX bytes:73623 (71.8 KiB)  TX bytes:73623 (71.8 KiB)

[root@localhost ~]# ping 192.168.0.101
PING 192.168.0.101 (192.168.0.101) 56(84) bytes of data.
64 bytes from 192.168.0.101: icmp_seq=1 ttl=64 time=4.45 ms
64 bytes from 192.168.0.101: icmp_seq=2 ttl=64 time=1.10 ms
64 bytes from 192.168.0.101: icmp_seq=3 ttl=64 time=2.14 ms
```

```
64 bytes from 192.168.0.101: icmp_seq=4 ttl=64 time=1.02 ms
^C
--- 192.168.0.101 ping statistics ---
4 packets transmitted, 4 received, 0% packet loss, time 3975ms
rtt min/avg/max/mdev = 1.022/2.181/4.459/1.387 ms
```

19.2.1　安装 MySQL Cluster 软件

MySQL Cluster 安装之前需要将 MySQL Server 卸载掉，如果 MySQL Server 已经卸载，则直接安装 MySQL Cluster。安装 MySQL Cluster 的具体操作步骤如下。

步骤 01　直接把之前源码安装的 MySQL 程序删除掉。

```
[root@localhost mysql]# cd /usr/local
[root@localhost local]# ls
bin doc etc games include lib libexec man mysql sbin share src
[root@localhost local]# rm -rf mysql
```

步骤 02　登录 http://dev.MySQL.com/downloads/cluster/#downloads 网址，下载 MySQL Cluster 7.4.11，如图 19.2 所示。

图 19.2　下载 MySQL Cluster

步骤 03　下载好 MySQL-cluster-gpl-7.4.11-linux2.6-i686.tar.gz 文件之后，先对其进行解压缩。

```
[root@localhost ~]# gunzip mysql-cluster-gpl-7.4.11-linux2.6-i686.tar.gz
[root@localhost ~]# tar -xvf mysql-cluster-gpl-7.4.11-linux2.6-i686.tar
```

步骤 04　假设每个节点计算机上都采用 MySQL 用户来运行 MySQL Cluster，首先添加 MySQL 组，然后添加 MySQL 用户。

```
[root@localhost ~]# groupadd mysql
[root@localhost ~]# useradd mysql -g mysql
```

步骤 05　开始安装 MySQL Cluster。

```
[root@localhost ~]# mkdir /usr/local/mysql-cluster
[root@localhost ~]# mv mysql-cluster-gpl-7.4.11-linux2.6-i686/*
```

531

```
    /usr/local/mysql-cluster/
[root@localhost ~]# cd /usr/local/mysql-cluster
[root@localhost mysql-cluster]# chown -R root .
[root@localhost mysql-cluster]# ls
bin      data include      lib mysql-test scripts sql-bench
COPYING docs INSTALL-BINARY man README      share    support-files
[root@localhost mysql-cluster]# chown -R mysql ./data
[root@localhost mysql-cluster]# chown -R mysql .
[root@localhost mysql-cluster]# ./scripts/mysql_install_db --user=mysql
Installing MySQL system tables...
./bin/mysqld: error while loading shared libraries: libaio.so.1: cannot open
shared object file: No such file or directory

Installation of system tables failed! Examine the logs in
./data for more information.

You can try to start the mysqld daemon with:

    shell> ./bin/mysqld --skip-grant &

and use the command line tool ./bin/mysql
to connect to the mysql database and look at the grant tables:

    shell> ./bin/mysql -u root mysql
    mysql> show tables

Try 'mysqld --help' if you have problems with paths. Using --log
gives you a log in ./data that may be helpful.

Please consult the MySQL manual section
'Problems running mysql_install_db', and the manual section that
describes problems on your OS. Another information source are the
MySQL email archives available at http://lists.mysql.com/.

Please check all of the above before mailing us! And remember, if
you do mail us, you MUST use the ./bin/mysqlbug script!
```

提示错误信息：libaio.so.1: cannot open shared object file: No such file or directory。安装过程中可能缺少的 libaio 安装文件而导致的问题，接下来，安装该程序，操作如下。

```
[root@localhost ~]# ls
anaconda-ks.cfg install.log.syslog                    network.txt
Desktop         libaio-0.3.96-3.i386.rpm              Pictures
Documents       Music                                 Public
Download        MySQL5.7                              Templates
install.log     mysql-cluster-gpl-7.4.11-linux2.6-i686.tar Videos
```

```
[root@localhost ~]# rpm -ivh libaio-0.3.96-3.i386.rpm
warning: libaio-0.3.96-3.i386.rpm: Header V3 DSA signature: NOKEY, key ID
73307de6
Preparing...                ######################################### [100%]
   1:libaio                 ######################################### [100%]
```

很顺利，libaio-0.3.96-3.i386.rpm 包安装成功，然后开始初始化 MySQL Server 服务。

```
[root@localhost ~]# cd /usr/local/mysql-cluster/
[root@localhost mysql-cluster]# ./scripts/mysql_install_db --user=mysql
Installing MySQL system tables...
OK
Filling help tables...
OK

To start mysqld at boot time you have to copy
support-files/mysql.server to the right place for your system

PLEASE REMEMBER TO SET A PASSWORD FOR THE MySQL root USER !
To do so, start the server, then issue the following commands:

./bin/mysqladmin -u root password 'new-password'
./bin/mysqladmin -u root -h localhost.localdomain password 'new-password'

Alternatively you can run:
./bin/mysql_secure_installation

which will also give you the option of removing the test
databases and anonymous user created by default.  This is
strongly recommended for production servers.

See the manual for more instructions.

You can start the MySQL daemon with:
cd . ; ./bin/mysqld_safe &

You can test the MySQL daemon with mysql-test-run.pl
cd ./mysql-test ; perl mysql-test-run.pl

Please report any problems with the ./bin/mysqlbug script!
```

步骤 06 从上面安装信息可以发现 To start MySQLd at boot time you have to copy support-files/MySQL.server to the right place for your system, 接下来, 首先创建 my.cnf 文件, 并且开始初始化数据库, 接着需要配置 MySQL 服务, 然后启动服务。

```
[root@localhost mysql-cluster]# cp ./support-files/my-medium.cnf /etc/my.cnf
```

```
cp: overwrite `/etc/my.cnf'? y
[root@localhost mysql-cluster]#
[root@localhost mysql-cluster]# cd /etc/init.d
[root@localhost init.d]# ln -s
 /usr/local/mysql-cluster/support-files/mysql.server
/etc/init.d/mysql.server
```

步骤 07 设置 MySQL 服务为自动启动服务。

```
[root@localhost ~]# cd /usr/local
[root@localhost local]# ln -s MySQL-cluster MySQL
```

接下来编辑/etc/profile 环境配置文件，在该文件最后加上如下的两句配置信息。

```
[root@localhost ~]# vi /etc/profile
PATH=$PATH:/usr/local/MySQL-cluster/bin
export PATH
```

步骤 08 使用 chkconfig 增加新的一项服务，系统从其之后服务自动运行。

```
[root@localhost ~]# cd /etc/rc.d/init.d/
[root@localhost init.d]# ls -al |grep mysql
lrwxrwxrwx   1  root   root        51  2016-01-27  12:35  mysql.server  ->
/usr/local/mysql-cluster/support-files/mysql.server
[root@localhost init.d]# chkconfig --add mysql.server
[root@localhost local]# service mysql.server start
Starting MySQL...........................................[ OK ]
```

步骤 09 简单地测试下当前的 MySQL 版本是否支持 Cluster。

```
[root@localhost init.d]# mysql
Welcome to the MySQL monitor.  Commands end with ; or \g.
Your MySQL connection id is 1
Server version: 5.7.10-ndb-7.4.11-cluster-gpl-log MySQL Cluster Community
Server (GPL)

Copyright (c) 2000, 2015, Oracle and/or its affiliates. All rights reserved.

Oracle is a registered trademark of Oracle Corporation and/or its
affiliates. Other names may be trademarks of their respective
owners.

Type 'help;' or '\h' for help. Type '\c' to clear the current input statement.

mysql> show variables like '%ndb%';
+----------------------+----------+
| Variable_name        | Value    |
+----------------------+----------+
```

```
| have_ndbcluster      | DISABLED |
| ndbinfo_database     | ndbinfo  |
| ndbinfo_max_bytes    | 0        |
| ndbinfo_max_rows     | 10       |
| ndbinfo_offline      | OFF      |
| ndbinfo_show_hidden  | OFF      |
| ndbinfo_table_prefix | ndb$     |
| ndbinfo_version      | 459272   |
+----------------------+----------+
8 rows in set (0.03 sec)
```

19.2.2　管理节点配置步骤

MySQL Cluster 管理节点的配置是 Cluster 配置中最关键的一步，下面我们通过详细的步骤来描述如何配置管理节点。

步骤 01 复制 /usr/local/MySQL-cluster/bin 目录下 ndb_mgm 和 ndb_mgmd 两个文件到 /usr/local/bin 目录下面去。

```
[root@localhost ~]# cd /usr/local/mysql-cluster/bin/
[root@localhost bin]# cp ./ndb_mgm* /usr/local/bin
```

步骤 02 在管理节点服务器 192.168.0.10 的 /var/lib/ 下创建目录 MySQL-cluster，并在该目录下面创建配置文件 config.ini。

```
[root@localhost ~]# cd /var/lib
[root@localhost lib]# mkdir mysql-cluster
[root@localhost lib]# cd mysql-cluster/
[root@localhost mysql-cluster]# touch config.ini
```

步骤 03 配置集群的测试环境，config.ini 文件的配置信息如下。

```
[ndbd default]
NoOfReplicas=1                            #每个数据节点的镜像数量
DataMemory=200M                           #每个数据节点中给数据分配的内存
IndexMemory=20M                           #每个数据节点中给索引分配的内存
[ndb_mgmd]                                #配置管理节点
NodeId=1
hostname=192.168.0.100
datadir=/var/lib/mysql-cluster/           #管理节点数据（日志）目录
[ndbd]                                    #数据节点配置
NodeId=2
hostname=192.168.0.101
datadir=/usr/local/mysql/data/            #数据节点目录
[ndbd]
NodeId=3
hostname=192.168.0.102
```

```
datadir=/usr/local/mysql/data/
[mysqld]
hostname=192.168.0.101
[mysqld]
hostname=192.168.0.102
[mysqld]                                          # Options for mysqld process
```

管理节点通过 config.ini 文件来配置管理节点、SQL 节点和数据节点的信息，通常最关心这 3 类节点的配置，分别定义如下。

（1）[ndbd default]：表示每个数据节点的默认配置，在具体的每个节点[NDBD]中不用再写这些选项。

（2）[ndb_mgmd]：表示配置管理节点信息。

（3）[ndbd]：表示每个数据节点的配置信息，可以配置多个数据节点信息。

（4）[mysqld]：表示 SQL 节点的配置信息，可以有多个，此节点的个数说明了可以用来连接数据节点的 SQL 节点总数。

19.2.3 配置 SQL 节点和数据节点

SQL 节点和数据节点的配置比较简单，只需要在 MySQL Server 的配置文件（my.cnf）中增加如下内容即可。

```
# The mysql server
[mysql_cluster]
ndb-connectstring=192.168.0.100        #数据节点定位管理节点的 IP 地址

[mysqld]
Ndbcluster                             #运行 NDB 存储引擎
ndb-connectstring=192.168.0.100        #定位管理节点
port     = 3306
socket       = /tmp/mysql.sock
skip-external-locking
key_buffer_size = 16M
max_allowed_packet = 1M
table_open_cache = 64
sort_buffer_size = 512K
net_buffer_length = 8K
read_buffer_size = 256K
read_rnd_buffer_size = 512K
myisam_sort_buffer_size = 8M
```

在 IP 地址为 192.168.0.101 和 192.168.0.102 的机器上配置数据节点和 SQL 节点的信息，[MySQL_cluster]选项配置数据节点的内容，[MySQLd]则配置 SQL 节点选项的内容。

19.3　管理 MySQL Cluster

MySQL Cluster 配置完毕后，接下来详细了解一下 Cluster 如何启动、关闭和如何测试 MySQL Cluster 功能。

19.3.1　Cluster 的启动

MySQL Cluster 需要将集群的各个节点都启动后才能正常运行，节点的启动的顺序依次是管理节点、数据节点和 SQL 节点。具体操作步骤如下。

步骤01　在管理节点（192.168.0.100）上使用 ndb_mgmd 命令启动管理节点进程。

```
[root@localhost ~]# cd /var/lib/mysql-cluster/
[root@localhost mysql-cluster]# ndb_mgmd -f ./config.ini
MySQL Cluster Management Server mysql-5.7.10 ndb-7.4.11
```

启动管理节点需要使用 ndb_mgmd 命令，-f 参数后面是管理节点的配置文件，ndb_mgmd 命令实际上就是 MySQL Cluster 管理服务器，可以通过 –f 参数或者--config=config_filename 来指定 MySQL Cluster 的参数文件，其他选项可以使用 ndb_mgmd –help 命令来查看，下面查看一下进程，判断集群管理进程是否成功启动。

```
[root@localhost ~]# cd /var/lib/mysql-cluster/
[root@localhost mysql-cluster]# ndb_mgmd -f ./config.ini
MySQL Cluster Management Server mysql-5.7.10 ndb-7.4.11

[root@localhost mysql-cluster]# ps -ef |grep ndb
root      9742 15442  0 04:55 pts/1    00:00:00 grep ndb
root     30841     1  0 04:33 ?        00:00:05 ndb_mgmd -f ./config.ini
```

 使用 ps（进程查看）命令查看到 ndb_mgmd 的进程。则说明 ndb_mgmd 进程已经启动。

步骤02　启动 IP 地址为 192.168.0.101 和 192.168.0.102 的数据节点服务器服务，如果是第一次启动，则需要添加--initial 参数，以便进行 ndb 节点的初始化工作。值得注意的是，在以后的启动过程中，是不能添加--initial 参数的，否则 ndbd 程序会清除在之前建立的所有用于恢复的数据文件盒日志文件，如下所示。

```
[root@localhost bin]# ndbd --initial
Unable to connect with connect string: nodeid=0,192.168.0.100:1186
Retrying every 5 seconds. Attempts left: 12 11 10 9 8 7 6 5 4 3 2 1, failed.
2016-01-28 05:46:37 [ndbd] ERROR    -- Could not connect to management server,
error: ''
```

启动数据节点发生问题，连接不上，尝试关闭操作系统防火墙。

```
[root@localhost ~]# /etc/init.d/iptables stop
iptables: Flushing firewall rules:                    [  OK  ]
iptables: Setting chains to policy ACCEPT: filter     [  OK  ]
iptables: Unloading modules:                          [  OK  ]
[root@localhost ~]# /sbin/chkconfig --level 2345 iptables off
```

 /etc/init.d/iptables stop 命令可以将系统防火墙暂时关闭掉，而/sbin/chkconfig --level 2345 iptables off 命令可以让系统启动的时候不启动 iptables 服务。

下面重新启动数据节点，效果如下所示。

```
[root@localhost bin]# ndbd --initial
2016-01-23 13:25:02 [ndbd] INFO      -- Angel connected to '192.168.0.100:1186'
2016-01-23 13:25:02 [ndbd] INFO      -- Angel allocated nodeid: 2
```

成功启动数据节点，接下来需要启动 SQL 节点服务器服务。

步骤 01 启动 IP 地址为 192.168.0.101 和 192.168.0.102 的 SQL 节点服务器服务，如下所示。

```
[root@localhost local]# service mysql.server start
Starting MySQL.........................................[  OK  ]
```

步骤 02 节点全部成功启动之后，用 ndb_mgm 工具查看集群的状态。

```
[root@localhost ~]# ndb_mgm
-- NDB Cluster -- Management Client --
ndb_mgm> show
Connected to Management Server at: localhost:1186
Cluster Configuration
---------------------
[ndbd(NDB)] 2 node(s)
id=2 @192.168.0.101  (mysql-5.7.10 ndb-7.4.11, starting, Nodegroup: 0)
id=3    @192.168.0.102  (mysql-5.7.10 ndb-7.4.11, starting, Nodegroup: 0)

[ndb_mgmd(MGM)] 1 node(s)
id=1 @192.168.0.100  (mysql-5.7.10 ndb-7.4.11)

[mysqld(API)]    2 node(s)
id=4    @192.168.0.101  (mysql-5.7.10 ndb-7.4.11)
id=5    @192.168.0.102  (mysql-5.7.10 ndb-7.4.11)
```

ndb_mgm 工具是 ndb_mgmd 的客户管理工具，通过该工具可以很方便地检测 Cluster 的状态、启动备份、关闭 Cluster 等功能。可以通过 ndb_mgm –help 命令来查看。

从上面的信息可以很容易看出已经成功地连接上了管理服务器，Connected to Management Server at: localhost:1186，端口开启的是 1186 端口，[ndb_mgmd(MGM)] 1 node(s)则说明了管理节点的信息，[ndbd(NDB)] 2 node(s)则说明成功连接了 IP 地址分别为 192.168.0.101 和

192.168.0.102 的数据节点，另外 SQL 节点目前处于连接状态的有 2 个。

19.3.2　Cluster 的测试

　　MySQL Cluster 成功启动之后，下面来测试一下 Cluster 的功能，对于 NDB 存储引擎数据是会同步的，而其他类型的存储引擎的数据是不会同步到其他数据节点中的。下面针对 MySQL Cluster 中采用 NDB 存储引擎同步数据来进行测试。

1. 测试 NDB 数据引擎

步骤 01　在其中一个 IP 地址为 192.168.0.101 的 SQL 节点的 test 库中创建存储引擎为 NDB 的表 t，然后插入两条数据。

```
mysql> use test;
Database changed
mysql> create table t(
    ->   data integer
    -> )engine = ndb;
Query OK, 0 rows affected, 2 warnings (1.56 sec)

mysql> insert into t values(1);
Query OK, 1 row affected (0.48 sec)

mysql> insert into t values(2);
Query OK, 1 row affected (0.07 sec)
```

步骤 02　在其中一个 IP 地址为 192.168.0.102 中查询 test 库中的 t 表，检查一下两个 SQL 节点的数据是否是一致的。

```
mysql> select * from t;
+------+
| data |
+------+
|    1 |
|    2 |
+------+
2 rows in set (0.04 sec)
```

步骤 03　在 SQL 节点 192.168.0.101 上将测试表 t 的存储引擎改为 MyISAM，再次插入测试输入，执行如下。

```
mysql> alter table t engine=myisam;
Query OK, 2 rows affected (0.88 sec)
Records: 2  Duplicates: 0  Warnings: 0

mysql> insert into t values(3);
```

```
Query OK, 1 row affected (0.02 sec)
```

步骤04 在 SQL 节点 192.168.0.102 上重新查询表 t，结果如下。

```
mysql> select * from t;
ERROR 1412 (HY000): Table definition has changed, please retry transaction
```

步骤05 在 SQL 节点 192.168.0.101 上将测试表 t 的存储引擎改为 NDB，结果如下。

```
mysql> alter table t engine=ndb;
Query OK, 3 rows affected (0.88 sec)
Records: 3  Duplicates: 0  Warnings: 0
```

步骤06 在 SQL 节点 192.168.0.102 上再次查询表 t，结果如下。

```
mysql> select * from t;
+------+
| data |
+------+
|    1 |
|    2 |
|    3 |
+------+
3 rows in set (0.04 sec)
```

很显然，对于 MySQL Cluster 会将存储引擎为 NDB 的表数据同步，而其他存储引擎不会将数据同步到其他数据节点。

2. SQL 节点故障测试

步骤01 将 IP 地址为 192.168.0.101 服务器上的 MySQL 服务停止。

```
[root@localhost mysql-cluster]# service mysql.server stop
Shutting down mysql.......                              [  OK  ]
```

步骤02 用 ndb_mgm 工具查看集群的状态。

```
[root@localhost ~]# ndb_mgm
-- NDB Cluster -- Management Client --
ndb_mgm> show
Connected to Management Server at: localhost:1186
Cluster Configuration
---------------------
[ndbd(NDB)]  2 node(s)
id=2 @192.168.0.101  (mysql-5.7.10 ndb-7.4.11, starting, Nodegroup: 0)
id=3    @192.168.0.102  (mysql-5.7.10 ndb-7.4.11, starting, Nodegroup: 0)

[ndb_mgmd(MGM)]  1 node(s)
id=1 @192.168.0.100  (mysql-5.7.10 ndb-7.4.11)
```

```
[mysqld(API)]   2 node(s)
id=4 (not connected, accepting connect from 192.168.0.100)
id=5   @192.168.0.102  (mysql-5.7.10 ndb-7.4.11)
```

从查询 Cluster 的状态信息可以发现 192.168.0.101 计算机的 SQL 节点已经断开，但是 IP 地址为 192.168.0.102 的 SQL 节点依然处于连接状态。

步骤 **03**　在 IP 地址为 192.168.0.102 的计算机上查看表 t。

```
mysql> select * from t;
+------+
| data |
+------+
|    1 |
|    2 |
|    3 |
+------+
3 rows in set (0.04 sec)
```

从结果不难发现，在 MySQL Cluster 体系中如果 SQL 节点发生了故障，并没有引起数据查询的问题。对于应用而言，可以将对故障节点的访问修改成为对没有故障节点的数据的查询访问。

19.3.3　Cluster 的关闭

MySQL Cluster 关闭只需要使用 ndb_mgm 命令。执行如下所示。

```
[root@localhost mysql-cluster]# ndb_mgm -e shutdown
Connected to Management Server at: localhost:1186
Node 2：Cluster shutdown initiated
Node 3：Cluster shutdown initiated
Node 3: Node shutdown completed.
Node 2：Node shutdown completed.
2 NDB Cluster node(s) have shutdown.
Disconnecting to allow management server to shutdown.
```

另外，也可以使用 ndb_mgm 工具进入管理界面后，使用 shutdown 命令。执行如下所示。

```
[root@localhost mysql-cluster]# ndb_mgm
ndb_mgm> shutdown
Node 2：Cluster shutdown initiated
Node 3：Cluster shutdown initiated
Node 3: Node shutdown completed.
Node 2：Node shutdown completed.
Disconnecting to allow management server to shutdown.
```

19.4 维护 MySQL Cluster

了解了 MySQL Cluster 的运行方法后，本节主要介绍 MySQL Cluster 的日常维护工作。首先了解下 MySQL Cluster 基本的管理维护，实际上可以在 MySQL Cluster 的命令行管理界面中做大量的维护工作，如下所示。

```
[root@localhost ~]# ndb_mgm
-- NDB Cluster -- Management Client --
ndb_mgm> show
Connected to Management Server at: localhost:1186
Cluster Configuration
---------------------
[ndbd(NDB)] 2 node(s)
id=2 @192.168.0.101 (mysql-5.7.10 ndb-7.4.11, starting, Nodegroup: 0)
id=3    @192.168.0.102 (mysql-5.7.10 ndb-7.4.11, starting, Nodegroup: 0)

[ndb_mgmd(MGM)] 1 node(s)
id=1 @192.168.0.100 (mysql-5.7.10 ndb-7.4.11)

[mysqld(API)]   2 node(s)
id=4 (not connected, accepting connect from 192.168.0.100)
id=5    @192.168.0.102 (mysql-5.7.10 ndb-7.4.11)
```

通过 ndb 控制界面执行 help 命令查看很多其他的维护管理命令：

```
ndb_mgm> help
---------------------------------------------------------------------
 NDB Cluster -- Management Client -- Help
---------------------------------------------------------------------
HELP                            Print help text
HELP COMMAND                    Print detailed help for COMMAND(e.g. SHOW)
SHOW                            Print information about cluster
CREATE NODEGROUP <id>,<id>...   Add a Nodegroup containing nodes
DROP NODEGROUP <NG>             Drop nodegroup with id NG
START BACKUP [NOWAIT | WAIT STARTED | WAIT COMPLETED]
START BACKUP [<backup id>] [NOWAIT | WAIT STARTED | WAIT COMPLETED]
START BACKUP [<backup id>] [SNAPSHOTSTART | SNAPSHOTEND] [NOWAIT | WAIT STARTED
| WAIT COMPLETED]
                                Start    backup    (default    WAIT
COMPLETED,SNAPSHOTEND)
ABORT BACKUP <backup id>        Abort backup
SHUTDOWN                        Shutdown all processes in cluster
CLUSTERLOG ON [<severity>] ...  Enable Cluster logging
CLUSTERLOG OFF [<severity>] ... Disable Cluster logging
```

```
CLUSTERLOG TOGGLE [<severity>] ...       Toggle severity filter on/off
CLUSTERLOG INFO                          Print cluster log information
<id> START                               Start data node (started with -n)
<id> RESTART [-n] [-i] [-a] [-f]         Restart data or management server node
<id> STOP [-a] [-f]                       Stop data or management server node
ENTER SINGLE USER MODE <id>              Enter single user mode
EXIT SINGLE USER MODE                    Exit single user mode
<id> STATUS                              Print status
<id> CLUSTERLOG {<category>=<level>}+ Set log level for cluster log
PURGE STALE SESSIONS                     Reset reserved nodeid's in the mgmt server
CONNECT [<connectstring>]                Connect to management server (reconnect
if already connected)
<id> REPORT <report-type>                Display report for <report-type>
QUIT                                     Quit management client


<severity> = ALERT | CRITICAL | ERROR | WARNING | INFO | DEBUG
<category> = STARTUP | SHUTDOWN | STATISTICS | CHECKPOINT | NODERESTART |
CONNECTION | INFO | ERROR | CONGESTION | DEBUG | BACKUP | SCHEMA
<level>    = 0 - 15
<id>       = ALL | Any database node id


For detailed help on COMMAND, use HELP COMMAND.
```

也可以通过在 help 后面接命令的名称，获取该命令的相关信息，如下所示。

```
ndb_mgm> help status
----------------------------------------------------------------------
 NDB Cluster -- Management Client -- Help for STATUS command
----------------------------------------------------------------------
STATUS  Print status

<id> STATUS      Displays status information for the data node <id>
                 or for All data nodes.


                 e.g.
                   ALL STATUS
                   1 STATUS


                 When a node is starting, the start phase will be
                 listed.

                 Start Phase   Meaning
                 1             Clear the cluster file system(ndb_<id>_fs).
                               This stage occurs only when the --initial option
                               has been specified.
                 2             This stage sets up Cluster connections, establishes
```

```
                              inter-node  communications  and  starts  Cluster
heartbeats.
                3             The arbitrator node is elected.
                4             Initializes a number of internal cluster variables.
                5             For an initial start or initial node restart,
                              the redo log files are created.
                6             If this is an initial start, create internal system
tables.
                7             Update internal variables.
                8             In a system restart, rebuild all indexes.
                9             Update internal variables.
                10            The node can be connected by APIs and can receive
events.
                11            At this point,event delivery is handed over to
                              the node joining the cluster.
        (see manual for more information)
```

通过执行以上的命令获取节点管理的信息，例如在管理节点上执行 restart、stop、shutdown 等命令来重启某个节点，或者关闭某个节点。此外，可以通过管理节点对整个 Cluster 环境进行备份，以及通过日志命令进行日志的相关管理。

19.4.1　Cluster 的日志管理

MySQL Cluster 提供了两种日志，集群日志（clusterlog）主要是用来记录所有 Cluster 节点生成的日志，节点日志（node log）记录了数据节点的本地时间。通常采用集群日志，集群日志记录了所有节点的数据，更方便进行管理，集群日志记录在 config.ini 同一个目录下面，测试环境是在/var/lib/MySQL-cluster/目录下面，文件格式为 ndb_<nodeid>_cluster.log，详细信息如下所示。

```
[root@localhost mysql-cluster]# cd /var/lib/mysql-cluster/
[root@localhost mysql-cluster]# ls
config.ini ndb_1_cluster.log ndb_1_out.log ndb_1.pid
[root@localhost mysql-cluster]# cat ndb_1_cluster.log
…
2016-01-28 12:23:33 [MgmtSrvr] INFO        -- Nodeid 2 allocated for NDB at
192.168.0.101
2016-01-28 12:23:34 [MgmtSrvr] INFO        -- Node 1: Node 2 Connected
2016-01-28 14:03:01 [MgmtSrvr] INFO        -- Shutting down server...
2016-01-28 14:03:34 [MgmtSrvr] INFO        -- Shutdown complete
2016-01-30  04:18:22  [MgmtSrvr]  INFO              -- Loaded config from
'/usr/local/mysql/mysql-cluster/ndb_1_config.bin.1'
2016-01-30 04:18:22 [MgmtSrvr] INFO        -- Id: 1, Command port: *:1186
2016-01-30 04:18:23 [MgmtSrvr] INFO        -- Node 1: Node 1 Connected
2016-01-30 04:18:23 [MgmtSrvr] INFO        -- mysql Cluster Management Server
mysql-5.7.10 ndb-7.4.11 started
2016-01-30 04:18:23 [MgmtSrvr] INFO        -- Node 1 connected
```

通常可以使用 ndb_mgm 客户端管理日志信息，如下所示。

1. 在终端执行 ndb_mgm 命令，输入 clusterlog info 命令查询当前日志状态

```
[root@localhost ~]# cd /var/lib/mysql-cluster/
[root@localhost mysql-cluster]# ndb_mgm
-- NDB Cluster -- Management Client --
ndb_mgm> clusterlog info
Connected to Management Server at: localhost:1186
Severities enabled: INFO WARNING ERROR CRITICAL ALERT
```

2. 执行 clusterlog off 命令关闭日志

```
ndb_mgm> clusterlog off
Cluster logging is disabled
ndb_mgm> clusterlog info
Cluster logging is disabled.
```

3. 执行 clusterlog on 命令开启日志

```
ndb_mgm> clusterlog on
Cluster logging is enabled.
ndb_mgm> clusterlog info
Severities enabled: INFO WARNING ERROR CRITICAL ALERT
```

19.4.2　Cluster 的联机备份

使用 MySQLdump 工具对 MySQL 数据库进行逻辑备份。采用这种备份方法同样适用于 MySQL Cluster 数据备份，在对 MySQL Cluster 接点进行数据备份的时候，可以选取任意一个节点进行备份。

通常使用 MySQL Cluster 备份指的是在给定时间对数据库的快照进行备份，包含 3 个部分数据。

（1）Metadata（元数据）：所有数据库表的名称和定义。

（2）Table records（表记录）：执行备份时实际保存在数据库表中的数据。

（3）Transaction log（事务日志）：指明如何以及何时将数据保存在数据库中的连续记录。

使用管理服务器进行 Cluster 物理备份，首先需要启动管理服务器（ndb_mgm），并执行"start backup"命令启动备份，具体执行如下所示。

```
ndb_mgm> start backup;
Waiting for completed, this may take several minutes
Node 3: Backup 1 started from node 1
Node 3: Backup 1 started from node 1 completed
 StartGCP: 2385 StopGCP: 2388
 #Records: 2054 #LogRecords: 0
```

```
   Data: 50696 bytes Log: 0 bytes
```

如果在备份的过程中想终止备份可以使用如下的命令。

```
[root@localhost mysql-cluster]# ndb_mgm
-- NDB Cluster -- Management Client --
ndb_mgm> abort backup node_id
```

对于大量数据的备份，MySQL Cluster 提供了几个参数供调整，这些参数在 config.ini 文件的[ndbd]或者[ndbd default]组中，对各参数的解释如下所示。

（1）BackupDataBufferSize：将数据写入磁盘之前用于对数据进行缓冲处理的内存量。

（2）BackupLogBufferSize：将日志记录写入磁盘之前用于对其进行缓冲处理的内存量。

（3）BackupMemory：在数据库节点中为备份分配的总内存。它应是分配给备份数据缓冲的内存和分配给备份日志缓冲的内存之和。

（4）BackupWriteSize：写入磁盘的块大小。它适用于备份数据缓冲和备份日志缓冲。

（5）BackupMaxWriteSize：最大写入磁盘的块大小。

上面的备份例子在两个数据节点下都可以看到备份的数据，在 IP 地址为 192.168.0.101 的数据节点下，可以看到以下的数据文件。

```
[root@localhost ~]# cd /usr/local/mysql/data/BACKUP/BACKUP-1
[root@localhost BACKUP-1]#ls
BACKUP-1.2.LOG        BACKUP-1.2.LOG        BACKUP-1-0.2.Data
```

在 IP 地址为 192.168.0.102 的数据节点下，可以看到以下的数据文件。

```
[root@localhost ~]# cd /usr/local/mysql/data/BACKUP/BACKUP-1
[root@localhost BACKUP-1]#ls
BACKUP-1.3.LOG        BACKUP-1.3.LOG        BACKUP-1-0.3.Data
```

19.4.3　Cluster 的数据恢复

使用 START BACKUP 进行 MySQL Cluster 备份，使用 ndb_restore 工具进行数据恢复。使用命令 ndb_restore 进行恢复的操作步骤说明如下。

步骤 01　备份之前，首先创建测试表 t，然后添加若干条记录，如下所示。

```
mysql> select count(*) from t;
+----------+
| count(*) |
+----------+
|     8192 |
+----------+
1 row in set (0.03 sec)
```

步骤 02　在管理节点上执行 start backup 进行数据备份。

```
ndb_mgm> start backup;
Waiting for completed, this may take several minutes
Node 3: Backup 2 started from node 1
Node 3: Backup 2 started from node 1 completed
 StartGCP: 3059 StopGCP: 3062
 #Records: 10249 #LogRecords: 0
 Data: 280592 bytes Log: 0 bytes
```

步骤 **03**　在 IP 地址为 192.168.0.101 的数据节点上执行如下数据恢复的命令。

```
[root@localhost   mysql-cluster]#   ndb_restore   -b   3   -n   2   -c
host=192.168.0.100:1186 -m -r /usr/local/mysql/data/BACKUP/BACKUP-3
```

步骤 **04**　在 IP 地址为 192.168.0.102 的数据节点上执行如下数据恢复的命令。

```
[root@localhost   mysql-cluster]#   ndb_restore   -b   3   -n   3   -c
host=192.168.0.100:1186 -m -r /usr/local/mysql/data/BACKUP/BACKUP-3
```

其中，命令行的各参数含义如表 19.2 所示。

表 19.2　相关参数及其说明

参　　数	说　　明
-b	备份 id
-n	节点 id
-m	恢复表定义
-r	恢复路径
-c	Cluster 管理器连接 IP 地址和端口

19.5　Windows 操作系统中配置 Cluster

MySQL Cluster 目前支持 Linux、Mac OS X、Solaris 和 Windows 操作系统，本节以 Windows 操作系统下的 MySQL Cluster 版本 MySQL Cluster　7.4.11 为例说明 MySQL Cluster 的配置和启动。具体的节点配置如表 19.3 所示。

表 19.3　节点配置说明

节　　点	对应的 IP 地址
管理节点（1 个）	192.168.0.208
SQL 节点（2 个）	192.168.0.102
	192.168.0.206
数据节点（2 个）	192.168.0.102
	192.168.0.206

可以看到 IP 地址为 192.168.0.206 的机器同时作为 SQL 节点和数据节点，IP 地址为 192.168.0.102 的机器也是这样，如果 IP 地址不一样，则在下面出现的配置文件中的 IP 地址也应该保持一致。

1. MySQL Cluster 的下载

配置集群需要使用 MySQL Cluster 满足集群要求，MySQL Cluster 的下载地址是 http://www.MySQL.com/downloads/cluster。如果操作系统是 32 位的，就选择 Windows (x86, 32-bit), ZIP Archive 下载；如果是 64 位的，就选择 Windows (x86, 64-bit), ZIP Archive 下载。解压下载的安装包，为了方便，把解压后文件夹的名字改为 MySQL。

2. 管理节点的安装配置

管理节点安装在 C 盘下，在 IP 地址为 192.168.0.208 的机器上创建目录 C:/MySQL/bin、C:/MySQL/MySQL-cluster 和 C:/MySQL/bin/cluster-logs，然后将安装包解压后的 MySQL/bin 目录中的 ndb_mgmd.exe 和 ndb_mgm.exe 复制到 IP 地址为 192.168.0.208 的 C:/MySQL/bin 目录下。然后在 192.168.0.208 的 C:/MySQL/bin 下生成 my.ini 和 config.ini 两个文件。

my.ini 的配置信息如下：

```
[mysql_cluster]
#Option for management node process
config-file=C:/mysql/bin/config.ini
```

config.ini 的配置信息如下：

```
[ndbd default]
NoOfReplicas=2                          #每个数据节点的镜像数量
DataDir=D:/Program Files/mysqlcluster/datanode/mysql/bin/cluster-data
DataMemory=80M                          #每个数据节点中给数据分配的内存
IndexMemory=18M                         #每个数据节点中给索引分配的内存

[ndb_mgmd]
HostName=192.168.0.208                  #管理节点的IP地址
DataDir=C:/mysql/bin/cluster-logs       #管理节点日志文件的目录

[ndbd]
HostName=192.168.0.102                  #192.168.0.102的主机作为数据节点

[ndbd]
HostName=192.168.0.206                  #192.168.0.206的主机作为数据节点

[mysqld]
HostName=192.168.0.102                  #192.168.0.102的主机作为SQL节点
[mysqld]
```

```
HostName=192.168.0.206                          #192.168.0.206的主机作为 SQL 节点
```

3. 数据节点的安装配置

将 IP 地址为 192.168.0.102 和 192.168.0.206 的两台机器同时作为 SQL 节点，在 IP 地址为 192.168.0.206 的计算机上创建以下目录结构。

```
D:/Program Files/mysqlcluster/datanode/mysql/bin
D:/Program Files/mysqlcluster/datanode/mysql/cluster-data
D:/Program Files/mysqlcluster/datanode/mysql/bin/cluster-data
```

此时需要在下载的目录解压之后的文件 MySQL/bin 中将 ndbd.exe 复制到 192.168.0.206 的 D:/Program Files/MySQLcluster/datanode/MySQL/bin 目录下。接下来需要在该目录（D:/Program Files/MySQLcluster/datanode/MySQL/bin）下创建 my.ini 文件，my.ini 的配置信息如下：

```
[mysql_cluster]
ndb-connectstring=192.168.0.208                  #定位管理节点
```

此时可以直接按照以上步骤在 IP 地址为 192.168.0.102 的计算机上生成相应的目录和文件，由于数据节点的配置都是一样的，所以可以直接将 192.168.0.206 的 D:/Program Files/MySQLcluster/datanode 整个文件夹复制到 192.168.0.102 计算机的同样路径下。

4. SQL 节点的安装配置

在 IP 地址为 192.168.0.206 的计算机上创建 D:/Program Files/MySQLcluster/sqlnode 目录，然后将下载解压后的文件夹 MySQL 直接整个复制到 D:/Program Files/MySQLcluster/sqlnode 目录下面，然后在 D:/Program Files/MySQLcluster/sqlnode/MySQL 下面创建 my.ini 文件，my.ini 的配置信息如下：

```
[mysqld]
ndbcluster                                        #运行 NDB 存储引擎
ndb-connectstring=192.168.0.208                  #定位管理节点
```

此时我们可以将 IP 地址为 192.168.0.206 的计算机上 D:/Program Files/MySQLcluster/sqlnode 目录复制到 192.168.0.102 相同的目录下面去。

5. 启动管理节点

启动各个节点是有顺序的，先是 Management node，然后是 Data nodes，最后是 SQL nodes。

首先在 IP 地址为 192.168.0.208 的主机上打开命令窗口，切换到 C:\MySQL\bin 目录下面，输入：

```
C:\Documents and Settings\Administrator>cd c:\mysql\bin
C:\mysql\bin>ndb_mgmd -f config.ini --configdir=c:\mysql\mysql-cluster
```

MySQL Cluster Management Server MySQL-5.7.10 ndb-7.4.11 命令窗口此时不能关闭，否则服务会停止。

6. 启动数据节点

在 IP 地址为 192.168.0.208 的主机中打开一个新的命令行窗口，切换到目录 D:/Program Files/MySQLcluster/datanode/MySQL/bin，输入如下命令：

```
D:\Program Files\mysqlcluster\datanode\mysql\bin>ndbd -c 192.168.0.208
2016-01-20 13:25:02 [ndbd] INFO    -- Angel connected to '192.168.0.208:1186'
2016-01-20 13:25:02 [ndbd] INFO    -- Angel allocated nodeid: 3
```

同时，登录在 IP 地址为 192.168.0.102 的主机中打开一个新的命令行窗口，输入如下命令：

```
D:\Program Files\mysqlcluster\datanode\mysql\bin>ndbd -c 192.168.0.102
2016-01-20 13:26:40 [ndbd] INFO    -- Angel connected to '192.168.0.208:1186'
2016-01-20 13:26:40 [ndbd] INFO    -- Angel allocated nodeid: 2
```

下面在 IP 地址为 192.168.0.208 的主机上使用 ndb_mgm 命令测试：

```
C:\mysql\bin>ndb_mgm
-- NDB Cluster -- Management Client --
ndb_mgm> all status
Connected to Management Server at: localhost:1186
Node 2: started (mysql-5.7.10 ndb-7.4.11)
Node 3: started (mysql-5.7.10 ndb-7.4.11)
```

此时发现数据节点已经成功启动。

7. 启动 SQL 节点

在 IP 地址为 192.168.0.206 的主机中打开一个新的命令行窗口，切换到目录 D:/Program Files/MySQLcluster/sqlnode/MySQL/bin，输入如下命令：

```
D:\Program Files\mysqlcluster\sqlnode\mysql\bin>mysqld --console
160120 14:26:31 [Note] Plugin 'FEDERATED' is disabled.
160120 14:26:31 InnoDB: The InnoDB memory heap is disabled
160120 14:26:31 InnoDB: Mutexes and rw_locks use Windows interlocked functions
160120 14:26:31 InnoDB: Compressed tables use zlib 1.2.3
160120 14:26:31 InnoDB: Initializing buffer pool, size = 128.0M
......
2016-01-20 14:26:40 [NdbApi] INFO  -- Flushing incomplete GCI:s < 1741/3
160120 14:26:40 [Note] NDB Binlog: starting log at epoch 1741/3
160120 14:26:40 [Note] NDB Binlog: ndb tables writable
```

同理，登录 IP 地址为 192.168.0.102 的主机打开一个新的命令行窗口，输入相同的命令启动 SQL 节点。

接下来，可以在管理节点 192.168.0.208 计算机上，在命令窗口切换到 C:/MySQL/bin 目录下输入以下命令来检测数据节点和 SQL 节点是否成功连接，如下所示：

```
C:\mysql\bin>ndb_mgm
-- NDB Cluster -- Management Client --
ndb_mgm> show
Connected to Management Server at: localhost:1186
Cluster Configuration
---------------------
[ndbd(NDB)]     2 node(s)
id=2    @192.168.0.102  (mysql-5.7.10 ndb-7.4.11, Nodegroup: 0, Master)
id=3    @192.168.0.206  (mysql-5.7.10 ndb-7.4.11, Nodegroup: 0)

[ndb_mgmd(MGM)] 1 node(s)
id=1    @192.168.0.208  (mysql-5.7.10 ndb-7.4.11)

[mysqld(API)]   2 node(s)
id=4    @192.168.0.102  (mysql-5.7.10 ndb-7.4.11)
id=5    @192.168.0.206  (mysql-5.7.10 ndb-7.4.11)
```

8. 下面进行简单的 SQL 节点数据同步测试

首先，在 IP 地址为 192.168.0.102 的机器上面登录 MySQL Server，然后创建数据引擎为 ndb 的测试表 t，并添加一条记录，如下所示。

```
D:\Program Files\mysqlcluster\sqlnode\mysql\bin>mysql
Welcome to the MySQL monitor.  Commands end with ; or \g.
Your MySQL connection id is 2
Server version: 5.7.10-ndb-7.4.11-cluster-gpl MySQL Cluster Community Server
(GPL
)

Copyright (c) 2000, 2015, Oracle and/or its affiliates. All rights reserved.

Oracle is a registered trademark of Oracle Corporation and/or its
affiliates. Other names may be trademarks of their respective
owners.

Type 'help;' or '\h' for help. Type '\c' to clear the current input statement.

mysql> use test;
Database changed
mysql> show tables;
Empty set (0.06 sec)

mysql> create table t(
    ->   id integer,
```

```
    ->   data varchar(20)
    -> )engine=ndb;
Query OK, 0 rows affected (1.34 sec)

mysql> insert into t values(1,'a');
Query OK, 1 row affected (0.05 sec)

mysql> commit;
Query OK, 0 rows affected (0.00 sec)

mysql>
```

接下来，登录 IP 地址为 192.168.0.206 的计算机，查看节点数据是否同步，如下所示。

```
D:\Program Files\mysqlcluster\sqlnode\mysql\bin>mysql
Welcome to the MySQL monitor.  Commands end with ; or \g.
Your MySQL connection id is 2
Server version: 5.7.10-ndb-7.4.11-cluster-gpl MySQL Cluster Community Server
(GPL
 )

Copyright (c) 2000, 2015, Oracle and/or its affiliates. All rights reserved.

Oracle is a registered trademark of Oracle Corporation and/or its
affiliates. Other names may be trademarks of their respective
owners.

Type 'help;' or '\h' for help. Type '\c' to clear the current input statement.

mysql> use test;
Database changed
mysql> show tables;
Empty set (0.06 sec)

mysql> show tables;
+----------------+
| Tables_in_test |
+----------------+
| t              |
+----------------+
1 row in set (0.05 sec)

mysql> select * from t;
+------+------+
| id   | data |
```

```
+------+------+
|   1  | a    |
+------+------+
1 row in set (0.34 sec)

mysql>
```

此时 MySQL Cluster 集群正常运行，数据同步顺利。

19.6 专家解惑

疑问 1：MySQL Cluster 和 MySQL Replication 的区别？

MySQL Replication 是一个异步的复制过程，Master 主机必须打开 binlog 文件，然后会向 Slave 主机复制二进制日志文件，复制的过程是由 Master 端的一个 I/O 线程、Slave 端的线程和一个 SQL 线程完成的。

MySQL Cluster 跟 MySQL Replication 不同在于采用分布式同步，所有机器上的数据是一致的，同步进行数据提交。

疑问 2：配置完成后为什么显示不了各节点的状态？

如果各个节点已经配置完成，但是在管理节点下执行如下的命令却看不到各节点的状态，应该考虑有可能是网络防火墙的问题。在 Fedora 操作系统下面可以执行 service iptables stop 命令将防火墙关闭，然后在管理节点 ndb_mgm>提示符下面输入 shutdown 关闭管理节点，之后输入 exit 退出即可。

疑问 3：插入数据，报 Node failure caused abort of transaction 的错误？

在插入数据的时候，可能报错误代码为 1297 的错误，ERROR 1297 (HY000): Got temporary error 4010 'Node failure caused abort of transaction' from NDBCLUSTER，然后数据节点强制关闭，此时可以考虑加大 MaxNoOfConcurrentTransactions 和 MaxNoOfConcurrentOperations 参数的值。

疑问 4：导入数据的时候遇到如下报错误代码为 1005 的错误？

如果导入数据的时候发生错误代码为 1005 的错误，ERROR 1005 (HY000) at line 25: Can't create table 'tuge.pangolin_fnc_accountverification' (errno: 140) Error | 1296 | Got error 738 'Record too big' from NDB，此时可以考虑修改表结构，单行数据要求小于 8KB。

疑问 5：SQL 节点始终无法加入？

如果在管理节点查询 MySQL Cluster 的状态，SQL 节点始终无法加入的话，可以考虑数据节点的 2202 端口是否被屏蔽了，另外在启动 MySQL 服务的时候使用 MySQLd_safe &命令启动 MySQL 服务。

19.7 经典习题

（1）准备三台 Windows 操作系统的主机，并实现三台主机上安装好 MySQL Cluster 7.2。

（2）Windows 操作系统的三台主机实现 Cluster 的配置。

（3）Windows 系统下管理节点实现 Cluster 下的启动和数据同步测试。

（4）准备 3 台 Fedora 操作系统的主机，三台主机上安装好 MySQL Cluster 的 Linux 版本。

（5）3 台 Fedora 操作系统下实现 Cluster 的配置。

（6）Fedora 操作系统下实现 Cluster 下的启动和测试。

（7）Fedora 操作系统下实现 Cluster 下联机备份。

（8）Fedora 操作系统下实现 Cluster 下数据恢复。

（9）在管理节点下面关闭 Cluster，查看各个节点的状态。

第 20 章

MySQL管理利器——MySQL Utilities

 学习目标｜Objective

　　作为一款非常流行的开源数据库，支持它的工具越来越多，对于用户来说，选择一个好的工具，对于提高工作效率有很大的帮助。本章节将介绍一款功能强大的利器——MySQL Utilities。MySQL Utilities 是官方提供的 MySQL 管理工具，功能非常强大，对 MySQL 数据库管理员提供了诸多方便，减轻了工作量和维护难度。通过本章节的学习，读者可以熟练地使用 MySQL Utilities 来管理 MySQL 数据库。

内容导航｜Navigation

- 了解 MySQL Utilities 的概述
- 掌握 MySQL Utilities 的安装方法
- 掌握 MySQL Utilities 连接数据库的方法
- 掌握 MySQL Utilities 管理和维护数据库的方法

20.1　MySQL Utilities 概述

　　MySQL Utilities 是官方提供的 MySQL 管理工具，功能比较完善，通过提供一组命令行工具，用于维护和管理 MySQL 服务器。主要包含以下几方面的工具：

　　（1）管理工具：主要功能为复制、比较、导入导出数据。

　　（2）一般工具：监控磁盘使用情况、检查冗余索引和搜索元数据。

　　（3）高可用工具：支持主从复制、故障转移和主从服务器同步数据功能。

20.2 安装与配置

安装 MySQL Utilities 之前，首先需要安装 Python 2.6 或以上版本，这是 MySQL Utilities 必须依赖的环境，另外，还需要连接驱动 MySQL Connector/Python 1.0.8 或以上版本，其中 MySQL Connector/Python 的下载地址为 http://dev.mysql.com/downloads/connector/python/，用户可以下载后自行安装即可。

20.2.1 下载与安装 MySQL Utilities

下载 MySQL Utilities 的具体操作步骤如下：

步骤 01 打开 IE 浏览器，在地址栏中输入网址：http://dev.mysql.com/downloads/utilities/，单击【转到】按钮，打开 MySQL Utilities 1.5.6 下载页面，选择 Microsoft Windows 平台，然后根据读者的平台选择 32 位或者 64 位安装包，在这里选择 32 位，单击右侧【Download】按钮开始下载，如图 20.1 所示。

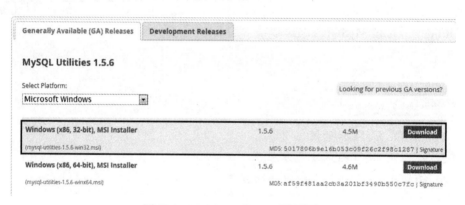

图 20.1　MySQL Utilities 下载页面

步骤 02 在弹出的页面中提示开始下载，这里单击【Login】按钮，如图 20.2 所示。

Begin Your Download - mysql-utilities-1.5.6-win32.msi

Login Now or Sign Up for a free account.
An Oracle Web Account provides you with the following advantages:

- Fast access to MySQL software downloads
- Download technical White Papers and Presentations
- Post messages in the MySQL Discussion Forums
- Report and track bugs in the MySQL bug system
- Comment in the MySQL Documentation

Login »
using my Oracle Web account

Sign Up »
for an Oracle Web account

MySQL.com is using Oracle SSO for authentication. If you already have an Oracle Web account, click the Login link. Otherwise, you can signup for a free account by clicking the Sign Up link and following the instructions.

图 20.2　开始下载页面

步骤 **03**　弹出用户登录页面，输入用户名和密码后，单击【登录】按钮，如图 20.3 所示。

图 20.3　用户登录页面

　如果用户没有用户名和密码，可以单击【创建账户】链接进行注册即可。

步骤 **04**　弹出开始下载页面，单击【Download Now】按钮，即可开始下载，如图 20.4 所示。

Begin Your Download

To begin your download, please click the Download Now button below.

Download Now »
mysql-installer-community-5.7.10.0.msi

MD5: 8a3d1ae852c3d2f255ea9a732a539721
Size: 371.7M
Signature

图 20.4　开始下载页面

MySQL Utilities 下载完成后，找到下载文件，双击进行安装，具体操作步骤如下。

步骤 **01**　双击下载的 mysql-utilities-1.5.6-win32.msi 文件，如图 20.5 所示。

| mysql-utilities-1.5.6-win32.msi | 2016/4/22 11:06 | Windows Install... | 4,568 KB |

图 20.5　MySQL Utilities 安装文件名称

步骤 **02**　打开欢迎安装窗口，单击【Next】按钮，如图 20.6 所示。

图 20.6　欢迎安装窗口

步骤 03　打开【Destination Folder】（安装路径文件夹）窗口，单击【Change】（修改）按钮，可以修改安装路径，这里采用默认的安装路径，单击【Next】（下一步）按钮，如图 20.7 所示。

图 20.7　设置安装路径窗口

步骤 04　打开准备安装窗口，确认无误后，单击【Install】（安装）按钮，如图 20.8 所示。

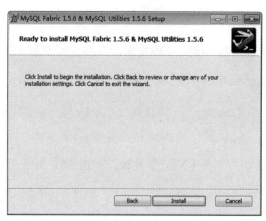

图 20.8　准备安装窗口

步骤 05 开始安装 MySQL Utilities 文件，并显示安装的进度，如图 20.9 所示。

图 20.9 开始安装 MySQL Utilities

步骤 06 安装完成后，打开安装完成窗口，单击【Finish】（完成）按钮即可，如图 20.10 所示。

图 20.10 安装完成窗口

20.2.2 MySQL Utilities 连接数据库

MySQL Utilities 安装完成后，即可连接到 MySQL 服务器连接 MySQL 数据库。连接服务器时，必须指定连接参数，如用户名、主机名称、密码、端口号等。MySQL Utilities 提供了 3 种提供这些参数的方法，这些方法都需要通过命令行指定。

1. 使用.mylogin.cnf 文件连接

使用该方法连接数据库是最好的。主要因为该文件是加密的，任何执行的记录不会出现在连接信息中，包括日志中的用户名、密码、端口等信息是不可见的。

连接数据库的字符串格式为：login-path-name[:port][:socket]。其中 port、socket 是可选的参数。

使用 mysql_config_editor 工具添加如下连接信息：

```
mysql_config_editor  set  --login-path=instance_3306  --host=localhost
--user=root --port=3306 --password Enter password:
   Enter password:
```

此时会创建一个隐藏的加密文件.mylogin.cnf，接着只需要指定.mylogin.cnf 文件中的服务器端进行连接。例如在上面的示例中创建了"instance_3306"服务端，因此，可以使用 --server=instance_3306 进行连接，如下所示：

```
mysqlserverinfo --server=instance_3306 --format=vertical
```

2. 使用配置文件连接

MySQL Utilities 也可以使用配置文件 my.cnf 连接数据库，但是由于该文件是文本文件，所以只要能访问到该文件的用户，就可以查看连接的具体信息。

使用配置文件连接数据库如下：

```
Mysqlserverinfo --server=/my.cnf[client] --format=vertical
```

3. 使用命令行连接数据库

通过命令行参数指定连接数据库服务器，这种方式是最不安全的，数据在命令行可见，在日志文件中也是可见的。

这种方式下，指定参数的顺序为：<user>[:<passwd>]@<host>[:<port>][:<socket>]。其中 [] 号内的参数是可选的。

20.3 管理与维护

数据库连接完成后，即可对数据库进行管理和维护操作。MySQL Utilities 提供了一系列 MySQL 服务器和数据库的管理工具。完全支持 MySQL 5.1 及以上版本，也兼容 MySQL 5.0 版本，不过有些特性不支持。不支持 MySQL4.0 版本。

20.3.1 使用 mysqldbcompare 比较数据

通过 mysqldbcompare 工具可以实现以下功能。

（1）比较两个服务器或同一服务器上的数据库。
（2）比较定义文件和数据。
（3）产生差异报告，生成差异性的转换 SQL 语句。

mysqldbcompare 从两个数据库比较对象和数据的不同。在比较过程中数据不可以改变，否则出现错误。数据库中的对象包括：表、视图、触发器、存储过程、函数和事件。通过一系列步骤检查进行测试，默认情况下，一旦测试失败就终止检测。

可以指定--run-all-tests 选项来进行所有的测试。如果想忽略检测数据库的对象，可以使用--skip-object-compare 跳过该测试；如果想忽略对象定义的比较，可以使用--skip-diff 跳过该测试；如果想忽略检测表的行数，可以使用 --skip-row-count 选项跳过这步。

使用下面的命令来比较本地服务器上的 test1 和 test2 数据库。进行所有的测试，不管是否失败。命令如下：

```
mysqldbcompare --server1=root@localhost test1:test2 --run-all-tests #
```

20.3.2　使用 mysqldbcopy 复制数据

管理员使用 mysqldbcopy 可以从源服务器上拷贝一个数据库到另一个目标服务器上。源服务器和目标服务器可以是同一台，也可以是不同台。数据库名字也可以相同或不相同。如果源服务器和目标服务器同一台，那么数据库名字必需不一样的，也就是同一个实例下，不能有相同的数据库名。

mysqldbcopy 接受一个或多个数据库对。格式为 db_name:new_db_name。分别表示源和目标。例如下面的命令为复制数据的例子：

```
Mysqldbcopy --source=instance_3306 --destination=instance_3307 test:test_copy
--rpl=master --rpl-user=root -rrr123 --drop-first
```

其中--source 为源服务器；--destination 为目标服务器，test 为需要复制的数据库；test_copy 为复制后的数据库；--rpl=master 表示创建并执行 CHANGE MASTER 语句，将目标服务器作为--source 选项指定的服务器的从服务器，在复制数据之前，执行 STOP SLAVE 语句。在复制完成后执行 CHANGE MASTER 和 START SLAVE 语句；--rpl-user=root -rrr123 表示指定执行复制操作的用户名和密码；--drop-first 表示如果目标数据库上存在与被复制数据库重名的数据库，将其删除。

默认情况下，复制所有对象（如表、视图、触发器、事件、存储过程、函数和数据库级别权限）和数据到目标服务器中。管理员可以有选择性地复制，例如只复制部分对象，不复制数据等等。要针对性地复制，可以使用--exclude 选项来排除。

默认情况下，目标服务器上使用的存储引擎与源服务器相同。如果目标服务器上使用另一种存储引擎，可以使用--new-storage-engine 选项来指定。如果目标服务器支持指定的引擎，那么所有表使用该引擎。如果目标服务器不支持源服务器所用的存储引擎，可以使用--default-storage-engine 选项来指定默认使用的存储引擎。--new-storage-engine 选项的优先级高于--default-storage-engine。如果这两个选项都指定，首先判断指定的存储引擎是否被支持，如果被支持，则使用指定的存储引擎；如果不被支持，则使用默认的存储引擎。

20.3.3　使用 mysqldbexport 导出数据

使用 mysqldbexport 工具的主要功能是从一个或多个数据库导出对象定义的元数据和数据，和 mysqldump 类似，最大的区别是 mysqldbexport 工具支持的格式很多，包括：SQL、CSV、

TAB、Grid 和 Vertical，这样使数据更容易提取和转移。

如果管理员想指定导出特定的对象，可以使用-exclude 选项来排除。

例如只导出定义语句的命令如下：

```
mysqldbexport --server=instance_3306 --format=sql test --export=definitions
```

其中--server 指定导出数据的服务器；--format 指定导出数据的格式；--export 指定导出的内容为只导出定义语句。

例如只导出数据，且批量插入语句，命令如下：

```
mysqldbexport    --server=instance_3306    --format=sql    test    --export=data
--bulk-insert
```

例如为当前的数据库创建一个从服务器，命令如下：

```
mysqldbexport    --server=instance_3306    --format=sql    test    --export=both
--rpl-user=root --rpl=master
```

20.3.4　使用 mysqldbimport 导入数据

mysqldbimport 工具可以将导出的数据导入到指定的目标服务器上，如果目标服务器上已经存在一个同名的对象，那么先将其删除，然后再导入。mysqldbimport 支持导入的文件格式包括 SQL、CSV、TAB、Grid 和 Vertical。

例如导入指定 test.sql 文件的定义语句，命令如下：

```
Mysqldbimport --server=root@localhost --import=definitions \ --format=sql
test.sql
```

其中--server 指定导入的服务器；--import 指定导入的内容为只导入定义语句；--format 指定导出数据的格式；test.sql 为导入的文件。

例如通过批量插入语句的方式导入数据，命令如下：

```
mysqldbimport    --server=root@localhost    --import=data\    --bulk-insert
--format=sql test.csv
```

其中--import=data 表示导入数据；--bulk-insert 表示通过批量插入语句的方式。

如果想通过批量插入语句的方式导入定义语句和数据，命令如下：

```
mysqldbimport    --server=root@localhost    --import=both    --bulk-insert
--format=sql test.sql
```

20.3.5　使用 mysqldiff 比较对象的定义

在前面的小节中讲述如何比较两个对象的数据差异，这一节接着学习如何比较对象的定义是否相关，并显示不同的地方。可见，mysqldiff 工具主要功能是比较对象的定义，然后输出差异的报告。

例如比较服务器 server1 的数据库 test 和服务器 server2 上 test 数据库的定义是否相同，命令如下：

```
mysqldiff --server1=instance_3306 --server2=instance_3308 test:test
```

其中 server1 的数据库 test 为参照数据库。

如果 server1 中出现的对象，在 server2 中不存在，则报错信息如下：

```
WARNING: Objects in server2.ttlsa_com but not in server1.ttlsa_com: # TABLE:
t Compare failed. One or more differences found.
```

如果要比较特定对象，使用 db.obj 格式。db1.obj1:db2 和 db1:db2.obj2 这样类型的格式是非法的。报错信息如下：

```
mysqldiff: error: Incorrect object compare argument, one specific object is
missing. Please verify that both object are correctly specified. No object has been
specified for db1 'test', while object 't' was specified for db2 'test'. Format
should be: db1[.object1]:db2[.object2].
```

20.4　专家解惑

疑问 1：如何打开 MySQL Utilities 命令运行窗口？

在 MySQL Workbench 连接到数据库后，选择【Tools】选项，在弹出的菜单中选择【Start Shell for MySQL Utilities】菜单命令，如图 20.11 所示，即可打开 MySQL Utilities 命令运行窗口。

图 20.11　选择【Start Shell for MySQL Utilities】菜单命令

疑问 2：mysqldbcopy 复制数据时应该拥有什么样的权限？

在 mysqldbcopy 复制数据时，必须对访问对象有适当权限。

首先，源服务器上要复制的数据库，所需要的权限有 SELECT、SHOW VIEW、EVENT、

TRIGGER，同时需要对 mysql 数据库有 SELECT 权限。

其次，目标服务器上所需要的权限有 CREATE、ALTER、SELECT、INSERT、UPDATE、LOCK TABLES 和 DROP。

20.5 经典习题

（1）下载最新版本的 MySQL Utilities。

（2）安装 MySQL Utilities。

（3）使用 MySQL Utilities 管理和维护数据库

第 21 章

读写分离的利器——MySQL Proxy

 学习目标 | Objective

MySQL Proxy 是一个位于客户端和 MySQL 服务器端之间的程序，通过它可以实现监听、管理客户端和 MySQL 服务器端之间的通信，最大的作用是实现数据库的读写分离，从而达到负载均衡的目的。本章节将学习使用 MySQL Proxy 的方法和技巧。

内容导航 | Navigation

- 了解 MySQL Proxy 的概述
- 掌握 MySQL Proxy 的安装方法
- 掌握配置 MySQL Proxy 的方法
- 掌握配置 Path 变量的方法
- 掌握使用 MySQL Proxy 实现读写分离的方法

21.1 概述

MySQL Proxy 是一个位于客户端和 MySQL 服务器端之间的程序，它可以监测、分析或改变客户端与服务器端之间的通信。MySQL Proxy 最常用的用途包括负载平衡、故障分析、查询分析、查询过滤和修改等。

MySQL Proxy 作为一个中间层代理，通俗地说，它就是一个连接池，负责将前台应用的连接请求转发给后台的数据库，并且通过使用 lua 脚本，可以实现复杂的连接控制和过滤，从而实现读写分离和负载平衡。对于应用程序来说，MySQL Proxy 是完全透明的，应用程序只需要连接到 MySQL Proxy 的监听端口即可。

其中 MySQL Proxy 最强大的功能是实现"读写分离"，基本原理是让主数据库处理事务性查询，让从数据库处理 SELECT 查询，最后通过数据库的复制功能，把事务性查询导致的数据变更同步到集群中的从数据库中。MySQL Proxy 实现读写分离的过程如图 21.1 所示。

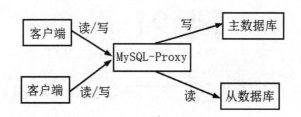

图 21.1　MySQL Proxy 实现"读写分离"的过程

 如果此时只有一个 MySQL Proxy 机器，可能会出现单点失效的问题，解决办法是使用多个 proxy 机器作为冗余，在应用服务器的连接池配置中配置到多个 proxy 的连接参数即可。

MySQL Proxy 通过 mysql-proxy 来指定配置的参数，下面来了解下该命令常用参数的含义：

（1）--proxy-backend-addresses：该参数用来指定 MySQL 服务器的 IP 地址和端口号，如果代理多个服务器，可以用逗号分隔即可。

（2）--proxy-read-only-backend-addresses：该参数用来指定只读服务器的 IP 地址和端口号，如果代理多个服务器，可以用逗号分隔即可。

（3）--proxy-skip-profiling：该参数用来设置是否禁用查询性能分析。

（4）--proxy-lua-script：该参数用来指定 lua 脚本文件。

（5）--daemon：采用 daemon 方式启动

（6）--admin-address：指定 MySQL Proxy 的管理端口。

（7）--proxy-address=：指定 MySQL Proxy 的监听端口。

读者也可以通过 mysql-proxy --help-all 查看完整的参数含义。

21.2　安装与配置

MySQL Proxy 支持的系统平台很多，包括 Linux、OS X、FreeBSD、IBM AIX、Sun Solaris 和 Windows，这里以 Windows 7 为例进行讲解。

21.2.1　下载与安装 MySQL Proxy

安装 MySQL Proxy 之前，需要下载官方的 MySQL Proxy 压缩包。打开 IE 浏览器，在地址栏中输入网址：http://downloads.mysql.com/archives/proxy/，单击【转到】按钮，打开 MySQL Proxy 下载页面，选择 Microsoft Windows 平台，然后根据读者的平台选择 32 位或者 64 位安

装包，在这里选择 32 位，单击右侧【Download】按钮开始下载，如图 21.2 所示。

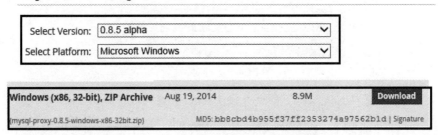

图 21.2　MySQL Proxy 下载页面

MySQL Proxy 压缩包下载完成后，找到下载压缩包，双击进行解压操作，然后将文件夹的名称修改为 "mysql—proxy—0.8.5"，最后将该文件夹移动到 MySQL 安装的根目录下，如图 21.3 所示，即可完成 MySQL Proxy 的安装操作。

图 21.3　MySQL Proxy 文件夹放置位置

21.2.2　配置 MySQL Proxy 参数

安装完 MySQL Proxy，即可使用 mysql-proxy 命令进行代理参数的配置操作。具体的操作步骤如下。

步骤 01　单击【开始】菜单，在搜索框中输入 "cmd"，按【Enter】键确认，如图 21.4 所示。

图 21.4　运行对话框

步骤 02　打开 DOS 窗口，输入以下命令并按【Enter】键确认，如图 21.5 所示。

```
sc create "Proxy" DisplayName= "MySQL Proxy" start= "auto" binPath= "C:\Program
Files\MySQL\mysql-proxy-0.8.5\bin\mysql-proxy-svc.exe
--proxy-backend-addresses=127.0.0.1:3306"
```

图 21.5　DOS 窗口

这里使用 SC 命令创建一个 MySQL Proxy 代理服务，启动方式为自动启动。

步骤 03　在 DOS 窗口中可以通过启动命令启动 MySQL Proxy 代理服务，如图 21.6 所示。

```
net start proxy
```

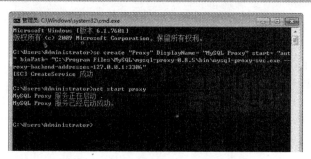

图 21.6　启动 MySQL Proxy 代理服务

步骤 04　在运行 mysql-proxy 命令之前，需要先进入 MySQL Proxy 解压包的 bin 文件夹下，
运行如下 cd 命令即可，如图 21.7 所示。

```
cd C:\Program Files\MySQL\mysql-proxy-0.8.5\bin
```

图 21.7 进入 MySQL Proxy 解压包的 bin 文件夹下

步骤 05 接着即可使用 mysql-proxy 命令配置 MySQL Proxy 代理参数，例如下面的命令，如图 21.8 所示。

```
mysql-proxy --proxy-address=localhost:49710
                    --proxy-backend-addresses=201.13.100.41:8008
```

图 21.8 配置 MySQL Proxy 代理参数

 提示 上面的配置命令的含义是将本地服务器的 49710 端口代理在服务器 201.13.100.41:8008 的数据库上，如果应用程序完成本地服务器 49710 端口的连接，此时等同于连接上了 201.13.100.41:8008 的数据库。

21.2.3 配置 Path 变量

在前面配置 MySQL Proxy 参数的时候，不能直接输入 mysql-proxy 命令，是因为没有把 MySQL Proxy 的 bin 目录添加到了系统的环境变量里面，所以不能直接使用 mysql-proxy 命令。如果每次登录都要输入 "cd C:\Program Files\MySQL\mysql-proxy-0.8.5\bin"，才能使用 MySQL Proxy，这样比较麻烦。

下面介绍怎样手动配置 PATH 变量，具体的操作步骤如下。

步骤 01 在桌面上右击【计算机】图标，在弹出的快捷菜单中选择【属性】菜单命令，如图 21.9 所示。

步骤 02 打开【系统】窗口，单击【高级系统设置】链接，如图 21.10 所示。

图 21.9　选择【属性】菜单命令　　　　　图 21.10　系统属性对话框

步骤 03 打开【系统属性】对话框，选择【高级】选项卡，然后单击【环境变量】按钮，如图 21.11 所示。

步骤 04 打开【环境变量】对话框，在系统变量列表中选择【Path】变量，如图 21.12 所示。

图 21.11　【系统属性】对话框　　　　　图 21.12　【环境变量】对话框

步骤 05 单击【编辑】按钮，在【编辑系统变量】对话框中，将 MySQL 应用程序的 bin 目录（C:\Program Files\MySQL\mysql-proxy-0.8.5\bin）添加到变量值中，用分号将其与其他路径分隔开，如图 21.13 所示。

图 21.13　编辑系统变量对话框

步骤 06 添加完成之后，单击【确定】按钮，这样就完成了配置 PATH 变量的操作，然后就可以直接输入 mysql-proxy 命令来配置 MySQL Proxy 的代理参数。

21.3 使用 MySQL Proxy 实现读写分离

MySQL Proxy 最常用的功能是实现数据库的读写分离，本节将通过案例来学习 MySQL Proxy 是如何实现上述功能的。

本案例准备四台主机，它们的功能如表 21.1 所示。

表 21.1　主机的地址与功能

主机名称	IP 地址	功能
主机 1	192.168.1.101	测试客户端主机
主机 2	192.168.1.102	安装 MySQL Proxy 服务主机
主机 3	192.168.1.103	MySQL 数据库
主机 4	192.168.1.104	MySQL 数据库

在主机 2 上安装 MySQL Proxy 并创建服务，命令如下：

```
sc create "Proxy" DisplayName= "MySQL Proxy" start= "auto" binPath= "C:\Program
Files\MySQL\mysql-proxy-0.8.5\bin\mysql-proxy-svc.exe
--proxy-backend-addresses=192.168.1.102:3306"
```

在主机 2 上配置代理参数，设置与主机 3 连接，命令如下：

```
mysql-proxy --proxy-backend-addresses=192.168.1.103:3306
```

在主机 2 上配置代理参数，设置与主机 4 连接，实现只读操作，命令如下：

```
mysql-proxy --proxy-read-only-backend-addresses=192.168.1.104:3306
```

分别在主机 3 和主机 4 上创建管理账号 zhangsan，密码为 zhang123456，并有读写操作数据库 test 的权限，命令如下：

```
GRANT SELECT,INSERT ON test TO ' zhangsan'@'localhost'
    IDENTIFIED BY ' zhang123456'
```

用主机 1 连接主机 2，命令如下：

```
mysql -h 192.168.1.102 -u zhangsan -p 123456 -P 4040
```

连接成功后，创建数据表

```
Create table ceshi(id int,name char(6)) ;
```

然后到主机 3 和主机 4 上查询数据库的情况，发现主机 3 上存在刚刚写入的数据表 ceshi，而主机 4 上不存在数据表 ceshi。可见，此时已经实现了数据库的读写分离操作。

21.4 专家解惑

疑问 1：如何关闭 MySQL Proxy 服务？

在关闭 MySQL Proxy 服务时，首先需要知道 MySQL Proxy 服务的名称，然后运行命令即可，例如关闭名称为 proxy 的服务，运行如下命令即可，如图 21.14 所示。

```
net stop proxy
```

21.14　关闭 MySQL Proxy 服务

疑问 2：如何清除 MySQL Proxy 服务？

对于不再使用的 MySQL Proxy 服务，可以清除掉，运行如下命令即可，如图 21.15 所示。

```
sc delete proxy
```

21.15　清除 MySQL Proxy 服务

21.5 经典习题

（1）下载最新版本的 MySQL Proxy。

（2）安装 MySQL Proxy。

（3）使用 MySQL Proxy 实现读写分离

第 22 章

◀PHP操作MySQL数据库▶

学习目标 | Objective

　　PHP 是一种简单的、面向对象的、解释型的、健壮的、安全的、性能非常之高的、独立于架构的、可移植的和动态的脚本语言，而 MySQL 是快速和开源的网络数据库系统。PHP 和 MySQL 的结合是目前 Web 开发中的黄金组合，那么 PHP 是如何操作 MySQL 数据库的呢？本章节将开始学习 PHP 操作 MySQL 数据库的各种函数和技巧。

内容导航 | Navigation

- 熟悉 PHP 访问 MySQL 数据库的一般步骤
- 熟悉数据库连接前的准备方法
- 掌握 PHP 操作 MySQL 数据库的基本操作
- 掌握添加动态用户信息的方法
- 掌握查询数据信息的方法

22.1　PHP 访问 MySQL 数据库的一般步骤

通过 Web 访问数据库的工作过程一般分为以下几个步骤。

（1）用户使用浏览器对某个页面发出 HTTP 请求。

（2）服务器端接收到请求，并发送给 PHP 程序进行处理。

（3）PHP 解析代码。在代码中有连接 MySQL 数据库命令和请求特定数据库的某些特定数据的 SQL 命令。根据这些代码，PHP 打开一个和 MySQL 的连接，并且发送 SQL 命令到 MySQL 数据库。

（4）MySQL 接收到 SQL 语句之后，加以执行。执行完毕后返回执行结果到 PHP 程序。

（5）PHP 执行代码，并根据 MySQL 返回的请求数据，生成特定格式的 HTML 文件，且传递给浏览器。HTML 经过浏览器渲染，就是用户请求的展示结果。

22.2 连接数据库前的准备工作

默认情况下，从 PHP 5 开始，PHP 不再自动开启对 MySQL 的支持，而是放到扩展函数库中。所以用户需要在扩展函数库中开启 mysql 函数库。

首先打开 php.ini，找到";extension=php_mysql.dll"一行，去掉该语句前的分号";"，如图 22.1 所示，保存 php.ini 文件，重新启动 APACHE 服务器即可。

图 22.1　修改 php.ini 文件

配置文件设置完成后，可以通过 phpinfo()函数来检查是否配置成功，如果显示出的 PHP 的环境配置信息中有 MySQL 的项目，表示已经开启了对 MySQL 数据库的支持，如图 22.2 所示。

图 22.2　PHP 的环境配置页面

22.3　PHP 操作 MySQL 数据库的函数

下面介绍 PHP 操作 MySQL 数据库所使用的各个函数的含义和使用方法。

22.3.1　通过 MySQLi 类库访问 MySQL 数据库

PHP 操作 MySQL 数据库是通过 PHP 的 MySQLi 类库完成的。这个类是 PHP 专门针对 MySQL 数据库的扩展接口。

下面以通过 Web 向 user 数据库请求数据为例，介绍使用 PHP 函数处理 MySQL 数据库数据。具体步骤如下。

步骤 01　在网址主目录下创建 phpMySQL 文件夹。

步骤 02　在 phpMySQL 文件夹下建立文件 htmlform.html，输入代码如下。

```
<html>
<head>
  <title>Finding User</title>
</head>
<body>
 <h2>Finding users from mysql database.</h2>
 <form action="formhandler.php" method="post">
   Fill user name:
   <input name="username" type="text" size="20"/> <br />
 <input name="submit" type="submit" value="Find"/>
 </form>
</body>
</html>
```

步骤 03　在 phpMySQL 文件夹下建立文件 formhandler.php，输入代码如下。

```
<html>
<head>
  <title>User found</title>
</head>
<body>
  <h2>User found from mysql database.</h2>
<?php
   $username = $_POST['username'];
if(!$username){
   echo "Error: There is no data passed.";
   exit;
}

if(!get_magic_quotes_gpc()){
```

```
    $username = addslashes($username);
}
@ $db = mysqli_connect('localhost','root','753951','adatabase');

if(mysqli_connect_errno()){
 echo "Error: Could not connect to mysql database.";
 exit;
}

$q = "SELECT * FROM user WHERE name = '".$username."'";

$result = mysqli_query($db,$q);
$rownum = mysqli_num_rows($result);

for($i=0; $i<$rownum; $i++){
  $row = mysqli_fetch_assoc($result);
  echo "Id:".$row['id']."<br />";
  echo "Name:".$row['name']."<br />";
  echo "Age:".$row['age']."<br />";
  echo "Gender:".$row['gender']."<br />";
  echo "Info:".$row['info']."<br />";
}
mysqli_free_result($result);

mysqli_close($db);

?>
</body>
</html>
```

步骤 04 运行 htmlform.html，结果如图 22.3 所示。

图 22.3　htmlform.html 页面

步骤 05 在输入框中输入用户名 "lilili"，单击【Find】按钮，页面跳转至 formhandler.php，并且返回请求，结果如图 22.4 所示。

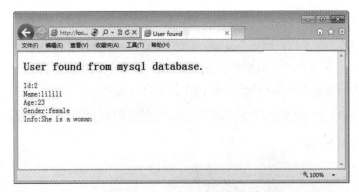

图 22.4　formhandler.php 页面

在运行本实例前，用户可以参照前面章节的知识，在 MySQL 服务器上创建"adatabase"数据库，添加数据表 user，然后添加一些演示数据即可。

在下面的小节中，将详细分析此案例中所用函数的含义和使用方法。

22.3.2　使用 MySQLi_connect()函数连接 MySQL 服务器

PHP 使用 MySQLi_connect()函数连接到 MySQL 数据库的格式如下：

```
mysqli_connect('MySQL 服务器地址','用户名','用户密码','要连接的数据库名')
```

例如上一个小节 formhandler.php 例子中的连接语句如下：

```
$db=mysqli_connect('localhost','root','753951','adatabase');
```

该语句就是通过此函数连接到 MySQL 数据库并且把此连接生成的对象传递给名为$db 的变量，也就是对象$db。其中"MySQL 服务器地址"为'localhost'，"用户名"为'root'，"用户密码"为本环境 root 设定密码'753951'，"要连接的数据库名"为'adatabase'。

默认情况下，MySQL 服务的端口号为 3360。如果采用默认的端口号，可以不用指定；如果采用了其他的端口号，比如采用 1066 端口，则需要特别指定，例如：127.0.0.1:1066，表示 MySQL 服务于本地机器的 1066 端口。

　其中 localhost 换成本机 IP 地址或者 127.0.0.1，都能实现同样的效果。

22.3.3　使用 MySQLi_select_db()函数选择数据库文件

连接到数据库以后，就需要选择数据库，只有选择了数据库，才能对数据表进行相关的操作。这里需要使用函数 MySQLi_select_db()来选择。它的格式为：

```
mysqli_select_db(数据库服务器连接对象, 目标数据库名)
```

在 22.3.1 节实例中的$db = MySQLi_connect('localhost','root','753951','adatabase');语句已经通过传递参数值'adatabase'确定了需要操作的数据库。如果不传递此参数，MySQLi_connect()函数只提供"MySQL 服务器地址""用户名"和"用户密码"一样可以连接到 MySQL 数据库服务器并且以相应的用户登录。

如上例的语句变为：$db = MySQLi_connect('localhost','root','753951');一样是可以成立的。但是，在这样的情况下没有指定数据库，需要继续选择具体的数据库来进行操作。

如果把上例中的 formhandler.php 文件中的下面的语句：

```
@ $db = mysqli_connect('localhost','root','753951','adatabase');
```

修改为以下两个语句替代：

```
@ $db = mysqli_connect('localhost','root','753951');
mysqli_select_db($db,'adatabase');
```

程序运行效果将完全一样。在新的语句中 MySQLi_select_db($db,'adatabase');语句确定了"数据库服务器连接对象"为$db，"目标数据库名"为'adatabase'.

22.3.4　使用 MySQLi_query()函数执行 SQL 语句

使用 MySQLi_query()函数执行 SQL 语句，需要向此函数中传递两个参数，一个是 MySQL 数据库服务器连接对象，一个是以字符串表示的 SQL 语句。MySQLi_query()函数的格式如下：

```
mysqli_query(数据库服务器连接对象,SQL 语句)
```

在 22.3.1 节的实例中 MySQLi_query($db,$q);语句中就表明了"数据库服务器连接对象"为$db，"SQL 语句"为$q，而$q 用$q = "SELECT * FROM user WHERE name = '".$username."'";语句赋值。

更重要的是 MySQLi_query()函数执行 SQL 语句之后会把结果返回。上例中就是返回结果并且赋值给$result 变量。

22.3.5　使用 MySQLi_fetch_assoc ()函数从数组结果集中获取信息

使用 MySQLi_fetch_assoc()函数从数组结果集中获取信息，只要确定 SQL 请求返回的对象就可以了。比如下面这个语句：

```
$row = mysqli_fetch_assoc($result);
```

它可以直接从$result 结果中取得一行，并且以关联数组的形式返回给$row。

由于这个语句执行结果获得的是关联数组，所以在读取数组元素的时候需要通过字段名称确定数组元素。formhandler.php 例子中 echo "Id:".$row['id']."
";语句就是通过"id"字段名确定数组元素的。

22.3.6　使用 MySQLi_fetch_object()函数从结果中获取一行作为对象

使用 MySQLi_fetch_object()函数可以从结果中获取一行作为对象，同样是确定 SQL 请求返回的对象就可以了。

把 22.3.1 节实例中的程序：

```
for($i=0; $i<$rownum; $i++){
$row = mysqli_fetch_assoc($result);
echo "Id:".$row['id']."<br />";
echo "Name:".$row['name']."<br />";
echo "Age:".$row['age']."<br />";
echo "Gender:".$row['gender']."<br />";
echo "Info:".$row['info']."<br />";
}
```

修改如下：

```
for($i=0; $i<$rownum; $i++){
$row = mysqli_fetch_object($result);
echo "Id:".$row->id."<br />";
echo "Name:".$row->name."<br />";
echo "Age:".$row->age."<br />";
echo "Gender:".$row->gender."<br />";
echo "Info:".$row->info."<br />";
}
```

修改之后，程序的整体运行结果相同。尽管修改之后的程序采用了对象和对象属性的表示方法，但是最后输出的数据结果是相同的。

22.3.7　使用 MySQLi_num_rows()函数获取查询结果集中的记录数

使用 MySQLi_num_rows()函数获取查询结果包含的数据记录的条数，只需要给定返回的数据对象就可以了。

例如 22.3.1 小节实例中，$rownum = MySQLi_num_rows($result);语句查询了$result 的记录的条数，并且赋值给$rownum 变量。然后程序利用这个记录条数，实现了一个 for 循环，遍历所有记录。

22.3.8　使用 MySQLi_free_result()函数释放资源

释放资源的函数为 MySQLi_free_result()，函数的格式如下：

```
mysqli_free_result(SQL 请求所返回的数据库对象)
```

在一切操作都基本完成以后，22.3.1 小节实例中程序通过 MySQLi_free_result($result);语句释放了 SQL 请求所返回的对象$result 所占用的资源。

22.3.9　使用 MySQLi_close()函数关闭连接

在连接数据库时，可以使用 MySQLi_connect()函数。与之相对应，在完成了一次对服务器的使用的情况下，需要关闭此连接，以免对 MySQL 服务器中数据的误操作和对资源的释放。一个服务器的连接也是一个对象型的数据类型。

MySQLi_close()函数的格式为：

```
mysqli_close(需要关闭的数据库连接对象)
```

在 22.3.1 小节实例的程序中 MySQLi_close($db);语句关闭了"需要关闭的数据库连接对象"为$db 对象。

22.4 综合实例 1——使用 insert 语句动态添加用户信息

在上一节的实例中，程序通过 form 查询了特定用户名的用户信息。下面将使用其他 SQL 语句实现 PHP 的数据请求。

下例演示在 adatabase 的 user 数据库表格中添加新的用户信息，具体操作步骤如下。

步骤 01 在 phpMySQL 文件夹下建立文件 insertform.html，并且输入代码如下。

```html
<html>
<head>
  <title>Adding User</title>
</head>
<body>
 <h2>Adding users to mysql database.</h2>
 <form action="formhandler.php" method="post">
   Select gender:
<select name="gender">
  <option value="male">man</option>
  <option value="female">woman</option>
</select><br />
   Fill user name:
    <input name="username" type="text" size="20"/> <br />
Fill user age:
    <input name="age" type="text" size="3"/> <br />
Fill user info:
    <input name="info" type="text" size="60"/> <br />
 <input name="submit" type="submit" value="Add"/>
 </form>
</body>
</html>
```

步骤 02　在 phpMySQL 文件夹下建立文件 insertformhandler.php，并且输入代码如下。

```html
<html>
<head>
  <title>User adding</title>
</head>
<body>
  <h2>adding new user.</h2>
<?php
  $username = $_POST['username'];
$gender = $_POST['gender'];
$age = $_POST['age'];
$info = $_POST['info'];
if(!$username and !$gender and !$age and !$info){
   echo "Error: There is no data passed.";
    exit;
}
  if(!$username or !$gender or !$age or !$info){
   echo "Error: Some data did not be passed.";
    exit;
}
if(!get_magic_quotes_gpc()){
   $username = addslashes($username);
    $gender = addslashes($gender);
    $age = addslashes($age);
    $info = addslashes($info);
}
    @ $db = mysqli_connect('localhost','root','753951');
    mysqli_select_db($db,'adatabase');
    if(mysqli_connect_errno()){
     echo "Error: Could not connect to mysql database.";
     exit;
    }
    $q = "INSERT    INTO    user( name,  age,   gender,   info)   VALUES
('$username',$age,'$gender', '$info')";
    if( !mysqli_query($db,$q)){
      echo "no new user has been added to database.";
    }else{
      echo "New user has been added to database.";
    };
    mysqli_close($db);
?>
</body>
</html>
```

步骤 03　运行 insertform.html，运行结果如图 22.5 所示。

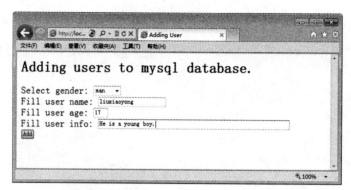

图 22.5　insertform.html

步骤 04　单击[Add]按钮，页面跳转至 insertformhandler.php，并且返回信息结构如图 22.6
所示。

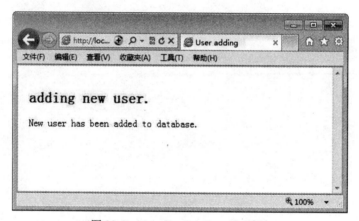

图 22.6　insertformhandler.php 页面

这时数据库 user 表格中，就被添加了一条新的用户信息，读者可以在这个表中查询确认
一下。这个例子简单分析如下：

（1）insertform.html 文件中，建立了 user 表格中除"id"外每个字段的信息输入框。

（2）insertformhandler.php 文件中，建立 MySQL 连接，生成连接对象等操作都与上例中
的程序相同。只是改变了 SQL 请求语句的内容为$q = "INSERT INTO user(name, age, gender,
info) VALUES ('$username',$age,'$gender', '$info')";插入语句。

（3）其中 name, gender, info 字段为字符串型，所以'$username', '$gender', '$info'三个变量
要以字符串形式加入。

22.5 综合实例 2——使用 select 语句查询数据信息

本节实例讲述如何使用 select 语句查询数据信息。具体操作步骤如下。

步骤 01　在 phpMySQL 文件夹下建立文件 selectform.html，并且输入代码如下。

```
<html>
<head>
  <title>Finding User</title>
</head>
<body>
 <h2>Finding users from mysql database.</h2>
 <form action="selectformhandler.php" method="post">
   Select gender:
 <select name="gender">
  <option value="male">man</option>
  <option value="female">woman</option>
 </select><br />
 <input name="submit" type="submit" value="Find"/>
 </form>
</body>
</html>
```

步骤 02　在 phpMySQL 文件夹下建立文件 selectformhandler.php，并且输入代码如下。

```
<html>
<head>
  <title>User found</title>
</head>
<body>
  <h2>User found from mysql database.</h2>
<?php
$gender = $_POST['gender'];
if(!$gender){
   echo "Error: There is no data passed.";
   exit;
}
if(!get_magic_quotes_gpc()){
   $gender = addslashes($gender);
}
   @ $db = mysqli_connect('localhost','root','753951');
   mysqli_select_db($db,'adatabase');
   if(mysqli_connect_errno()){
    echo "Error: Could not connect to mysql database.";
```

```
  exit;
 }
$q = "SELECT * FROM user WHERE gender = '".$gender."'";
$result = mysqli_query($db,$q);
$rownum = mysqli_num_rows($result);
for($i=0; $i<$rownum; $i++){
  $row = mysqli_fetch_assoc($result);
  echo "Id:".$row['id']."<br />";
  echo "Name:".$row['name']."<br />";
  echo "Age:".$row['age']."<br />";
  echo "Gender:".$row['gender']."<br />";
  echo "Info:".$row['info']."<br />";
 }
mysqli_free_result($result);
mysqli_close($db);
?>
</body>
</html>
```

步骤 03 运行 selectform.html，结果如图 22.7 所示。

图 22.7　selectform.html

步骤 04 单击【Find】按钮，页面跳转至 selectformhandler.php，并且返回信息如图 22.8 所示。

图 22.8　selectformhandler.php

这样程序就给出了所有 gender 为 female 的用户信息。

22.6　专家解惑

疑问 1：修改 php.ini 文件后仍然不能调用 MySQL 数据库怎么办？

有时候修改 php.ini 文件不能保证一定可以加载 MySQL 函数库。此时如果使用 phpinfo() 函数不能显示 MySQL 的相关信息，说明配置失败了。重新按照 22.2 节的内容检查配置是否正确，如果正确，则把 PHP 安装目录下的 libMySQL.dll 库文件直接复制，然后复制到系统的 system32 目录下，重新启动 APACHE，最好再次使用 phpinfo() 进行验证，如果看到 MySQL 相关信息，表示此时已经配置成功。

疑问 2：为什么尽量省略 MySQL 语句中的分号？

在 MySQL 语句中，每一行的命令都是用分号（;）作为结束，但是，当一行 MySQL 被插入在 PHP 代码中时，最好把后面的分号省略掉。这主要是因为 PHP 也是以分号作为一行结束的，额外的分号有时会让 PHP 的语法分析器搞不明白，所以还是省略掉的好。在这种情况下，虽然省略了分号，但是 PHP 在执行 MySQL 命令时会自动加上的。

另外，还有一个不要加分号的情况。当用户想把字段竖着排列显示出来，而不是像通常的那样横着排列时，可以用 G 来结束一行 SQL 语句，这时就用不上分号了，例如：

```
SELECT * FROM paper WHERE USER_ID =1G
```

22.7　经典习题

（1）通过设置 PHP 配置文件，然后连接 MySQL 数据库。

（2）通过 PHP 操作 MySQL 数据库。

（3）使用 insert 语句动态添加数据到数据库中。

（4）使用 select 语句查询数据信息。

第 23 章
◄ 新闻发布系统数据库设计 ►

学习目标 | Objective

　　MySQL 数据库的使用非常广泛，很多网站和管理系统使用 MySQL 数据库存储数据。本章节主要讲述新闻发布系统的数据库设计过程。通过本章节的学习，读者可以在新闻发布系统的设计过程中学会如何使用 MySQL 数据库做数据库设计。

内容导航 | Navigation

- 了解新闻发布系统的概述
- 熟悉新闻发布系统的功能
- 掌握如何设计新闻发布系统的表
- 掌握如何设计新闻发布系统的索引
- 掌握如何设计新闻发布系统的视图
- 掌握如何设计新闻发布系统的触发器

23.1　系统概述

　　本章介绍的是一个小型新闻发布系统，管理员可以通过该系统发布新闻信息、管理新闻信息。一个典型的新闻发布系统网站至少应该包含新闻信息管理、新闻信息显示和新闻信息查询三种功能。

　　新闻发布系统所要实现的功能具体包括：新闻信息添加、新闻信息修改、新闻信息删除、显示全部新闻信息、按类别显示新闻信息、按关键字查询新闻信息、按关键字进行站内查询。

　　本站为一个简单的新闻信息发布系统，该系统具有以下特点。

- 实用：系统实现了一个完整的信息查询过程。
- 简单易用：为使用户尽快掌握和使用整个系统，系统结构简单但功能齐全，简洁的页面设计使操作起来非常简便。
- 代码规范：作为一个实例，文中的代码规范简洁、清晰易懂。

本系统主要用于发布新闻信息、管理用户、管理权限、管理评论等功能。这些信息的录入、查询、修改和删除等操作都是该系统重点解决的问题。

本系统主要功能包括以下几点：

（1）具有用户注册及个人信息管理功能。

（2）管理员可以发布新闻、删除新闻。

（3）用户注册后可以对新闻进行评论、发表留言。

（4）管理员可以管理留言和对用户进行管理。

23.2 系统功能

新闻发布系统分为 5 个管理部分，即用户管理、管理员管理、权限管理、新闻管理和评论管理。本系统的功能模块如图 23.1 所示。

图 23.1 系统功能模块图

图 23.1 中模块的详细介绍如下。

（1）用户管理模块：实现新增用户，查看和修改用户信息功能。

（2）管理员管理模块：实现新增管理员，查看、修改和删除管理员信息功能。

（3）权限管理模块：实现对管理员、对管理的模块和管理的评论赋权功能。

（4）新闻管理模块：实现有相关权限的管理员对新闻的增加、查看、修改和删除功能。

（5）评论管理模块：实现有相关权限的管理员对评论的审核和删除功能。

通过本节的介绍，读者对这个新闻发布系统的主要功能有一定的了解，下一节将向读者介绍本系统所需要的数据库和表。

23.3 数据库设计和实现

数据库设计是开发管理系统的最重要的一个步骤。如果数据库设计得不够合理，将会为后续的开发工作带来很大的麻烦。本节为读者介绍新闻发布系统的数据库开发过程。

数据库设计时要确定设计哪些表、表中包含哪些字段、字段的数据类型和长度。通过本章节的学习，读者可以对 MySQL 数据库的知识有个全面的了解。

23.3.1 设计表

本系统所有的表都放在 webnews 数据库下。创建和选择 webnews 数据库的 SQL 代码如下：

```
CREATE DATABASE webnews;

USE webnews;
```

在这个数据库下总共存放 9 张表，分别是 user、admin、roles、news、category、comment、admin_Roles、news_Comment 和 users_Comment。

1. user 表

user 表中存储用户 ID、用户名、密码、性别和用户 Email 地址，所以 user 表设计了 5 个字段。user 表每个字段的信息如表 23.1 所示。

表 23.1　user 表

列名	数据类型	允许 NULL 值	说明
userID	INT	否	用户编号
userName	VARCHAR(20)	否	用户名称
userPassword	VARCHAR(20)	否	用户密码
sex	VARCHAP（10）	否	用户性别
userEmail	VARCHAR(20)	否	用户 Email

根据表 23.1 的内容创建 user 表。创建 user 表的 SQL 语句如下：

```
CREATE TABLE user(
userID INT PRIMARY KEY UNIQUE NOT NULL,
userName VARCHAR(20) NOT NULL,
userPassword VARCHAR(20) NOT NULL,
sex varchar(10) NOT NULL,
userEmail VARCHAR(20) NOT NULL
);
```

2. admin 表

管理员信息（admin）表主要用来存放用户账号信息，如表 23.2 所示。

表 23.2　admin 表

列名	数据类型	允许 NULL 值	说明
adminID	INT	否	管理员编号
adminName	VARCHAR(20)	否	管理员名称
adminPassword	VARCHAR(20)	否	管理员密码

根据表 23.2 的内容创建 admin 表。创建 admin 表的 SQL 语句如下：

```
CREATE TABLE admin(
adminID INT PRIMARY KEY UNIQUE NOT NULL,
adminName VARCHAR(20) NOT NULL,
adminPassword VARCHAR(20) NOT NULL
);
```

3. roles 表

权限信息（roles）表主要用来存放权限信息，如表 23.3 所示。

表 23.3　roles 表

列名	数据类型	允许 NULL 值	说明
roleID	INT	否	权限编号
roleName	VARCHAR(20)	否	权限名称

根据表 23.3 的内容创建 roles 表。创建 roles 表的 SQL 语句如下：

```
CREATE TABLE roles(
roleID INT PRIMARY KEY UNIQUE NOT NULL,
roleName VARCHAR(20) NOT NULL
);
```

4. news 表

新闻信息（news）表主要用来存放新闻信息，如表 23.4 所示。

表 23.4　news 表

列名	数据类型	允许 NULL 值	说明
newsID	INT	否	新闻编号
newsTitle	VARCHAR(50)	否	新闻标题
newsContent	TEXT	否	新闻内容
newsDate	TIMESTAMP	是	发布时间
newsDesc	VARCHAR(50)	否	新闻描述
newsImagePath	VARCHAR(50)	是	新闻图片路径
newsRate	INT	否	新闻级别
newsIsCheck	BIT	否	新闻是否检验
newsIsTop	BIT	否	新闻是否置顶

根据表 23.4 的内容创建 news 表。创建 news 表的 SQL 语句如下：

```
CREATE TABLE news(
newsID INT PRIMARY KEY UNIQUE NOT NULL,
newsTitle VARCHAR(50) NOT NULL,
newsContent TEXT NOT NULL,
newsDate TIMESTAMP,
newsDesc VARCHAR(50) NOT NULL,
newsImagePath VARCHAR(50),
newsRate INT NOT NULL,
newsIsCheck BIT NOT NULL,
newsIsTop BIT NOT NULL,
);
```

5. category 表

栏目信息（categroy）表主要用来存放新闻栏目信息，如图 23.5 所示。

表 23.5　category 表

列名	数据类型	允许 NULL 值	说明
categroyID	INT	否	栏目编号
categroyName	VARCHAR(50)	否	栏目名称
categroyDesc	VARCHAR(50)	否	栏目描述

根据表 23.5 的内容创建 categroy 表。创建 categroy 表的 SQL 语句如下：

```
CREATE TABLE categroy (
categoryID INT PRIMARY KEY UNIQUE NOT NULL,
categoryName VARCHAR(50) NOT NULL,
categoryDesc VARCHAR(50) NOT NULL
);
```

6. comment 表

评论信息（comment）表主要用来存放新闻评论信息，如图 23.6 所示。

表 23.6　comment 表

列名	数据类型	允许 NULL 值	说明
commentID	INT	否	栏目编号
commentTitle	VARCHAR(50)	否	栏目标题
commentContent	VARCHAR(50)	否	栏目内容
commentDate	DATETIME	是	栏目时间

根据表 23.6 的内容创建 comment 表。创建 comment 表的 SQL 语句如下：

```
CREATE TABLE comment (
commentID INT PRIMARY KEY UNIQUE NOT NULL,
commentTitle VARCHAR(50) NOT NULL,
commentContent TEXT NOT NULL,
commentDate DATETIME
);
```

7. admin_Roles 表

管理员_权限（admin_Roles）表主要用来存放管理员和权限的关系，如图 23.7 所示。

表 23.7　admin_Roles 表

列名	数据类型	允许 NULL 值	说明
aRID	INT	否	管理员_权限编号
adminID	INT	否	管理员编号
roleID	INT	否	权限编号

根据表 23.7 的内容创建 admin_Roles 表。创建 admin_Roles 表的 SQL 语句如下：

```
CREATE TABLE admin_Roles (
aRID INT PRIMARY KEY UNIQUE NOT NULL,
adminID INT NOT NULL,
roleID INT NOT NULL
);
```

8. news_Comment 表

新闻_评论（news_Comment）表主要用来存放新闻和评论的关系，如图 23.8 所示。

表 23.8　news_Comment 表

列名	数据类型	允许 NULL 值	说明
nCommentID	INT	否	新闻_评论编号
newsID	INT	否	新闻编号
commentID	INT	否	评论编号

根据表 23.9 的内容创建 news_Comment 表。创建 news_Comment 表的 SQL 语句如下：

```
CREATE TABLE news_Comment (
nCommentID INT PRIMARY KEY UNIQUE NOT NULL,
newsID INT NOT NULL,
commentID INT NOT NULL
);
```

9. users_Comment 表

用户_评论（users_Comment）表主要用来存放用户和评论的关系，如图 23.9 所示。

表 23.9　users_Comment 表

列名	数据类型	允许 NULL 值	说明
uCID	INT	否	用户_评论编号
userID	INT	否	用户编号
commentID	INT	否	评论编号

根据表 23.9 的内容创建 users_Comment 表。创建 users_Comment 表的 SQL 语句如下：

```
CREATE TABLE news_Comment (
uCID  INT PRIMARY KEY UNIQUE NOT NULL,
userID  INT NOT NULL,
commentID  INT NOT NULL
);
```

表创建完成后，可以使用 DESC 语句查看表的基本结构，也可以通过 SHOW CREATE TABLE 语句查看表的详细信息。

23.3.2　设计索引

索引是创建在表上的，是对数据库中一列或者多列的值进行排序的一种结构。索引可以提高查询的速度。新闻发布系统需要查询新闻的信息，这就需要在某些特定字段上建立索引，以便提高查询速度。

1. 在 news 表上建立索引

新闻发布系统中需要按照 newsTitle 字段、newsDate 字段和 newsRate 字段查询新闻信息。在本书的前面章节中介绍了几种创建索引的方法。本小结将使用 CREATE INDEX 语句和 ALTER TABLE 语句创建索引。

下面使用 CREATE INDEX 语句在 newsTitle 字段上创建名为 index_new_title 的索引。SQL 语句如下：

```
CREATE INDEX index_new_title ON news(newsTitle);
```

然后，再使用 CREATE INDEX 语句在 newsDate 字段上创建名为 index_new_date 的索引。SQL 语句如下：

```
CREATE INDEX index_new_date  ON news(newsDate);
```

最后，再使用 ALTER TABLE 语句在 newsRate 字段上创建名为 index_new_rate 的索引。SQL 语句如下：

```
ALTER TABLE news  ADD INDEX index_new_rate (newsRate);
```

2. 在 categroy 表上建立索引

新闻发布系统中需要通过栏目名称查询该栏目下的新闻，因此需要在这个字段上创建索引。创建索引的语句如下：

```
CREATE INDEX index_categroy_name ON categroy (categroyName);
```

代码执行完成后，读者可以使用 SHOW CREATE TABLE 语句查看 categroy 表的详细信息。

3. 在 comment 表上建立索引

新闻发布系统需要通过 commentTitle 字段和 commentDate 字段查询评论内容。因此可以在这两个字段上创建索引。创建索引的语句如下：

```
CREATE INDEX index_ comment _title ON comment (commentTitle);
CREATE INDEX index_ comment _date ON comment (commentDate);
```

代码执行完成后，读者可以通过 SHOW CREATE TABLE 语句查看 comment 表的结构。

23.3.3 设计视图

视图是由数据库中一个表或者多个表导出的虚拟表。其作用是方便用户对数据的操作。在这个新闻发布系统中，也设计了一个视图改善查询操作。

在新闻发布系统中，如果直接查询 news_Comment 表，显示信息时会显示新闻编号和评论编号。这种显示不直观，为了以后查询方面，可以建立一个视图 news_view。这个视图显示评论编号、新闻编号、新闻级别、新闻标题、新闻内容和新闻发布时间。创建视图 news_view 的 SQL 代码如下：

```
CREATE VIEW news_view
AS SELECT c.commentID,n.newsID,n.newsRate,n.newsTitle,n.newsContent,n.newsDate
FROM news_Comment c,news n
WHERE news_Comment.newsID=news.newsID;
```

news_Comment 表的别名为 c，news 表的别名为 n，这个视图从这两个表中取出相应的字段。视图创建完成后，可以使用 SHOW CREATE VIEW 语句查看 news_view 视图的详细信息。

23.3.4 设计触发器

触发器是由 INSERT、UPDATE 和 DELETE 等事件来触发某种特定的操作。满足触发器的触发条件时，数据库系统就会执行触发器中定义的程序语句。这样做可以保证某些操作之间的一致性。为了使新闻发布系统的数据更新更加快速和合理，可以在数据库中设计几个触发器。

1. 设计 UPDATE 触发器

在设计表时，news 表和 news_Comment 表的 newsID 字段的值是一样的。如果 news 表中的 newsID 字段的值更新了，那么 news_Comment 表中的 newsID 字段的值也必须同时更新。这可以通过一个 UPDATE 触发器来实现。创建 UPDATE 触发器 update_newsID 的 SQL 代码如下：

```
DELIMITER &&
CREATE TRIGGER update_newsID AFTER UPDATE
ON news FOR EACH ROW
BEGIN
    UPDATE news_Comment SET newsID=NEW. newsID
END
&&
DELIMITER ;
```

其中 NEW.newsID 表示 news 表中更新的记录的 newsID 值。

2. 设计 DELETE 触发器

如果从 user 表中删除一个用户的信息，那么这个用户在 users_Comment 表中的信息也必须同时删除。这也可以通过触发器来实现。在 user 表上创建 delete_user 触发器，只要执行 DELETE 操作，那么就删除 users_Comment 表中相应的记录。创建 delete_user 触发器的 SQL 语句如下：

```
DELIMITER &&
CREATE TRIGGER delete_user AFTER DELETE
ON user FOR EACH ROW
BEGIN
    DELETE FROM users_Comment WHERE userID=OLD.userID
END
&&
DELIMITER ;
```

其中，OLD.userID 表示新删除的记录的 userID 值。

23.4 案例总结

本章节介绍了新闻发布系统的数据库设计方法，重点是 MySQL 数据库的设计部分。在数据库设计方面，不仅设计了表和字段，还设计了索引、视图和触发器等内容。其中，为了提高表的查询速度，有意识地在表中增加了冗余字段，这是数据库的性能优化的一个技巧。通过本章的学习，读者可以对 MySQL 数据库设计有一个全新的认识。

第 24 章
◀ 论坛管理系统数据库设计 ▶

 学习目标 Objective

随着网上论坛的出现，人们的交流有了新的变化。在论坛里，人们之间的交流打破了空间、时间的限制。在论坛系统中，用户可以注册成为论坛会员，取得发表言论的资格，也需要论坛信息管理工作系统化、规范化、自动化。通过这样的系统，可以做到论坛言论的规范管理、科学统计和快速发表。为了实现论坛系统运行和管理规范有序，这就需要数据库的设计非常合理才行。本章节主要讲述论坛管理系统数据库的设计方法。

内容导航 Navigation

- 了解论坛系统的概述
- 熟悉论坛系统的功能
- 掌握如何设计论坛系统的方案图表
- 掌握如何设计论坛发布系统的表
- 掌握如何设计论坛发布系统的索引
- 掌握如何设计论坛发布系统的视图
- 掌握如何设计论坛发布系统的触发器

24.1 系统概述

论坛又名 BBS，全称为 Bulletin Board System（电子公告板）或者 Bulletin Board Service（公告板服务）。它是 Internet 上的一种电子信息服务系统。它像一块电子公告牌，每个用户都可以在上面发布信息或发表见解。

论坛是一种交互性强、内容丰富且信息实时发布的电子信息服务系统。用户在 BBS 站点上可以获得各种信息服务、发布信息、进行讨论、聊天等。像日常生活中的黑板报一样，论坛按不同的主题分为许多版块，版面的设立依据是大多数用户的要求和喜好，用户可以阅读别人关于某个主题的看法，也可以将自己的想法毫无保留地发到论坛中。随着计算机网络技术的不断发展，BBS 论坛的功能越来越强大，目前 BBS 的主要功能有以下几点：

（1）供用户选择阅读感兴趣的专业组和讨论组内的信息。

（2）可随意检查是否有新消息发布并选择阅读。

（3）用户可在站点内发布消息或文章供他人查阅。

（4）用户可就站点内其他人的消息或文章进行评论。

（5）同一站点内的用户互通电子邮件，设定好友名单。

现实生活中的交流存在时间和空间上的局限性，交流人群范围的狭小，以及间断的交流，不能保证信息的准确性和可取性。因此，用户需要通过网上论坛也就是 BBS 的交流扩大交流面，同时可以从多方面获得自己需要的信息。另外，网上论坛信息传播速度更快，用户更容易迅速、准确地获得相关信息。

BBS 系统的开发能为分散于五湖四海的人提供一个共同交流、学习、倾吐心声的平台，实现来自不同地方用户的极强的信息互动性，用户在获得自己所需要的信息的同时，也可以广交朋友拓展自己的视野和扩大自己的社交面。

论坛系统的基本功能包括用户信息的录入、查询、修改和删除，用户留言及头像的前台显示功能。其中还包括管理员的管理功能。

24.2　系统功能

论坛管理系统重要功能是管理论坛帖子的基本信息。通过本管理系统，可以提高论坛管理员的工作效率。本节将详细介绍本系统的功能。

论坛系统主要分为 5 个管理部分，包括用户管理、管理员管理、版块管理、主帖管理和回复帖管理。本系统的功能模块图如图 24.1 所示。

图 24.1　系统功能模块图

图 24.1 中模块的详细介绍如下。

（1）用户管理模块：实现新增用户，查看和修改用户信息功能。

（2）管理员管理模块：实现新增管理员，查看、修改和删除管理员信息功能。

（3）版块管理模块：实现对管理员、对管理的模块和管理的评论赋权功能。

（4）主帖管理模块：实现对主帖的增加、查看、修改和删除功能。

（5）回复帖管理模块：实现有相关权限的管理员对回复帖的审核和删除功能。

通过本节的介绍，读者对这个论坛系统的主要功能有一定的了解，下一节将向读者介绍本系统所需要的数据库和表。

24.3　数据库设计和实现

数据库设计时要确定设计哪些表、表中包含哪些字段、字段的数据类型和长度。本章节主要讲述论坛数据库设计过程。

24.3.1　设计方案图表

在设计表之前，用户可以先设计出方案图表。

1. 用户表的 E-R 图

用户管理的表为 user，E-R 图如图 24.2 所示。

图 24.2　用户（user）表的 E-R 图

2. 管理员表的 E-R 图

管理员管理的表为 admin，E-R 图如图 24.3 所示。

图 24.3　管理员（admin）表的 E-R 图

3. 版块表的 E-R 图

版块管理的表为 section，E-R 图如图 24.4 所示。

图 24.4　版块（section）表的 E-R 图

4. 主帖表的 E-R 图

主帖管理的表为 topic，E-R 图如图 24.5 所示。

图 24.5　主帖（topic）表的 E-R 图

5. 回复帖表的 E-R 图

回复帖管理的表为 reply，E-R 图如图 24.6 所示。

图 24.6　回复帖（reply）表的 E-R 图

24.3.2　设计表

本系统所有的表都放在 bbs 数据库下。创建和选择 bbs 数据库的 SQL 代码如下：

```
CREATE DATABASE bbs;

USE bbs;
```

在这个数据库下总共存放 5 张表，分别是 user、admin、section、topic 和 reply。

1. user 表

user 表中存储用户 ID、用户名、密码和用户 Email 地址等，所以 user 表设计了 10 个字段。user 表每个字段的信息如表 24.1 所示。

表 24.1　user 表的内容

列名	数据类型	允许 NULL 值	说明
uID	INT	否	用户编号
userName	VARCHAR(20)	否	用户名称
userPassword	VARCHAR(20)	否	用户密码
userEmail	VARCHAR(20)	否	用户 Email
userBirthday	DATE	否	用户生日
userSex	BIT	否	用户性别
userClass	INT	否	用户等级
userStatement	VARCHAR(150)	否	用户个人说明
userRegDate	TIMESTAMP	否	用户注册时间
userPoint	INT	否	用户积分

根据表 21.1 的内容创建 user 表。创建 user 表的 SQL 语句如下：

```
CREATE TABLE user(
uID INT PRIMARY KEY UNIQUE NOT NULL,
userName VARCHAR(20) NOT NULL,
userPassword VARCHAR(20) NOT NULL,
userSex BIT NOT NULL,
userEmail VARCHAR(20) NOT NULL,
userBirthday DATE NOT NULL,
userClass  INT NOT NULL,
userStatement VARCHAR(150) NOT NULL,
userRegDate  TIMESTAMP NOT NULL,
userPoint  INT NOT NULL
);
```

2. admin 表

管理员信息（admin）表主要用来存放用户账号信息，如表 24.2 所示。

表 24.2　admin 表

列名	数据类型	允许 NULL 值	说明
adminID	INT	否	管理员编号
adminName	VARCHAR(20)	否	管理员名称
adminPassword	VARCHAR(20)	否	管理员密码

根据表 24.2 的内容创建 admin 表。创建 admin 表的 SQL 语句如下：

```
CREATE TABLE admin(
adminID INT PRIMARY KEY UNIQUE NOT NULL,
adminName VARCHAR(20) NOT NULL,
adminPassword VARCHAR(20) NOT NULL
);
```

3. section 表

版块信息（section）表主要用来存放版块信息，如表 24.3 所示。

表 24.3　section 版块信息表

列名	数据类型	允许 NULL 值	说明
sID	INT	否	版块编号
sName	VARCHAR(20)	否	版块名称
sMasterID	INT	否	版主编号
sStatement	VARCHAR	否	版块说明
sClickCount	INT	否	版块点击次数
sTopicCount	INT	否	版块主题数

根据表 24.3 的内容创建 section 表。创建 section 表的 SQL 语句如下：

```
CREATE TABLE section (
sID INT PRIMARY KEY UNIQUE NOT NULL,
sName VARCHAR(20) NOT NULL,
sMasterID INT NOT NULL,
sStatement VARCHAR NOT NULL,
sClickCount INT NOT NULL,
sTopicCount INT NOT NULL
);
```

4. topic 表

主帖信息（topic）表主要用来存放主帖信息，如图 24.4 所示。

表 24.4   topic 主帖信息表

列名	数据类型	允许 NULL 值	说明
tID	INT	否	主帖编号
sID	INT	否	主帖版块编号
uID	INT	否	主帖用户编号
tReplyCount	INT	否	主帖回复次数
tEmotion	VARCHAR	否	主帖表情
tTopic	VARCHAR	否	主帖标题
tContents	TEXT	否	主帖内容
tTime	TIMESTAMP	否	发帖时间
tClickCount	INT	否	主帖点击次数
tLastClickT	TIMESTAMP	否	主帖最后点击时间

根据表 24.4 的内容创建 topic 表。创建 topic 表的 SQL 语句如下：

```
CREATE TABLE topic (
tID INT PRIMARY KEY UNIQUE NOT NULL,
tSID INT NOT NULL,
tuid INT NOT NULL,
tReplyCount INT NOT NULL,
tEmotion VARCHAR NOT NULL,
tTopic  VARCHAR NOT NULL,
tContents TEXT NOT NULL,
tTime   TIMESTAMP NOT NULL,
tClickCount  INT NOT NULL,
tLastClickT TIMESTAMP NOT NULL
);
```

5. reply 表

回复帖信息（reply）表主要用来存放回复帖的信息，如表 24.5 所示。

表 24.5　reply 回复帖信息

列名	数据类型	允许 NULL 值	说明
rID	INT	否	回复编号
tID	INT	否	回复帖子编号
uID	INT	否	回复用户编号
rEmotion	CHAR	否	回帖表情
rTopic	VARCHAR（20）	否	回帖主题
rContents	TEXT	否	回帖内容
rTime	TIMESTAMP	否	回帖时间
rClickCount	INT	否	回帖点击次数

根据表 24.5 的内容创建 reply 表。创建 reply 表的 SQL 语句如下：

```
CREATE TABLE reply (
rID INT PRIMARY KEY UNIQUE NOT NULL,
tID INT NOT NULL,
uID INT NOT NULL,
rEmotion CHAR NOT NULL,
rTopic VARCHAR (20)  NOT NULL,
rContents TEXT NOT NULL,
rTime TIMESTAMP NOT NULL,
rClickCount  INT NOT NULL
);
```

表创建完成后，可以使用 DESC 语句查看表的基本结构，也可以通过 SHOW CREATE TABLE 语句查看表的详细信息。

24.3.3　设计索引

索引是创建在表上的，是对数据库中一列或者多列的值进行排序的一种结构。索引可以提高查询的速度。论坛系统需要查询论坛的信息，这就需要在某些特定字段上建立索引，以便提高查询速度。

1. 在 topic 表上建立索引

新闻发布系统中需要按照 tTopic 字段、tTime 字段和 tContents 字段查询新闻信息。在本书前面的章节中介绍了几种创建索引的方法。本小结将使用 CREATE INDEX 语句和 ALTER TABLE 语句创建索引。

下面使用 CREATE INDEX 语句在 tTopic 字段上创建名为 index_topic_title 的索引。SQL 语句如下：

```
CREATE INDEX index_topic_title ON topic(tTopic);
```

然后，再使用 CREATE INDEX 语句在 tTime 字段上创建名为 index_topic_time 的索引。

SQL 语句如下：

```
CREATE INDEX index_topic_time  ON topic(tTime);
```

最后，再使用 ALTER TABLE 语句在 tContents 字段上创建名为 index_topic_contents 的索引。SQL 语句如下：

```
ALTER TABLE topic  ADD INDEX index_topic_contents (tcontents);
```

2. 在 section 表上建立索引

在论坛系统中需要通过版块名称查询该版块下的帖子信息，因此需要在这个字段上创建索引。创建索引的语句如下：

```
CREATE INDEX index_section_name ON section (sName);
```

代码执行完成后，读者可以使用 SHOW CREATE TABLE 语句查看 section 表的详细信息。

3. 在 reply 表上建立索引

论坛系统需要通过 rTime 字段、rTopic 字段和 tID 字段查询回复帖子的内容。因此可以在这 3 个字段上创建索引。创建索引的语句如下：

```
CREATE INDEX index_reply_rtime  ON reply (rTime);
CREATE INDEX index_reply _rtopic  ON reply (rTopic);
CREATE INDEX index_reply _rid  ON reply (rID);
```

代码执行完成后，读者可以通过 SHOW CREATE TABLE 语句查看 reply 表的结构。

24.3.4 设计视图

在论坛系统中，如果直接查询 section 表，显示信息时会显示版块编号和版块名称等信息。这种显示不直观显示主帖的标题和发布时间，为了以后查询方面，可以建立一个视图 topic_view。这个视图显示版块的编号、版块的名称、同一版块下主帖的标题、主帖的内容和主帖的发布时间。创建视图 topic_view 的 SQL 代码如下：

```
CREATE VIEW topic_view
AS SELECT s.ID,s.Name,t.tTopic,t.tContents,t.tTime
FROM section s,topic t
WHERE section.sID=topic.sID;
```

上面 SQL 语句中给每个表都取了别名，section 表的别名为 s；topic 表的别名为 t，这个视图从这两个表中取出相应的字段。视图创建完成后，可以使用 SHOW CREATE VIEW 语句查看 topic_view 视图的详细信息。

24.3.5　设计触发器

触发器是由 INSERT、UPDATE 和 DELETE 等事件来触发某种特定的操作。满足触发器的触发条件时，数据库系统就会执行触发器中定义的程序语句。这样做可以保证某些操作之间的一致性。为了使论坛系统的数据更新更加快速和合理，可以在数据库中设计几个触发器。

1. 设计 INSERT 触发器

如果向 section 表插入记录，说明版块的主题数目要相应地增加。这可以通过触发器来完成。在 section 表上创建名为 section_count 的触发器，其 SQL 语句如下：

```
DELIMITER &&
CREATE TRIGGER section_count AFTER UPDATE
ON section FOR EACH ROW
BEGIN
    UPDATE section SET sTopicCount= sTopicCount+1
    WHERE sID=NEW.sID;
END
&&
DELIMITER ;
```

其中 NEW.sID 表示 section 表中增加的记录 sID 值。

2. 设计 UPDATE 触发器

在设计表时，user 表和 reply 表的 uID 字段的值是一样的。如果 user 表中的 uID 字段的值更新了，那么 reply 表中的 uID 字段的值也必须同时更新。这可以通过一个 UPDATE 触发器来实现。创建 UPDATE 触发器 update_userID 的 SQL 代码如下：

```
DELIMITER &&
CREATE TRIGGER update_userID AFTER UPDATE
ON user FOR EACH ROW
BEGIN
    UPDATE reply SET uID=NEW.uID
END
&&
DELIMITER ;
```

其中 NEW.uID 表示 user 表中更新的记录的 uID 值。

3. 设计 DELETE 触发器

如果从 user 表中删除一个用户的信息，那么这个用户在 topic 表中的信息也必须同时删除。这也可以通过触发器来实现。在 user 表上创建 delete_user 触发器，只要执行 DELETE 操作，那么就删除 topic 表中相应的记录。创建 delete_user 触发器的 SQL 语句如下：

```
DELIMITER &&
CREATE TRIGGER delete_user AFTER DELETE
ON user FOR EACH ROW
BEGIN
    DELETE FROM top WHERE uID=OLD.uID
END
&&
DELIMITER ;
```

其中，OLD.uID 表示新删除的记录的 uID 值。

24.4 案例总结

本章节介绍了设计论坛系统数据库的方法。在数据库设计方面，不仅涉及了表和字段的设计，还涉及了索引、视图和触发器等内容。特别是新增加了设计方案图表，通过图表的设计，用户可以清晰地看到各个表的设计字段和各个字段的关系。通过本章的学习，读者可以对论坛系统数据库的设计有一个清晰的思路。